工程造价软件应用

GONGCHENG ZAOJIA RUANJIAN YINGYONG

主　编　孙湘晖　周怡安
副主编　李延超　佘　勇
李　茂　肖飞剑

内容简介

现代建筑行业需要对建设项目工程造价实现由全过程到全生命周期的专业性管理，在快速处理庞大的造价数据、高效高质得到成果的前提下，造价从业人员越来越倚重具有较高专业性和实用性的造价管理软件。

本书结合了工程造价行业管理软件应用的主流而编写，以目前应用较广泛的广联达钢筋抽样软件(GGJ2013)、广联达图形算量软件(GCL2013)、广联达清单计价软件(GBQ4.0)、斯维尔三维算量(THS－3DA2014)、斯维尔清单计价(2014)和智多星(2014)工程项目造价管理软件操作实际工程为例，从操作入门开始详细地讲述了软件的应用、操作技巧等，特别是本书列举了大量基于省级高等职业院校工程造价专业技能抽查案例的软件应用习题，从规范考核标准着手推出参考答案，帮助读者进行软件操作自检。

本书共分为七大模块，模块一为工程造价软件的简介，模块二以广联达钢筋抽样软件(GGJ2013)操作本书附录二《办公楼》图纸为例，讲解钢筋算量软件应用步骤及技巧；模块三以广联达图形算量软件(GCL2013)操作《办公楼》图纸为例讲解图形算量软件应用步骤及技巧；模块四以广联达清单计价软件(GBQ4.0)讲述计价软件的应用；模块五以智多星(2014)工程项目造价管理软件和斯维尔清单计价(2014)讲述计价文件的编制方法；模块六以斯维尔三维算量(THS－3DA2014)操作《办公楼》图纸为例，讲解图形钢筋一体化识别建模的应用步骤和注意事项；模块七为技能操作与提高，综合了上述几方面软件应用，编写了软件基本知识和技能操作习题及参考答案。

本书可作为高职高专院校工程造价、建筑工程技术、工程管理专业及其他相关专业课程教材和工程造价、施工管理人员的岗位培训教材，亦可作为建筑类相关专业工程技术人员的参考用书。

十二五
规划教材
BUILDING

出版说明 INSTRUCTIONS

遵照《国务院关于加快发展现代职业教育的决定》〔国发(2014)19号〕提出的"服务经济社会发展和人的全面发展，推动专业设置与产业需求对接，课程内容与职业标准对接，教学过程与生产过程对接，毕业证书与职业资格证书对接"的基本原则，为全面推进高等职业院校土建类专业教育教学改革，促进高端技术技能型人才的培养，依据国家高职高专教育土建类专业教学指导委员会工程管理类专业分指导委员会《高等职业教育工程造价专业教学基本要求》，在总结吸收国内优秀高职高专教材建设经验的基础上，我们组织编写和出版了本套基于专业技能培养的高职高专工程造价专业"十二五"规划教材。

近几年，我们率先在国内进行了省级高等职业院校学生专业技能抽查工作，试图采用技能抽查的方式规范专业教学，通过技能抽查标准构建学校教育与企业实际需求相衔接的平台，引导高职教育各相关专业的教学改革。随着此项工作的不断推进，作为课程内容载体的教材也必然要顺应教学改革的需要。本套教材以综合素质为基础，以能力为本位，强调基本技术与核心技能的培养，尽量做到理论与实践的零距离；充分体现了《关于职业院校学生专业技能抽查考试标准开发项目申报工作的通知》(湘教通〔2010〕238号)精神，工学结合，讲究科学性、创新性、应用性，力争将技能抽查"标准"和"题库"的相关内容有机地融入到教材中来。本套教材以建筑业企业的职业岗位要求为依据，参照建筑施工企业用人标准，明确职业岗位对核心能力和一般专业能力的要求，重点培养学生的技术运用能力和岗位工作能力。

本套教材的突出特点体现在：(一)将工程造价专业技能抽查标准与题库的相关内容融入教材之中；(二)将建筑业企业基层专业技术管理人员岗位(八大员)资格考试相关内容融入教材之中；(三)将国家职业技能鉴定标准的目标要求融入教材之中；(四)采用最新的国家《建设工程工程量清单计价规范》(GB 50500—2013)和省级(2014)建设工程计价办法和建设工程消耗量标准。

高职高专工程造价专业"十二五"规划教材

编审委员会

前言 PREFACE

随着建筑行业信息化的发展以及计算机在行业中的广泛应用，工程造价软件的普及已经成为工程造价领域发展的必然趋势，造价从业人员学习、使用造价软件是跟上行业发展的硬性需求。《工程造价软件应用》的编写从培养技能型人才的目的出发，按照技能型人才培养的特点，以软件实际操作真实案例来组织编写，并结合最新的行业规范，将专业技能抽查标准与教材融合，让读者学以致用。本书将高职高专学生的学习特点与多位企业从业人员的企业实践经验相结合进行内容的选取和组织，注重职业能力、实际操作能力的培养，突出了高职高专教育以应用为主的职教特色。

本书以模块→任务驱动的教学模式为基础，教师采用本书进行专业授课时建议集中开设两周至四周实训周，让学生在自身具备一定的造价专业理论知识、掌握手工算量和手工计价的基础上，利用一系列造价软件(图形算量、钢筋算量、清单计价)高效解决建筑工程造价编制与管理的问题。

本书由湖南城建职业技术学院孙湘晖和湖南工程职业技术学院周怡安主编，具体分工如下：模块一、模块四、模块五、模块七中任务7.1、7.2由孙湘晖、周怡安编写；模块二、模块七中任务7.4由湖南有色金属职业技术学院佘勇和湖南城建职业技术学院李延超编写；模块三、模块七中任务7.3由湖南工程职业技术学院的李茂和湖南水利水电职业技术学院肖飞剑编写；模块六由湖南城建职业技术学院刘璨、孙湘晖编写。除了上述老师为主要编写成员外，湖南有色金属职业技术学院汪霞、赵甜甜，湖南城建职业技术学院伍娇娇、彭文君也参与了参考答案的修订工作，本书附录图纸由湖南交通职业技术学院易红霞提供，全书由湖南城建职业技术学院孙湘晖统稿。

本书编写过程中，参阅了国内同行多部教材和规范的资料，得到了广联达软件股份有限公司、智多星信息技术有限公司和斯维尔科技有限公司等单位的技术支持，同时部分高职高专院校老师也提出了很多宝贵意见，在此一并表示衷心的感谢！

由于编者水平有限，书中难免有错误和不足之处，恳请读者批评指正。

编　者

2015年1月

目录 CONTENTS

模块一　工程造价软件简介

模块任务

- 任务1.1　工程造价软件简介
- 任务1.2　初识建筑工程算量软件
- 任务1.3　初识建筑工程计价软件

能力目标

- 对不同工程造价软件的认知和感受能力
- 能充分利用网络资源了解工程造价软件

知识目标

- 认识各大软件的用途，了解其安装程序、开启和结束步骤
- 了解各大软件应用的共性与特性
- 了解软件的现在与未来，以及BIM技术的发展

任务1.1　工程造价软件简介

任务要求

上网查询、了解三种以上计量与计价软件，确定自己熟练掌握哪种软件，并在表1－1中填好学习计划。

表1－1　学习计划表

软件名称	理论学习	上机操作	时间分配	备　注
钢筋算量软件				
图形算量软件				
工程计价软件				
扩展知识学习				

问题引入

序号	问　题	思　考
1	和老师交流如何自学工程造价软件达到实战熟练的程度？	
2	梳理一下所学课程，哪些是软件学习的必备知识？	
3	收集相关信息，整理对自学软件有帮助的资料。	

操作指导

收集准备资料，下载并安装好需要学习的软件，初步了解工程造价管理软件。

知识链接

1.1.1 建筑工程造价软件简介

如果说过去的20年中，工程造价管理软件的出现与普及使得工程造价人员从手工计算走向软件操作，解放了埋头在大量薄如蝉翼复写纸中奋斗的人们，那么现在人类迈入资讯时代后，资讯工具快速更新，大量工程数据共享和比较，以及BIM技术的成熟将引起工程造价咨询行业巨大的变革，对软件产品也提出了更高的要求。

BIM的英文全称是building information modeling，翻译为建筑信息模型。建筑信息模型是以建筑工程项目的各项相关信息数据作为模型的基础，建立建筑模型，通过数字信息仿真模拟建筑物所具有的真实信息。它具有可视化、协调性、模拟性、优化性和可出图性五大特点。

BIM技术是一种应用于工程设计、建造、管理的数据化工具，通过参数模型整合各种项目的相关信息，在项目策划、运行和维护的全生命周期过程中进行共享和传递，使工程技术人员对各种建筑信息作出正确理解和高效应对，为建设所有人员特别是建筑运营单位在内的各方建设主体提供协同工作的基础，在提高生产效率、节约成本、缩短工期和运行维护方面发挥重要作用，也最大程度地实现建设设计师的理念。BIM技术引发了史无前例的彻底变革，之所以有如此巨大的影响，就是在于它利用数字建模软件，把真实的建筑信息参数化、数字化以后形成一个模型，以此为平台，从设计师、建造师、造价师一直到建设者和物业管理者，都可以在整个建筑项目的全生命周期进行信息的共享和优化。

基于建筑信息模型的五大特点，附加在建筑工程项目上的大量信息量传输与利用也会越来越多，同时我们计价依据的图纸也从二维模式转变为三维模式，那么作为建筑行业成本控制的人员就要更好地借助建筑信息模型(BIM)来管理贯穿整个建设过程的建造成本，要做到这一点，必须在设计早期介入，和策划、设计人员一起定义构件的信息组成，否则将会需要花费大量时间对设计人员提供的BIM模型进行校验和修改。由此看来项目的相关建造人员会以前所未有的协同理念来建设工程，同时在可见的未来，BIM技术在工程管理中的应用已经成为衡量工程管理水平的重要标志。

BIM技术在处理实际成本核算中有着巨大的优势。基于BIM建立的工程5D(3D实体、时间、WBS)关系数据库，可以建立与成本相关数据的时间、空间、工序维度关系，数据粒度处理能力达到了构件级，使实际成本数据高效处理分析有了可能。软件可以基于如下解决方案进行开发：①创建基于BIM的实际成本数据库；②实际成本数据及时进入数据库；③快速实行多维度(时间、空间、WBS)成本分析。

基于BIM的实际成本控制方法，较传统方法具有极大优势：①快速。由于建立基于BIM的5D实际成本数据库，汇总分析能力大大加强，速度快、工作量小、效率高。②准确。比传统方法准确性大为提高。因成本数据的动态维护，准确性大为提高。消耗量方面仍会有误差存在，但已能满足分析需求。通过总量统计的方法，消除累积误差，成本数据随进度的进展准确度越来越高。另外通过实际成本BIM模型，很容易检查出哪些项目还没有实际成本数据，监督各成本变化实时盘点，提供实际数据。③分析能力强。可以多维度(时间、空间、WBS)汇总分析更多种类、更多统计分析条件的成本报表。④即时。多方成本控制过程随着建筑物的竣工而及时结算。

目前与BIM最贴近的造价应用就是计算工程量软件的革新，需要整合设计、算量和计价软件，实现基于BIM编制造价文件的需求；需要以提高造价编制的工作效率为目标加强信息描述的准确性、一致性和规范性；需要建立基于建筑元素分类标准口径和清单项目口径的造价指标数据积累和应用通用平台。

BIM技术是未来发展方向，企业也已致力于造价软件的完善和研发，但目前阶段，还是为用户提供功能完善、计算精确、系统稳定的有价值、有自己特色的软件更为实用。

以下为国内通常使用的几种工程造价软件简介。

上海神机妙算软件有限公司的“神机妙算”是同类软件中成立较早的公司，也是业内人士较早接触的软件之一，是国内第一家专业从事可视智能工程造价软件研发、销售、服务的高科技企业，是中国四维图形算量软件、三维构件钢筋计算软件、智能造价软件的开拓者，是工程量钢筋计算平台、工程造价计算平台的创导者。

得到美国国际风险基金支持的“鲁班软件”属于后起之秀，最初以相当出色的鲁班钢筋特色功能赢得市场，目前定位为建造阶段BIM技术专家，渐渐得到湖南市场的共鸣。

深圳市斯维尔科技有限公司成立于深圳，专业致力于提供工程设计、工程造价、工程管理、电子政务等建设行业信息化解决方案。在湖南也有不小的市场，特别是积极参与教育事业的活动，协办了在湖南城建职院技术学院举办的“2014年湖南省职业院校土建类职业技能竞赛”活动。

本来以建筑结构设计软件在国内独领风骚的“PKPM”中国建筑科学研究院，以其具有自主开发平台，不用第三方中间软件支撑，同时又具有强大的图形和计算功能，涉足了工程技术和工程造价软件的开发。

广联达软件股份有限公司目前是造价软件市场中较有实力的软件企业，以其方便、实用、培训的特色得到大部分使用者的追随，特别是原来为数字论坛现在为广联达新干线的平台拥有众多的同行进行交流。

智多星软件公司作为湖南省内唯一开发造价软件的公司，发展势头迅猛，特别是工程项目造价管理软件近年来几乎席卷湖南大中小城市各类用户。2013年8月16日，湘潭市“政府投资建设项目计价算量软件”政府采购中，智多星计价软件、智在舍得图形算量软件两种产品也在中标产品之内，由此可见一斑。

1.1.2　建筑工程算量软件的共性

市场上的算量软件、主流的软件编程原理基本类似：工作流程的第一步是先进行工程整体概况的设置，如楼层、结构等工程特征的信息输入，再通过手工建模或者CAD转化建模方式将模型创建好，有的软件在此基础上先画好钢筋，再将钢筋图已建模信息转入图形算量界面，进行图形编辑。然后可以选择当地的清单或定额计价模式进行工程量整体计算(也可以在最开始的设置时选择好)，就可以得到计价所需要的报表。因此，算量软件最关键的操作步骤就是建模：不同软件的建模功能相似，如手工建模就是以描绘的方式，从轴网、柱、墙、梁、板、门窗、装饰、零星部分等一步一步绘制到图形上。绘制的方法灵活多样，可以利用很多CAD快捷操作辅助建模，也可以利用软件本身各项批量布置命令快速建模。另一个建模方式就是导入图形：以规范的CAD原图为蓝本，利用CAD转化操作进行建模，效率比手工建模快几倍，但需要检查是否完全转换好，是否符合图纸的表达。最后计算出的报表可以通过条件统计、报表输出等功能直接输出想要的报表。对应的数据还能直接反查到模型上，查看三维效果和计算的过程，方便对量。

算量软件虽然将使用者从繁琐的手工计算工作中解放出来，还能在很大程度上提高算量工作效率和精度，但它也不是万能的。现代建筑的个性化、复杂性导致有的地方只能手工计算，或者手工计算更简单明了，所以一般软件辅助有表格输入的功能。当然也不要过分依赖电脑输出的工程量，注意检查，往往小小的输入错误，或者习惯画法，造成麻烦更多。由此想达到精准计量的水平，对造价人员综合素质要求更高了，对图纸的理解也要更深入。

1.1.3 建筑工程计价软件的共性

建筑工程计价软件相对工程算量软件而言更易上手，使用频率更高，同时计价更高效。在提升造价结果的准确性、数据运用和管理上更加便捷。

手工计价时，首先要熟悉工程项目以及施工图，根据本地区相关定额和规定，用大量时间统计出工程量并列好工程量清单，计算定额工程量，套用定额做工料机分析表等，并根据工程实际进行换算调整，计算每条清单子目的综合单价和合价，继而汇总出工程所用的人工、材料、机械并调整为恰当的价格，编制人材机汇总表，然后计算工程各项取费，汇总多个单位工程得出整个工程的造价，最后装订成相对独立的一本本预算书。

软件计算工程造价是对手工计价的模拟。计价软件是根据上述工程手工计价过程，设计成几大功能模块逐一完成：工程文件信息管理→分部分项工程清单等三大清单的编辑→工料机单价的编辑→取费表编辑→报表编辑及输出→经济指标的核对。这几大模块通常做成独立的窗口界面，由操作者根据具体需要自由切换进行编辑，软件公司也可以根据用户需求增加相应附属模块。

计价软件是以工程文件的形式来记录和管理工程的具体信息的。每承接一个工程项目，首先都要新建一个工程文件，选择将要使用的清单或定额，输入必要的工程特征信息，可储存这些信息，既方便以后查考，也便于输出报表时引用。建立的工程文件会保存在电脑上，可以反复查阅、编辑，并能转存到其他位置，也可通过移动磁盘或电子邮件交流。工程文件建立之后，就能在其中添加具体的工程内容，包括用到的清单、定额子目及工程量。如果有了同家软件公司的算量、钢筋的数据，也可以直接导入进来，快速生成清单文件与组价文件。有了基本的界面计算表，就可运用软件提供的各项功能进行编辑、换算、调整，软件会根据具体操作，自动计算出清单或定额子目的单价、合价，时时汇总出人工、材料、机械等资源的用量。界面形成人工、材料、机械等统计数据，可以根据市场价格、企业定额和招投标要求，针对性地调整工程内的具体人工、材料、机械台班的单价，软件会自动汇总出，并即时按新价格重新计算清单或定额的单价和合价，及时更新供决策者参考。那些以具体子目的工料机费用为基数，再乘以百分比或系数的项目(如措施费用等)，也会随时更新结果，这些都是手工计价时最为繁琐和重复的工作，恰恰是计价软件自动计算的优势。在完成清单和组价编辑以及工料机调整后，软件会根据内置的常规取费表(即取费模板)汇总计算出工程的各项费用和造价，可按实际需要修改取费表，保存自有工程的取费数据为模板，并据此用于下一次计算。至此，工程造价文件的编辑工作基本结束，可直接调用软件内置的报表样式，或做适当修改后，通过打印机打印输出，也可将工程另存后传送或转为其他格式(如Excel)的文件用于打印和交流。上述过程，常常是穿插进行的，其显示、计算的方式也可通过软件提供的参数设计功能进行控制，这样，就能得到精准高效符合需要的工程造价文件。

任务1.2　初识建筑工程算量软件

任务要求

在老师的指导下上网完成至少三种建筑工程算量软件学习版的下载和安装。

表1-2　算量软件下载记录表

算量软件名称及版本	算量软件公司名称	公司网址

问题引入

序号	问　题	思　考
1	回顾建筑工程计量与计价课程中编制造价文件最繁琐的工作是哪一步？	
2	如何解决第1问中繁琐的工作？	
3	是否采用过Excel表格形式帮助计算工程量？	
4	是否借用材料消耗量指标估算过工程量？	
5	周围环境中使用算量软件有哪些？你是否关注过？	

操作指导

上网搜索，填写记录表1-2中的内容，可以扩展、了解网站内容(如新手入门、常用软件使用问题解答等)。

知识链接

1.2.1　建筑工程算量软件概述

算量软件是建筑企业信息化管理不可缺少的工具软件，它具有速度快、准确性高、易用性和拓展性好、协同管理工作灵活等优点。特别是现代建筑，造型独特，结构复杂，有些已经无法通过手工算量的方式去进行工程量计算，因此算量软件是符合时代发展需求，为企业快速化施工、节约成本、创造利润不可或缺的工具。

1.2.2 建筑工程算量软件种类及网站

目前常见算量软件的种类如下：

广联达软件股份有限公司的钢筋算量软件 GGJ2013 是基于国家规范和平法标准图集，采用绘图方式，整体考虑构件之间的扣减关系，辅助以表格输入，可解决工程造价人员在招投标、施工过程提量和结算阶段钢筋工程量的计算。湖南广联达钢筋算量软件 GGJ2013 (12.5.0.2099 版本)下载网址为：http://www.fwxgx.com/zzfw/self_service/show/3950.html。

其公司的土建算量软件 GCL2013 是基于自主平台研发的一款算量软件，无需安装 CAD 软件即可运行。湖南广联达图形算量软件 GCL2013(10.5.0.1314 版本)下载网址为：http://www.fwxgx.com/zzfw/self_service/show/3951.html。

深圳市斯维尔科技有限公司的三维算量 THS－3DA2014 版，在“服务与支持”下的“软件下载”网址为：http://i.thsware.com/Fileinfo/tabid/100/FileID/9382/Default.aspx，是一款集构件与钢筋为一体，实现建筑模型和钢筋计算实时联动、数据共享的软件，可以同时输出清单工程量、定额工程量、构件实物量，全国通用，且可快速开发特色模块。

作为湖南本土企业长沙智多星信息技术有限公司的智在舍得算量钢筋二合一软件 V6.6 的下载地址为：http://www.wisestar.cn/down_list.aspx? id=162，在沟通和响应速度上具有优势。

具有自主知识产权的四维图形算量平台的五维量价(土建算量＋安装算量＋钢筋算量＋造价平台＋组合模板)，下载网址为：http://sjms.me/software/software_details.aspx? id=5，是上海神机妙算软件有限公司研发的全国通用软件。

有着建造阶段 BIM 技术专家定位的上海鲁班软件有限公司，研发的鲁班土建软件 2014V25.0.1 是基于 AutoCAD 图形平台开发的工程量自动计算软件，其下载网址为 http://www.lubansoft.com/index.php? _c=down&_a=introduce&parentid=1&id=4261。该软件有着强大的钢筋三维显示，便于查看和控制，报表种类齐全的鲁班钢筋 2014V23.0.1 下载网址为：http://www.lubansoft.com/index.php? _c=down&_a=introduce&parentid=3&id=4263。

中国建筑科学研究院建筑工程软件研究所属国家级科研单位，是以行业研发中心、规范主编单位、工程质检中心为依托的建筑业软件开发机构。其 PKPM 钢筋算量软件下载网址为：http://www.pkpmsoft.com/UserSystem/SoftView.asp? id=880。

网站会实时更新升级版本。

任务 1.3 初识建筑工程计价软件

任务要求

在老师的指导下上网完成至少三种计价软件学习版下载和安装。

表1-3 计价软件下载记录表

计价软件名称及版本	计价软件公司名称	公司网址

问题引入

序号	问题	思考
1	回顾建筑工程计量与计价课程专业周编制造价文件中，重复最多的工作是哪一步？	
2	如何解决第1问中重复的工作？	
3	是否采用过Excel表格形式帮助计算工料机分析表和综合单价分析表？	
4	是否借用经济指标估算过综合单价？	
5	周围环境中使用计价软件有哪些？你是否关注过？	

操作指导

上网搜索，填写记录表1-3中的内容，可以扩展了解网站内容(如计价技巧、广联达新干线中问题解析等)。

知识链接

1.3.1 建筑工程计价软件概述

目前，行业习惯把建筑工程计价软件统称为造价管理软件。专业性、实用性、操作性都很强的造价管理软件在复杂的工程建设中，能解决工程项目的估算、概算、预算、招标、投标、项目审计审核、竣工结算等，从全过程到全生命周期的一系列造价管理工作；能很好地辅助造价人员快速处理庞大的数据，减轻重复计算的问题，迅速得到规范的工程造价文件。特别是招投标电子化推广以来，涌现出了数量众多的工程造价软件，且覆盖了工程造价活动的各个方面，按照建设部对建设工程划分的常用14个专业分为：建筑工程造价管理软件、装饰装修工程造价管理软件、安装工程造价管理软件、市政工程造价管理软件、园林绿化工程造价管理软件、公路工程造价管理软件、轨道交通工程造价管理软件、铁路工程造价管理软件、电力工程造价管理软件、水利水电工程造价管理软件、煤炭工程造价管理软件等。

为贯彻执行本省建设工程计价办法和相关消耗量标准，规范建设工程造价计价行为，提高建设工程造价计算机应用、管理水平，提供专业性管理解决方案，要求所有造价管理软件必须通过本省建设工程造价管理总站组织专家进行的符合性评测，方可在工程造价计价工作中使用。

如湖南省，根据湘建价〔2014〕154号文件，湖南省建设工程造价管理总站于2014年8月28日组织专家对自愿申请评测的工程造价计价软件进行了符合性评测。该文件公布的通过了测评的有长沙仁瑞信息技术有限公司的“睿特造价软件”、长沙市正方软件科技有限公司的“正方清单专家软件”、深圳市斯维尔科技有限公司湖南分公司的“清单计价软件”、广联达软件股份有限公司的“广联达计价软件 GBQ4.0”、长沙匹克信息科技有限公司开发的“PKPM”计价软件、长沙智多星信息技术有限公司的“智多星工程项目造价管理软件”，可在本省工程造价计价工作中使用，其他软件可以继续提请测评。

1.3.2 建筑工程计价软件种类及网站

国内建筑工程计价软件个性突出，种类繁多，专属某地区、某行业使用。现介绍面向省内的部分计价软件：

广联达软件股份有限公司推出的广联达计价软件 GBQ4.0 是融计价、招标管理、投标管理于一体的全新计价软件。能作为招投标整体解决方案，是以工程量清单计价和本省定额计价为业务背景，迅速生成招投标、结算等工作文件。广联达计价软件 GBQ4.0(湖南2014新定额版本)下载网址为 http://www.fwxgx.com/zzfw/self_service/show/6114.html。

深圳市斯维尔科技有限公司专为湖南打造的清单计价2014(湖南版)，下载网址为 http://i.thsware.com/Fileinfo/tabid/100/FileID/9514/Default.aspx，可在全国统一平台的基础上提供二次开发功能，既保证软件的通用性又能满足不同地区、不同专业计价的特殊需求，且已内置了30多个省市的定额，支持全国各地市、各专业定额。同时具有运用专业的指标分析模板，对单位工程计价文件的清单、工料、费用进行分析计算，快速输出各项经济指标、主要工程量技术指标的功能。

专注于本省定额计价软件市场的长沙智多星信息技术有限公司，其湖南2014建设项目造价管理软件的下载网址为 http://www.wisestar.cn/down.list.aspx? id = 133，目前，以其简洁高效的特色在湖南市场使用的范围比较广。

上海神机妙算软件有限公司研发的全国通用清单专家软件的神机妙算 - 工程 - 项目造价计算平台，下载网址为 http://sjms.me/software/software_details.aspx? id = 5，曾经在本省风靡一时，有的早期工程造价人员由此入门学习软件的应用。

上海鲁班软件有限公司，研发的鲁班造价2013V7.0.0，其下载网址为 http://www.lubansoft.com/index.php? _c = down&_a = introduce&parentid = 7&id = 4237。在目前阶段有着免费免锁的功能，但需要自行下载定额库等，有着“鲁班通”数据库等价格数据库远程支持和企业定额库及造价指标网络远程支持的功能。

中国建筑科学研究院建筑工程软件研究所研发的 PKPM - STAT13.0 新规范版本，下载网址为 http://www.pkpmsoft.com/UserSystem/SoftView.asp? id = 880，可以最大限度地利用投标报价生成的数据，为成本、进度、物资等管理提供有力参考，是工程管理工作中的好帮手。

背景资料

广联达软件股份有限公司网址：http://www.fwxgx.com/

长沙智多星信息技术有限公司网址：http://www.wisestar.cn

深圳市斯维尔科技有限公司网址：http://www.thsware.com/

上海鲁班软件有限公司网址：http://www.lubansoft.com/index.php

上海神机妙算软件有限公司网址：http://sjms.me/default.aspx

中国建筑科学研究院建研科技股份有限公司网址：http://www.pkpmsoft.com/default.aspx

模块小结

1. 了解工程算量软件的种类和下载网址。

2. 了解工程计价软件的种类和下载网址。

3. 掌握软件的下载方法并安装好。

4. 熟悉广联达图形算量软件(GCL2013)、广联达钢筋算量软件(GGJ2013)。

5. 了解清华斯维尔三维算量(THS－3DA2014)和智多星的智在舍得算量钢筋二合一软件。

6. 熟悉湖南2014建设项目造价管理软件和广联达计价软件(GBQ4.0)。

7. 了解斯维尔清单计价(2014)。

8. 初步了解BIM技术。

模块二　广联达钢筋算量软件应用

模块任务

- 任务2.1　钢筋算量软件的基本原理及应用思路
- 任务2.2　钢筋算量操作流程
- 任务2.3　任务驱动——钢筋算量软件的应用
- 任务2.4　钢筋算量软件应用技巧
- 任务2.5　钢筋算量软件出量分析和算量数据文件的整理

能力目标

- 熟练掌握软件算量的原理和依据
- 熟练使用算量软件对框架结构工程进行钢筋工程量快速准确计算
- 熟练掌握软件算量的方法

知识目标

- 熟练掌握软件的操作命令
- 掌握柱、梁、板、基础等结构构件的定义和绘制方法
- 熟悉多种算量软件的操作程序

任务2.1　钢筋算量软件的基本原理及应用思路

任务要求

熟悉附录中《办公楼》的结构施工图，准备好钢筋算量的相关规范、了解软件应用的基本原理、了解软件的图元形式、熟悉软件的操作流程。

操作指导

2.1.1　钢筋算量相关规范简介

钢筋的软件算量和手算的主要依据是国家标准规范、施工图、工程联系单以及施工中的传统工艺等，而国家标准规范是算量里面最为根本也必须执行的依据，故我们应简单地了解一些现行的规范。

现行的《建筑抗震设计规范》为国家标准，编号为GB50011—2010，自2010年12月1日起实施，必须严格执行，原《建筑抗震设计规范》(GB50011—2001)同时废止。

现行的《混凝土结构设计规范》为国家标准，编号为GB50010—2010，2010-08-18发布，自2011年7月1日起实施，原《混凝土结构设计规范》(GB50010—2002)同时废止。

现行的《高层建筑混凝土结构技术规程》为行业标准，编号为JGJ3—2010，自2011年10

月1日起实施，原行业标准《高层建筑混凝土结构技术规程》(JGJ—2002)同时废止。

根据建质〔2011〕110号文件，由中国建筑标准设计研究院等单位编制的《城市道路工程设计技术措施》和《外墙内保温建筑设计构造》等14项设计标准为国家建筑设计标准，自2011年9月1日开始实施。

结合我国新规范的修订及发行，使国家建筑标准设计图集能够及时地与新规范衔接，以满足结构设计的使用要求，以前使用的03G平法系列废止使用，开始使用11G平法系列代替原来的03G平法系列，这也是软件算量的直接依据。

G101系列图集是混凝土结构施工图采用建筑结构施工图平面整体表示方法的国家建筑标准设计图集，主要有以下几个分册：

11G101-1《混凝土结构施工图平面整体表示方法制图规则和结构详图(现浇混凝土框架、剪力墙、梁、板)》(替代原03G101-1、04G101-4)；

11G101-2《混凝土结构施工图平面整体表示方法制图规则和结构详图(现浇混凝土板式楼梯)》(替代原03G101-2)；

11G101-3《混凝土结构施工图平面整体表示方法制图规则和结构详图(独立基础、条形基础、筏行基础及桩基承台)》(替代原04G101-3、06G101-6)；

12G101-4《混凝土结构施工图平面整体表示方法制图规划和构造详图(剪力墙边缘构件)》。

2.1.2　钢筋算量软件的基本原理

1. 基本原理与思路

算量软件综合考虑了平法系列图集、结构设计规范、施工验收规范以及常见的钢筋施工工艺，能够满足不同的钢筋计算要求，不仅能够完整地计算工程的钢筋总量，而且能够根据工程要求按照结构类型的不同、楼层的不同、构件的不同，计算出各自的钢筋总量并可输出明细表。其算量的思路为：软件算量的本质是将施工图上的钢筋信息通过软件绘图或者导图的方式建立一个结构模型，通过软件内置的计算规则实现钢筋的锚固、搭接等自动运算，最终通过软件程序自动计算完成钢筋工程量，并进行统计。

2. 学习软件应该具备的知识

为了学好软件并用好软件做实际工程算量，在学习软件之前需要具备以下基本的知识：

(1)具备基本的识图能力；

(2)具备一定的平法知识，熟悉建筑常用规范；

(3)了解手工算钢筋量的计算方法；

(4)熟悉电脑使用知识。

2.1.3　钢筋算量操作界面介绍

软件综述和界面介绍：广联达GGJ2013主要通过绘图建立模型的方式来进行钢筋算量的计算，构件图元的绘制是软件使用中重要的部分。对绘图方式的了解是学习软件算量的基础，图2-1是GGJ2013中构件的图元形式。

GGJ2013主要有模块导航栏、工具栏、菜单栏、状态栏、构件列表栏、绘图区这六个常用操作栏，下面简单介绍这六个栏目的作用。

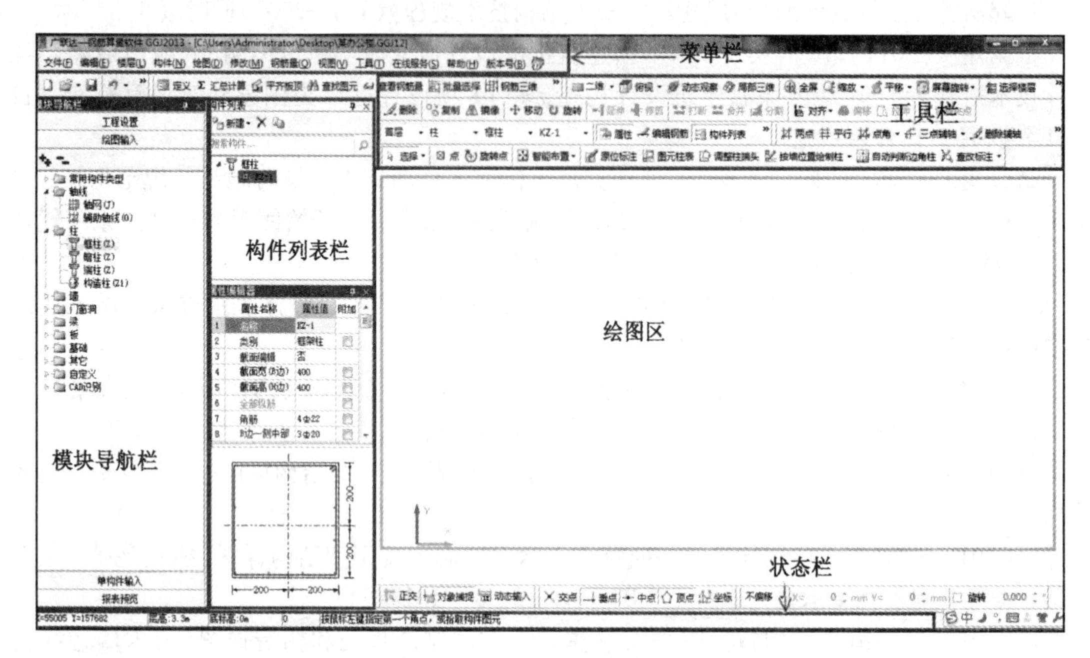

图 2－1　图元形式

1. 模块导航栏(图 2－1 左侧部位)

按照操作流程的步骤展开进行对应的设置，一般要先进行工程的设置，然后再进入绘图输入的模块进行构件的定义和绘制，接着对一些零星构件进行单构件输入，最后进行计算报表预览，所以模块导航栏主要进行的是按步骤完成的流程。

2. 构件列表栏(图 2－1 上部位)

在这个区域我们可以对构件的属性进行定义和修改，也可以在列表栏里面选择对应的构件后进入绘图区绘制。

3. 绘图区(图 2－1 右侧黑色部位)

软件模型绘制建立的主要操作区域。

4. 工具栏(图 2－1 界面上部第 2～5 行)

在绘图过程中我们对构件的位置进行绘制和调整以及快捷的操作命令，比如复制、镜像、旋转等操作命令都在这里。

5. 菜单栏(图 2－1 界面上部第 1 行)

点击菜单栏里面的某个菜单，里面会有软件的一些常规命令，比如工程的保存以及软件的帮助信息等。

6. 状态栏(图 2－1 界面最底部 1 行)

在绘制过程中状态栏会出现对应的操作提示，按照状态栏显示的文字，能指引初学者迅速进入下一步操作。

任务2.2　钢筋算量软件操作流程

任务要求

打开钢筋算量软件，根据附录中《办公楼》的结构施工图进行如下操作：

1. 不同结构工程的操作流程的区别；
2. 掌握不同构件的绘制方法；
3. 掌握镜像、复制等快捷命令。

操作指导

2.2.1　软件综述和基本操作流程

GGJ2013 软件操作流程，如图 2－2 所示。

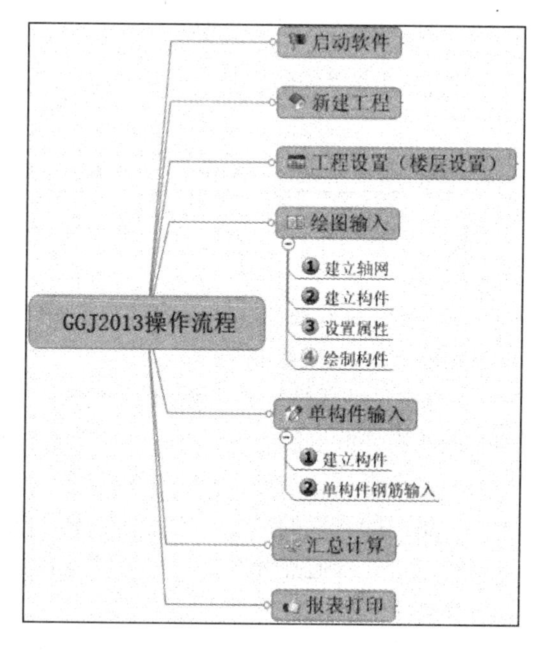

图 2－2　软件操作流程

使用软件做工程，画图建模是关键的一个环节，画图的效率及正确性直接关系到做工程的效率及算量的准确性。为了达到高效建模的目的及确保计算的准确性，软件绘图都应遵循一定的规律和绘制方法。

要快速学会应用软件做实际工程有几个决定因素：熟练掌握软件的基本操作；清晰明了软件的算量的原理；熟悉软件的操作流程；掌握软件快速对量查量的方法。其中熟悉软件的基本操作流程是用好软件做工程的最重要点，针对不同的结构，采用不同的绘制顺序，能够更方便地绘制，更快速地计算，提高工作效率。

对一般结构类型，推荐的两种绘制流程如下：

（1）空间布局的绘图流程

（2）主要构件类型的绘图流程

框架结构：框架柱→框架梁→现浇板→基础构件→楼梯、檐沟等。

剪力墙结构：剪力墙→暗柱、端柱→暗梁→门、窗洞口→连梁→现浇板→基础构件→楼梯等零星构件。

框架剪力墙结构：剪力墙→暗柱、端柱→框架柱→连梁、框架梁→现浇板→基础构件→楼梯等零星构件。

针对不同的结构类型，灵活采用不同绘制顺序，方达到高效准确的效果。

2.2.2 软件功能键基本操作

1. 绘制构件的基本操作：点、线、面构件的基本绘制

(1)常见的点式构件：柱、承台、独基

点式构件的布置方法：首先在工具栏里面或者构件列表里面通过点击鼠标左键选择对应的构件，然后鼠标左键点击工具栏里面的点的命令，最后在绘图区域内对应的轴网位置点击鼠标左键绘制。其操作方法如下：

第1步：在“构件工具条”中选择一种已经定义的构件(图2－3)，如KZ1。

首层
柱
框柱
KZ1
属性
编辑钢筋
构件列表

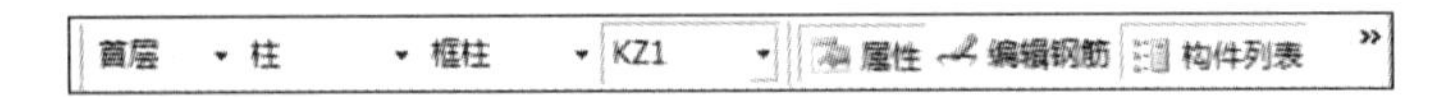

图2－3 构件工具条选择构件

第2步：在“绘图工具栏”选择“点”，如图2－4所示。

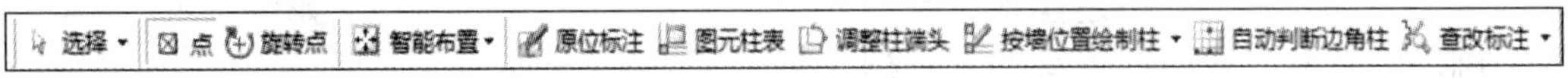

选择
点
旋转点
智能布置
原位标注
图元柱表
调整柱端头
按墙位置绘制柱
自动判断边角柱
查改标注

图2－4 绘图工具栏“点”绘制

第3步：在绘图区，鼠标左键单击一点作为构件的插入点(图2－5)，完成绘制。

KZ1

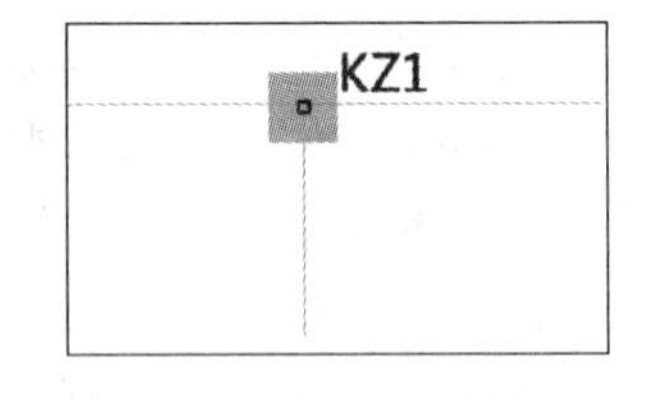

图2－5

(2)常见的线性构件：梁、墙、板带、后浇带

线性构件的绘制方法：首先在工具栏里面或者构件列表里面通过点击鼠标左键选择对应的构件，然后鼠标左键点击工具栏里面的直线的命令，最后在绘图区域内对应的轴网位置鼠标左键选择起点和终点，点右键结束绘制，完毕。其操作方法如下：

第1步：在“构件工具条”中选择一种已经定义的构件(图2－6)，如框架梁KL－5(1)。

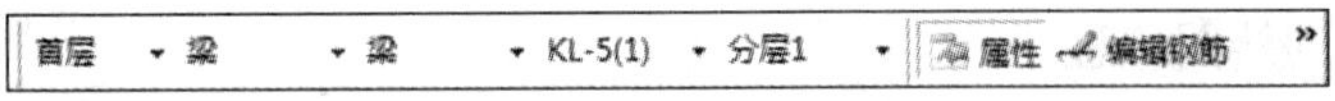

首层
梁
梁
KL-5(1)
分层1
属性
编辑钢筋

图2－6 构件工具条选择构件

第2步：左键单击“绘图工具条”(图2－7)中的“直线”。

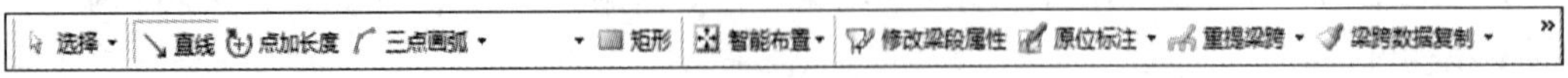

选择
直线
点加长度
三点画弧
矩形
智能布置
修改梁段属性
原位标注
重提梁跨
梁跨数据复制

图2－7 绘图工具条“直线”绘制

第3步：用鼠标点去一点，在点取第二点即可以画出一道梁，再点取第三点，就可以在第二点和第三点之间画出第二道梁(图2－8)，以此类推。

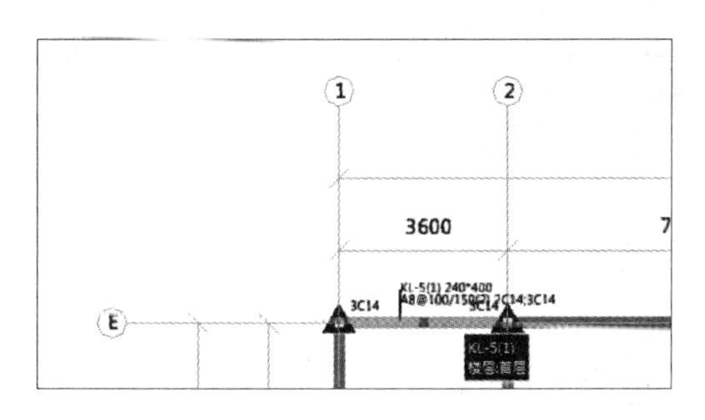

图 2－8　直线绘制梁

（3）常见的面式构件：现浇板、筏板、自定义集水坑、自定义承台等

面式构件的绘制方法：首先在工具栏里面或者构件列表里面通过点击鼠标左键选择对应的构件，然后鼠标左键点击工具栏里面的直线的命令，最后在绘图区域内对应的轴网位置鼠标左键依次选择起点、第二点、第三点……终点，点右键结束绘制，完毕。（技巧提醒：如选择中间某点错误可以按住 CTL 键点左键撤回一点）其操作方法如下：

第 1 步：在"构件工具条"中选择一种已定义的构件（图 2－9），如现浇板 B－1。

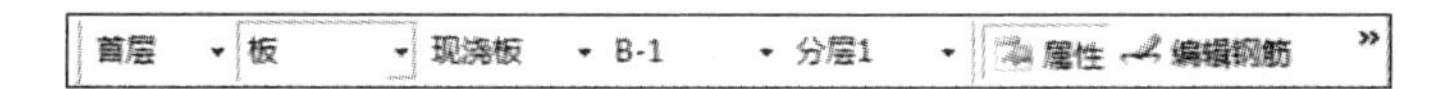

图 2－9　构件工具条选择构件

第 2 步：左键单击"绘图工具条"（图 2－10）中的"直线"。

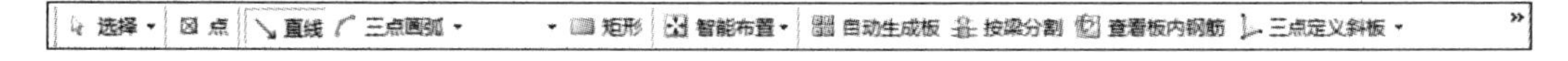

图 2－10　绘图工具条"直线"绘制

第 3 步：采用与直线绘制梁相同的方法，不同的是要连续绘制，使绘制的线围成一个封闭的区域，形成一块面块图元，绘制结果如图 2－11 所示。

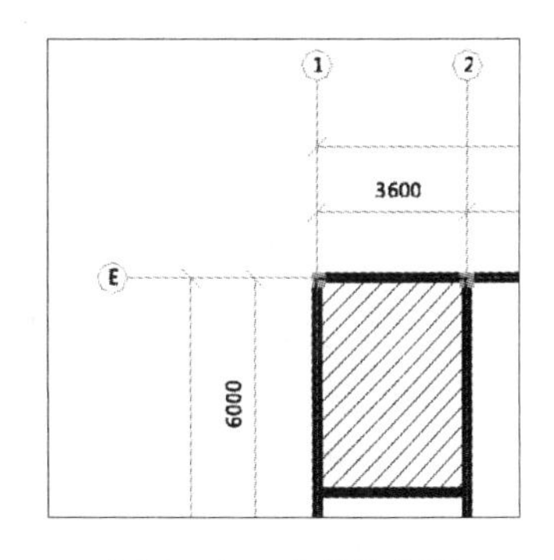

图 2－11　直线绘制板

2．绘制构件的快捷操作：复制、镜像、智能布置、自动配筋

复制、镜像、智能布置、自动配筋等快捷操作在实际工程中运用非常的广泛，能极大地提高工作效率，需要反复练习熟练掌握。操作方法如图 2－12 所示。

E 轴的柱和 D 轴的柱完全是对称的，这时我们可以先绘制好 E 轴的柱，然后选择 E 轴已经绘制好的柱使用镜像功能，在 ED 之间找到中心线作为镜像的参照线，在弹出的提示框中点击"否"。D 轴柱即可完成，如图 2－13 ~ 图 2－16 所示。

技巧提醒：在上面的操作过程中找对称线时由于 DE 之间没有中心辅助轴线，是否会选择对称线的点？建议使用广联达"万用王"键【Shift 键】，选择了镜像对象以后在软件状态栏

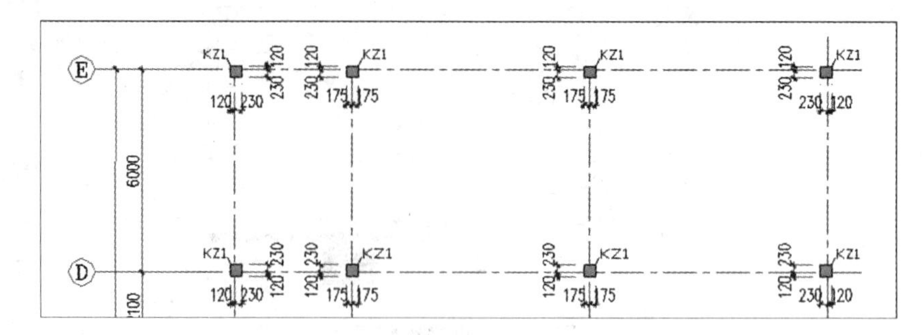

图 2－12

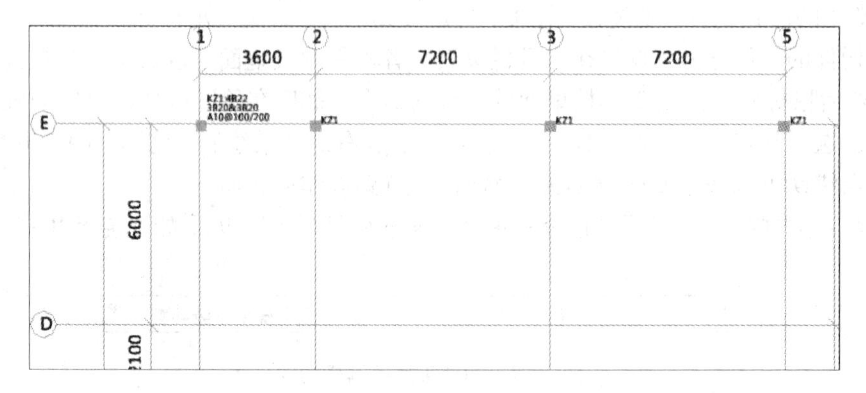

图 2－13　绘制 E 轴线柱

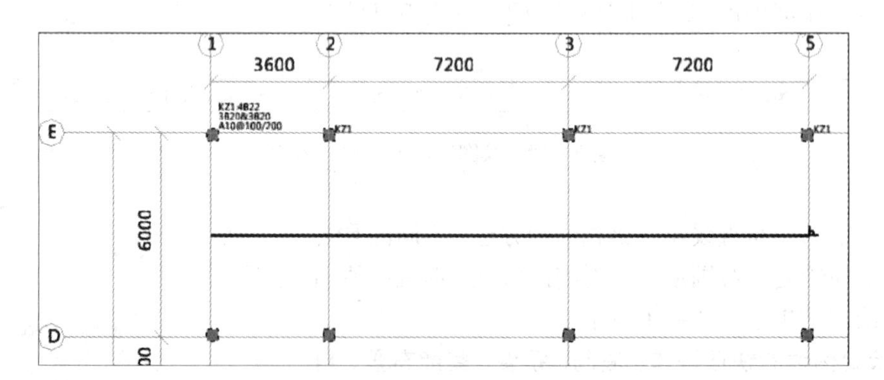

图 2－14　绘制 ED 轴线间中线辅助线

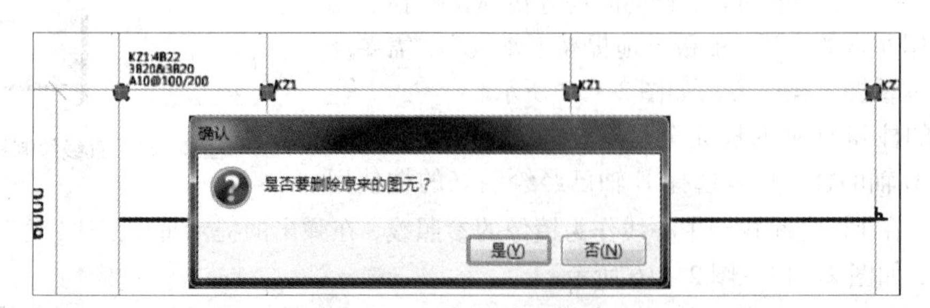

图 2－15　镜像弹出对话框

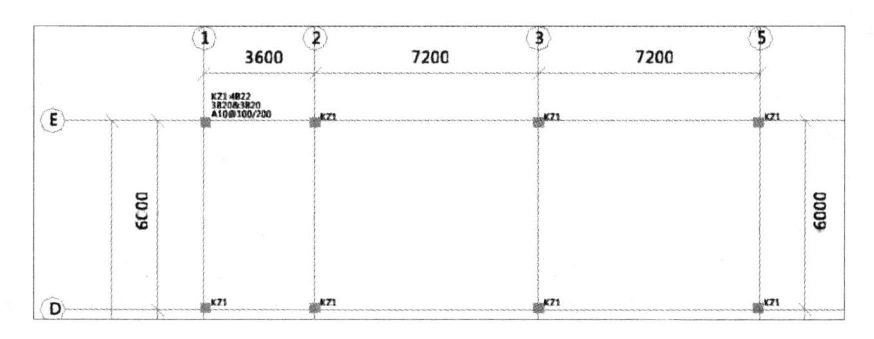

图 2－16　完成柱镜像

中会出现 按鼠标左键指定镜像线的第一点，或Shift+左键输入偏移值 提示，这时我们按 Shift 键的同时用鼠标左键点击 E 轴与 1 轴的交点，在对话框中 Y 数值里面输入 －3000 就可以找到对称点的精确位置了，如图 2－17 所示。

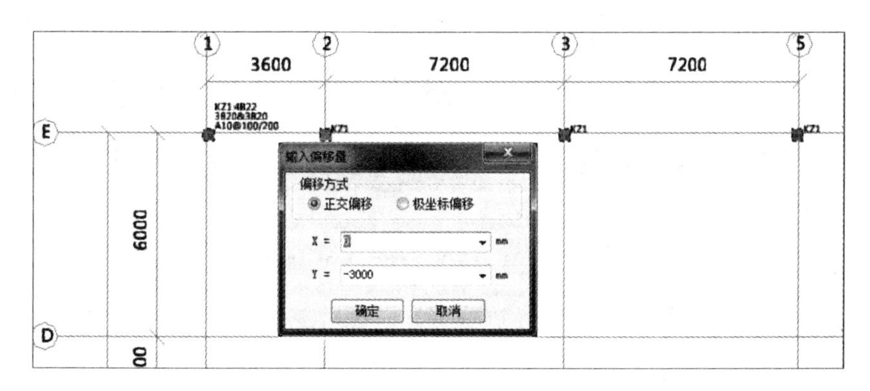

图 2－17　输入偏移量

复制的命令操作方式同镜像操作步骤完全一致，在这里就不再复述了。

智能布置常用于布置过梁、承台、独基等构件，其操作方法比较灵活，需要根据工程的实际情况进行不同的调整，一般要结合批量选择进行组合操作，新学者要善于利用软件状态栏的提示一步一步操作，达到熟练掌握的程度。

任务 2.3　任务驱动——钢筋算量软件的应用

任务要求

新建《办公楼》的钢筋算量图形，熟练掌握如下操作：

1. 柱梁墙板等构件钢筋的定义和绘制；
2. 基础构件的钢筋处理；
3. 零星构件钢筋的处理方式。

完成任务实践中《办公楼》梁平面配筋图并掌握正确绘制的方法。在充分掌握基本操作技巧的情况下扩大知识面，多渠道了解剪力墙钢筋等图形的建模与绘制。

操作指导

2.3.1 新建工程、工程节点设置

1. 分析结构设计总说明

在新建工程之前，应先熟读并分析图纸中的“结构设计总说明”以及施工图中的各项规定，方便我们在工程设置中快速选择相应信息。例如：“本工程采用国家标准图集 11G101 系列”的选项，结构设计总说明直接规定了该工程钢筋构造所依据的图集和规范，因此，软件算量定义的选项也需要依照此规定，以免建模完成后发现选择不当，需要返工重绘。

2. 新建工程

(1)在分析图纸、了解工程基本概况后，启动软件 GGJ2013，软件界面有“每日一贴”，提供了很多有关于软件基本操作内容，如图 2－18 所示，可以每日进行温故而知新，也可以选择不显示直接进入编辑界面。

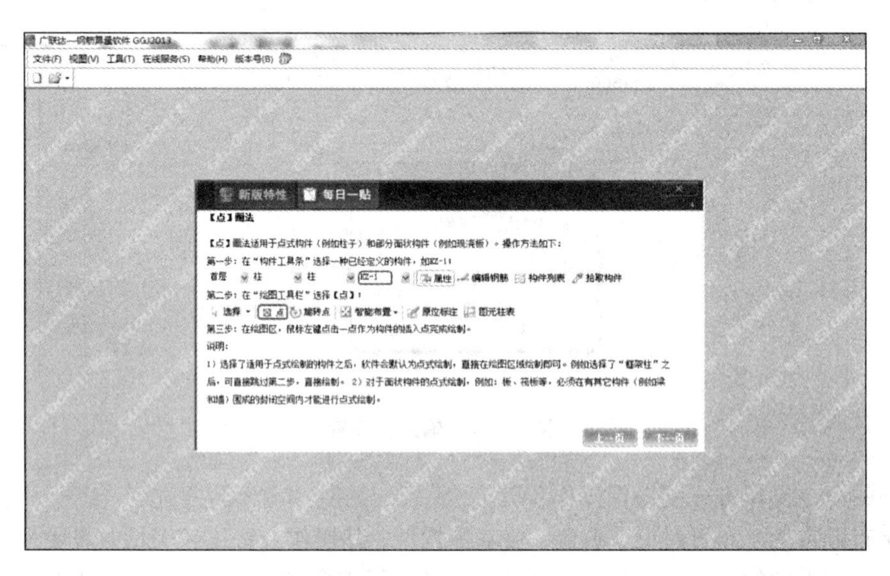

图 2－18 “每日一贴”帮助界面

(2)进入软件界面“欢迎使用 GGJ2013”，如图 2－19 所示。

(3)鼠标左键点击欢迎界面上“新建向导”，进入新建工程界面，根据界面要求输入各项工程信息，如图 2－20 所示。

工程名称：按图纸输入对应的项目名称，文件进行保存时会作为默认名称，也可以另做修改。

计算规则：按工程图纸的设计说明要求选择 11G 新平法规则。

损耗模板：根据实际工程需要选择，可以暂时不计，等最终的结果出来选择相应的损耗系数。

报表类型：点选实际工程需要的类型(如选择湖南 2014)。

汇总方式：针对报表部分的汇总设置，分为“按外皮计算钢筋长度”(一般预算使用)和“按中轴线计算钢筋长度”(一般施工现场下料使用)，做预结算时应选择按外皮计算钢筋长度。

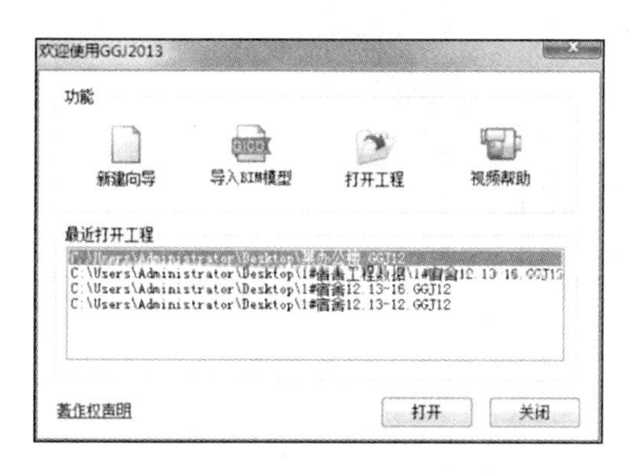

图 2 – 19　新建向导

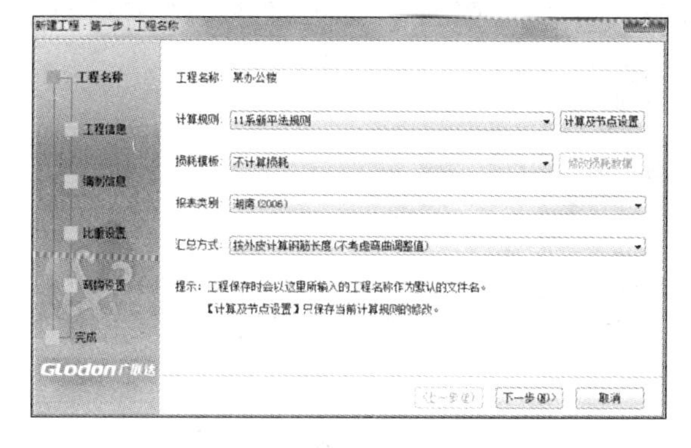

图 2 – 20　新建工程→工程名称

(4)点击“下一步”，进入“工程信息”，如图 2 – 21 所示。

在工程信息中，结构类型、设防烈度、檐高决定建筑的抗震等级；抗震等级影响钢筋的搭接和锚固的数值，从而影响最终钢筋量的计算。因此，必须根据实际工程图纸的情况进行输入，所编辑的内容会链接报表中。

(5)再点击“下一步”进入“编制信息”，如图 2 – 22 所示，此处信息主要起到标示作用，根据实际工程情况填写相应内容，汇总报表时，内容会链接到报表中，也可以不进行填写。

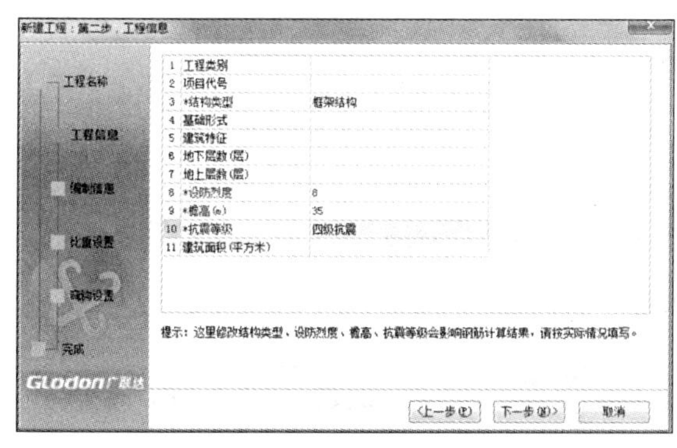

图 2 – 21　新建工程→工程信息

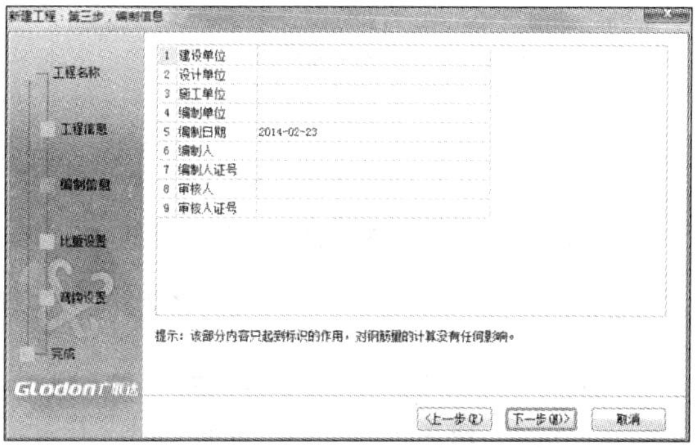

图 2 – 22　新建工程→编制信息

(6)点击“下一步”进入“比重设置”，对钢筋的比重信息进行设置，如图 2 – 23 所示。国内实际工程中没有使用直径为 6 mm 的钢筋，一般用直径为 6.5 mm 的钢筋代替，这种情况下，为了方便绘图输入，将 6.5 mm 的钢筋比重复制粘贴到直径 6 mm 的比重位置进行修改。

(7)点击“下一步”进入“弯钩设置”(图 2 – 24)，我们可以根据需要对钢筋的弯钩进行设置。

(8)点击“下一步”，进入“完成”界面，“新建工程”编制完成。

(9)点击“模块导航栏”进入“工程信息”界面，如图 2 – 25。界面中 6 个界面都是对工程信息和工程中用到的参数等进行设置的，比重设置、弯钩设置和损耗设置在新建工程时已经进行设置，此处不需要重复修改。计算设置中包含计算设置、节点设置、箍筋设置、搭接设置和箍筋公式，需依据实际工程进行修改。“楼层设置”是这 6 个界面的操作重点。

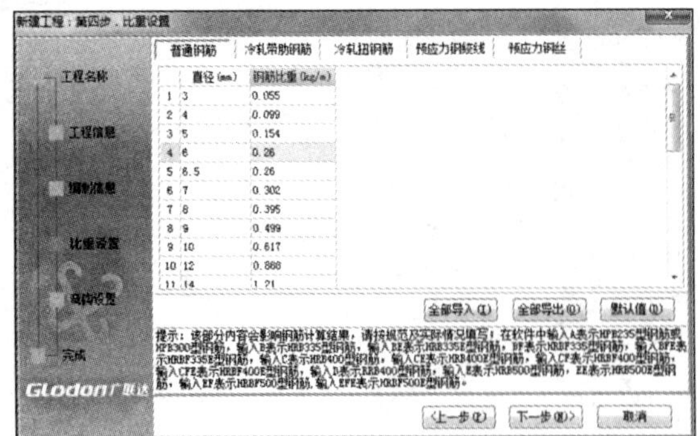

图 2－23　新建工程→比重设置

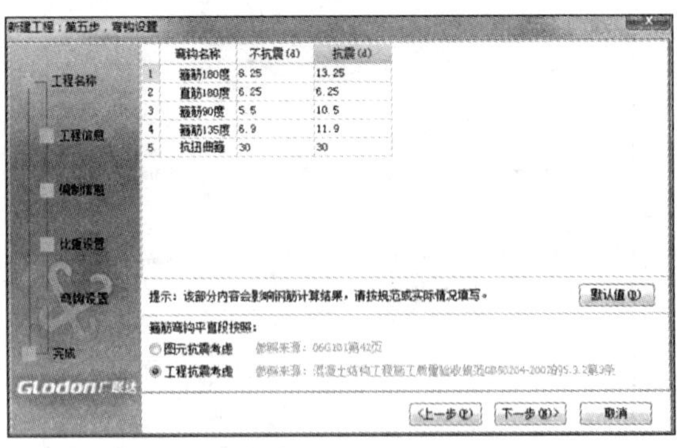

图 2－24　新建工程→弯钩设置

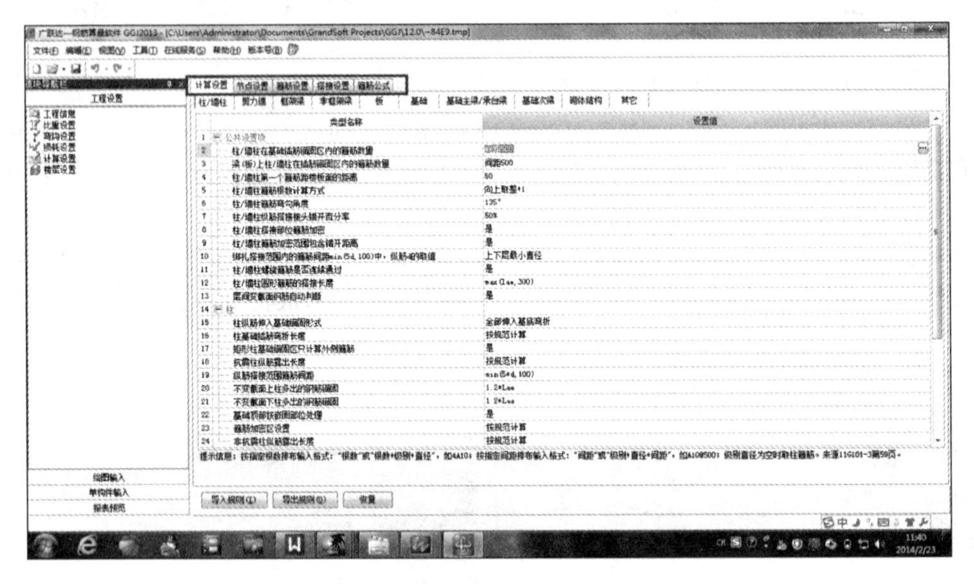

图 2－25　工程设置→计算设置

（10）点击进入“节点设置”（图 2－26），其中节点构造图源于平法规范、施工规范以及非标设计传统施工的积累。

（11）点击进入“搭接设置”（图 2－27），结合工程实际情况进行调整搭接的类型以及钢筋的定尺长度。

（12）在“模块导航栏”点击“楼层设置”界面（图 2－28）进行编辑，在此界面有几个注意事项：①要输入首层的结构标高，其他楼层的结构标高不能输入，只能通过修改楼层层高来确定。②楼层的建立：建

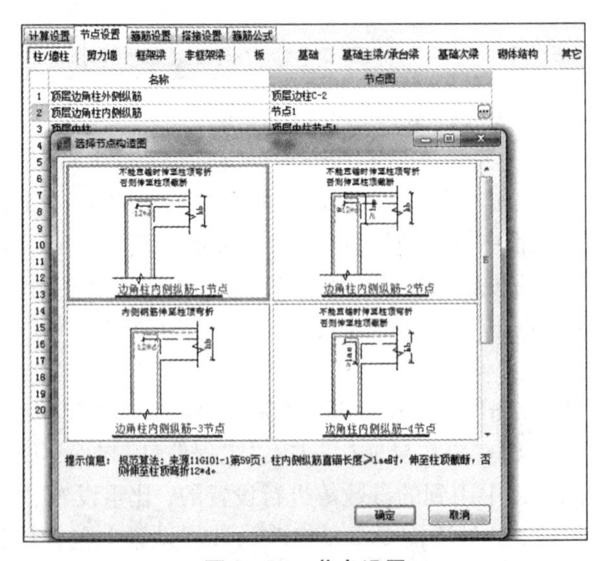

图 2－26　节点设置

计算设置 | 节点设置 | 箍筋设置 | 搭接设置 | 箍筋公式

	钢筋直径范围	连接形式								墙柱垂直筋定尺	其余钢筋定尺
		基础	框架梁	非框架梁	柱	板	墙水平筋	墙垂直筋	其它		
1	HPB235, HPB300										
2	3~10	绑扎	绑扎	绑扎	绑扎	绑扎	绑扎	绑扎	绑扎	8000	8000
3	12~14	绑扎	绑扎	绑扎	绑扎	绑扎	绑扎	绑扎	绑扎	8000	8000
4	16~22	直螺纹连接	直螺纹连接	直螺纹连接	电渣压力焊	直螺纹连接	直螺纹连接	电渣压力焊	电渣压力焊	8000	8000
5	25~32	套管挤压	套管挤压	套管挤压	套管挤压	套管挤压	套管挤压	套管挤压	套管挤压	8000	8000
6	HRB335, HRB335E, HRBF335, HRBF335E										
7	3~11.5	绑扎	绑扎	绑扎	绑扎	绑扎	绑扎	绑扎	绑扎	8000	8000
8	12~14	绑扎	绑扎	绑扎	绑扎	绑扎	绑扎	绑扎	绑扎	8000	8000
9	16~22	直螺纹连接	直螺纹连接	直螺纹连接	电渣压力焊	直螺纹连接	直螺纹连接	电渣压力焊	电渣压力焊	8000	8000
10	25~50	套管挤压	套管挤压	套管挤压	套管挤压	套管挤压	套管挤压	套管挤压	套管挤压	8000	8000
11	HRB400, HRB400E, HRBF400, HRBF400E, RRB400,										
12	3~10	绑扎	绑扎	绑扎	绑扎	绑扎	绑扎	绑扎	绑扎	8000	8000
13	12~14	绑扎	绑扎	绑扎	绑扎	绑扎	绑扎	绑扎	绑扎	8000	8000
14	16~22	直螺纹连接	直螺纹连接	直螺纹连接	电渣压力焊	直螺纹连接	直螺纹连接	电渣压力焊	电渣压力焊	8000	8000
15	25~50	套管挤压	套管挤压	套管挤压	套管挤压	套管挤压	套管挤压	套管挤压	套管挤压	8000	8000
16	冷轧带肋钢筋										
17	4~12	绑扎	绑扎	绑扎	绑扎	绑扎	绑扎	绑扎	绑扎	8000	8000
18	冷轧扭钢筋										
19	6.5~14	绑扎	绑扎	绑扎	绑扎	绑扎	绑扎	绑扎	绑扎	8000	8000

单(双)面焊统计搭接长度

图 2-27　搭接设置

立地上楼层，鼠标先点击首层的位置然后点击插入楼层，每点击一下就增加一个楼层。建立地下楼层，鼠标先点击基础层的位置然后点击插入楼层，楼层的名称可以修改。③注意根据实际工程修改各层的混凝土标号和保护层厚度，不同楼层的相同混凝土标号可以通过右下方的“复制到其他层”实现。

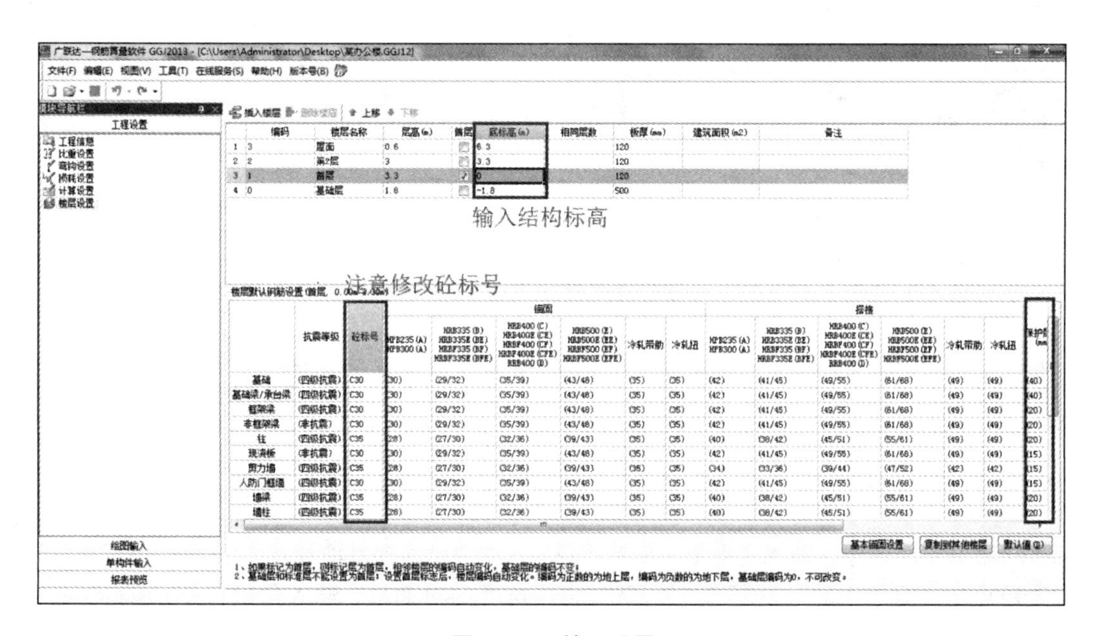

图 2-28　楼层设置

(13)点击“工程信息”界面，界面显示新建工程的工程信息。

至此新建工程就建立好了。技巧：在编辑过程中，一般要修改默认信息，软件内置修改黑色字体的信息只是取标识做法改变，修改蓝色字体的信息就表示修改后将影响计算结果。

2.3.2 框架柱钢筋定义与绘制

楼层建立完毕后，切换到“绘图输入”界面，接着就要进行建模和算量部分的操作。建立轴网是为了保证构件的空间位置，绘制结构构件时用轴网来确定构件的水平空间的位置，垂直空间的确定已在楼层设置中体现。

(1)切换到“绘图输入”界面后，软件默认为轴网的定义界面，如图 2-29 所示。

(2)输入下开间和左进深(图 2-30)。输入技巧为：①输入的数据参照施工图，开间是从左往右依次输入，输入一个数据就敲击一次“回车”，进深的数据是从下往上依次输入。②输入的数据如果是连续相同的可以用乘号直接输入，如输入“3600 * 2”。

图 2-29 轴网的定义

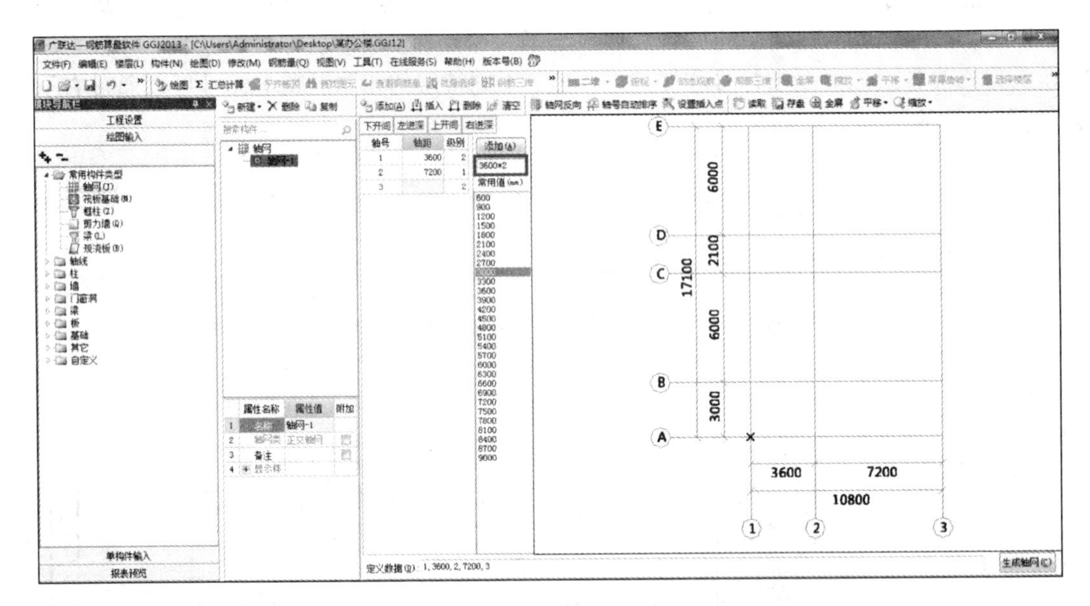

图 2-30 新建轴网

(3)轴网自动排序。输入完上下、左右开间后，软件自动调整轴号与图纸一致(图 2-31)。

(4)点击工具栏中的“绘图”按钮，弹出输入角度的对话框，输入角度按默认的 0 度，点击确定，轴网绘制完毕，这时轴网只有下开间和左进深尺寸，没有上开间和右进深尺寸，不便于后期绘制构件，点击工具栏中“修改轴号位置”选择两端标注就能够完整的显示轴网，如图 2-32 所示，此时可以进行检查核对。

(5)轴网定义和绘制完成后，开始定义和绘制首层的柱构件。

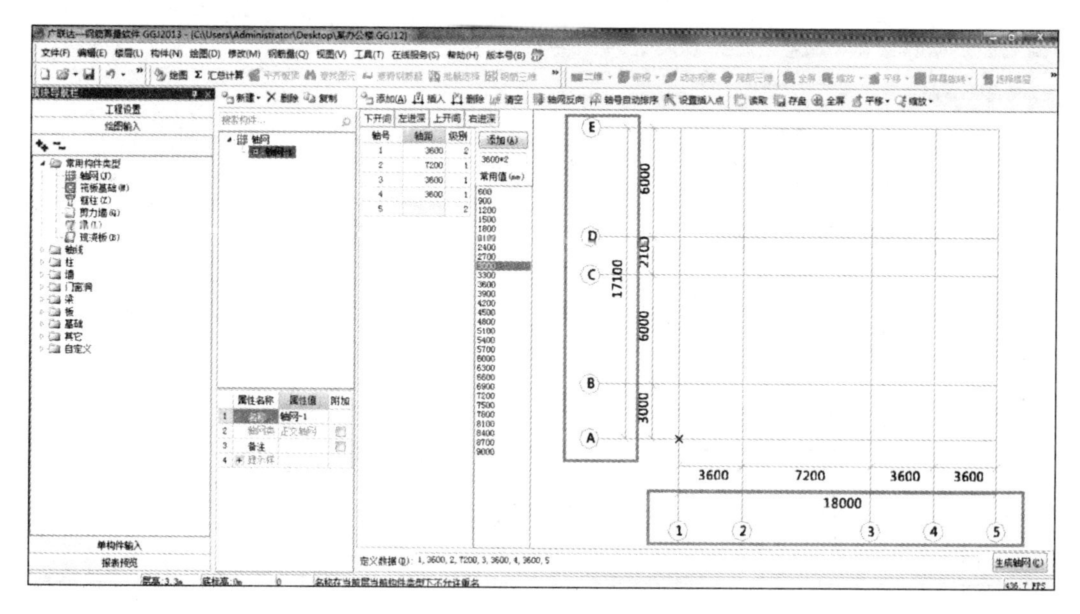

图 2－31　轴网自动排序

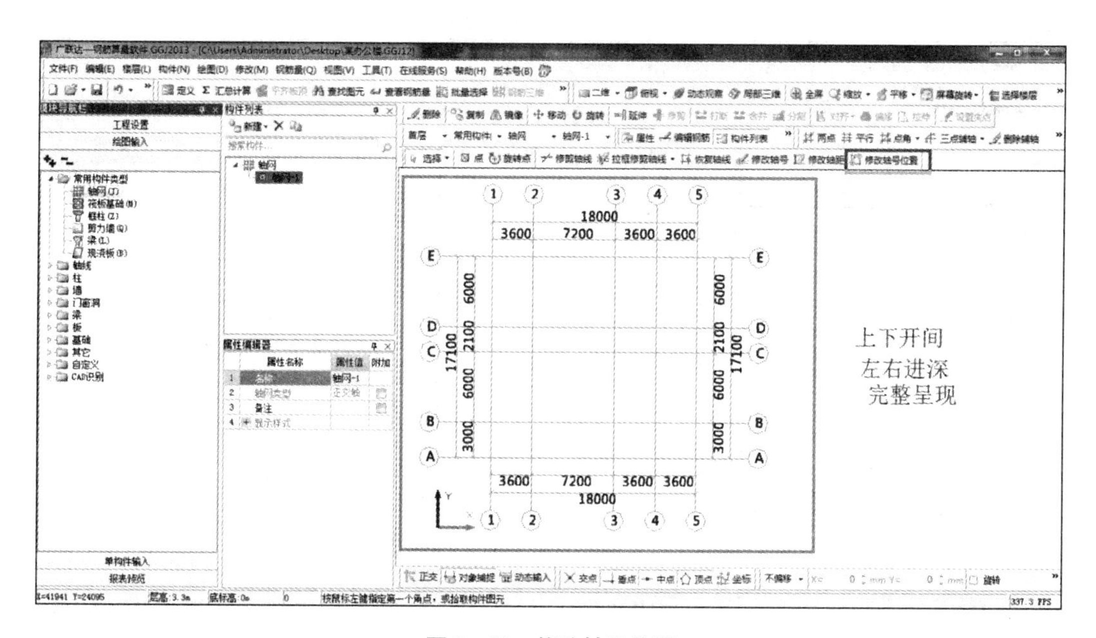

图 2－32　修改轴号位置

快速定义柱构件有三种方式：构件列表的新建柱构件、定义界面的新建柱构件、新建柱表建构件。

（6）下图 2－33 为构件列表的新建柱构件，该方式适合简单的框架柱，箍筋一般为 m×n 形式，建立柱构件效率较高，但不适合剪力墙内的暗柱和端柱。

（7）下图 2－34 为定义界面的新建柱构件方式，该方式具有普遍应用性，柱子的形式再复杂也能在这里建立出来，此方法缺陷在于不能同时显示定义和绘图界面，工程单层面积过大时切换起来不太方便。

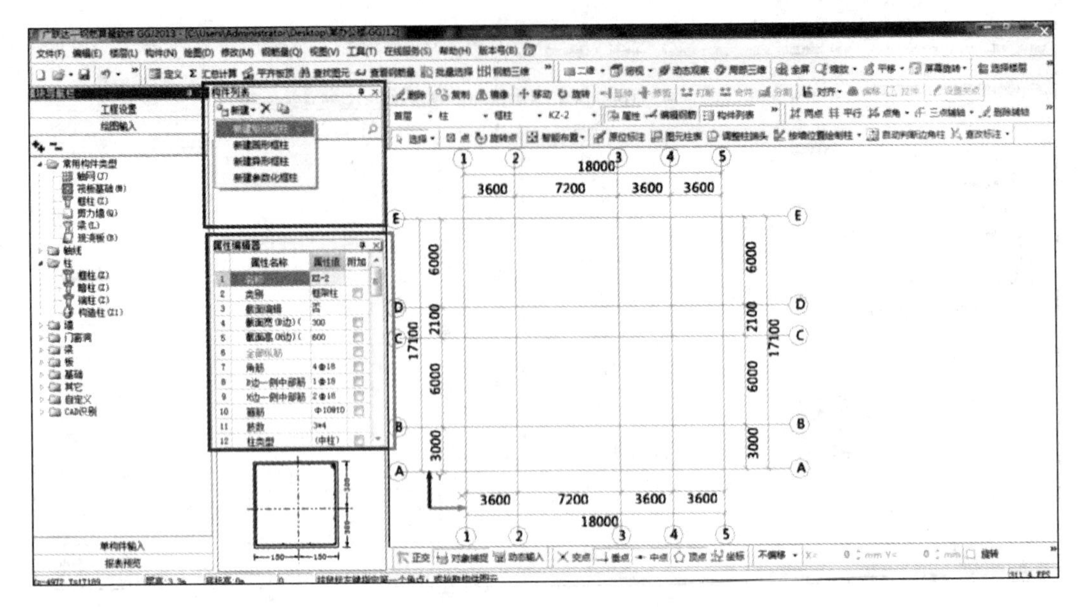

图 2－33　构件列表新建构件柱

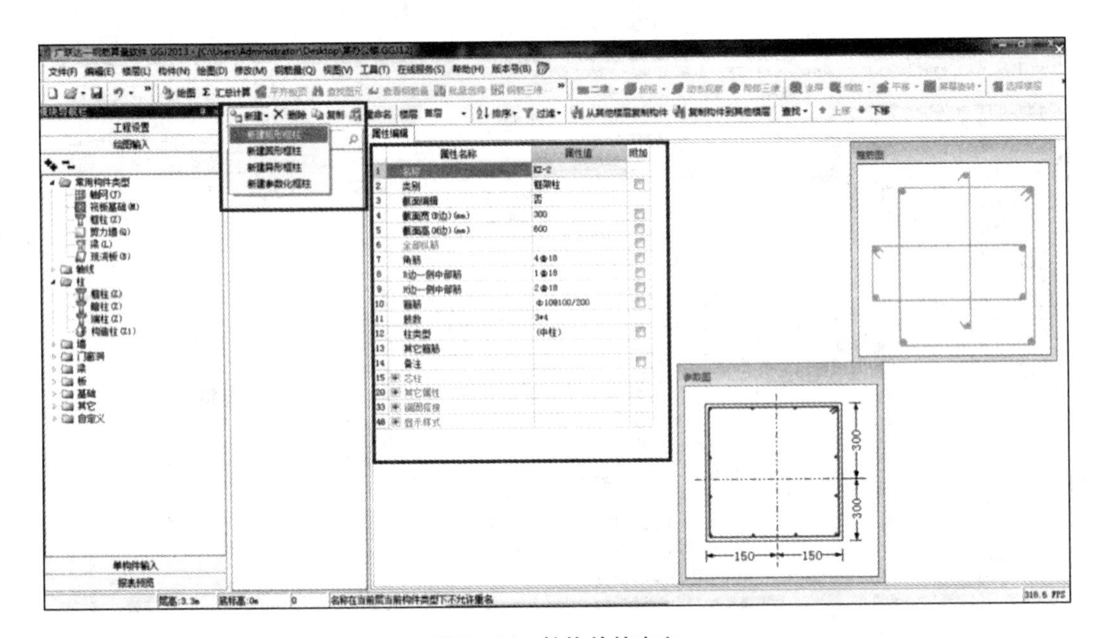

图 2－34　柱构件的定义

(8)下图 2－35 为柱表定义，该方式适合施工图本身就提供柱表，编辑完柱表后需点击【生成构件】，按对话框进行操作，布置起来比较快捷，但不推荐新学者使用。

注意事项：

①柱纵筋的输入在全部纵筋与角筋、B 边一侧中部筋、H 边一侧中部筋只能二者之间选择一种方式进行输入，选择全部纵筋的输入方式后角筋、B 边一侧中部筋、H 边一侧中部筋将灰色显示进行锁定。

②为了输入的便捷性，在钢筋的符号方面直接输入 A、B、C 来代替施工图的符号(a、b、

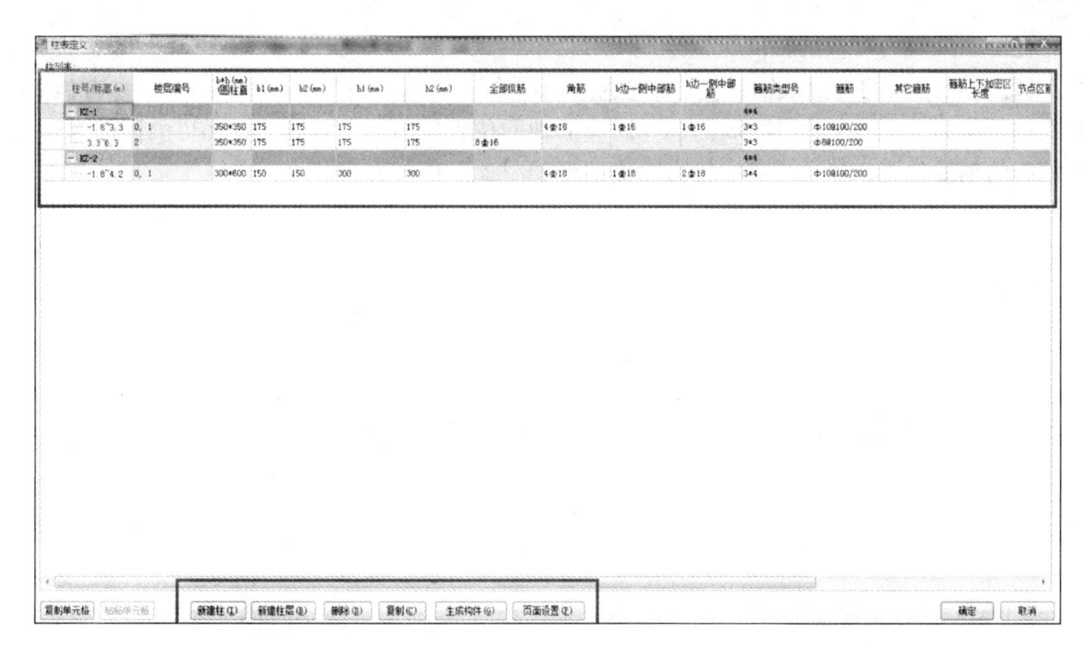

图 2－35　柱表的定义

c 大小写皆可)，下图为施工图与软件代码的对应表，钢筋软件里面所有的钢筋输入都使用下面的代码 A。

牌号	符号	软件代码
HPB300	Φ	A
HRB335	Φ	B
HRBF335	Φ^F	BF
HRB400	Φ	C
HRBF400	Φ^F	CF
RRB400	Φ^R	D
HRB500	Φ	E
HRBF500	Φ^F	EF

图 2－36　软件代码表

③箍筋信息中的“@”符号在输入的时候一般用“－”代替，比如 A6@150 可以在箍筋信息输入的时候输入为 A6－100，这样输入的效率将大幅提高，软件会进行自动转化，另外箍筋的肢数要注意对照施工图修改(图 2－36)。

④定义完柱构件时，需认真核对截面尺寸、钢筋信息、起始标高等主要信息。

在完成柱构件信息的定义之后就要掌握柱构件的绘制，绘制柱构件应该遵循一定的规律，比如从最左边的轴线开始绘制依次绘制到最右边，这样能避免在绘制的过程中漏掉构件。柱构件绘制主要分两种状况：

(1)柱中心点的位置跟轴线交点的位置是在同一位置，可以采用 2.2.2 节讲到的点式构件的布置方法：在“构件工具条”中点击“构件列表”选择对应的构件，如图 2－37 所示。

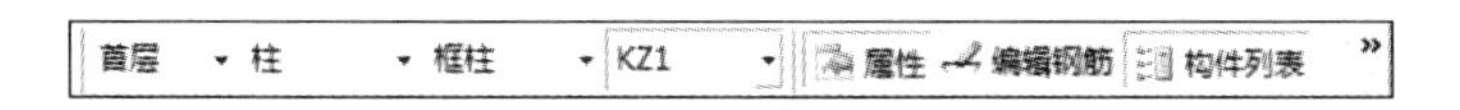

图 2－37　构件工具条→构件列表

鼠标左键点击“构件工具条”中的“点”(图 2－38)。

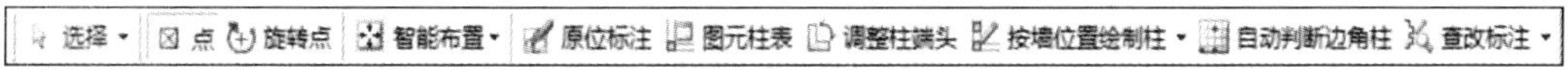

选择 · 点 旋转点 智能布置 · 原位标注 图元柱表 调整柱端头 按墙位置绘制柱 · 自动判断边角柱 查改标注 ·

图 2－38　构件工具条→点

在绘图区域内对应的轴网位置绘制 KZ1(图 2－39)。

(2)柱中心点的位置跟轴线交点的位置是不在同一位置，相对轴网偏移，可以参考(1)的方式进行绘制，只是在绘图区域内选择对应的轴网位置的时候按住键盘“Ctrl”的同时左键点击相应的轴线位置，修改对应的偏移数值即可如图 2－40 所示。

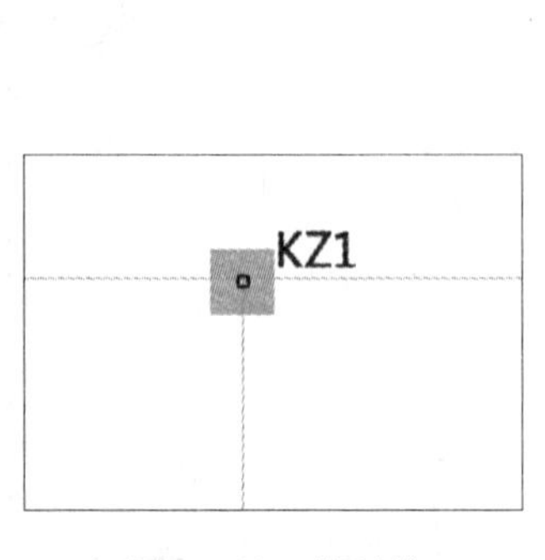

图 2－39　绘制柱

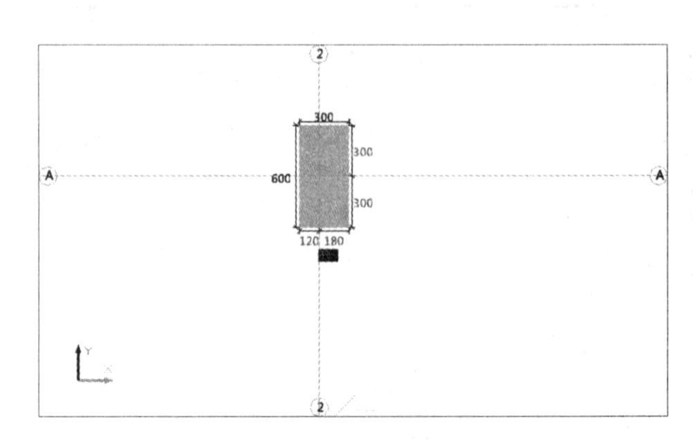

图 2－40　偏移绘制柱

使用以上两种方法快速绘制完首层的柱构件。

首层柱构件绘制完毕以后，依据图纸进行检查，确定无误后把首层的柱构件复制到基础层和第二层。具体操作方法如图 2－41 所示：先在首层点击“批量选择”，在弹出对话框前勾选所有的柱子，点击确定。点击“菜单栏”→“楼层”→“复制选定图元”到其他楼层(图 2－42)。在“复制图元到其他楼层”勾选“基础层”和“第二层”，点击“确定”，柱构件绘制完毕。

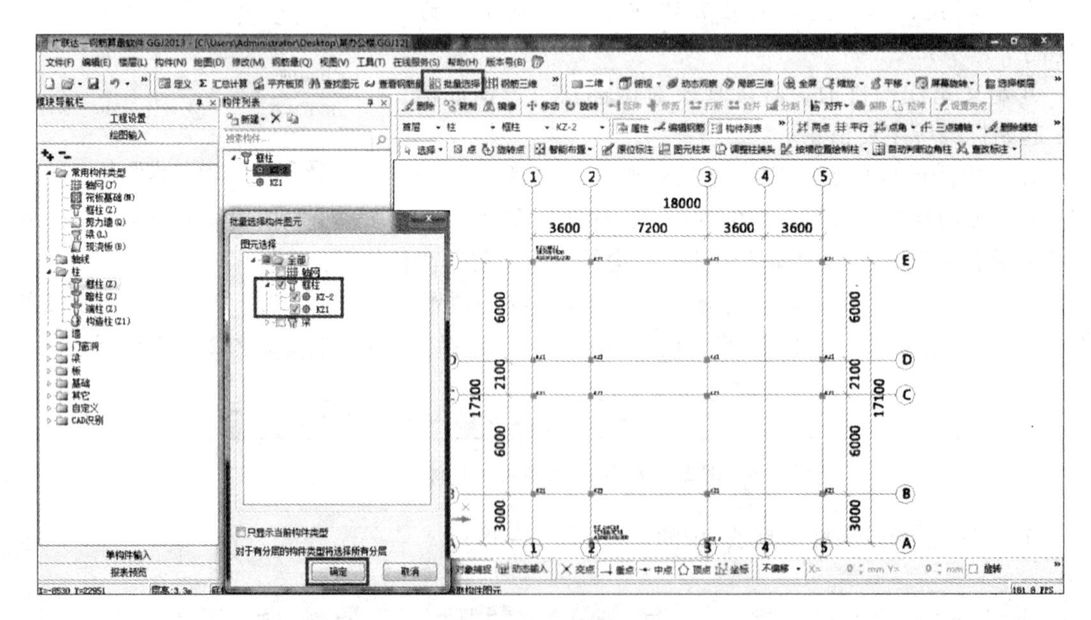

图 2－41　批量选择

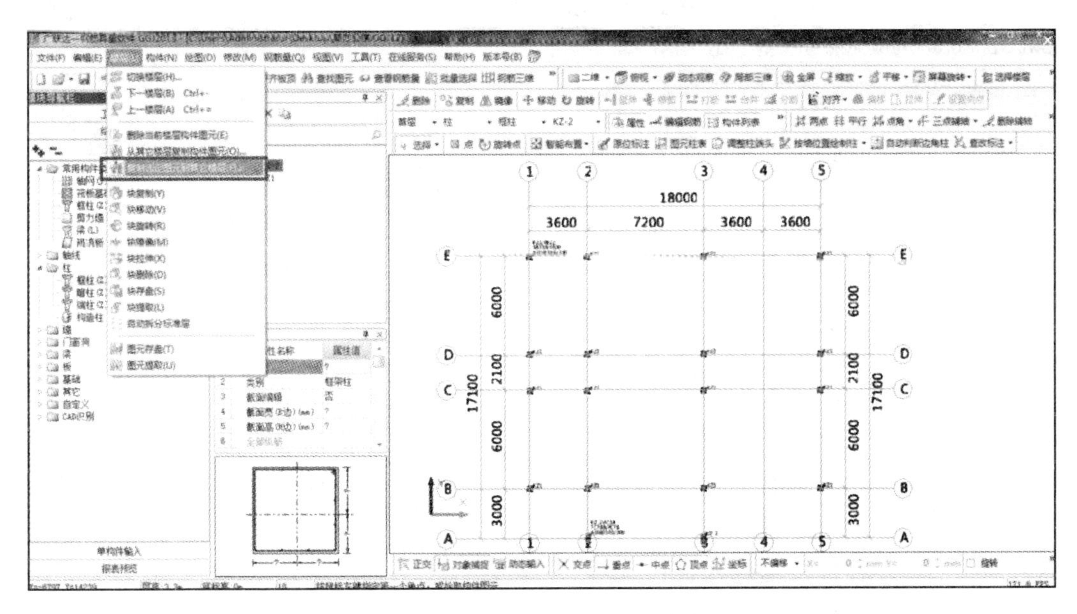

图 2－42　复制选定图元到其他楼层

2.3.3　框架梁钢筋定义与绘制

1. 梁构件的定义

柱构件建立之后，进入定义和绘制首层的梁构件，整层绘制完成后在图上进行原位标注。梁构件的定义有两种方式：构件列表的新建梁构件、定义界面的新建梁构件，具体操作方法同本书中 2.3.2 节中柱构件的定义。

在柱构件的定义和绘制方式方面推荐定义与绘制同时进行，定义梁构件推荐使用构件列表的新建梁构件，定义和绘制的效率会大幅度提高，在梁定义的过程中有几个注意事项：

(1)定义梁构件时梁类别一般不需要进行修改，在名称中输入“KL”命令，软件自动在类别中匹配楼层框架梁，“WKL”匹配屋面框架梁、“L”匹配非框架梁、“DKL”匹配地框梁。

(2)定义信息中的跨数量不要输入，就按软件默认为空，因为同一根梁在同一层可能有不同的跨数量，等绘制完毕以后进行原位标注，软件会自动补充好跨数量，如图 2－43 所示。

2. 梁构件的绘制

绘制梁构件的命令常用的有直线、三点画弧等。具体操作过程为：

(1)直线。选择要绘制的梁构件→点击绘制的起点→点击绘制的终点→右键确定结束。

(2)三点画弧(主要处理一些欧式阳台梁以及其他的一些圆弧形的梁)具体操作过程。选择梁构件→点击圆弧梁的起点→点击在弧线上的中间任何→点击圆弧梁的终点→右键确定结束(图 2－44)。

绘制梁构件的几个技巧：

(1)绘制之前检查柱等支座构件确定已经绘制完毕。

(2)绘制时可先绘制横向的梁，绘制完横向梁后可以点击屏幕旋转→顺时针旋转 90°，如图 2－45 所示，绘制竖向的梁→绘制完毕点击屏幕旋转→恢复初始图(图 2－46)，以帮助快速绘制。

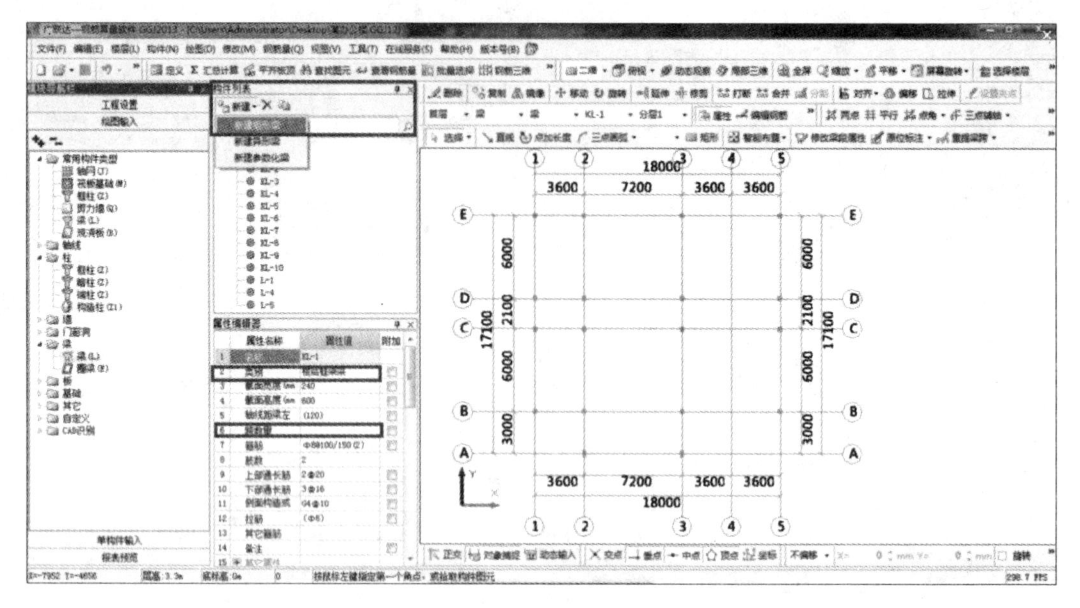

图 2 – 43　梁构件的定义

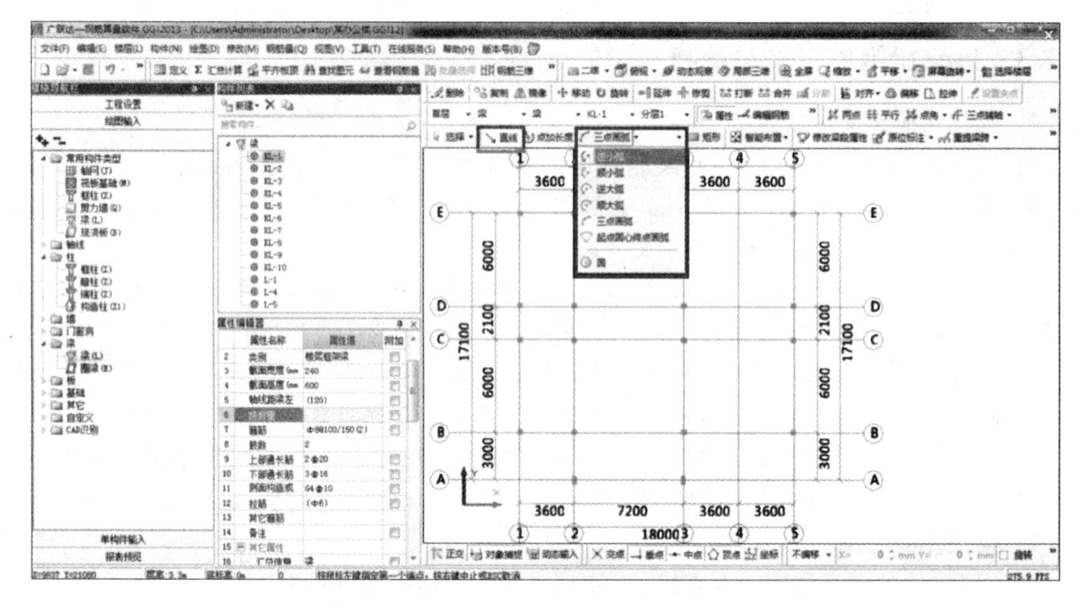

图 2 – 44　三点画弧绘制梁构件

3. 梁构件的原位标注

梁构件绘制完毕后，还需要进行原位标注的输入。原位标注操作有两种：

(1)绘图区原位标注，能直接在绘图区域直接原位标注的钢筋有：支座筋、上下部非通长筋、架立筋。

操作方法：点击原位标注选择要原位标注的梁构件，对照施工图直接在软件的绘图区域相应的位置抄写施工图上面的原位标注的钢筋信息即可。例如，3.270 m 梁平法施工图中 E 轴上 KL5，如图 2 – 47 所示。

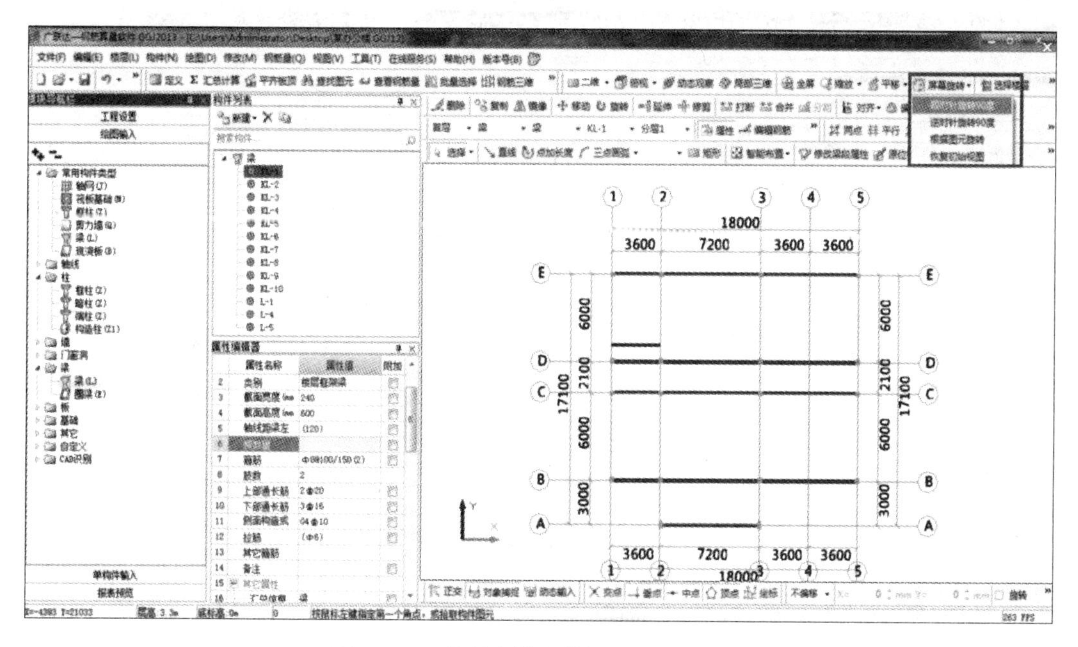

图 2-45　绘制完横向的梁后顺时针旋转

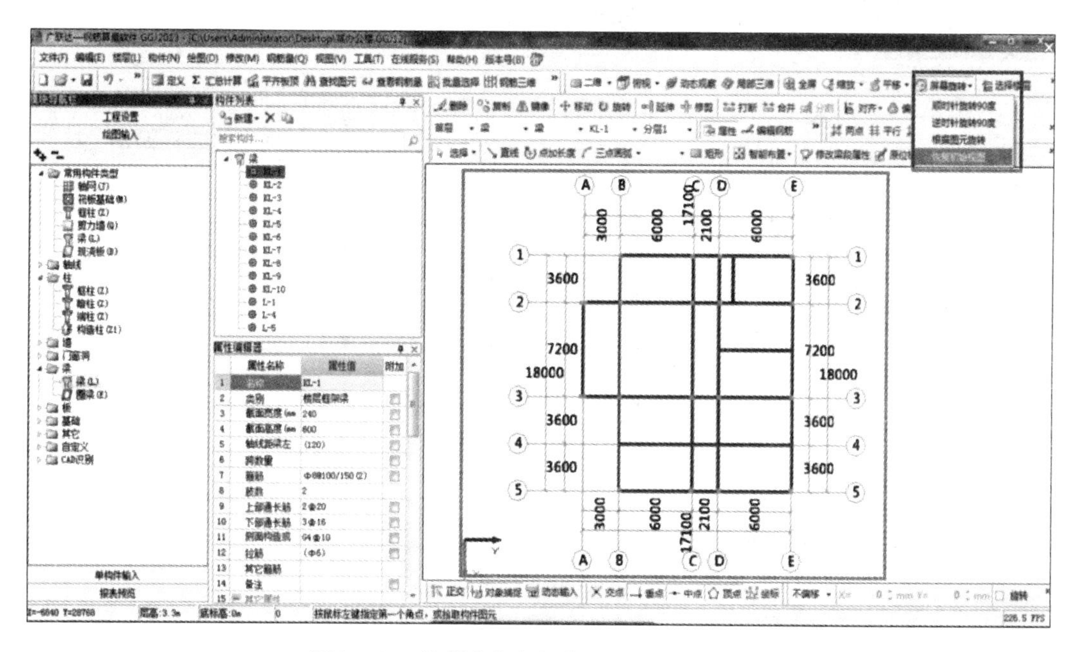

图 2-46　绘制完竖向梁构件后恢复初始视图

(2)平法表格原位标注输入，有些信息只能在平法表格进行输入，常见的信息有：梁的变截面、侧面原位标注筋、附加箍筋、吊筋。

操作过程：点击工具栏中的梁平法表格→选择需要原位标注的梁→在下方的平法表格中对应的跨位置输入对应的信息即可。例如，3.270 m 梁平法施工图中 E 轴上 KL6，如图 2-48 所示。

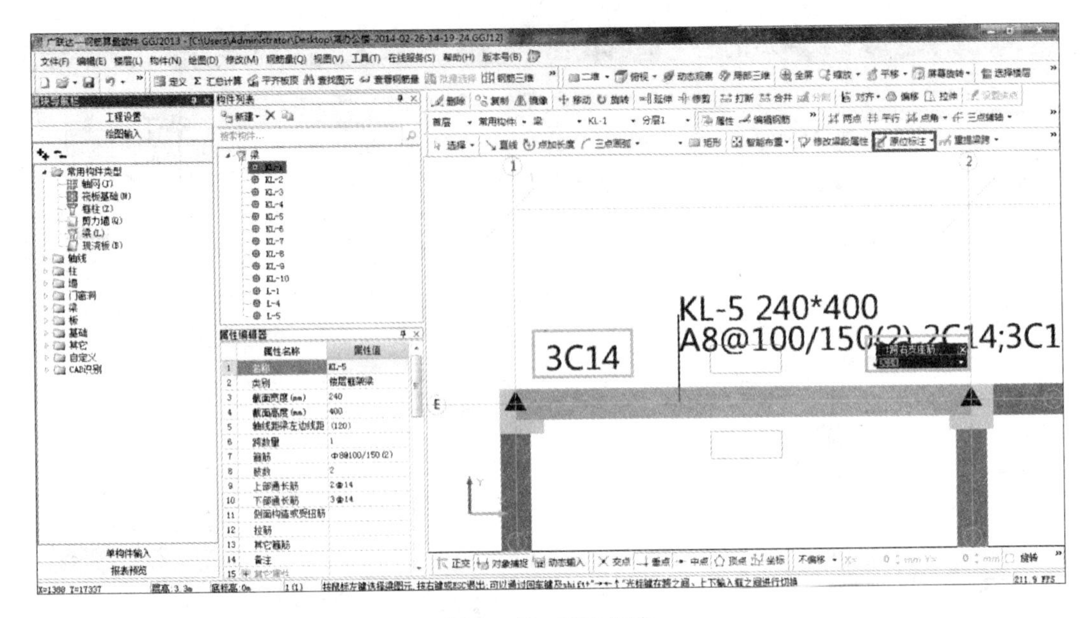

图 2－47　原位标注

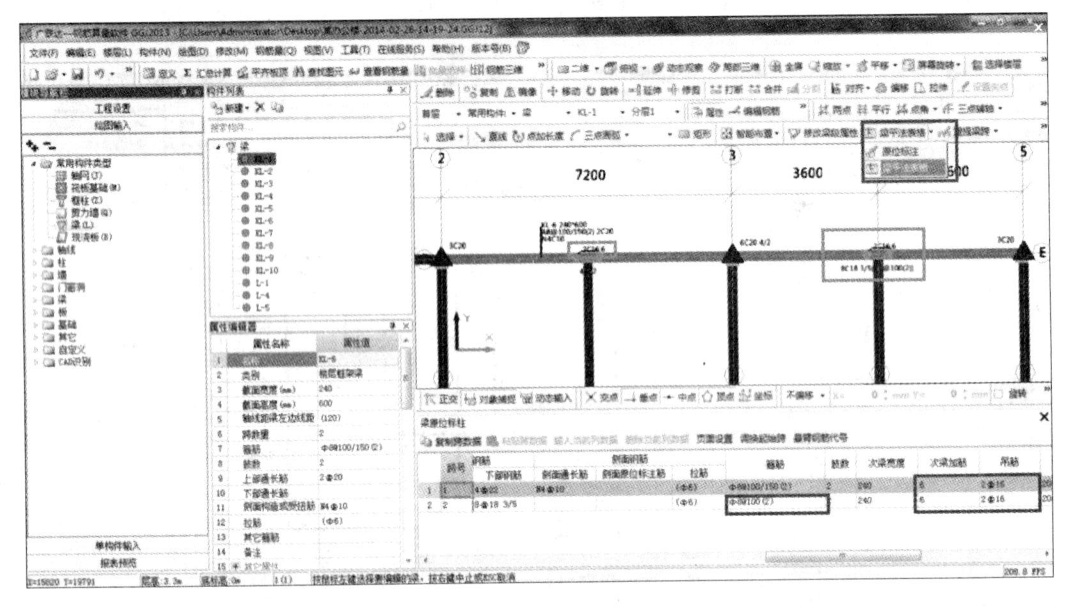

图 2－48　梁平法表格输入

知识拓展

在原位标注过程中如能熟练掌握下图几个操作命令对我们原位标注的速度会有一定的提升，下面简单介绍一些常用的命令。

(1)“梁跨数据复制”是将某一跨的原位标注信息，复制到另外一跨，并且可以在不同的梁之间进行复制。在输入梁的原位标注时，如果不同的跨具有相同的原位标注信息，就可以使用这个命令快速输入。例如，KL－1 第一跨和最后一跨的原位标注完全一致。在输入完第一跨的原位标注信息之后，选择“梁跨数据复制”，再选择第一跨，点击鼠标右键确定；然后选择最后一跨，右键确定。这样，就把第一跨的钢筋信息复制到了最后一跨。这个命令也可以跨图元操作，使用这个命令，可以对不同梁跨相同的钢筋信息进行快速的输入，提高工作效率。

(2)“梁原位标注复制”是将梁的某一位置的原位标注复制到其他位置(图2-49)。工程里面，梁的原位标注相同的位置很多，每一个都进行手动输入比较繁琐，使用这个命令可以比较方便的在原位标注里输入相同的钢筋信息。操作步骤：选择“梁原位标注复制”命令，然后选择已经输入的原位标注，右键确定；然后选择要输入的位置，这里可以连续选择几个位置，也可以跨梁进行选择，选择完毕后，点击右键确定，这样就完成了不同位置和不同梁之间的原位标注的复制，或者只是局部修改已复制好的信息，方便快捷，提高工作效率，降低了输入难度。

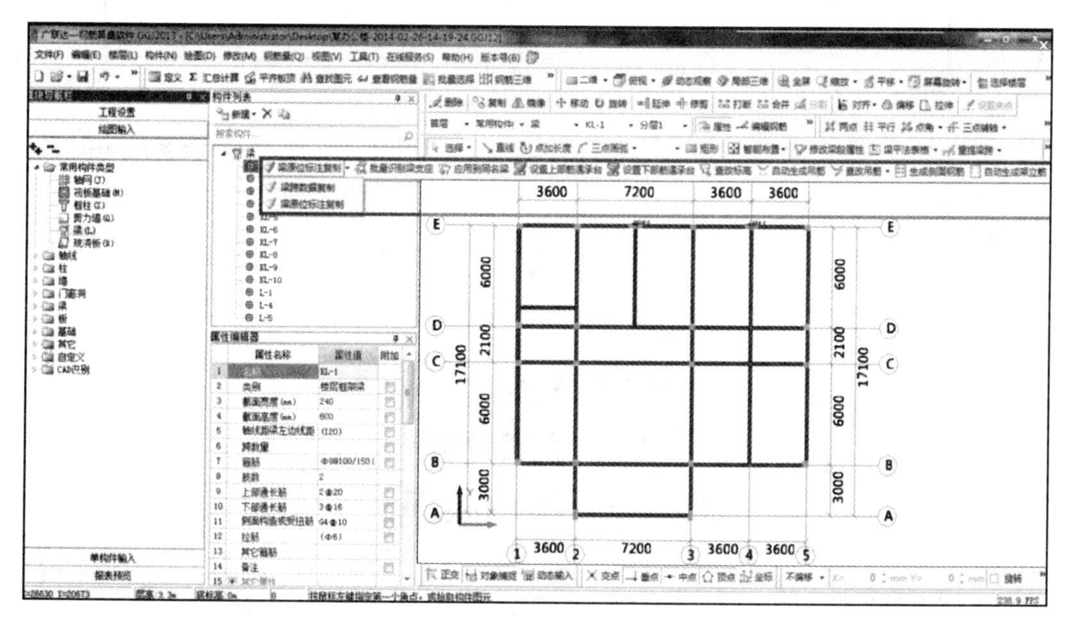

图2-49　梁原位标注复制

(3)自动生成吊筋，在很多工程中，经常会出现一层楼甚至一栋单体都要求在主次梁相交处布置相同的吊筋或者附加箍筋，如本工程梁平法施工图中都有统一的注释，主次梁两侧均设附加箍筋3根，这个时候使用自动生成吊筋会极大的提高效率。

具体操作方法：点击自动生成吊筋→对应的位置输入钢筋信息→点击确定→全选所有的梁→右键确定(图2-50)。

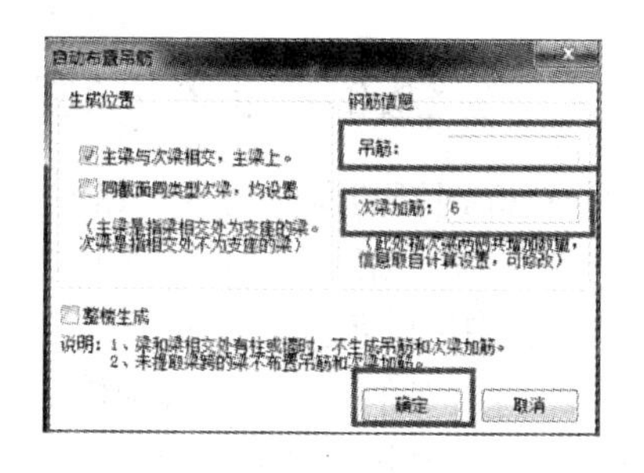

图2-50　自动布置吊筋

任务实践

按照本章操作讲解完成《办公楼》结施图梁平面配筋图的绘制。

任务实践参考操作界面

(1)绘制完成3.270 m层梁平面配筋图的平面图，如图2－51所示。

(2)6.300 m层梁平面配筋图的定义绘制过程同3.270 m层梁平面配筋图的操作过程，绘制完成图形如图2－52。

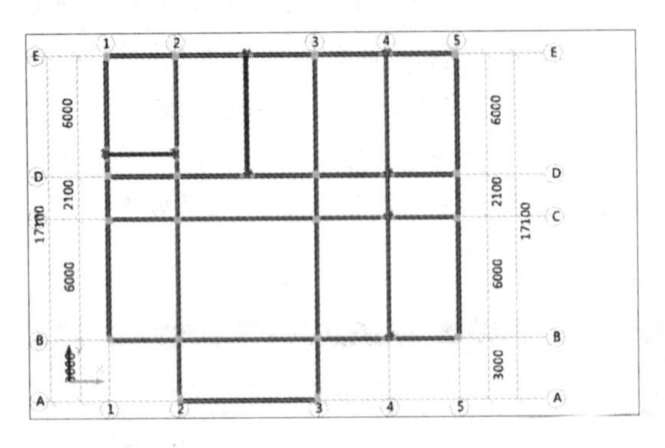

图2－51　3.270 m层梁平面配筋图

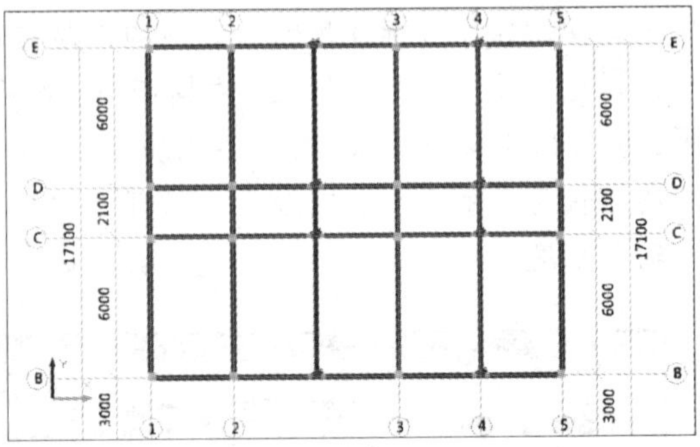

图2－52　6.300 m层梁平面配筋图

(3)对整个楼层的柱梁构件进行三维视图，绘制如图2－53所示。

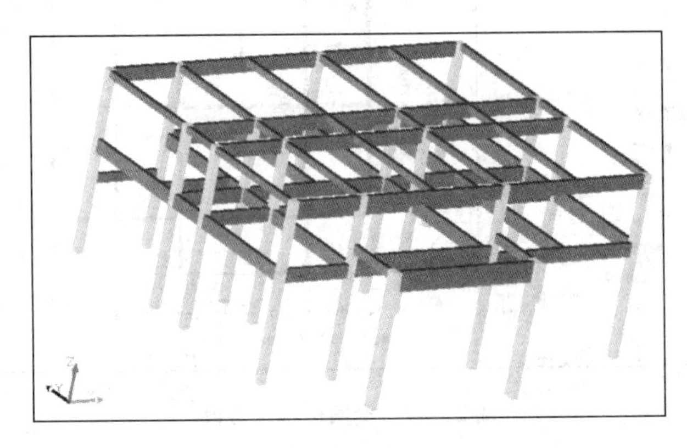

图2－53　柱梁构件三维视图

2.3.4　现浇板钢筋定义与绘制

板构件钢筋的操作基本流程：板构件的定义→板构件的绘制→板受力筋的定义→板受力筋的绘制→板负筋定义与绘制同时进行→查看布筋。

1. 板构件的定义

查阅书中附图3.27 m板结构平面图，该层共有三种板LB1、WB1和未注明板，对板的构件进行定义以LB1为例：主要定义板的名称、板厚、马凳筋的参数即可，如图2－54。

2. 板构件的绘制

板定义好后，需要将板绘制到图上。

(1)点绘制：选择板→点击“点”命令→点击需要布置的空白区域，需要此区域梁线为封闭的。

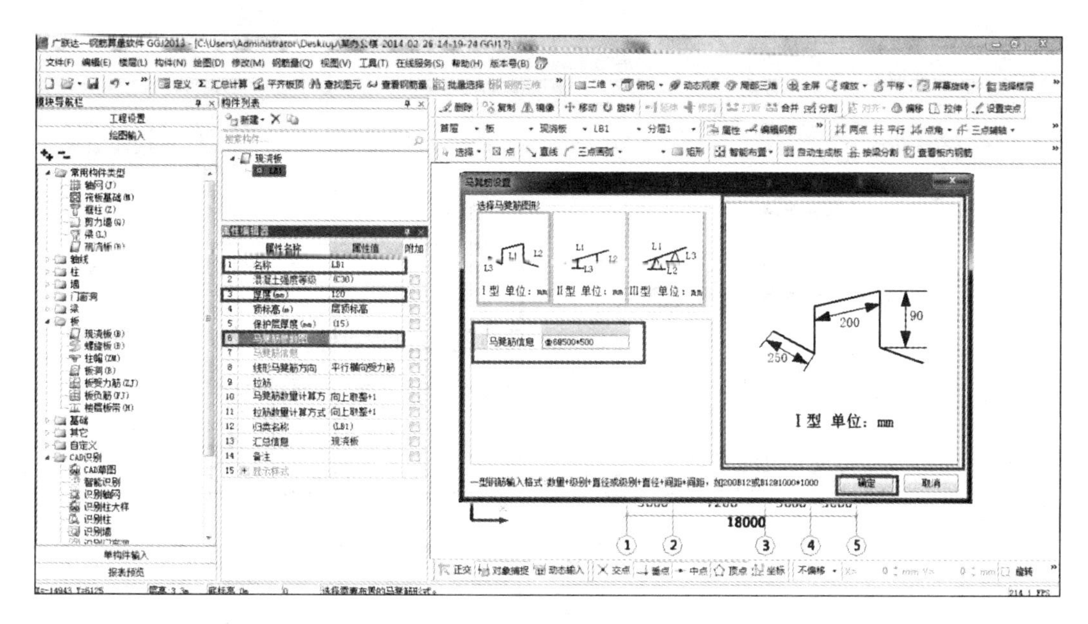

图 2－54　LB1 的定义

(2)矩形绘制：选择 LB1→点击“矩形”命令→左键点击图中的 1 位置→左键点击图中 2 位置→右键确定(图 2－55)。

(3)智能布置和自动生成板，需认真核实图纸，初学者不推荐使用。

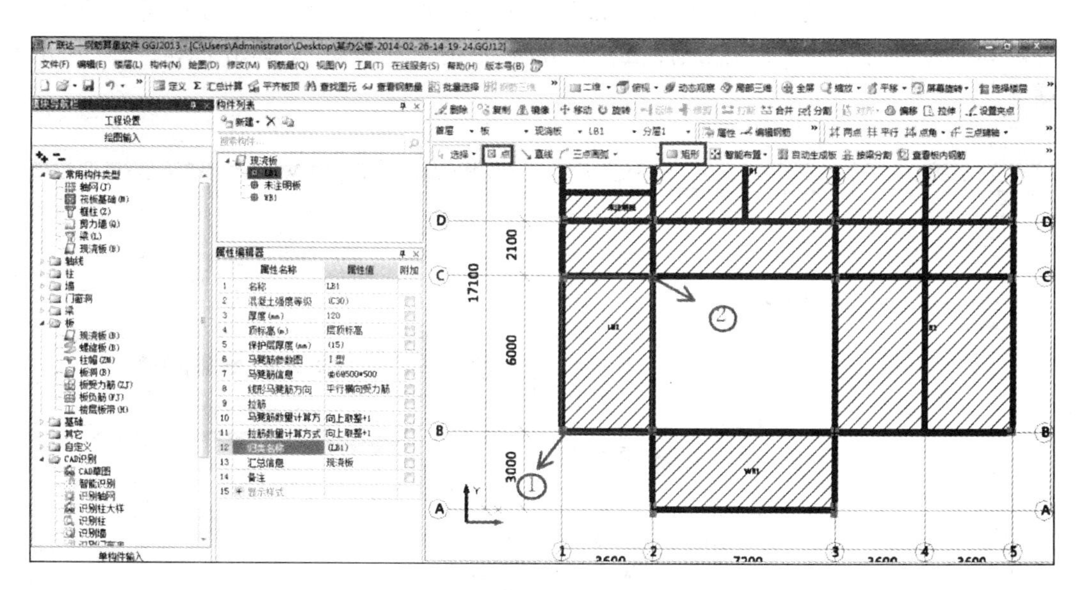

图 2－55　点、矩形绘制板构件

3. 板受力筋的定义

板构件绘制完毕后，开始板受力筋的定义，定义时需要输入板的名称、配筋信息、类别。以 LB1 为例，如图 2－56 所示，定义信息输入后有些信息为了能方便显示出来可以在后面附加方框内勾选需要显示的信息。

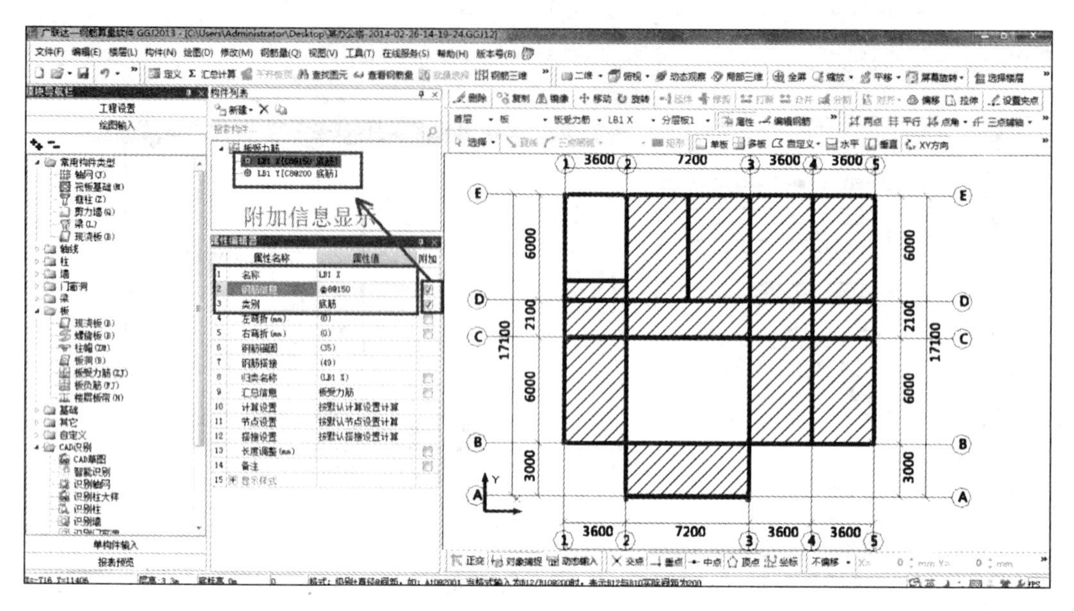

图 2－56　板受力筋的定义

4. 板受力筋的绘制

布置板的受力筋，选择对应的钢筋，用“单板”或者“多板”选择对应的布置范围，用“水平”或“垂直”或“XY 方向”进行布置，针对现在多数工程的特点，推介使用“XY 方向”进行布置。

以 LB1 为例：点击“单板”然后点击“XY 方向”点击布置的 LB1，弹出下图 2－57 所示的对话框。

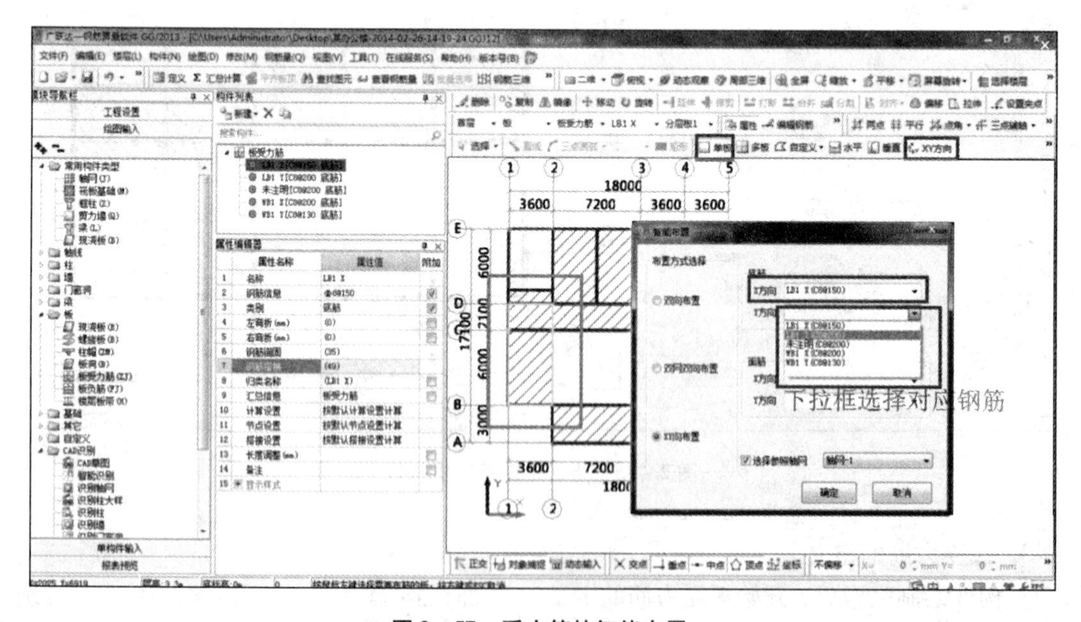

图 2－57　受力筋的智能布置

在“智能布置”的对话框单击“确定”，即可布置上单板的受力筋，如图2－58所示。

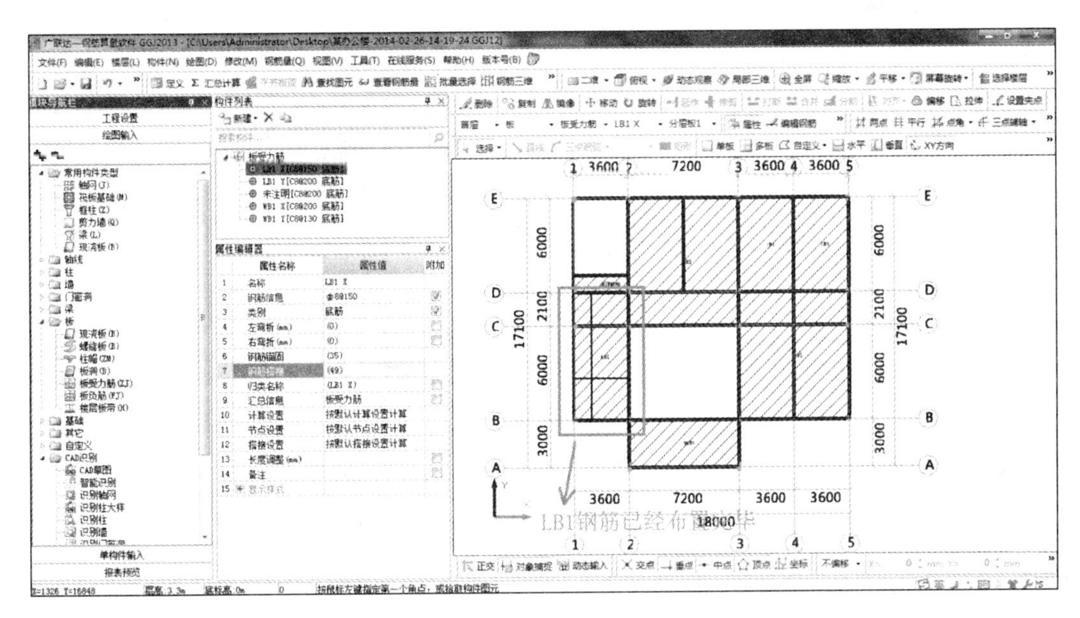

图2－58　LB1受力筋布置完成

布置好一块LB1后，点击工具栏中的“应用同名称板”，选择已经布置好钢筋的LB1图元，单击右键确定，其他同名称的LB1就都布置上了相同的钢筋信息，如图2－59所示。

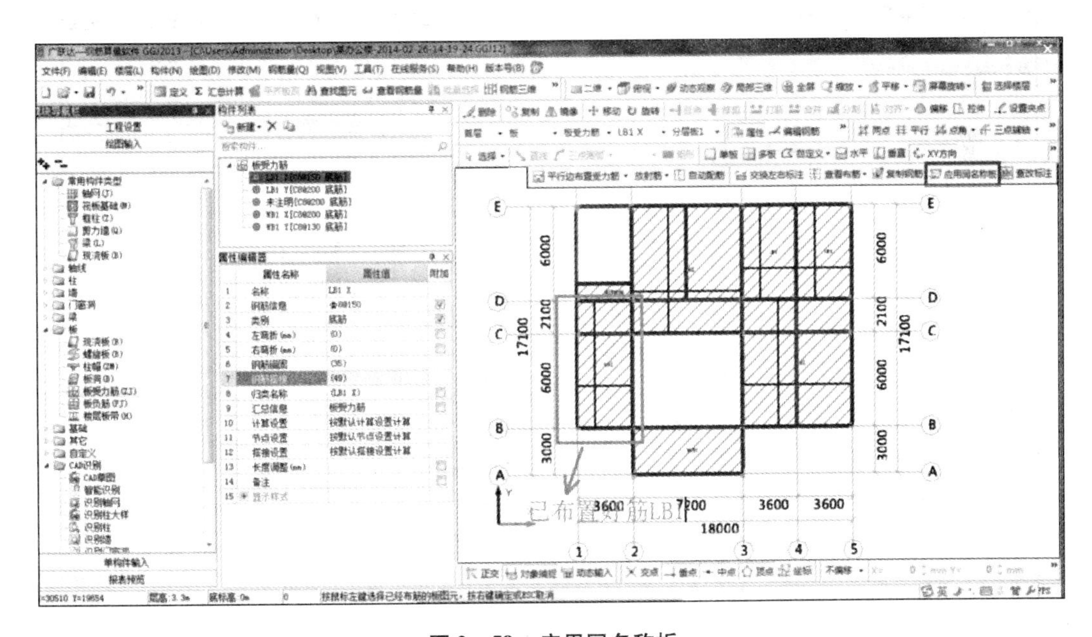

图2－59　应用同名称板

用同样的方式布置好首层全部板的受力筋，布置完毕后单击工具栏中的“查看布筋”→“查看受力筋情况”，就能快速检查首层的底筋布置情况，如图2－60所示。

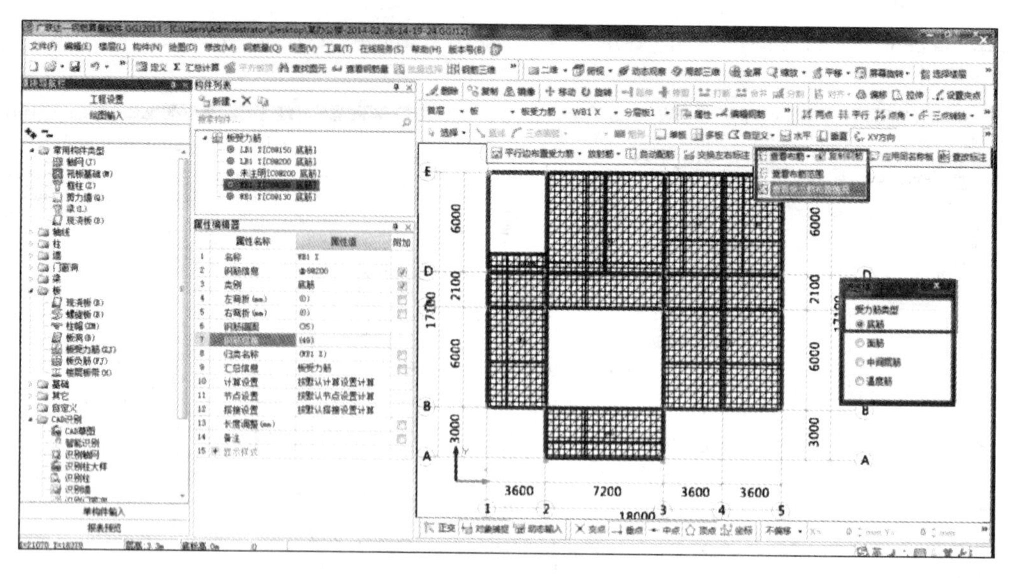

图 2－60　查看受力筋布置情况

5．负筋的定义和绘制

受力筋绘制完毕后，定义和绘制负筋。

以④→⑤× D→E 处的 LB1 的负筋为例：定义 C8@100 与 C8@200 的两种负筋，输入对应的钢筋和标注，把需要显示在名称后面的信息勾选附加，如图 2－61 所示。

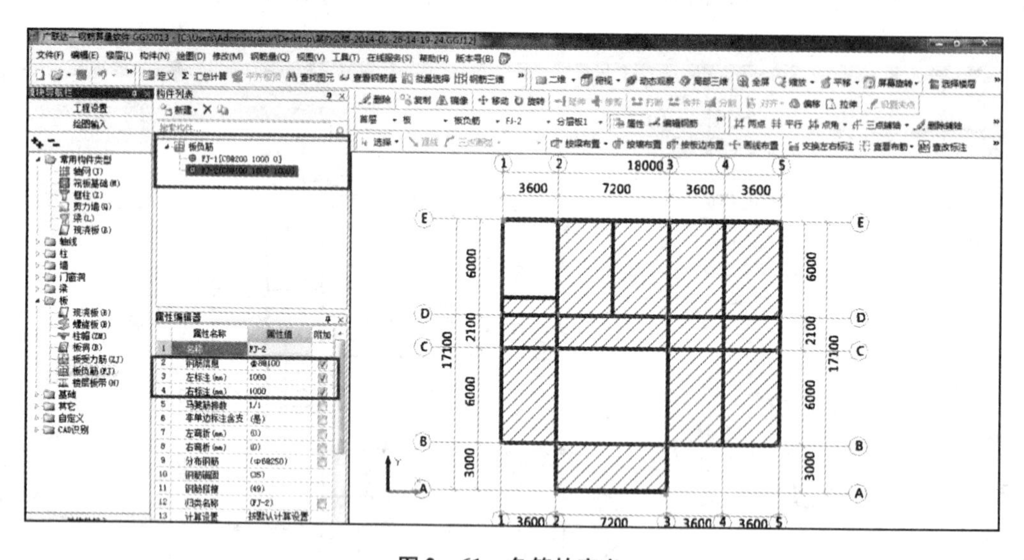

图 2－61　负筋的定义

定义完后进行绘制，绘制时 FJ－1 只有单边标注，绘制时要注意软件下方的状态栏的提示，操作步骤如下：选择 FJ－1→点击按梁布置→选择左方向（图中钢筋标注在哪边就点击哪个位置）→布置完毕（图 2－62）。

FJ－2 是双边标注且两边的标注都是 1000，操作方法：选择 FJ－2→点击按梁布置→布置完毕。

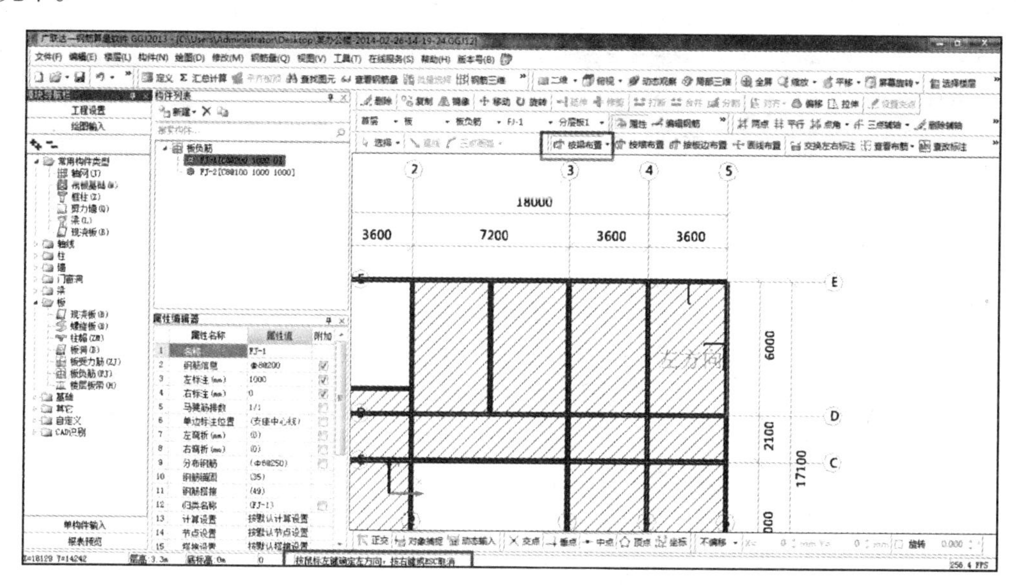

图 2－62　负筋的布置

6. 跨板负筋的定义和绘制

跨板负筋需要用软件中的受力筋来定义和绘制。定义：选择板受力筋→新建跨板受力筋→输入对应的信息，定义好后进行绘制(图 2－63、图 2－64)。

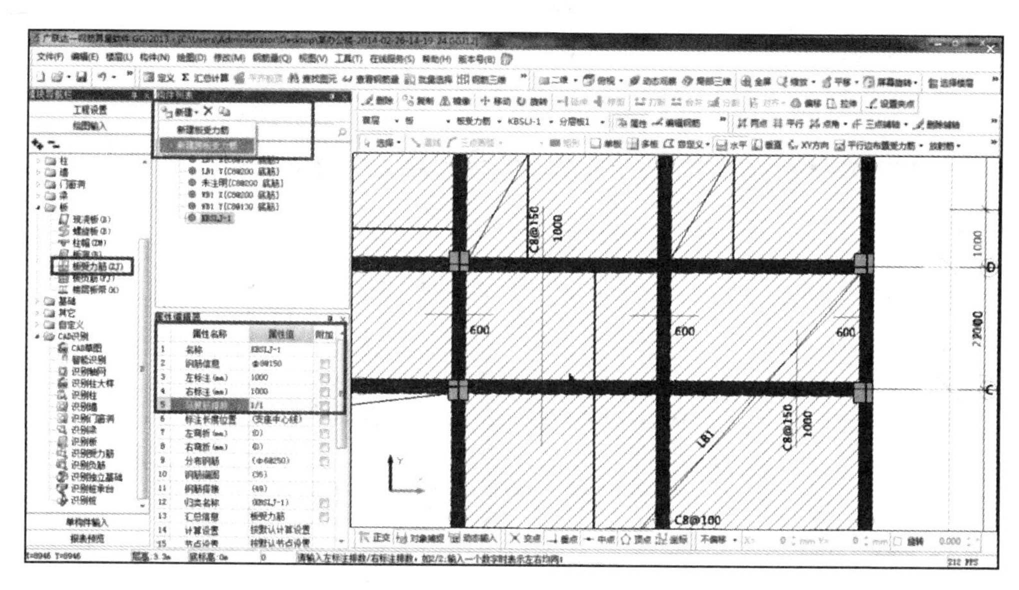

图 2－63　跨板负筋的定义

绘制方法：选择跨版受力筋→自定义范围→垂直→点击选择范围→完成。

按照以上方法绘制所有的负筋和受力筋，绘制完毕，如图 2－65。完成首层板后，我们使用同样的方法绘制屋面板，如图 2－66 所示。

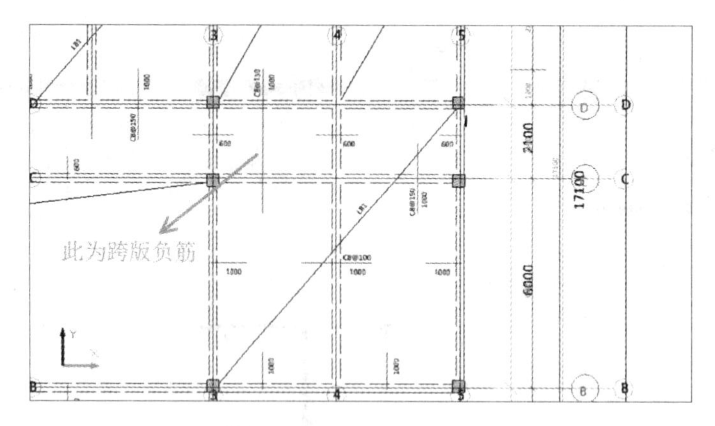

图 2－64　跨板负筋的布置

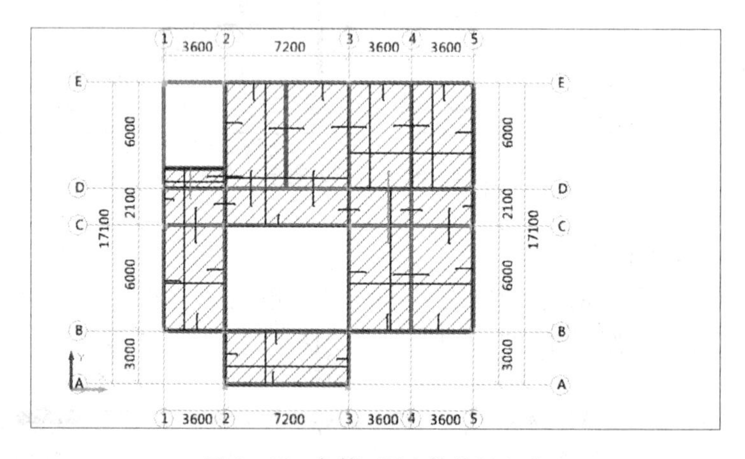

图 2－65　负筋、受力筋绘制完成

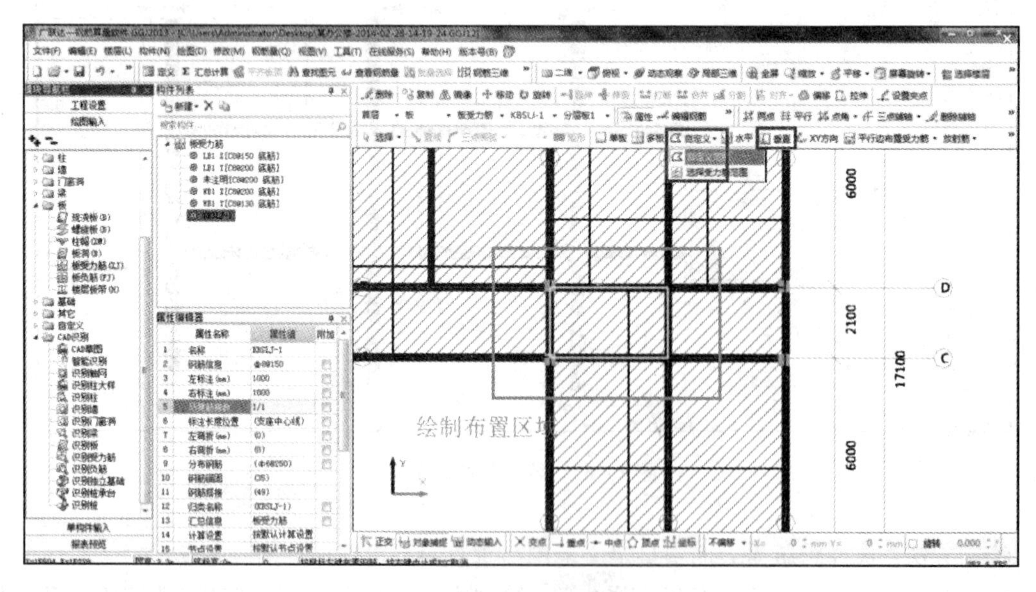

图 2－66　屋面板绘制

2.3.5　基础构件钢筋的处理

基础构件的定义与绘制

上部结构构件绘制完成，单击工具栏中的楼层切换到基础层，开始基础构件的定义和绘制。

分析图纸：该工程基础构件主要有独立基础和砖条形基础。

定义独立基础：导航栏切换基础构件→独立基础→点击新建独立基础→输入独立基础的名称→新建独立基础单元，新建基础单元要注意下基础单元的形式。比如本工程中 J－1 的基础单元是为矩形基础单元，J－2 的基础单元为四棱锥台形。

下面以 J－2 为例进行讲解：新建独立基础→修改名称为 J－2→新建参数化独立基础单元→选择四棱台形独立基础单元→修改尺寸数值→点击确定→输入配筋信息→完成（图 2－67、图 2－68）。

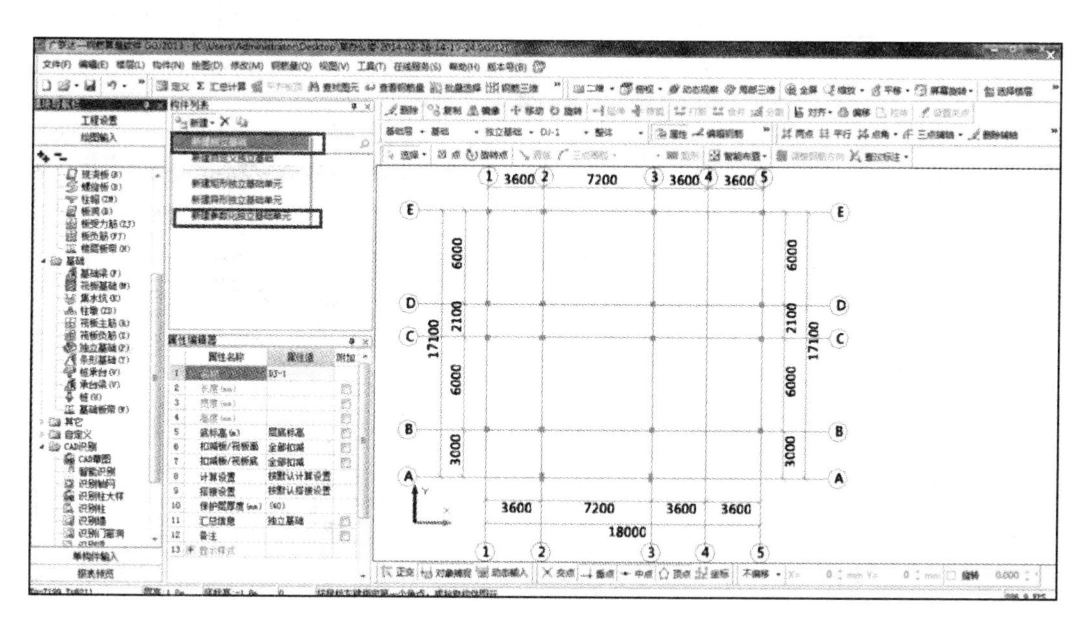

图 2－67　新建独立基础 J－2

定义独立基础完成后，开始绘制独立基础。独立基础的绘制方式有点、旋转点、智能布置，根据每个工程的特点可以选择不同的绘制方式，大多数工程都可以使用智能布置来快速布置。根据本工程特点，选择智能布置的方式进行操作。

操作步骤如下：点击 J－1→点击智能布置→选择柱→点击批量选择→勾选 KZ1→点击确定→点击鼠标右键→完成，同理可以快速的布置好 J－2（图 2－69、图 2－70、图 2－71）。

2.3.6　单构件钢筋输入的用途

单构件钢筋输入：用于处理在绘图输入中不能处理或者不便于处理的构件的钢筋量的计算，比如常见的现场灌注桩、楼梯以及檐沟、飘窗等零星构件。单构件输入的钢筋输入方式共有四种：直接输入、梁平法输入、柱平法输入、参数化输入，其中参数化输入最为常用，

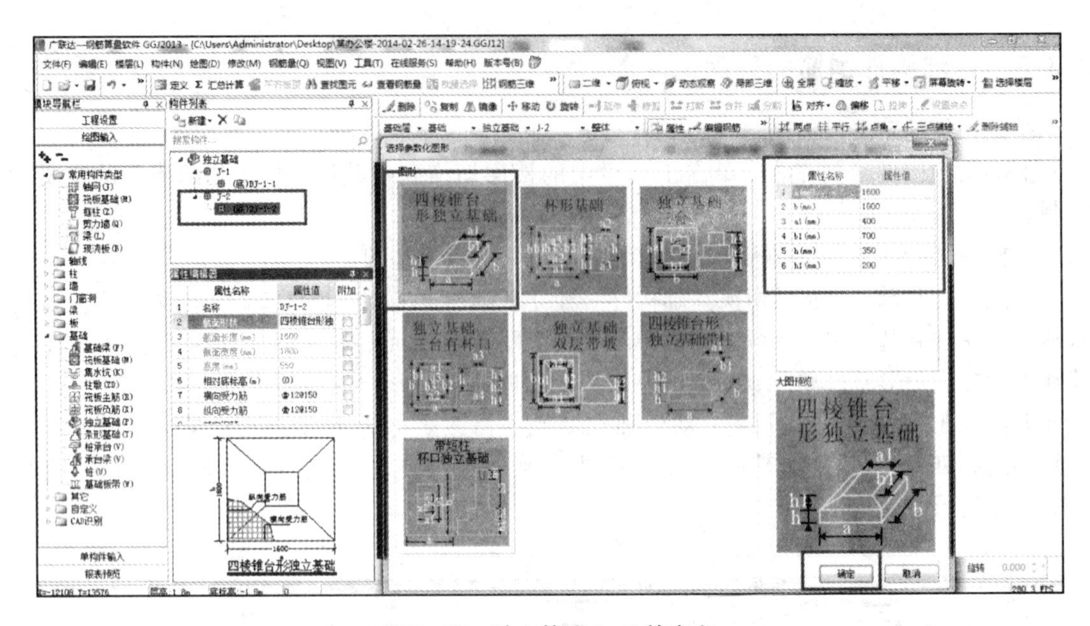

图 2－68 独立基础 J－2 的定义

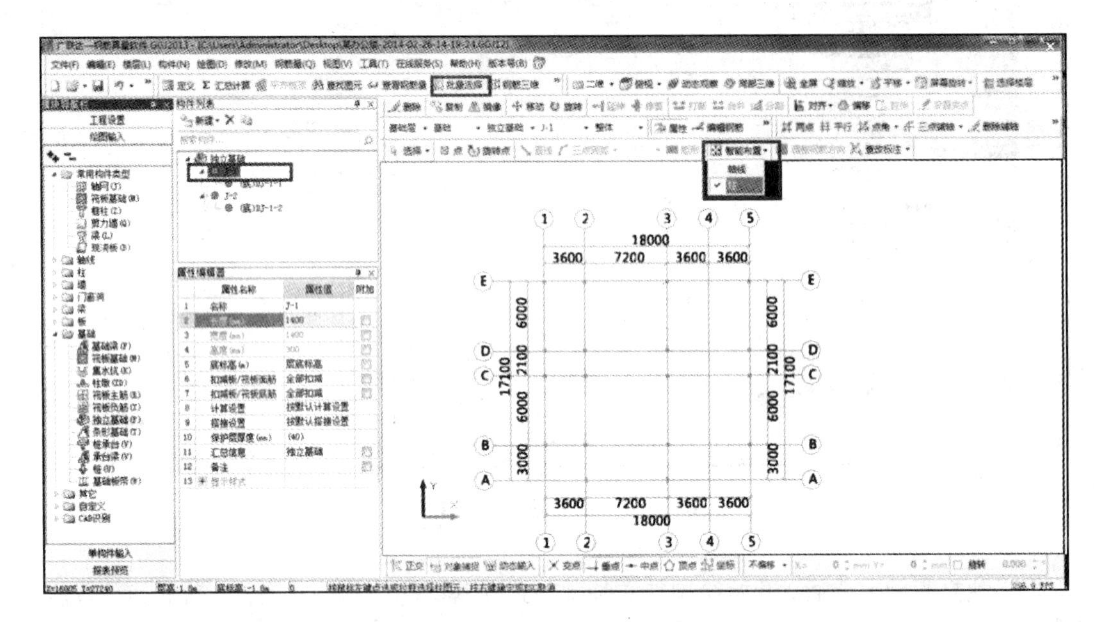

图 2－69 独立基础的智能布置

80%工程都要用到参数化输入。

(1)直接输入法：直接在表格中填入钢筋参数，软件根据输入的参数计算钢筋工程量。这里可以处理几乎所有工程中碰到的钢筋。凡是在参数输入、平法输入、绘图输入中不便处理的钢筋都可以在这里处理。

(2)梁平法输入：用于单构件梁平法钢筋计算。只需将平法施工图中有关梁的数据依照图纸中标注的形式，直接输入到表格中即可。软件能够自动计算钢筋的长度、重量，并且显示出计算公式。

(3)柱平法输入：用于单构件柱平法钢筋计算。只需要将平法施工图中有关柱的数据依

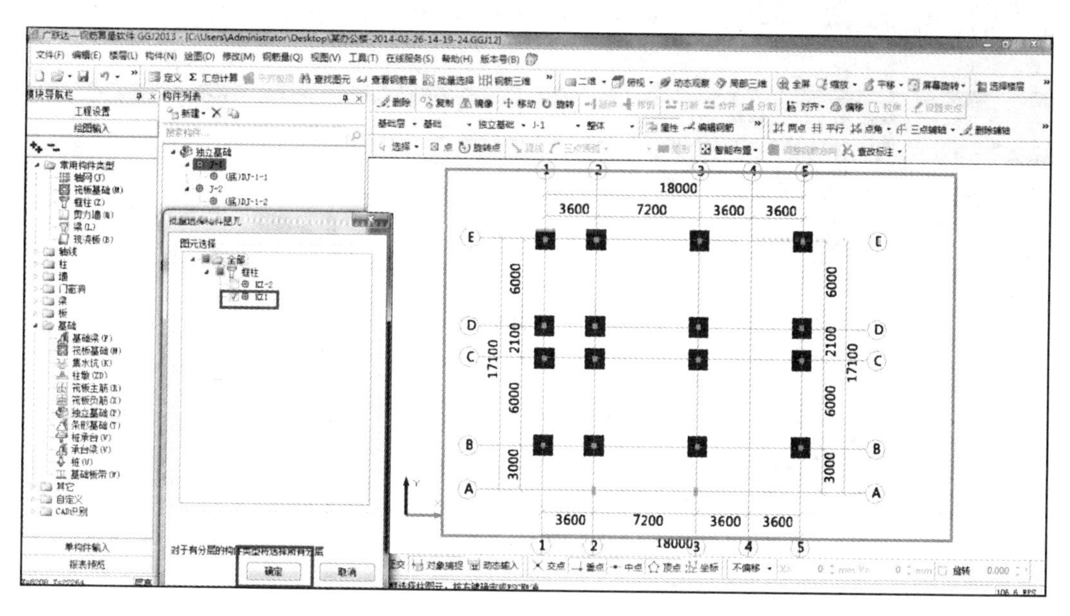

图 2－70　独立基础智能布置批量选择图元

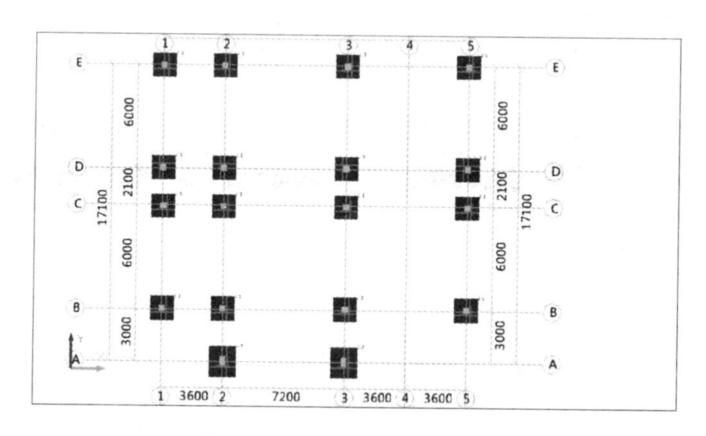

图 2－71　独立基础绘制完成

照图纸中标注的形式，直接输入到表格中即可。软件能够自动计算钢筋的长度、重量，并且显示出计算公式。使计算结果准确，计算公式清晰明了，实现了预算人员抽钢筋中真正的简便快捷。

（4）参数输入法：选择已经定义的参数构件图集，通过输入构件参数，钢筋信息等自动计算钢筋。由于参数化图我们可以参与编制，因此它具有极好的扩展能力。

【楼梯案例】　以“参数输入法”作为单构件输入的典型进行讲解，以本工程的整体楼梯构件为例。

单击“模块导航栏”切换到“单构件输入”→切换楼层到首层→单击“构件管理”→选择构建类型“楼梯”→单击“添加构件”→输入构件的名称以及数量（T－1 AT1 下）→单击“确定”（图 2－72）。

在此界面中点击“参数化输入”→单击“选择图集”→双击选择 A－E 楼梯中“AT 型楼梯”

（图 2－73）。

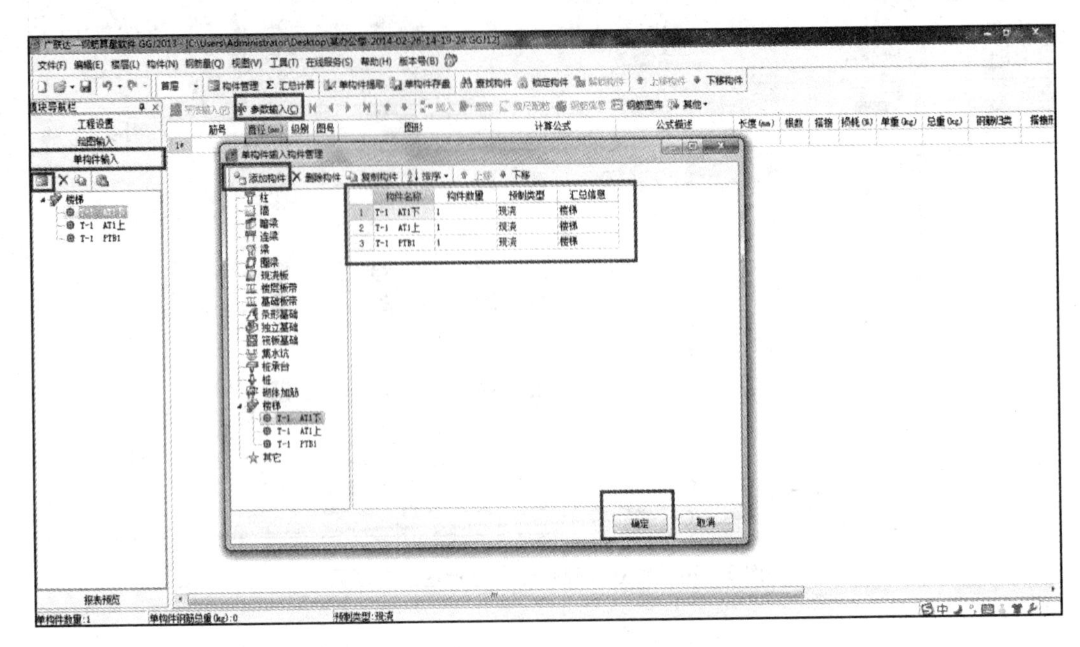

图 2－72　参数输入－单构件输入构件管理

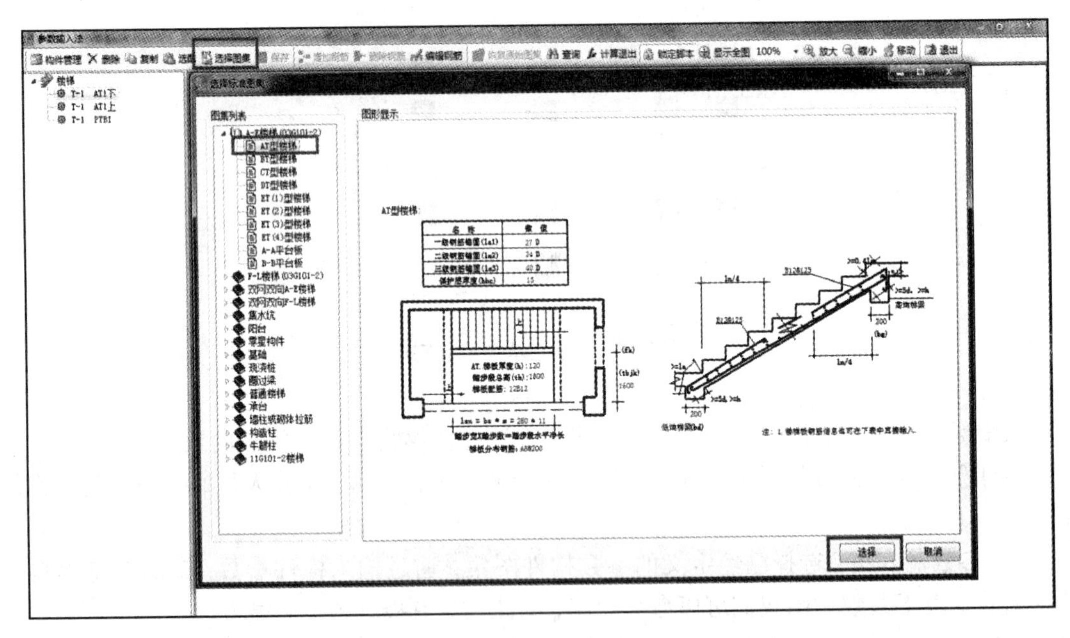

图 2－73　添加构件－图集选择

对照实际工程图纸，使用回车键跳动修改图中钢筋和尺寸信息，如楼板厚度、踏步段水平净长、梯段受力筋以及分布筋，修改完毕单击【计算退出】即可，如图 2－74 所示。AT1 计算结果如图 2－75 所示。

“AT1 上”与“AT1 下”配筋信息一致，只是梯段的高度不一样，可以进行钢筋匹配快速布

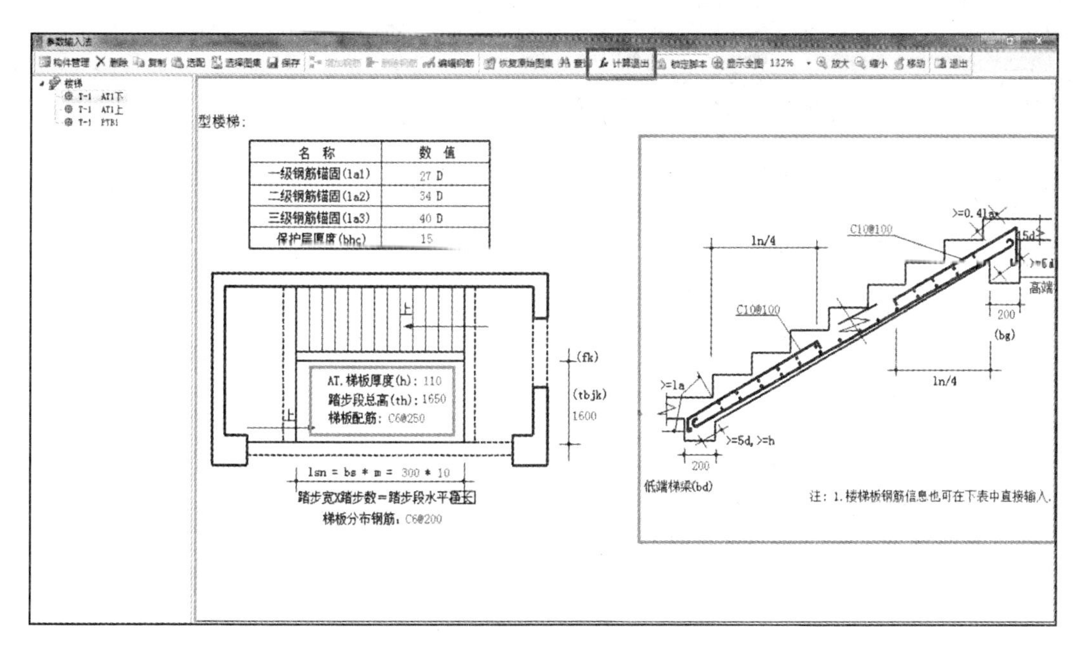

图 2－74　参数输入法－钢筋信息修改

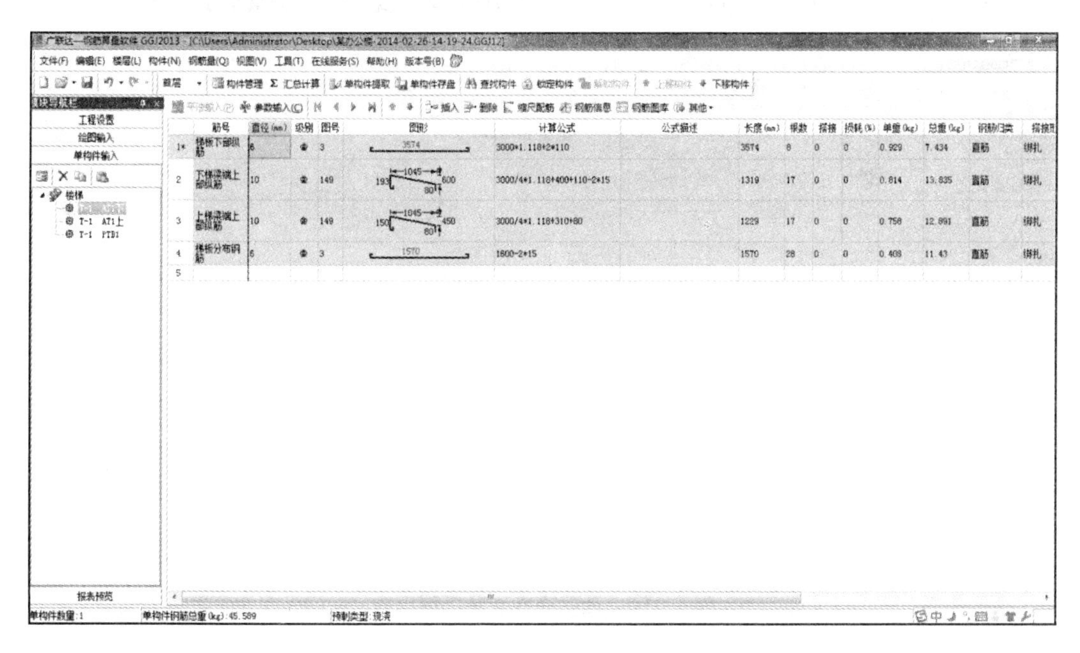

图 2－75　AT1 计算结果

置。操作如下：在“构件管理”中定义好“AT1 上”→参数化输入→选择“AT1 上”→单击【选配构件】→选择“AT1 下”→点击【确定】(图 2－76)。单击【参数输入】→修改梯段高→单击【计算退出】(图 2－77)→弹出对话框“选配成功”。

本工程的窗台挑板、天沟均可以采用参数输入法进行钢筋计算，方式方法同楼梯的参数输入。

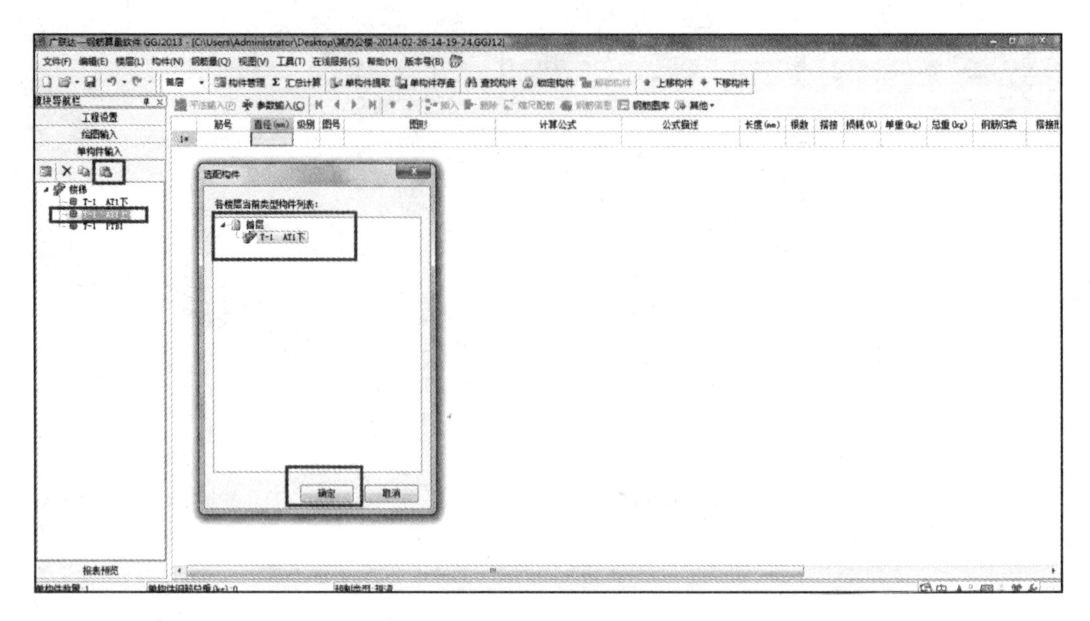

图 2－76　选配构件

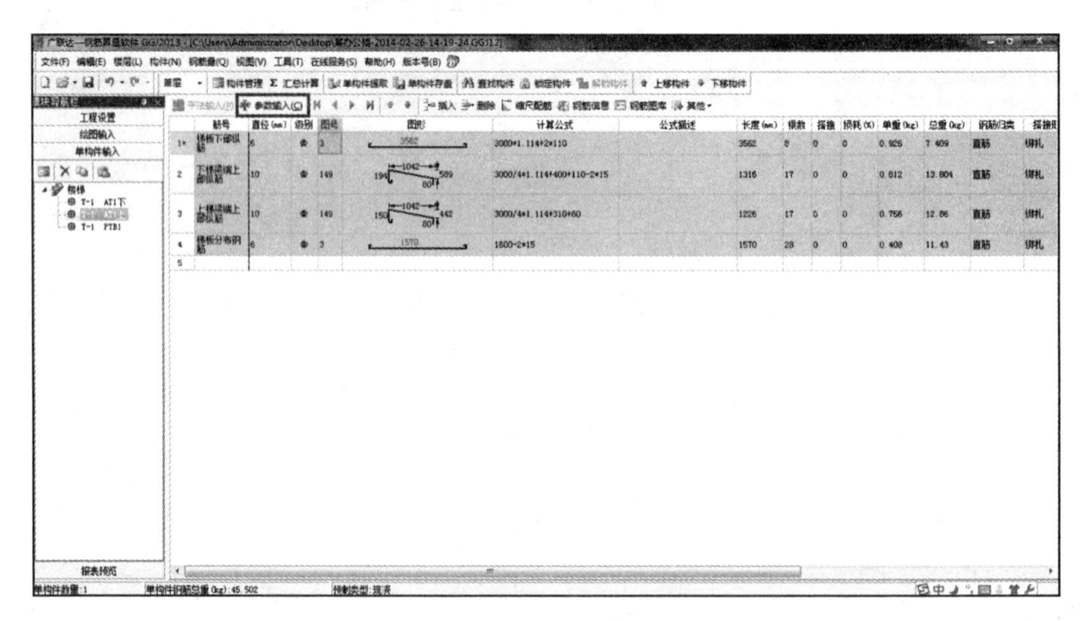

图 2－77　参数输入→修改梯段高

应用拓展→剪力墙钢筋建模

1. 剪力墙结构的建模分析

(1)剪力墙结构：剪力墙→暗柱、端柱→暗梁→门、窗洞口→连梁→现浇板→基础构件→楼梯等零星构件。

(2)剪力墙的绘图与框架结构最大的区别就是用剪力墙代替了框架柱作为支座，剪力墙的绘制方法同框架梁，墙柱的绘制同框架柱。

2. 剪力墙以及暗柱和端柱的定义

剪力墙的定义：新建剪力墙输入对应的信息，如图 2 - 78 所示。

(1)水平分布钢筋：输入格式为(排数) + 级别 + 直径 + @ + 间距，当剪力墙有多种直径的钢筋时，在钢筋与钢筋之间用“+”连接。+前面表示墙左侧钢筋信息，+后面表示墙体右侧钢筋信息。

(2)垂直分布钢筋：剪力墙的竖向钢筋，输入格式为(排数) + 级别 + 直径 + @ + 间距，例如：(2)B12@150。

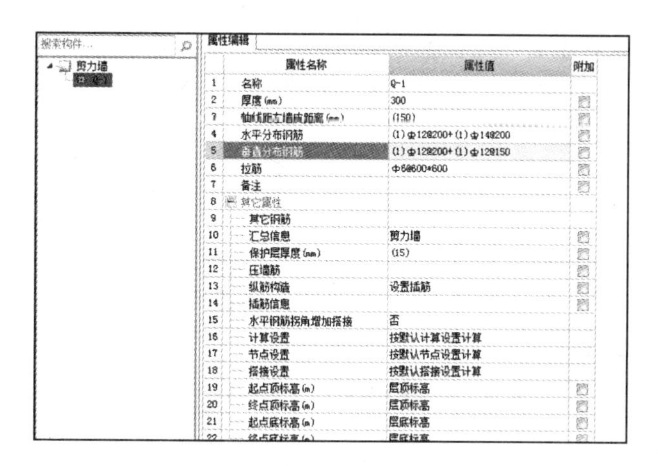

图 2 - 78　剪力墙的定义

(3)拉筋：剪力墙中的横向构造钢筋，即拉钩，其输入格式为：级别 + 直径 + @ + 水平间距 + * + 竖向间距。例如：剪力墙的拉筋为一级钢筋，直径为 6，水平间距与垂直间距均为 600，其输入格式为：A6@600*600。

特殊情况下的墙体钢筋输入介绍。

水平钢筋：

格式 1：【(排数)】<级别><直径><间距>【[布置范围]】；

(1)常规格式：(2)B12@100；

(2)左右侧不同配筋形式：(1)B14@100 + (1)B12@100；

(3)每排钢筋中有多种钢筋信息但配筋间距相同：(1)B12/(1)B14@100 + (1)B12/B10@100；计算时按插空放置的方式排列，第二种钢筋信息距边的距离为起步距离加上 1/2 间距；

(4)每排钢筋中有多种钢筋信息且各种配筋间距不同：(1)B12@200/(1)B14@100 + (1)B12@100/B10@200；计算时第一种钢筋信息距边一个起步距离，第二种钢筋信息距边的距离为起步距离加上本钢筋信息 1/2 间距；

(5)每排各种配筋信息的布置范围由设计指定：(1)B12@100[1500]/(1)B14@100[1300] + (1)B12@100[1500]/(1)B14@100[1300]；

垂直钢筋：

格式 1：【*】【(排数)】<级别><直径><间距>

①常规格式：(2)B12@100；或 *(1)B12@200 + (1)B14@200；输入“*”时表示该排垂直筋在本层锚固计算，未输入“*”时表示该排纵筋连续伸入上层。

②左右侧不同配筋形式：(1)B14@100 + (1)B12@100；

③每排钢筋中有多种钢筋信息但配筋间距相同：(1)B12/(1)B14@100 + (1)B12/B10@100；计算时按插空放置的方式排列，第二种钢筋信息距边的距离为起步距离加上 1/2 间距；

④每排钢筋中有多种钢筋信息且各种配筋间距不同：(1)B12@200/(1)B14@100 + (1)B12@100/B10@200；计算时第一种钢筋信息距边一个起步距离，第二种钢筋信息距边的距

离为起步距离加上本钢筋信息1/2间距；

⑤标高如图2－79所示。

剪力墙墙柱的定义形式主要有两种：

新建参数化柱：在对应的暗柱、端柱的位置【新建参数柱】(图2－80)→选择对应的参数化截面类型→输入对应的尺寸信息(图2－81)→确定后输入对应的钢筋信息。

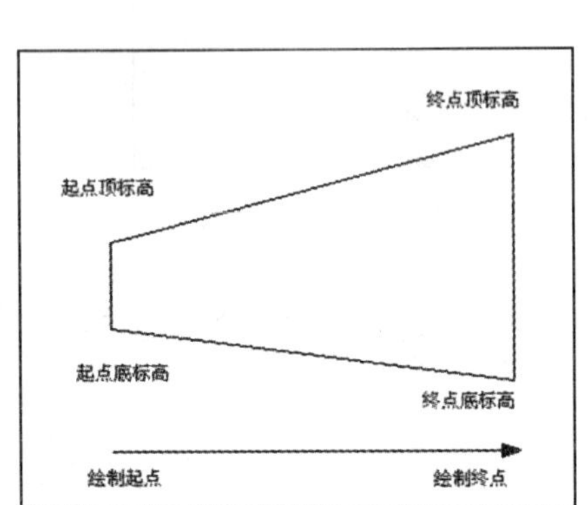

图2－79　标高图

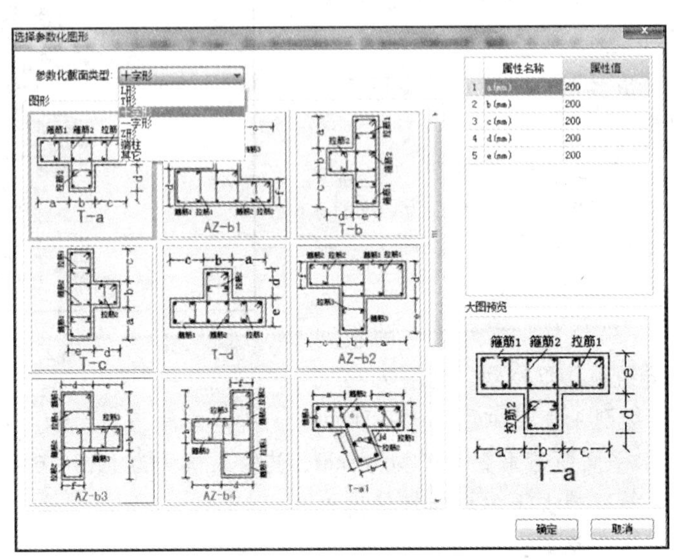

图2－80　新建参数化柱

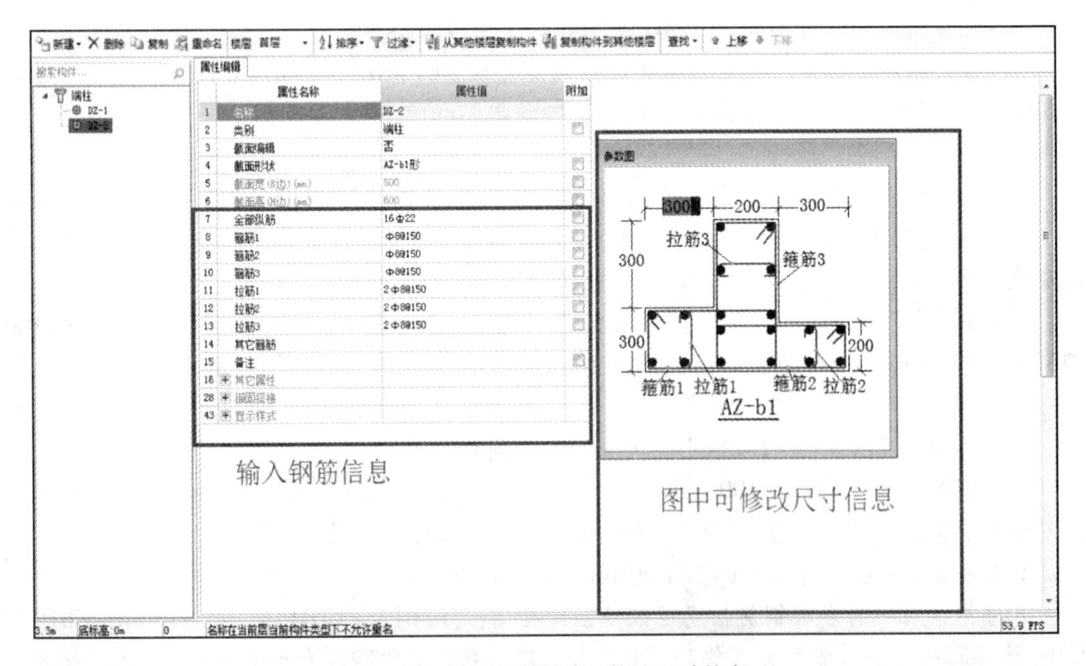

图2－81　输入钢筋信息、修改尺寸信息

新建异型柱：在对应的暗柱、端柱的位置新建异型柱→定义网格→绘制柱截面(图2－82)→绘制对应的纵筋和箍筋(图2－83)。

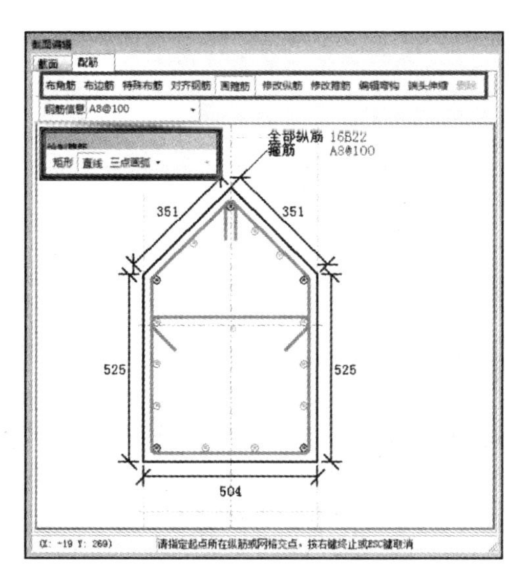

图2－82　绘制柱构件图

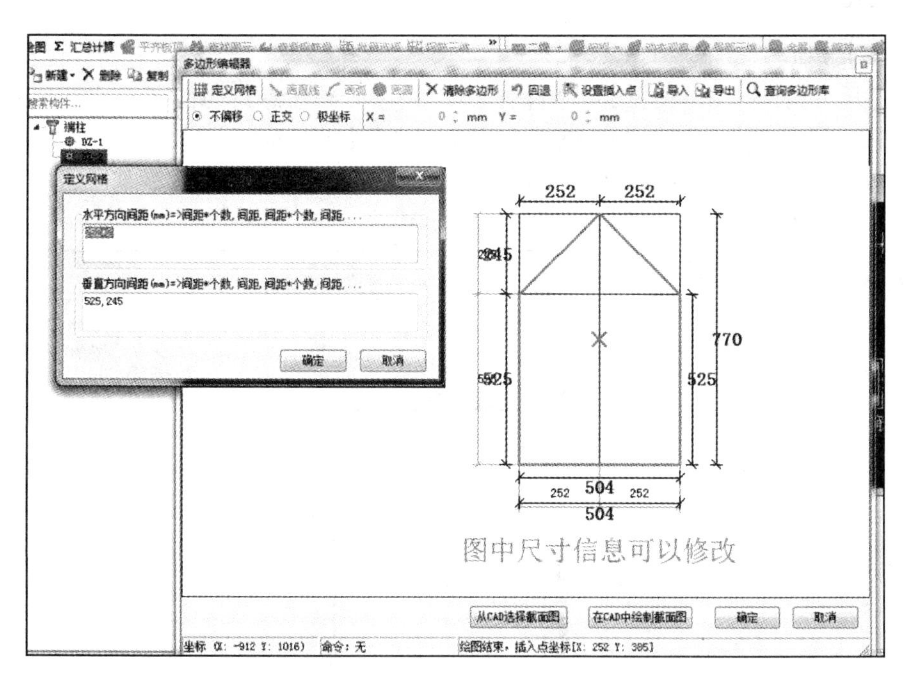

图2－83　绘制对应的纵筋和箍筋

技巧说明：暗柱还可以在剪力墙绘制之后用按墙位置绘制柱、自适应布置柱反建立构件。操作步骤如下：点击命令后选择对应的墙体位置→点击右键→对柱构件的配筋和信息进行修改→完成。

任务2.4　钢筋算量软件应用技巧

任务要求

在建立好《办公楼》的钢筋算量图形文件中，反复练习快捷键的使用和异形构件的钢筋处理。在充分掌握基本操作技巧的情况下扩大知识面，了解软件钢筋三维的原理，且巧用钢筋三维学习平法知识。

操作指导

2.4.1　软件常用快捷键汇总以及使用

掌握常规工具栏中的操作命令是建模所需最基本的技能，若要提高建模速度，快捷键的运用是一种最有效的方式，所有的快捷键及组合键都是建立在对软件有深入了解的情况下的一种灵活应用，下面介绍软件里面的一些常用快捷键，对一些频繁用到的快捷键会做重点介绍。

F1：打开“帮助”系统，里面有软件的基本介绍以及操作的一些技巧，适合新学者查看。

F2：构件“定义”与“绘图”切换的快捷键，掌握这个快捷键就不要再点击工具栏中的【定义】与【绘图】按钮。

F3：打开“按名称选择构件图元”对话框或在绘图时翻转点式构件图元。F3 在选择状态下是【批量选择】的命令，如图操作 F3 就相当于点击了【批量选择】命令，弹出的对话框中选择需要的构件，点击确定后可以进入后续操作，如图 2－84 所示。

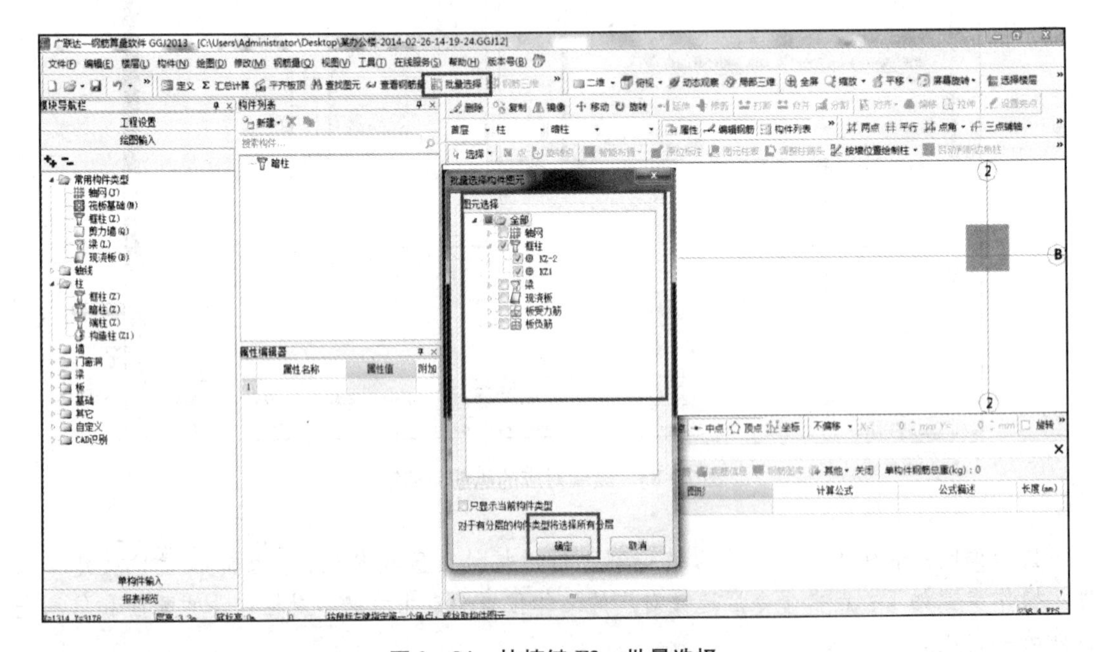

图 2－84　快捷键 F3→批量选择

在绘图时 F3 是水平翻转点式构件图元（主要应用于暗柱、端柱、承台、独基），如图 2 - 85、图 2 - 86 所示。Shift + F3：上下翻转点式构件（主要应用于暗柱、端柱、承台、独基），如图 2 - 87、图 2 - 88 所示。

F4：在绘图时改变点式构件或者线式图元的插入点位置，适用于柱、独立基础、承台、梁、墙等构件。

如图 2 - 89、图 2 - 90、图 2 - 91 所示柱构件，在绘图时点击 F4，插入点会在图中 1 ~ 7 的捕捉点之间切换。

F5：合法性检查。在构件绘制完成后在汇总计算前查看构件是否合法，比如构件是否重叠、超出标高等。

F6：切换显示/隐藏跨中板带，还可以辅助梁原位标注时快速输入当前列数据，比如左支座筋全部一致，点 F6 可以输入这一根梁整跨左支座钢筋。

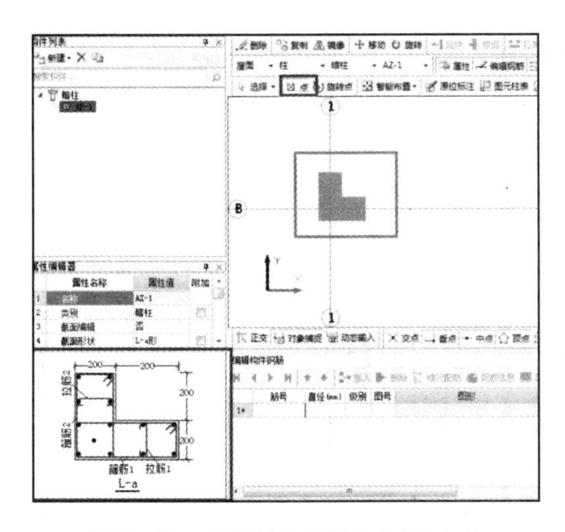

图 2 - 85　在绘制状态下点击 F3 之前

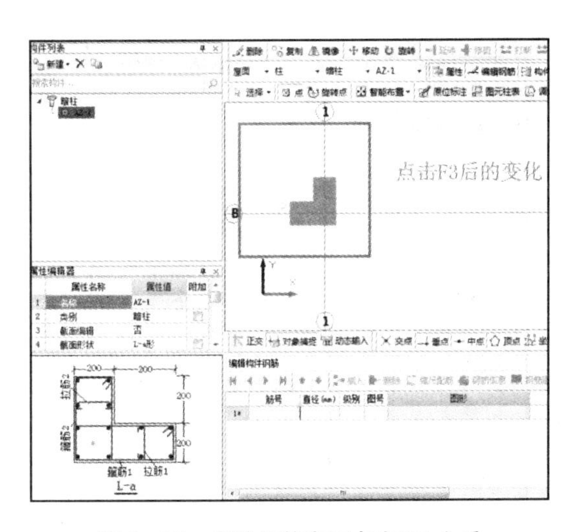

图 2 - 86　在绘制状态下点击 F3 之后

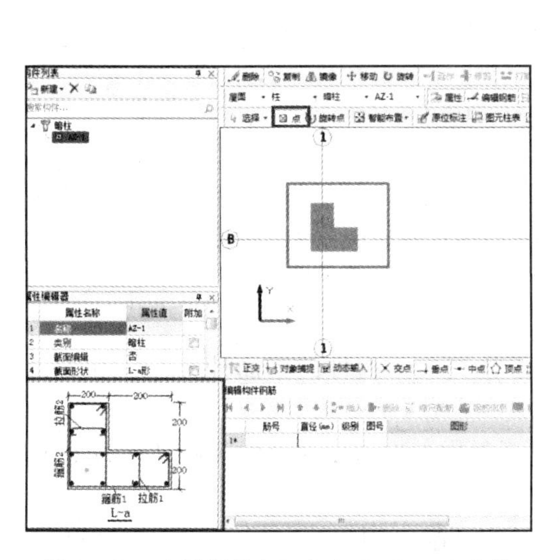

图 2 - 87　在绘制状态下点击 Shifit + F3 之前

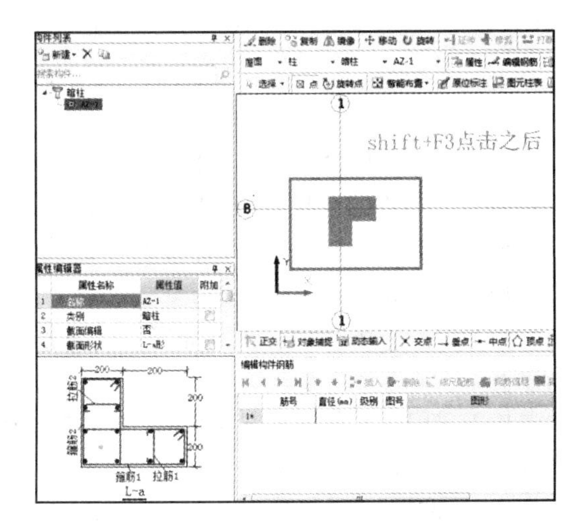

图 2 - 88　在绘制状态下点击 Shifit + F3 之后

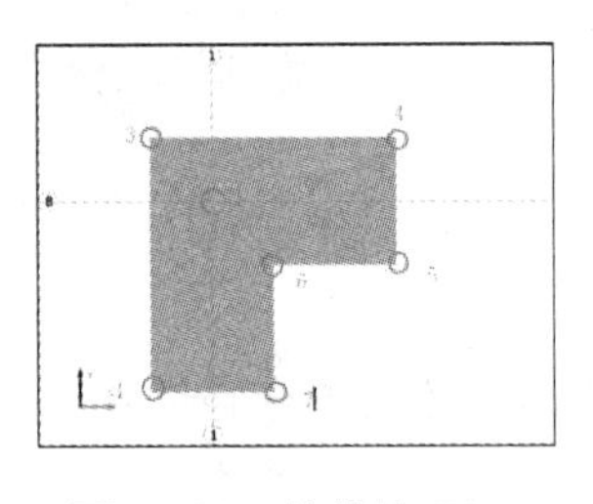

图 2－89　快捷键 F4－切换捕捉点

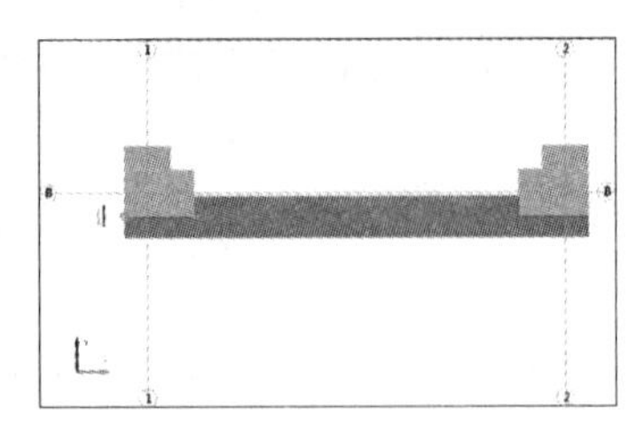

图 2－90　点击 F4 之前的梁的位置

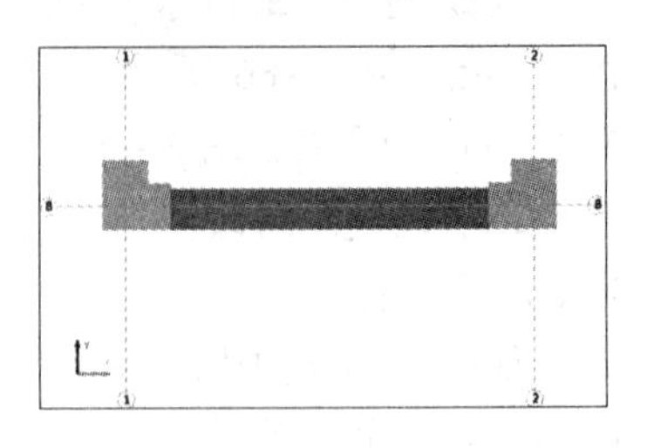

图 2－91　点击 F4 之后的梁的位置（梁边与柱边平齐）

F7：设置是否显示“CAD 图层显示状态”，用于 CAD 导图或者以 CAD 做底图绘图时设置 CAD 图元图层的显示，如图 2－92 所示。

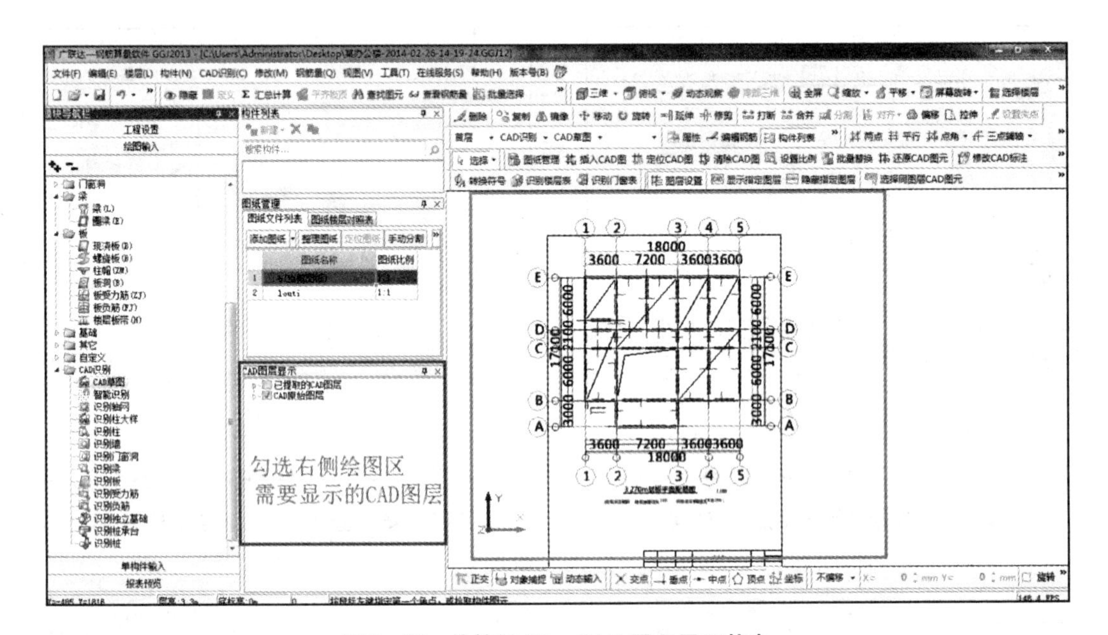

图 2－92　快捷键 F7→CAD 图层显示状态

F8：三维楼层显示设置，主要用于三维动态直接观察楼层中构件的关系。如是否存在遗漏或者重复构件的情况下（图 2－93 所示），勾选需要显示的楼层，可以直接检查。

F9：打开“汇总计算”对话框，用于绘图结束后软件进入自动计算。

F10：显示隐藏 CAD 图。

F11：打开“编辑构件图元钢筋”对话框，用于检查单个构件的钢筋计算，如图 2－94 所示。

F12：打开“构件图元显示设置”对话框，在对话框中勾选需要在绘图区域显示的图元与图元称，如图 2－95 所示。

Ctrl＋左键：柱偏移命令，比如做偏心柱子，用于偏心点式构件（如柱、承台等）都可。在 CAD 导图的情况下，Ctrl＋左键是选择同一图层的快捷键。

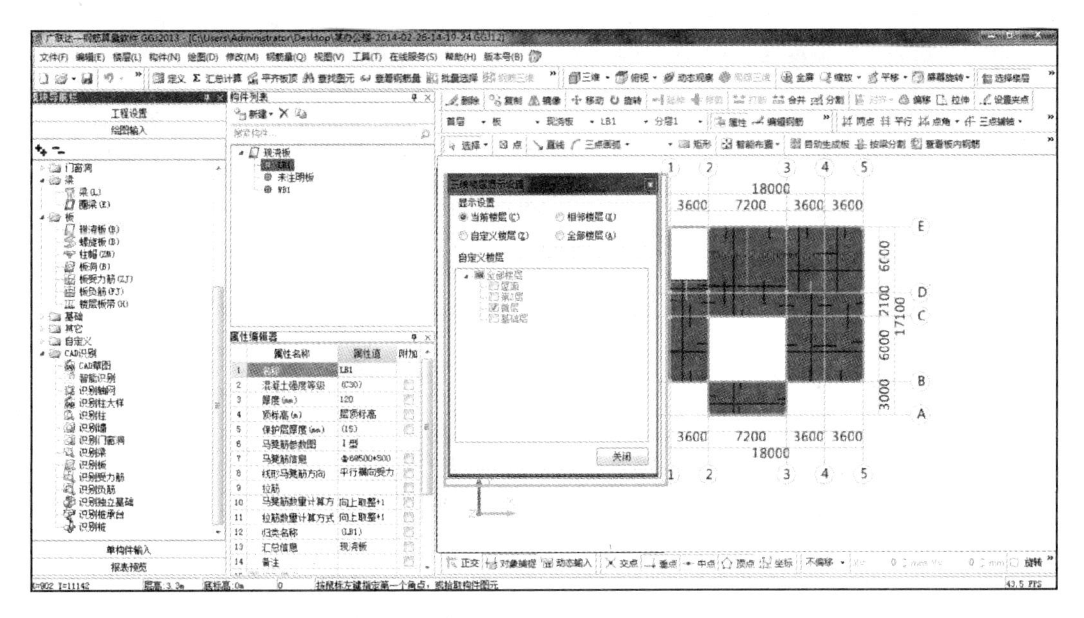

图 2－93　快捷键 F8→三维楼层显示设置

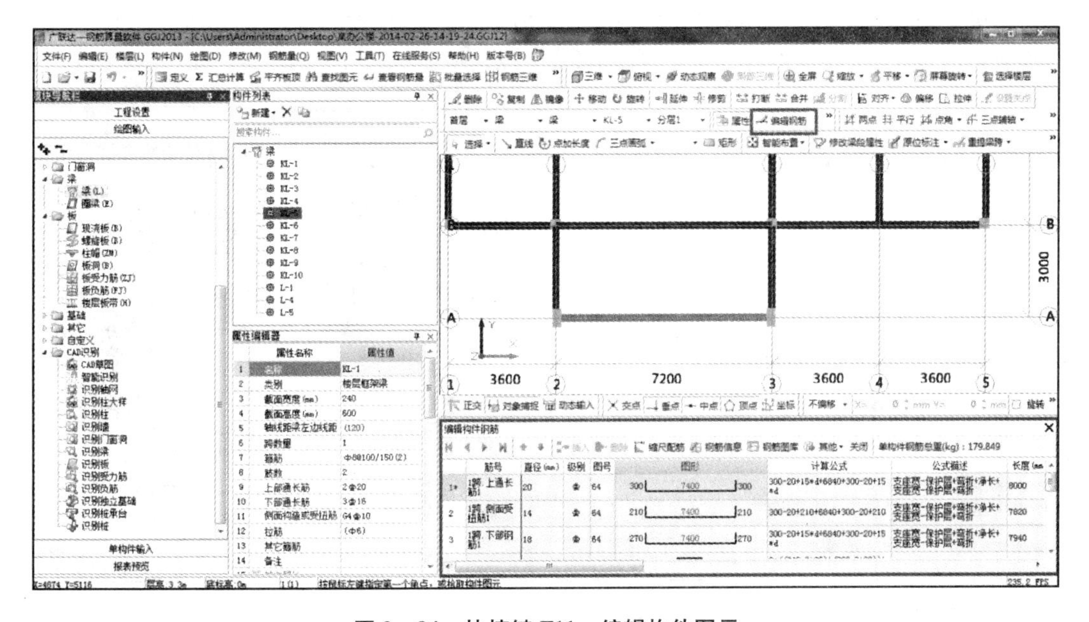

图 2－94　快捷键 F11→编辑构件图元

Shift + 左键：正交偏移命令，此功能为广联达软件应用的“万能键偏移键”适应于绘制不在轴网上面的任何构件，如图所示，绘制不在轴网上面的 L－1，在对话框中输入对应的偏移数值，XY 数值的属于参照 XY 坐标系的数值输入即可（图 2－96）。

构件字母快捷键：导航栏中构件名称后面括号内的字母为对应构件的快捷键，绘图区域选择状态下，点键盘上的构件快捷字母，可以显示或隐藏构件。例如点 Z，隐藏柱子，在点一下即显示，再次点击则隐藏；Shift + 构件的快捷字母，可以显示出构件属性，比如 Shift + Z，会显示柱的属性，再次点击则隐藏属性。

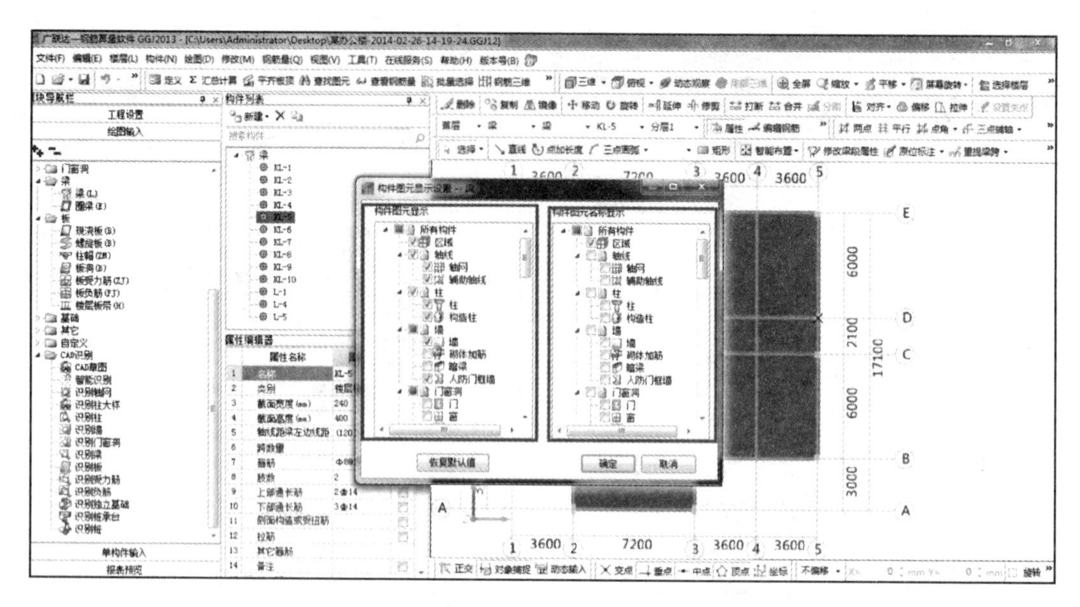

图 2－95　快捷键 F12→构件图元显示设置

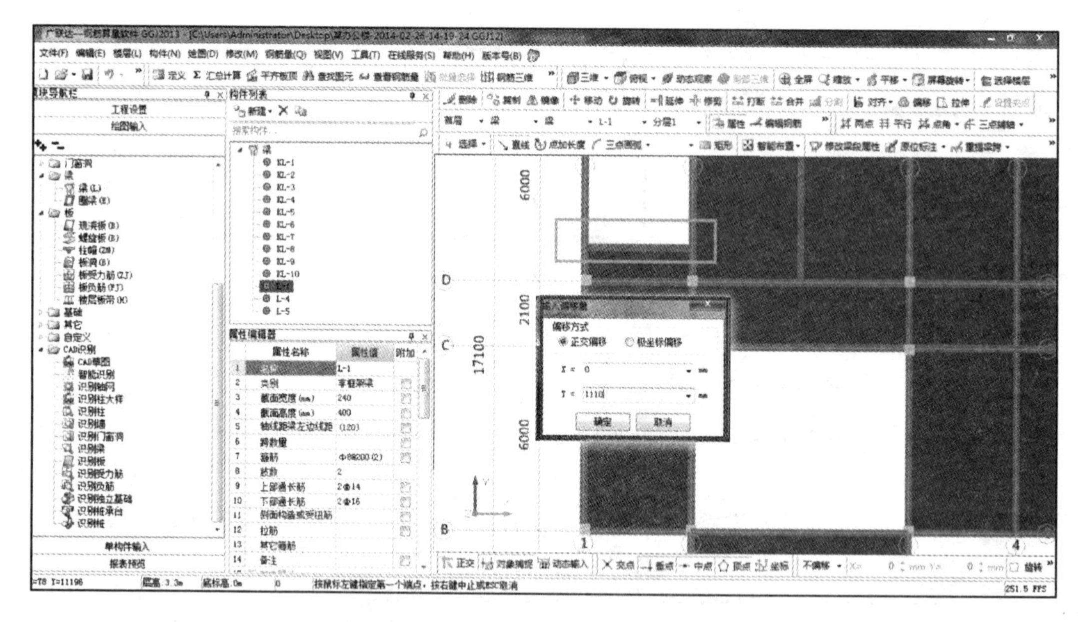

图 2－96　快捷键 Shift＋左键－正交偏移

“～”：显示线性图元绘图方向，如梁、墙的方向，便于调整线性构件的起点和终点标高，如图 2－97 所示。

当然，现在软件的快捷键越来越丰富，可以支持自己去修改快捷键，点击菜单栏中的【工具】→【快捷键设置】，在对话框中修改对应的快捷键，另外还可以点击右边的添加常用命令增设快捷键，对于已经修改好的快捷键可以用“导出”进行保存，下次需要用到可以“导入”进来(图 2－98 所示)。

Ctrl＋F：“查找图元”功能。作用：对量和查找图元进一步修改更加方便和快捷。使用的

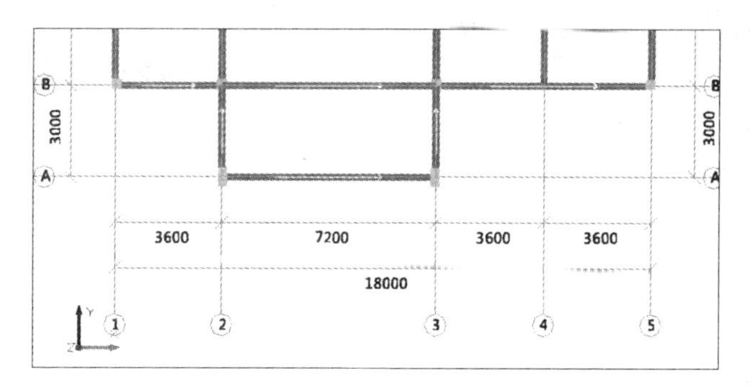

图 2-97　按"～"后梁构件上显示出箭头方向

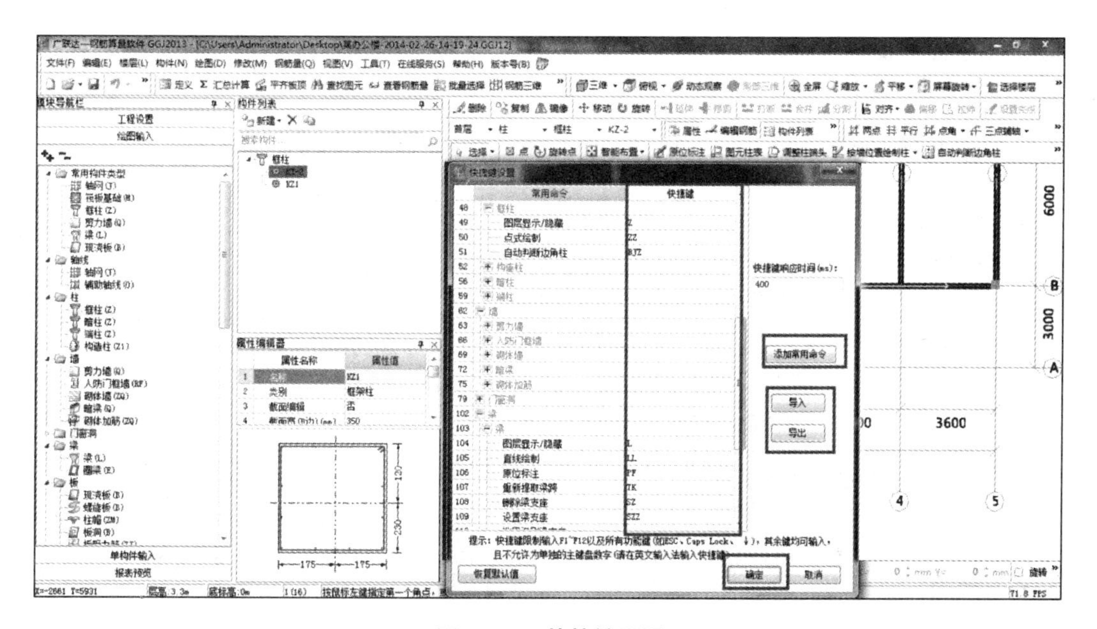

图 2-98　快捷键设置

情形主要有：

（1）在查看报表时，发现某个柱子的钢筋计算结果中钢筋信息有问题，例如：整个工程中都没有出现过箍筋信息为"A6@300"的钢筋信息，需要快速查找该钢筋信息具体在哪个柱子上；

（2）在查看报表时，发现某个梁图元的钢筋量特别大，需要快速定位到该图元上。

【查找图元】界面介绍说明：

（1）查找构件类型：通过下拉列表进行选择，选择到底需要在哪类构件下进行查找，软件默认显示的是当前图层下的构件类型；

（2）按图元属性查找：即需要查找的信息在构件的属性中，通过该信息来定位到底是哪个构件图元；

（3）按图元 ID 查找：在软件中，每个构件图元本身都有一个唯一的 ID 编号，类似于身份证编码，根据报表中的图元 ID 信息，快速进行查找；

（4）选项：仅当"按图元属性查找"时才能使用，右侧会显示出选中的构件类型的所有属性，勾选属性后，查找的内容就会在被选中的属性中进行查找。

(5)按属性信息完整匹配：即所查找的内容是某个属性值的一部分还是全部内容，例如：不勾选时，查找内容为“A8@100”，那么“A8@100/200”的信息也会被查找到，勾选时，软件会查找属性值为“A8@100”的所有构件图元；

(6)双击图元的名称，可以在绘图区域快速定位图元的位置，如图2-99所示。

以上介绍了一些常用快捷键，熟练掌握能提高我们的建模效率，当然在使用时要结合工程实际情况选择合适的功能快捷键进行操作。

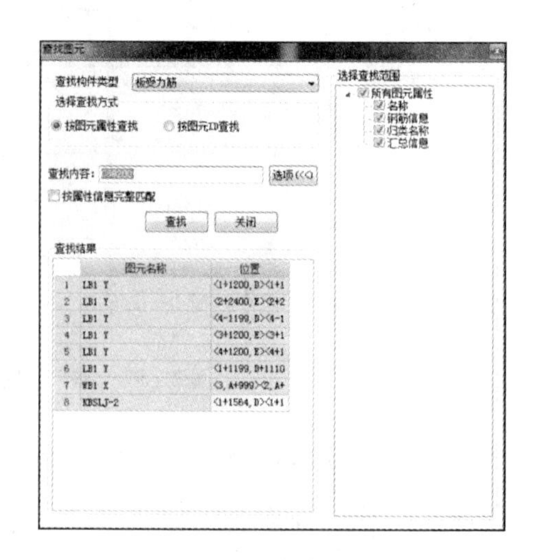

图2-99 查找图元

2.4.2 异形构件的处理

在实际工程的应用中，会遇到一些异形构件不能直接用软件里面的构件进行直接输入或者参数化输入，比如异型墙柱、屋脊梁、栏板等，这时就需要熟练掌握异形构件的定义进行绘图。

下面以一个梯梁来讲解异性梁的定义：新建异形梁(图2-100)→根据施工图定义网格(图2-101)→绘制异形梁(图2-102)→输入对应的钢筋信息(图2-103)→完成定义(图2-104)。

同理，其他异形构件都是以同样的定义方式，只是构件类型不同，配筋信息的输入方式有些变化，需要在处理实际工程时灵活运用。

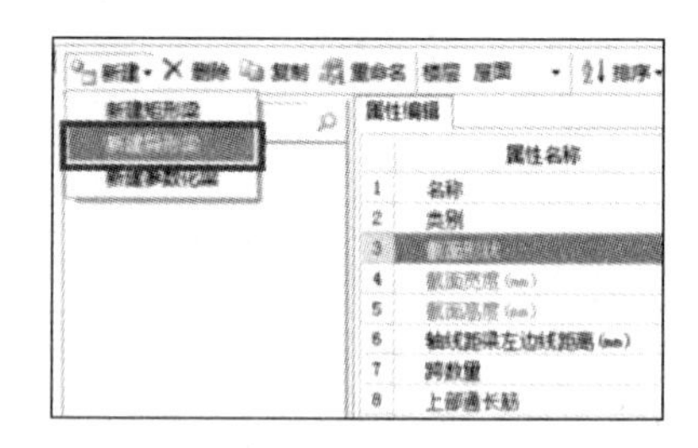

图2-100 新建异形梁

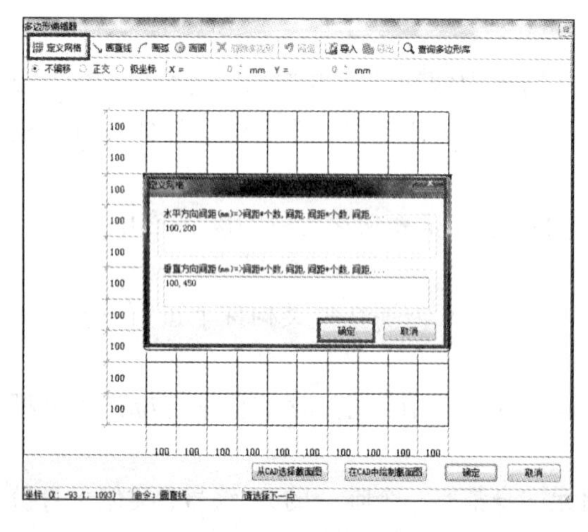

图2-101 定义网格

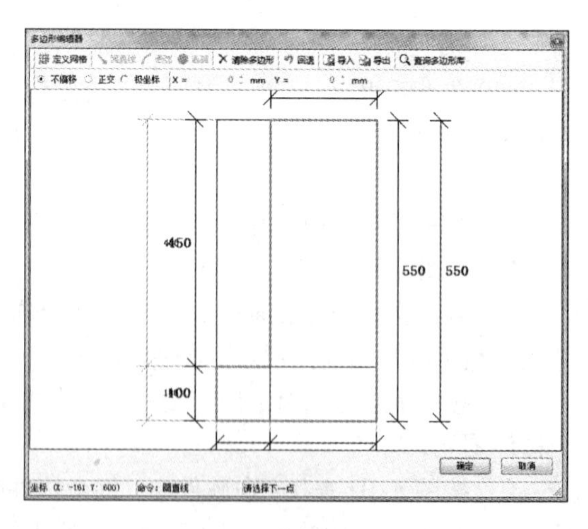

图2-102 绘制异形梁截面

图 2-103　输入异形梁配筋信息

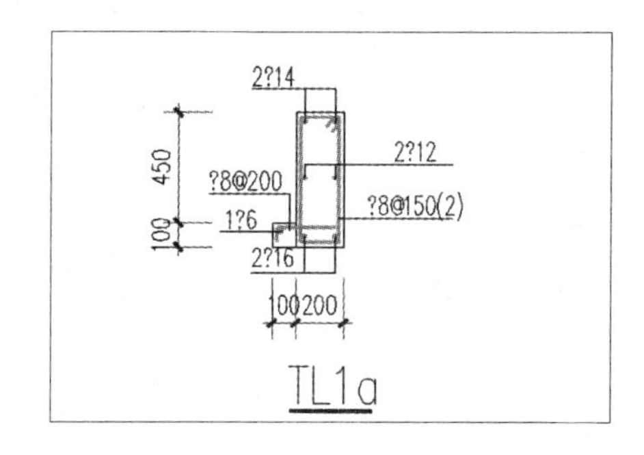

图 2-104　需要定义的异形梁

2.4.3　巧用钢筋三维图学习平法知识

在课堂教学中，没去过施工现场的学生一般是对照平法图集来学习平法，有时候很难想像出钢筋在实际工程中的具体形态，对钢筋的计算公式也难以理解和记忆，那么通过软件有两种方式可以来学习平法知识，一种是通过软件工程设置里面的节点设置来学习平法，另一种是通过钢筋三维图结合编辑钢筋来学习，通过对照钢筋的具体布筋详图，结合理解其计算公式，能更加轻松地学习平法，我们可以按下例的钢筋三维图来学习钢筋的计算。

对建模后的工程进行汇总计算后，选择基础层里面 1 轴与 B 轴交点处的 KZ1 来进行学习，选择对应的柱→点击钢筋三维图→点击编辑钢筋，在编辑钢筋处选择 B 边插筋 1，在钢筋三维图形显示上面对应的插筋 1 会亮色显示出来（图 2-105 ~ 图 2-107），在三维图的右侧会显示对应的钢筋公式和计算过程和下方编辑钢筋显示的信息一一对应，同步更新。

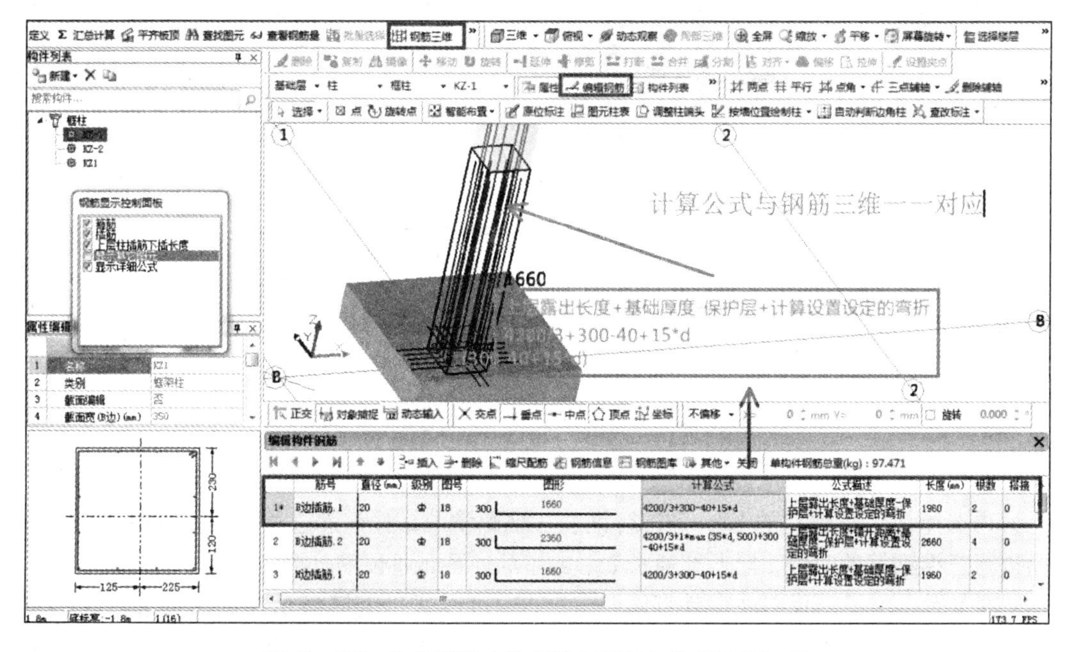

图 2-105　B 边插筋 1 的钢筋三维图与编辑钢筋显示

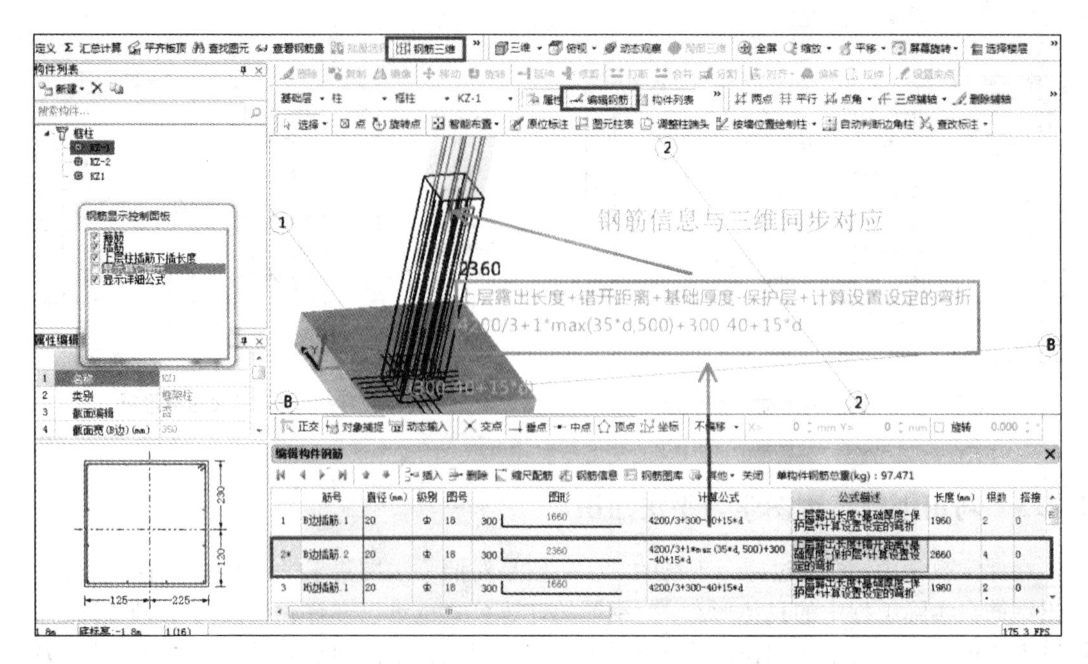

图 2-106　B 边插筋 2 的钢筋三维图与编辑钢筋显示

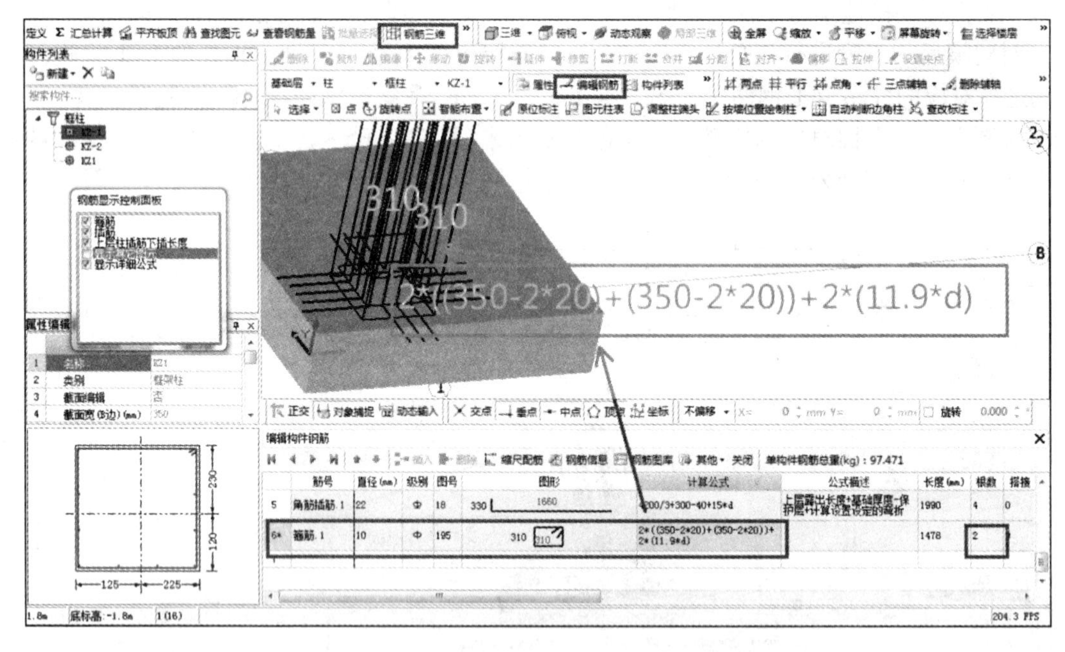

图 2-107　箍筋三维图与编辑钢筋显示

另再选择首层 E 轴上的 KL-5 进行钢筋三维图学习，对于梁这种类型的构件，在对构件钢筋进行三维钢筋的时候，把上部通长筋、支座筋、下部通长筋、箍筋等全部显示出来的话，整体感觉会乱，不便于我们观察其钢筋形态，这时可以通过钢筋显示控制面板选择性的勾选所需要显示的信息，如图 2-108、图 2-109 所示，在查看下部钢筋的时候可以选择只显示下部钢筋，在查看箍筋的时候只选择箍筋的信息。

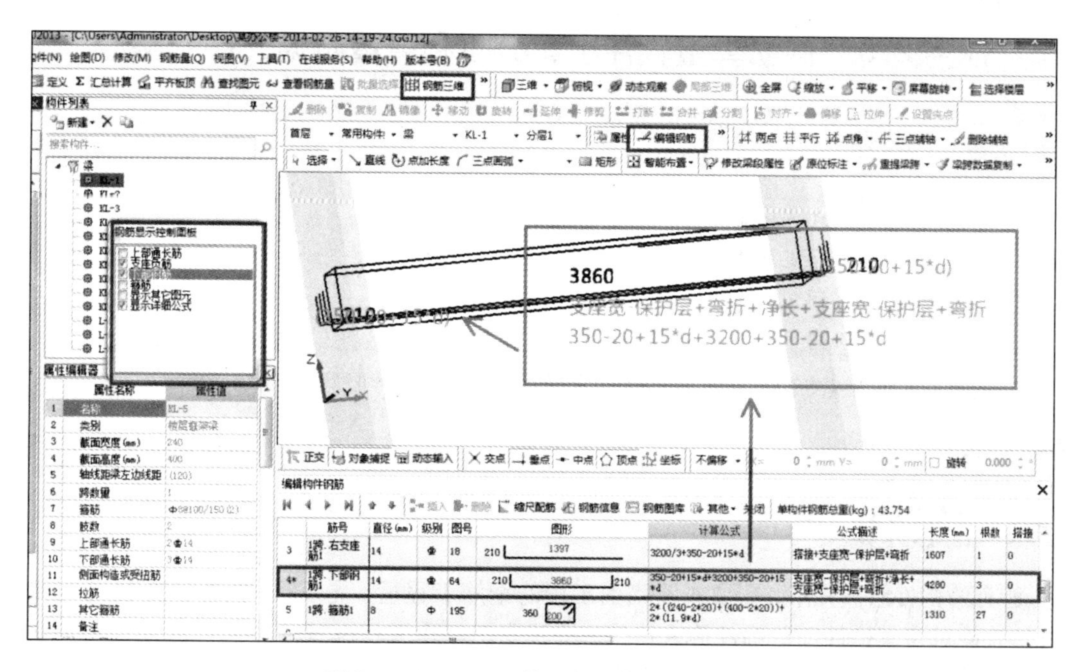

图 2-108　KL-5 的下部钢筋钢筋三维图

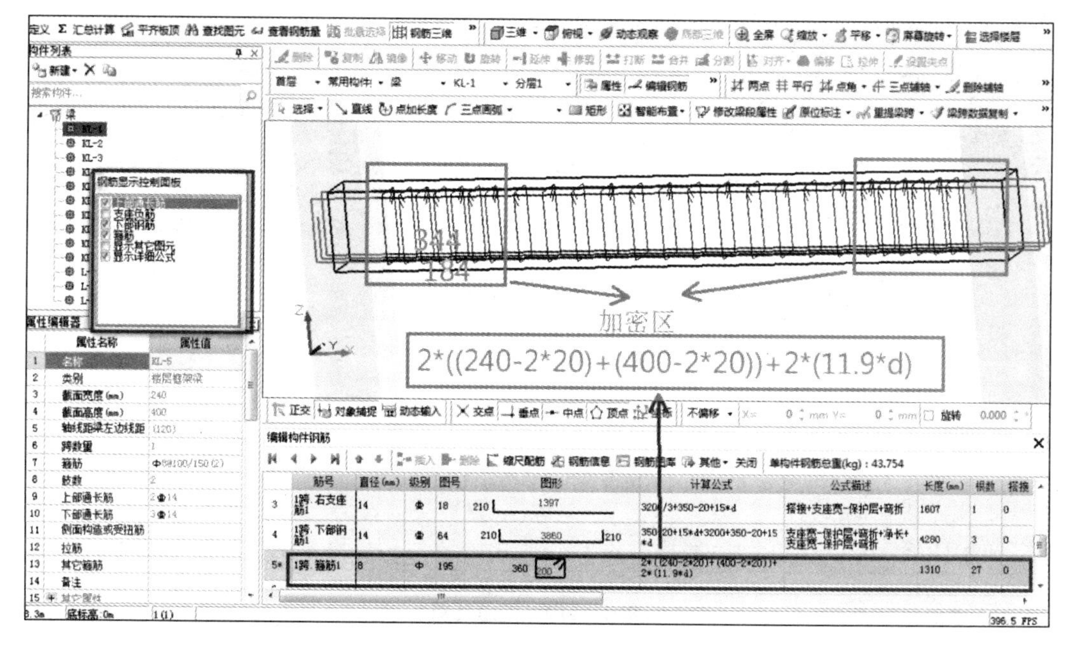

图 2-109　KL-5 的箍筋钢筋三维图

参照柱和梁的钢筋三维图，我们可以对绘图区域的所有构件进行钢筋三维展示，了解软件对每个构件的计算规则，通过钢筋三维图与编辑钢筋，对照平法的节点进行学习能更清晰牢固的掌握平法知识，同时对软件的计算结果能够进行分析判断，了解真正的软件算量的原理，做到软件算量心中有数，这样也方便后期的对量。

任务2.5　钢筋算量软件出量分析和算量数据文件的整理

任务要求

编辑《办公楼》的钢筋算量图形文件，熟练掌握如下操作：

1. 如何查看钢筋的工程量；
2. 报表的导出与打印；
3. 软件数据的整理。

完成任务实践中《办公楼》钢筋算量图形文件并核对绘制正确性。

操作指导

2.5.1　汇总计算

所有的构件绘制完毕，需要查看当前工程的钢筋工程量，先进行【汇总计算】。【汇总计算】是软件对建模构件和单构件输入构件，按照我们新建工程设置的平法计算规则和平法节点进行自动运算的一个过程，对【汇总计算】有几个情况要进行说明(图2－110)：

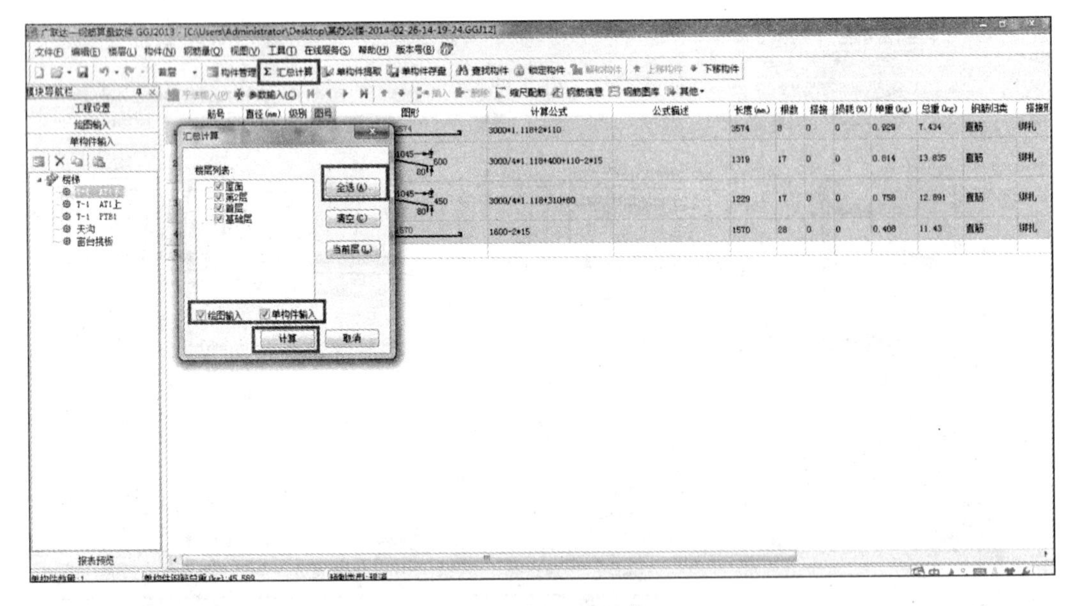

图2－110　汇总计算

(1)汇总计算的时候，如果工程很大，建议在汇总计算时不要进行其他的操作，避免出现汇总计算速度过慢。

(2)全选：可以选中当前工程的所有楼层。

(3)清空：取消已经选中的楼层。

(4)当前层：选中当前所在楼层。

(5)绘图输入：汇总计算范围仅选择为绘图输入的构件进行计算。

(6)单构件输入：汇总计算时，需要计算单构件输入，则勾选。

2.5.2　报表数据分析、钢筋查量

工程汇总计算完毕，需要对工程数据进行分析，分析工程的钢筋用量。软件钢筋查量主要有以下途径：报表预览、编辑钢筋、查看钢筋量、打印选择构件钢筋明细，打印选择构件图元钢筋量。

【报表预览】：汇总计算后，需要了解整个工程钢筋的各项指标以及查看钢筋的对应的使用位置。

操作步骤：点击模块导航栏中的【报表预览】，查看对应的报表信息，如图 2 – 111 所示，工程技术经济指标里面会有对应的工程钢筋总重量、单方钢筋含量、措施钢筋重量(措施钢筋包括梁垫、板垫以及板的马凳筋)等，切换不同的报表会显示不同的分类信息。

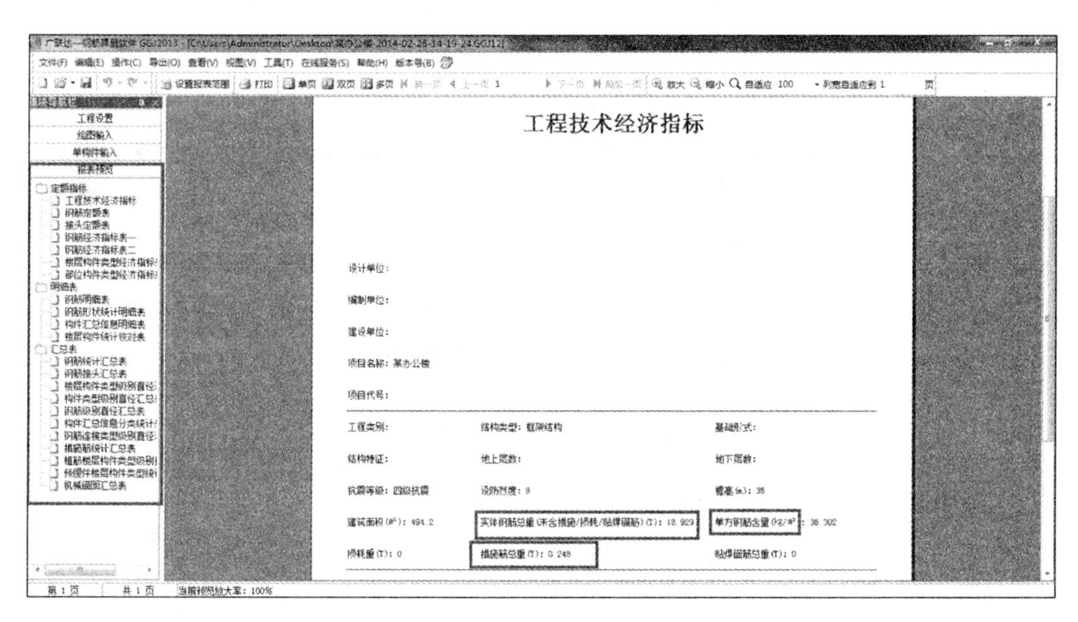

图 2 – 111　报表信息

【编辑钢筋】：汇总计算后，需要在绘图区查看某个构件图元的详细计算内容。

操作步骤：点击【编辑钢筋】，在绘图区域选择需要编辑的图元软件，弹出“编辑构件钢筋”界面，在该界面中可以查看构件图元的钢筋计算结果，同时可以进行修改。修改钢筋计算结果后，下次汇总计算时，如果按照修改后的结果进行计算，则需要对当前构件图元进行锁定，如图 2 – 112 所示。

【查看钢筋量】：汇总计算后，需要在绘图区查看选中构件图元的钢筋总量，并且能够区分直径和级别。

操作步骤：在菜单栏点击“钢筋量” →“查看钢筋量” →在绘图区域选择需要图元，软件弹出“查看钢筋量表”界面，完成操作(图 2 – 113)。

【打印选择构件钢筋明细】：汇总计算后，需要在绘图区查看选中构件图元的钢筋明细，

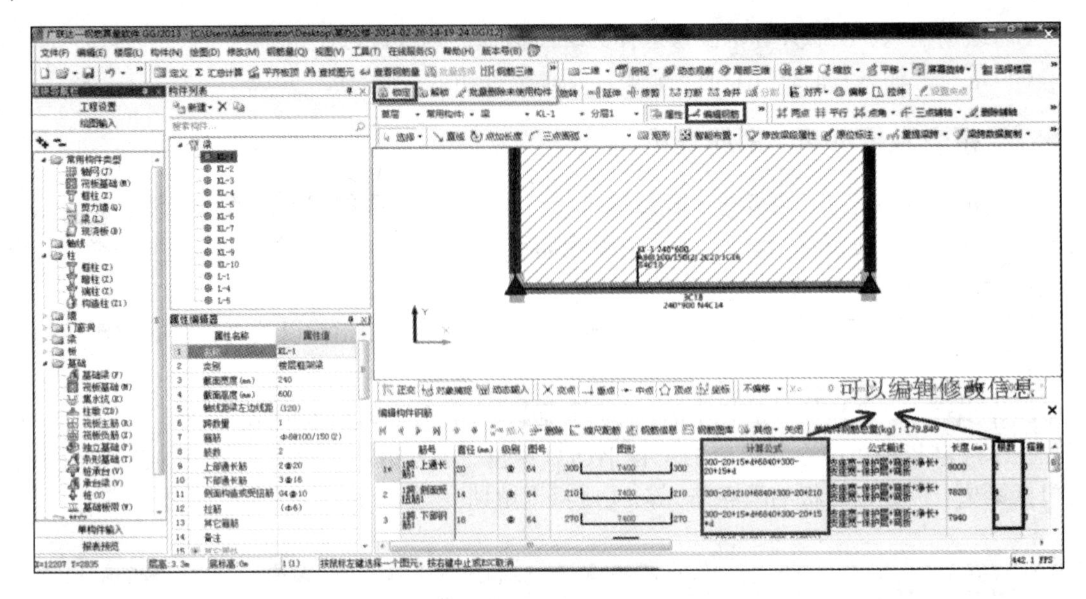

图 2－112　编辑钢筋

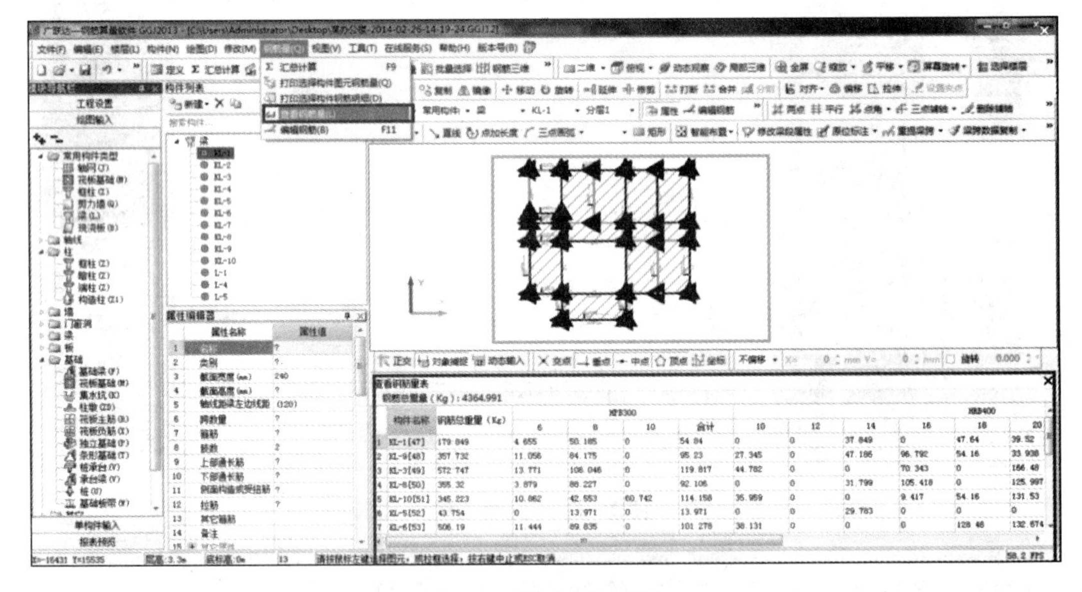

图 2－113　查看钢筋量

并且能够打印出来。

操作步骤：在菜单栏点击“钢筋量”→“打印选择构件钢筋明细”→在绘图区域选择需要图元，单击右键结束选择，软件弹出“打印选项”界面→勾选“打印选中图元”选项，单击“确定”按钮，软件弹出“打印界面”，并可以预览打印的图形(图 2－114)。

【打印选择构件图元钢筋量】：汇总计算后，需要在绘图区查看选中构件图元的钢筋总量，并且能够打印出来。

操作步骤：在菜单栏单击“钢筋量” →“打印选择构件图元钢筋量” →在绘图区域选择需要图元→单击右键结束选择→软件弹出“打印”界面→单击“打印”(图 2－115)。

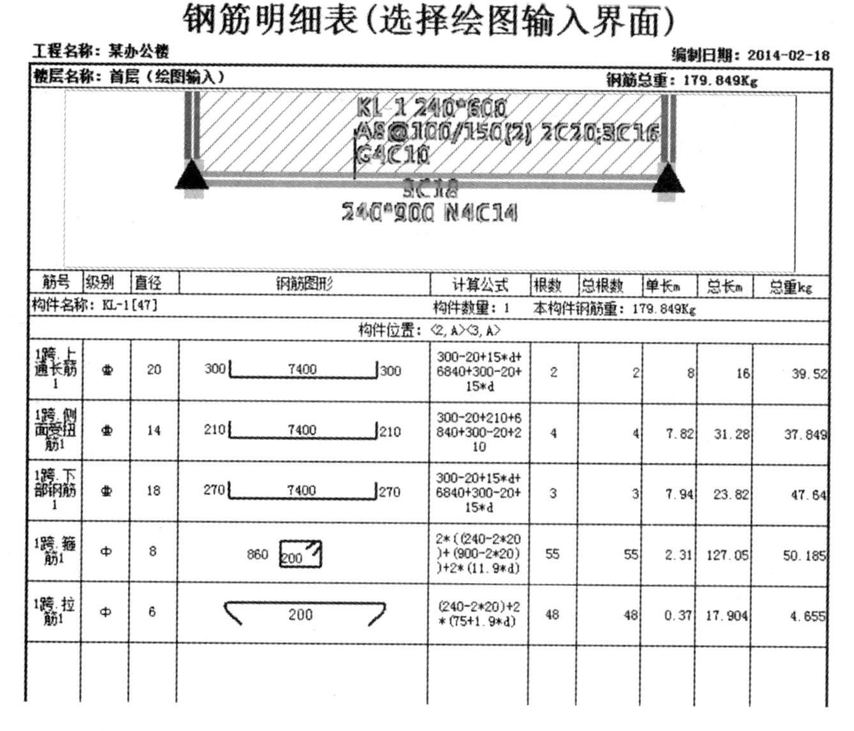

钢筋明细表(选择绘图输入界面)

工程名称：某办公楼　　　　编制日期：2014-02-18

楼层名称：首层（绘图输入）　　　　钢筋总重：179.849Kg

筋号	级别	直径	钢筋图形	计算公式	根数	总根数	单长m	总长m	总重kg
构件名称：KL-1[47]				构件数量：1	本构件钢筋重：179.849Kg				
构件位置：<2,A><3,A>									
1跨.上通长筋1	Φ	20	300 7400 300	300-20+15*d+6840+300-20+15*d	2	2	8	16	39.52
1跨.侧面受扭筋1	Φ	14	210 7400 210	300-20+210+6840+300-20+210	4	4	7.82	31.28	37.849
1跨.下部钢筋1	Φ	18	270 7400 270	300-20+15*d+6840+300-20+15*d	3	3	7.94	23.82	47.64
1跨.箍筋1	Φ	8	860 200	2*((240-2*20)+(900-2*20))+2*(11.9*d)	55	55	2.31	127.05	50.185
1跨.拉筋1	Φ	6	200	(240-2*20)+2*(75+1.9*d)	48	48	0.37	17.904	4.655

图 2－114　钢筋明细表(选择绘图输入界面)

钢筋量表（选择绘图输入界面）

工程名称：某办公楼　　　　编制日期：2014-02-18　　　　单位：kg

构件名称	钢筋总重量(	HPB300			HRB400							
		6	8	10	10	12	14	16	18	20	22	25
KL-1[47]	179.849	4.655	50.185				37.849		47.64	39.52		
KL-9[48]	357.732	11.056	84.175		27.345		47.186	96.792	54.16	33.938		3.08
KL-3[49]	572.747	13.771	106.04		44.782			70.343		166.48		171.325
KL-8[50]	355.32	3.879	88.227				31.799	105.41		125.99		
KL-10[51]	345.223	10.862	42.553	60.742	35.959			9.417	54.16	131.53		
KL-5[52]	43.754		13.971				29.783					
KL-6[53]	506.19	11.444	89.835		38.131				128.48	132.67	98.698	6.93
KL-4[54]	733.025	13.771	70.247	63.996	46.078			24.228			298.34	216.362
KL-7[55]	351.731	10.862	42.553	67.251	35.959			9.417	54.16	131.53		
L-5[56]	365.385	3.103	26.343		15.425	48.112	13.286		218.67		36.594	3.85
L-4[57]	71.066		17.894				16.02		37.152			
L-1[58]	31.358		9.314				10.212	11.831				
KL-2[59]	451.611	4.655	109.62		18.633			12.065	205.64			100.986
合计	4364.991	88.058	750.96	191.98	262.31	48.112	186.13	339.51	800.07	761.66	433.63	502.533

图 2－115　钢筋量表(选择绘图输入界面)

2.5.3　报表数据输出、导出

工程在软件建模修改确定无误之后，把软件的工程数据结果进行输出。一般主要是导出电子稿和打印计算稿这两种形式。在软件输出结果之前，应把软件报表的范围进行设置，如图所示，根据工程和实际情况的需要对报表的范围以及钢筋分类的条件和要求进行设置，如

图 2－116 所示。

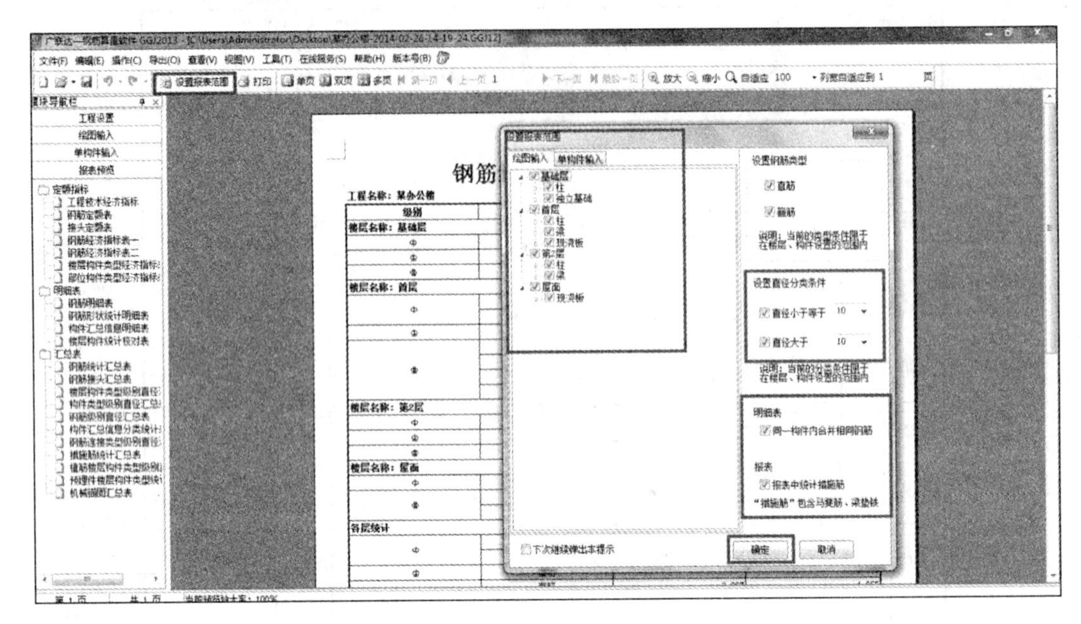

图 2－116　设置报表范围

设置之后，就可以直接打印相应的报表，也可以把相应的报表导出成 Excel 文件。

导出 Excel 文件有三种形式，对这三种形式的导出要理解，以防出现混乱，达不到自己想要的数据表格。下面具体介绍，这三种方式都可以通过在对应的报表上单击鼠标右键实现，如图 2－117 所示。

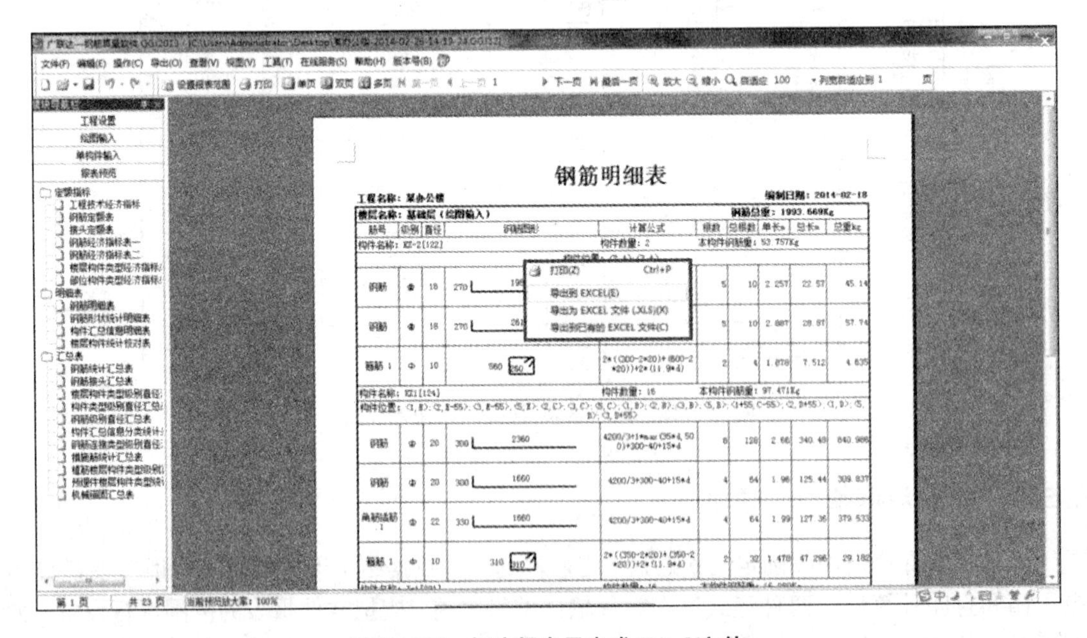

图 2－117　相应报表导出成 Excel 文件

导出到 Excel：将当前报表导出到 Excel 中，并用 Excel 打开，需要在 Excel 中执行保存。

导出为 Excel 文件：将当前报表导出为 Excel 文件，直接保存成 Excel 文件，不用打开。保存完毕软件提示：导出的文件名默认为：工程名称 - 当前报表名称。文件名进行可修改，再打开导出后文件可进行 Excel 表格的编辑。

导出到已有的 Excel 文件：将当前报表导出到已有的 Excel 文件中，点击该命令后软件提示：选择已有的 Excel 文件，点击保存。软件提示报表导出成功。

2.5.4　算量数据文件的整理装订

工程汇总计算完毕，我们把工程计算结果最终转化成纸质稿有两种方式，一种是直接用广联达钢筋抽样软件进行打印，另一种是把工程成果导出 Excel 进行一些调整再用 Excel 进行打印，打印的时候我们要对报表的类型进行选择，并不是每个工程都要把软件所有的报表进行打印输出，我们要根据工程文件的需要进行选择，在没有说明的情况下，我们一般需要提供以下表格：

(1)封面；

(2)工程技术经济指标表；

(3)钢筋定额表；

(4)钢筋明细表；

(5)构件汇总信息表；

(6)钢筋级别直径汇总表。

最后把表格打印以后按照顺序进行装订成册。

任务实践

按照本模块操作讲解，完成《办公楼》结施图钢筋算量图形的绘制，并导出汇总表格。

任务实践参考结果

《办公楼》钢筋算量参考结果

级别	合计(t)	6	8	10	12	14	16	18	20	22	25
HPB300	4.533	0.478	2.271	1.712							
HRB400	11.793		3.076	0.812	0.658	0.346	1.547	2.934	1.521	0.434	0.537
合计	16.326	0.478	5.347	2.524	0.658	0.346	1.547	2.934	1.521	0.434	0.537

模块小结

1. 运用广联达钢筋抽样软件(GGJ2013)完成工程项目新建。
2. 运用广联达钢筋抽样软件(GGJ 2013)对建筑物含钢构件进行构件属性定义。
3. 运用广联达钢筋抽样软件(GGJ 2013)对建筑物含钢构件进行绘制。
4. 运用广联达钢筋抽样软件(GGJ 2013)进行钢筋工程量汇总计算、对量、核量。
5. 掌握广联达钢筋抽样软件(GGJ 2013)钢筋工程报表导出、打印及数据整理。
6. 运用广联达钢筋抽样软件(GGJ 2013)独立完成任务实践中的内容。

模块三　广联达图形算量软件应用

模块任务

- 任务3.1　布置总任务，熟悉软件操作流程
- 任务3.2　工程信息设置
- 任务3.3　首层图形的绘制
- 任务3.4　其他层图形的绘制
- 任务3.5　基础层图形的绘制
- 任务3.6　算量软件出量分析和数据文件的整理
- 任务3.7　CAD 图形导入算量软件应用

能力目标

- 熟练使用算量软件对建筑装饰工程工程量的快速准确计算
- 熟练掌握软件出量结果与计价工程量的匹配

知识目标

- 熟练掌握一种算量软件操作流程和操作技巧
- 能利用算量软件学习工程构造，加深对工程量计算规则的理解

任务3.1　布置总任务，熟悉软件操作流程

任务要求

熟悉一种算量软件，根据本书附图《办公楼》工程绘制建筑装饰图形并输出算量数据文件。能利用算量软件的建模图形学习建筑构造，加深对施工图和工程量计算规则的理解。

操作指导

3.1.1　图形软件简介

众多的算量软件其编程原理类似，操作方法也有雷同之处。广联达土建算量软件 GCL2013 是一款基于 BIM 技术的算量软件，无需安装 CAD 即可运行。软件内置《房屋建筑与装饰工程工程量计算规范》及全国各地现行定额的计算规则，可以通过三维绘图导入 BIM 设计模型（支持国际通用接口 IFC 文件、Revit、ArchiCAD 文件）、识别二维 CAD 图纸建立 BIM 土建算量模型，模型计量整体考虑构件之间的扣减关系，并提供表格输入功能辅助算量。同其他算量软件一样有着图形三维状态自由绘图和编辑，高效、直观、简单；有着运用三维计算技术轻松处理跨层构件计算，来解决困扰使用者各种难题；有着提量简单，无需套做法亦可出量的功能；也有着提供做法及构件报表量的通用和个性表格，满足招标方、投标方各种报表需求。

3.1.2　图形算量软件操作流程

打开图形算量软件，其操作流程如图 3－1 所示。

若是已经建立好同软件钢筋算量文件，则图形文件的建立操作程序为：新建工程→导入 GGJ2013→其他构件绘图输入→套取清单及定额→汇总计算→查看报表→保存退出。

当一个工程的同软件钢筋（GGJ）工程计算完后，我们可以将钢筋（GGJ）工程导入到广联达土建算量软件 2013 中，这样就可以大大提高工程量计算的效率。具体操作如下：

操作流程
启动软件
新建工程
工程设置
建立轴网
建立构件
绘制构件
汇总计算
打印报表
保存工程
退出软件

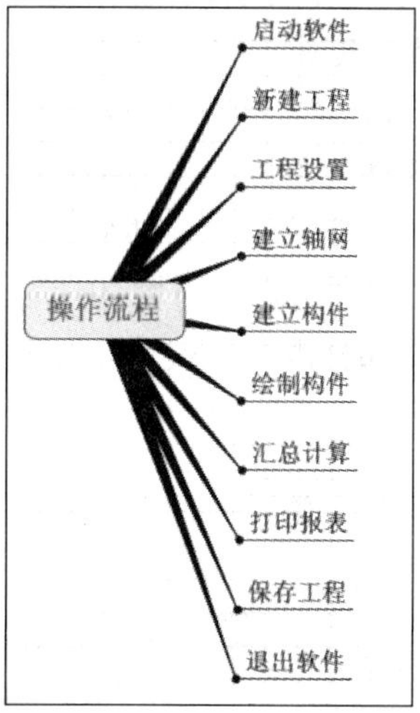

图 3－1　图形算量软件操作流程

（1）在完成“新建工程”后，点击“文件（F）”，选择“导入钢筋（GGJ）工程”，打开需要导入的钢筋（GGJ）工程的文件。

（2）在弹出的“提示”对话框中点击“确定”。

（3）在弹出的“层高对比”对话框中选择“按照钢筋层高导入”。

（4）在弹出的“导入 GGJ 文件”对话框中选择需要导入的楼层和构件，注意选项时“轴线”要勾选导入，暗柱则不需要选择。

（5）在弹出的“提示”对话框中点击“确定”，保存工程，完成钢筋（GGJ）工程导入。

（6）这时在绘图区可以看见在钢筋（GGJ）里已完成的构件，在此基础上进行其他构件的绘制建模即可。

任务 3.2　工程信息设置

任务要求

熟悉图形算量软件中的工程设置。并完成总任务《办公楼》的图形算量软件工程设置和轴网的绘制。

操作指导

3.2.1　新建工程

左键双击算量图标，进入“欢迎使用 GCL2013”界面，如图 3－2 所示。

左键单击“新建向导”，进入“新建工程”界面，如图 3－3 所示。

图 3－2

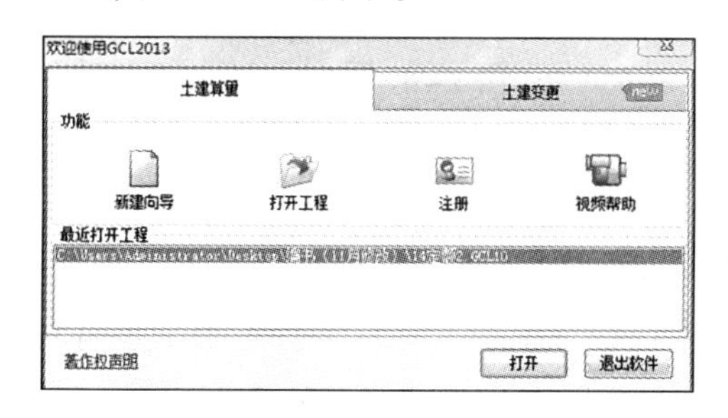

图 3－3

填写“工程名称”，单击“清单规则”和“定额规则”以及“清单库”和“定额库”的下拉菜单，选择实际工程需要的选项，如图 3－4 所示。

单击“下一步”，进入“工程信息”界面，如图 3－5 所示。

软件内置修改黑色字体的信息只是取标识做法改变，修改蓝色字体的信息就表示修改后将影响计算结果。该部分黑色字体内容可以可以不用填写，只注意将室外地坪相对标高进行修改，如本工程改为“－0.6”，然后单击“下一步”，进入“编制信息”界面，如图 3－6 所示。

该部分内容一般也不用填写。单击“下一步”进入“完成”界面，如图 3－7 所示。单击“完成”。

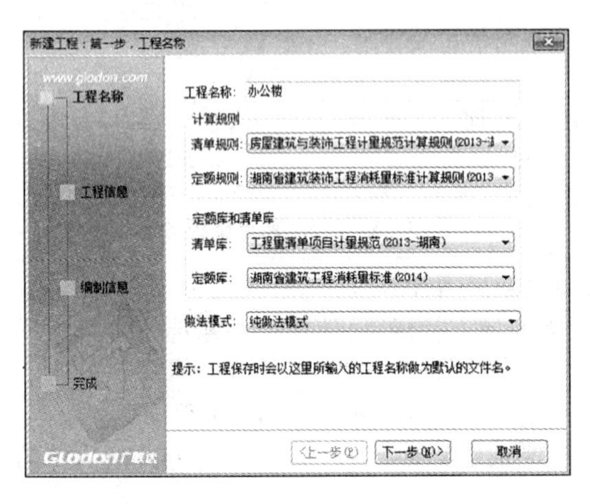

图 3－4

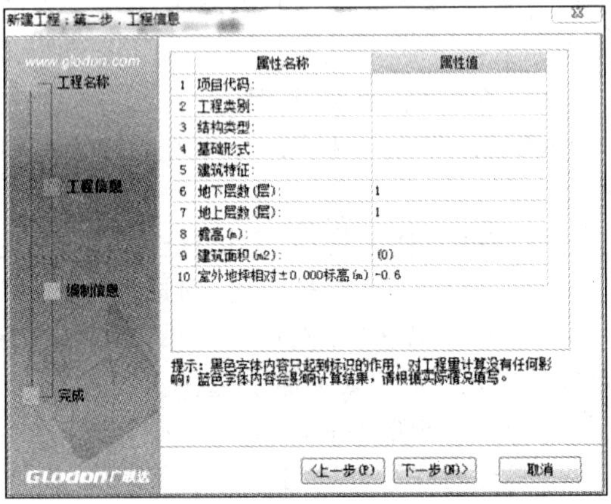

图 3－5

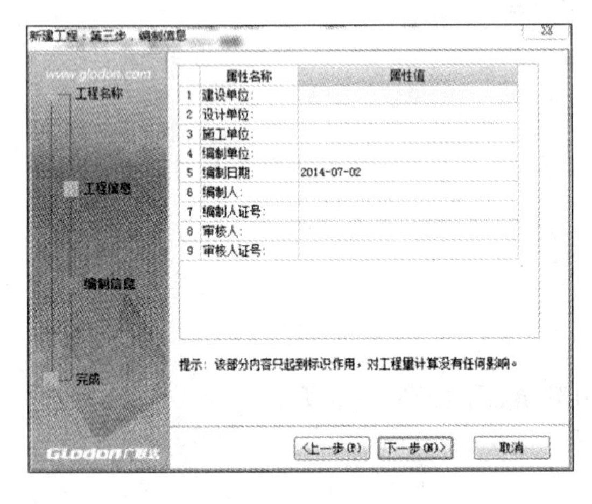

图 3－6

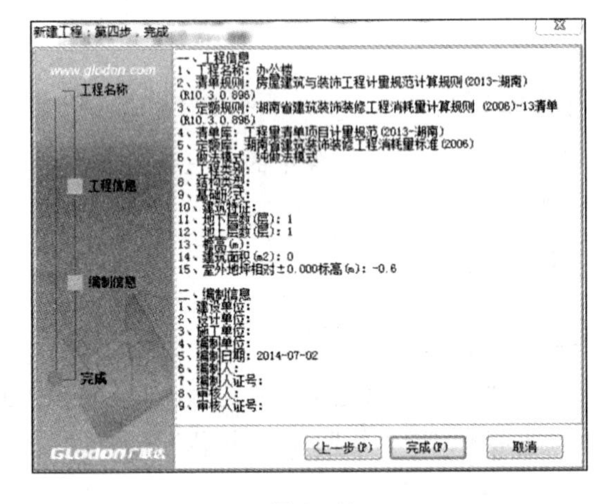

图 3－7

3.2.2 新建楼层

进入“楼层管理“界面，界面已设置首层与基础层，如图 3－8 所示。

左键单击“插入楼层”进行楼层的添加，根据图纸修改楼层层高和标号设置，如图 3－9 所示。

注：先设置好首层“标号设置”，单击“复制到其他楼层”，选择第二层和屋面层。再设置

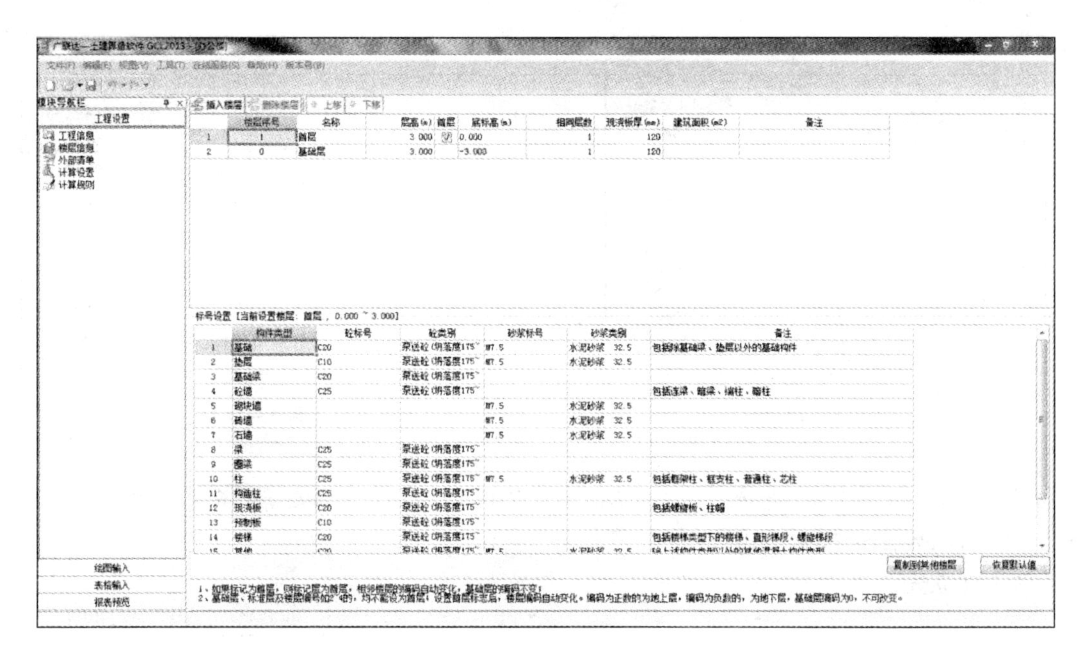

图 3－8

	楼层序号	名称	层高(m)	首层	底标高(m)	相同层数	现浇板厚(mm)	建筑面积(m2)	备注
1	3	屋面层	0.600	☐	6.300	1	120		
2	2	第2层	3.000	☐	3.300	1	120		
3	1	首层	3.300	☑	0.000	1	120		
4	0	基础层	1.800		-1.800	1	120		

标号设置［当前设置楼层：基础层，-1.800 ~ 0.000］

	构件类型	砼标号	砼类别	砂浆标号	砂浆类别	备注
1	基础	C30	泵送砼（坍落度175~	M7.5	水泥砂浆　32.5	包括除基础梁、垫层以外的基础构件
2	垫层	C15	泵送砼（坍落度175~	M7.5	水泥砂浆　32.5	
3	基础梁	C30	泵送砼（坍落度175~			
4	砼墙	C25	泵送砼（坍落度175~			包括连梁、暗梁、端柱、暗柱
5	砌块墙			M7.5	水泥砂浆　32.5	
6	砖墙			M7.5	水泥砂浆　32.5	
7	石墙			M7.5	水泥砂浆　32.5	
8	梁	C30	泵送砼（坍落度175~			
9	圈梁	C30	泵送砼（坍落度175~			
10	柱	C30	泵送砼（坍落度175~	M7.5	水泥砂浆　32.5	包括框架柱、框支柱、普通柱、芯柱
11	构造柱	C25	泵送砼（坍落度175~			
12	现浇板	C30	泵送砼（坍落度175~			包括螺旋板、柱帽
13	预制板	C10	泵送砼（坍落度175~			
14	楼梯	C30	泵送砼（坍落度175~			包括楼梯类型下的楼梯、直形梯段、螺旋梯段
15	其他	C20	泵送砼（坍落度175~	M7.5	水泥砂浆　32.5	除上述构件类型以外的其他混凝土构件类型

图 3－9

基础层“标号设置。”

在界面左侧模块导航栏单击【绘图输入】进入画图界面。

3.2.3　新建轴网

左键点击“新建正交轴网”进入“新建轴网”界面，左键单击“下开间”根据图纸输入所需轴距3600，按回车键，如图3－10所示。根据图纸依次输入上开间所需的轴网，如图3－11所示。因上开间与下开间数据相同，左进深与右进深相同，所以不需设置。

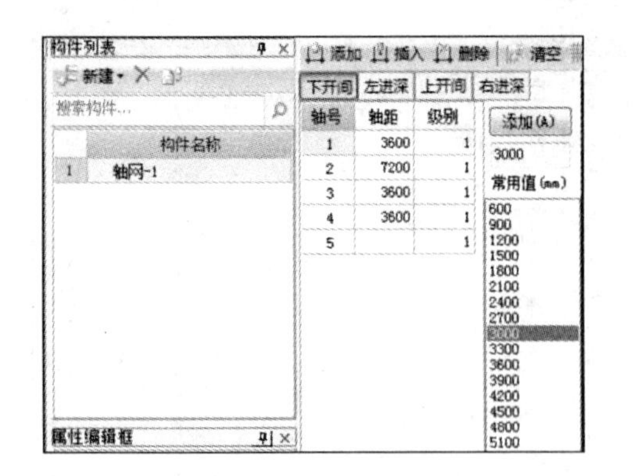

图 3－10

图 3－11

双击“轴网－1”，进入“绘图界面”，出现如图 3－12 所示界面选择插入角度。左键单击“确定”，到此轴网建立完成。

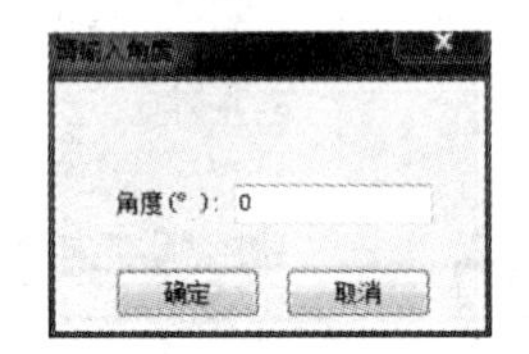

图 3－12

任务 3.3　首层图形的绘制

任务要求

熟悉算量软件中的各构件的建法和绘制，并完成总任务《办公楼》的首层图形的绘制。

操作指导

在模块二中学习了算量软件功能键以及画图建模的操作，也深刻体验了图形绘制的准确性直接关系到实际工程的算量的准确性，而本模块图形绘制的基本操作、建模同模块二相似，所以在本模块中以案例任务为导向直接讲述，进入操作指导。

构件的图形绘制一般流程为构件的属性编辑→构件套做法（添加清单、填写项目特征、套定额、利用格式刷编辑）→绘制图形→保存进入下一个构件编辑。

3.3.1　柱子的建法及画法

1. 柱子的建法

（1）KZ－1 的属性编辑

单击左键模块导航中“柱”下拉菜单，双击“柱(Z)”，单击“新建”，选择“新建矩形柱”，在下方的柱“属性编辑框”中，根据图纸填写 KZ－1 的属性值，如图 3－13 所示。

图 3－13

（2）KZ－1 的构件套做法

单击“查询”下拉菜单，选择“查询匹配清单项”，双击相应的清单项即可添加柱清单，在添加的清单中双击“项目特征”，输入柱子的项目特征(其他构件的项目特征也可用此方法描述)，如图 3－14 所示。

添加清单　添加定额　删除　项目特征　查询　换算　选择代码　编辑计算式　做法刷　做法查询　选配　提取做法　当前构件自动套用做法　五金手册

	编码	类别	项目名称	项目特征	单位	工程量表达式	表达式说明	措施项目	专业
1	010502001	项	矩形柱	1. 混凝土强度等级：C30	m3	TJ	TJ<体积>	☐	建筑工程

图 3－14

单击“添加定额”，单击“查询”下拉菜单，选择“查询匹配定额子目”，双击相应的定额子目即可添加柱定额子目，如图 3－15 所示。

	编码	类别	项目名称	项目特征	单位	工程量表达式	表达式说明	措施项目	专业
1	010502001	项	矩形柱	1. 混凝土强度等级：C30	m3	TJ	TJ<体积>	☐	建筑工程
2	A5-109	借	商品砼构件 地面以上输送高度30m以内 柱		m3	TJ	TJ<体积>	☐	土

图 3－15

再按以上方法添加其他清单和定额子目，界面如图 3－16 所示。

添加清单　添加定额　删除　项目特征　查询　换算　选择代码　编辑计算式　做法刷　做法查询　选配　提取做法　当前构件自动套用做法　五金手册

	编码	类别	项目名称	项目特征	单位	工程量表达式	表达式说明	措施项目	专业
1	010502001	项	矩形柱	1. 混凝土强度等级：C30	m3	TJ	TJ<体积>	☐	建筑工程
2	A5-109	借	商品砼构件 地面以上输送高度30m以内 柱		m3	TJ	TJ<体积>	☐	土
3	011702002	项	矩形柱		m2	MBMJ	MBMJ<模板面积>	☑	建筑工程
4	A13-20	借	现浇砼模板 矩形柱 竹胶合板模板 钢支撑		m2	MBMJ	MBMJ<模板面积>	☑	土

图 3－16

注：KZ－2 的建法与 KZ－1 相同，将 KZ－2 的顶标高修改为 4.2M，建好的 KZ－2 如图 3－17 所示。左键单击“绘图”退出。

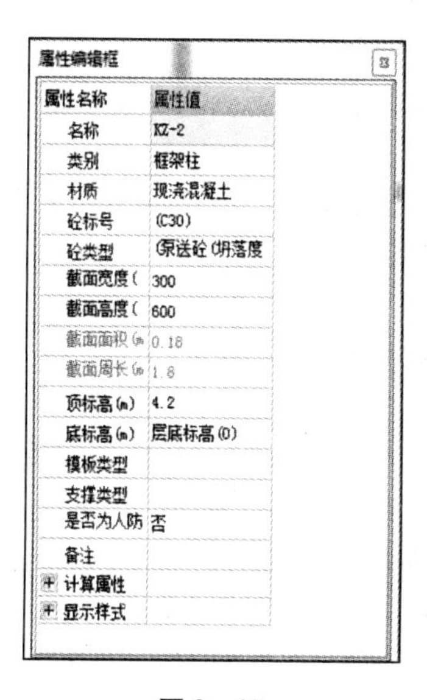
属性编辑框

属性名称	属性值
名称	KZ-2
类别	框架柱
材质	现浇混凝土
砼标号	(C30)
砼类型	(泵送砼 (坍落度
截面宽度(	300
截面高度(	600
截面面积(m	0.18
截面周长(m	1.8
顶标高(m)	4.2
底标高(m)	层底标高(0)
模板类型	
支撑类型	
是否为人防	否
备注	
+ 计算属性	
+ 显示样式	

图 3－17

2. 柱子的画法

(1)KZ－1 的画法

进入到绘图界面后，在工具栏中选择 KZ－1，如图 3－18 所示。单击工具栏中的“点”，单击 1 轴和 E 轴的交点，此处的 KZ－1 就布置上去了，用相同的方法布置好其他位置上的 KZ－1，如图 3－19 所示。

图 3－18

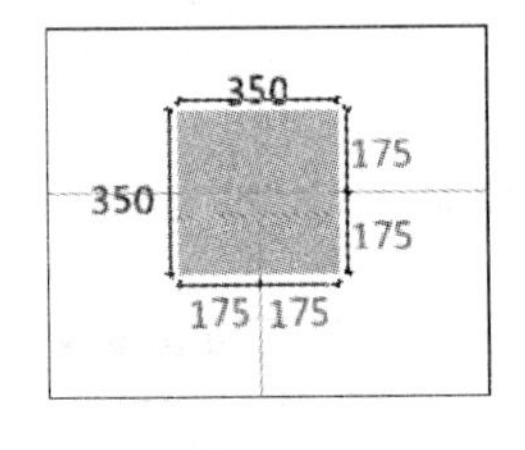

图 3－20

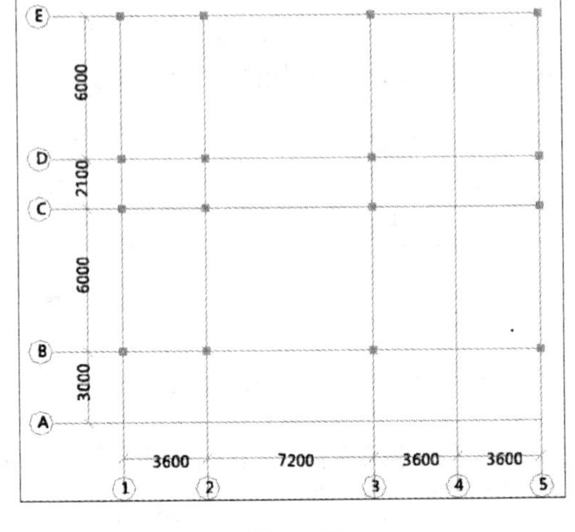

图 3－19

选择 1 轴和 E 轴交点上的 KZ－1，点击右键，选择“设置偏心柱”，如图 3－20 所示。单击图 3－20 中的绿色数字，按照柱平面布置图上的标注进行偏心数值的修改。其他的 KZ－1 也用此方法进行柱的偏心设置。

(2)KZ－2 的画法与 KZ－1 相同。

本案例画好的柱图如图 3－21 所示。

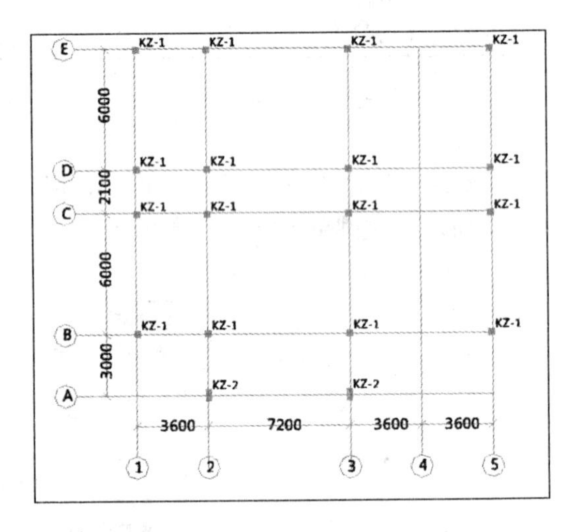

图 3－21

3. 添加清单和定额子目

为配合计价，在绘图过程中，需要完成添加清单和定额子目操作，所有构件绘图时在构件套做法中完成：

(1)如果某些构件的清单和定额子目是相同的，那么可以将该构件复制，再去修改构件属性。这样就不用再添加清单和定额子目了。

(2)新建好构件后，我们可以用“做法刷”将清单和定额子目添加到其他构件上去。具体操作如下：①在构件定义界面内，点击需要复制的清单和定额子目(点击清单，清单下的定额也会被选中)，如果需要复制多条清单和定额子目，那么按住键盘上的“Ctrl”键，再点击相应的清单和定额子目即可。②点击工具栏中的“做法刷”，在“做法刷”对话框中选择需要添加清单和定额子目的构件。请注意选择“覆盖”还是“追加”，“覆盖”指的是把当前选中的做法刷过去，同时删除目标构件的所有做法；而“追加”指的是把当前选中的做法刷过去，同时保留目标构件的所有做法。

3.3.2 梁的建法及画法

1. 梁的建法

（1）KL－1 的属性编辑

①KL－1 的属性编辑：单击左侧模块导航栏“梁”的下拉菜单，单击“梁”，单击“构件列表”对话框中的“新建”下拉菜单，单击“新建矩形梁”，在下方“属性编辑框”输入相应属性，如图 3－22 所示。

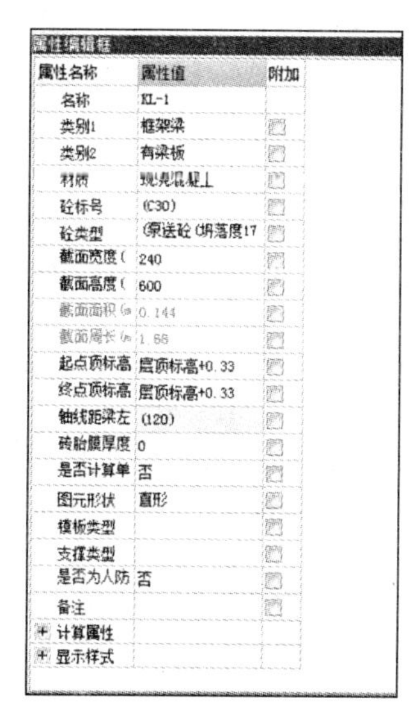

②KL－1 的构件套做法，和柱子“构件套做法”操作步骤一样，KL－1 的构件套做法如图 3－23 所示。

（2）其他梁的做法

其他梁的构件套做法和 KL－1 相同，同图 3－23。需要注意的是在土建算量软件 GCL2013 中，梁的截面宽度和截面高度是公有属性，所以当梁有截面变化时我们需要另外再建一根梁，在这根梁的名称后加字母 C 以示区别，例如 KL－2 第二跨截面尺寸由“240＊600”变成“240＊900”，如图 3－24 和图 3－25 所示。

属性编辑框

属性名称	属性值	附加
名称	KL-1	
类别1	框架梁	
类别2	有梁板	
材质	现浇混凝土	
砼标号	(C30)	
砼类型	(泵送砼(坍落度17	
截面宽度(	240	
截面高度(	600	
截面面积(m	0.144	
截面周长(m	1.68	
起点顶标高	层顶标高+0.33	
终点顶标高	层顶标高+0.33	
轴线距梁左	(120)	
砖胎膜厚度	0	
是否计算单	否	
图元形状	直形	
模板类型		
支撑类型		
是否为人防	否	
备注		
+ 计算属性		
+ 显示样式		

图 3－22

本案例其他梁的属性编辑如图 3－26～图 3－38 所示。左键单击“绘图”退出。

添加清单 添加定额 删除 项目特征 查询 换算 选择代码 编辑计算式 做法刷 做法查询 选配 提取做法 当前构件自动套用做法 五金手册

	编码	类别	项目名称	项目特征	单位	工程量表达式	表达式说明	措施项目	专业
1	010503002	项	矩形梁	1. 混凝土强度等级：C30	m3	TJ	TJ<体积>	☐	建筑工程
2	A5-108	借	商品砼构件 地面以上输送高度30m以内 梁		m3	TJ	TJ<体积>	☐	土
3	011702006	项	矩形梁		m2	MBMJ	MBMJ<模板面积>	☑	建筑工程
4	A13-36	借	现浇砼模板 有梁板 竹胶合板模板 钢支撑		m2	MBMJ	MBMJ<模板面积>	☑	土

图 3－23

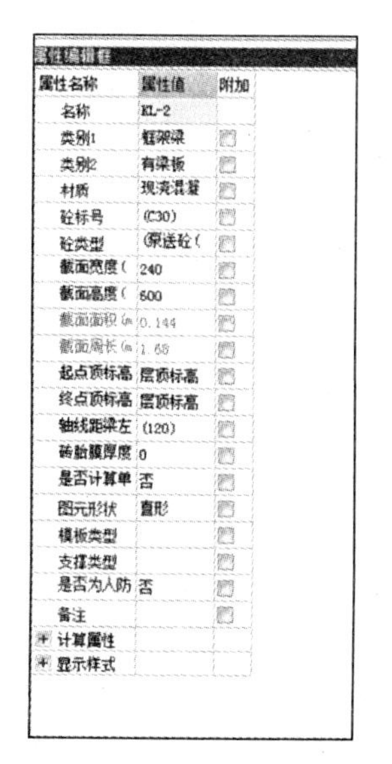

属性编辑框

属性名称	属性值	附加
名称	KL-2	
类别1	框架梁	
类别2	有梁板	
材质	现浇混凝	
砼标号	(C30)	
砼类型	(泵送砼(	
截面宽度(	240	
截面高度(	600	
截面面积(m	0.144	
截面周长(m	1.68	
起点顶标高	层顶标高	
终点顶标高	层顶标高	
轴线距梁左	(120)	
砖胎膜厚度	0	
是否计算单	否	
图元形状	直形	
模板类型		
支撑类型		
是否为人防	否	
备注		
+ 计算属性		
+ 显示样式		

图 3－24

属性编辑框

属性名称	属性值	附加
名称	KL-2C	
类别1	框架梁	
类别2	有梁板	
材质	现浇混凝土	
砼标号	(C30)	
砼类型	(泵送砼(坍落度175~190mm	
截面宽度(	240	
截面高度(	900	
截面面积(m	0.216	
截面周长(m	2.28	
起点顶标高	层顶标高+0.33	
终点顶标高	层顶标高+0.33	
轴线距梁左	(120)	
砖胎膜厚度	0	
图元形状	直形	
模板类型		
支撑类型		
是否为人防	否	
备注		
+ 计算属性		
+ 显示样式		

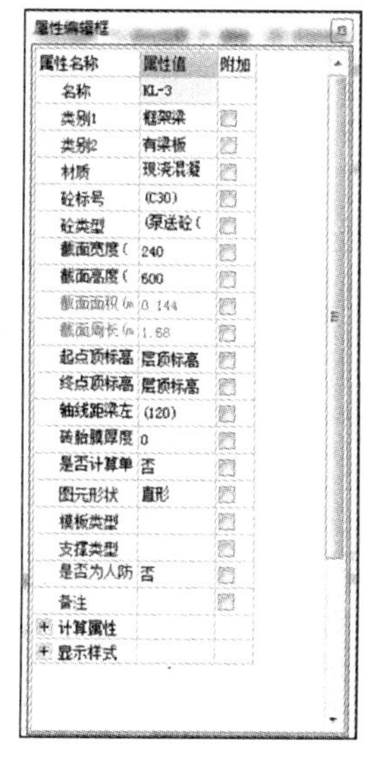

图 3－25

属性编辑框

属性名称	属性值	附加
名称	KL-3	
类别1	框架梁	
类别2	有梁板	
材质	现浇混凝	
砼标号	(C30)	
砼类型	(泵送砼(	
截面宽度(	240	
截面高度(	600	
截面面积(m	0.144	
截面周长(m	1.68	
起点顶标高	层顶标高	
终点顶标高	层顶标高	
轴线距梁左	(120)	
砖胎膜厚度	0	
是否计算单	否	
图元形状	直形	
模板类型		
支撑类型		
是否为人防	否	
备注		
+ 计算属性		
+ 显示样式		

图 3－26

属性编辑框

属性名称	属性值	附加
名称	KL-4	
类别1	框架梁	
类别2	有梁板	
材质	现浇混凝	
砼标号	(C30)	
砼类型	(泵送砼(	
截面宽度(	240	
截面高度(	600	
截面面积(m	0.144	
截面周长(m	1.68	
起点顶标高	层顶标高	
终点顶标高	层顶标高	
轴线距梁左	(120)	
砖胎膜厚度	0	
是否计算单	否	
图元形状	直形	
模板类型		
支撑类型		
是否为人防	否	
备注		
+ 计算属性		
+ 显示样式		

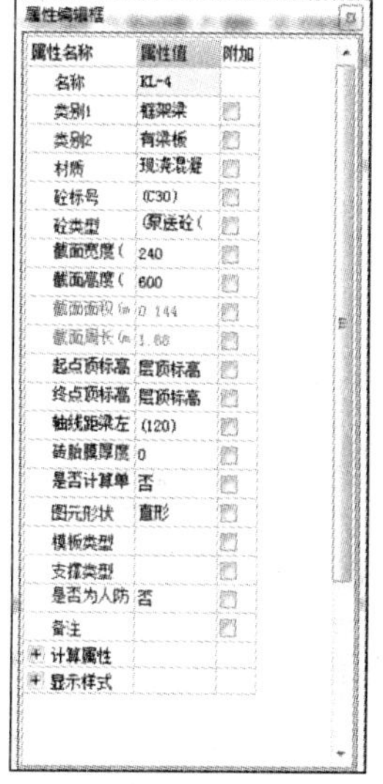

图 3－27

属性编辑框

属性名称	属性值	附加
名称	KL-5	
类别1	框架梁	
类别2	有梁板	
材质	现浇混凝土	
砼标号	(C30)	
砼类型	(泵送砼(坍落度1	
截面宽度(	240	
截面高度(	400	
截面面积(m	0.096	
截面周长(m	1.28	
起点顶标高	层顶标高-1.65	
终点顶标高	层顶标高-1.65	
轴线距梁左	(120)	
砖胎膜厚度	0	
是否计算单	否	
图元形状	直形	
模板类型		
支撑类型		
是否为人防	否	
备注		
+ 计算属性		
+ 显示样式		

图 3－28

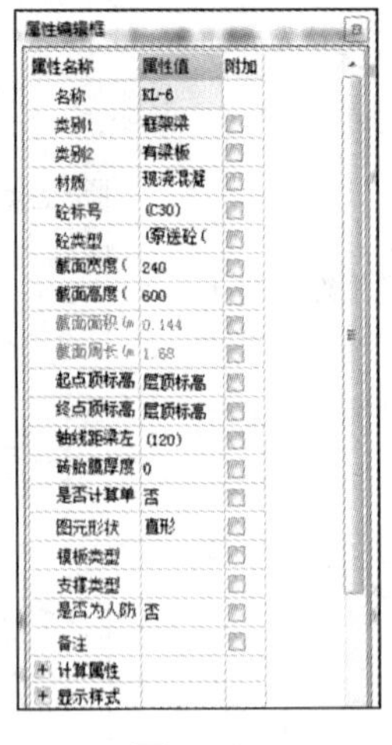

属性编辑框

属性名称	属性值	附加
名称	KL-6	
类别1	框架梁	
类别2	有梁板	
材质	现浇混凝	
砼标号	(C30)	
砼类型	(泵送砼(	
截面宽度(	240	
截面高度(	600	
截面面积(m	0.144	
截面周长(m	1.68	
起点顶标高	层顶标高	
终点顶标高	层顶标高	
轴线距梁左	(120)	
砖胎膜厚度	0	
是否计算单	否	
图元形状	直形	
模板类型		
支撑类型		
是否为人防	否	
备注		
+ 计算属性		
+ 显示样式		

图 3－29

属性编辑框

属性名称	属性值	附加
名称	KL-7	
类别1	框架梁	
类别2	有梁板	
材质	现浇混凝	
砼标号	(C30)	
砼类型	(泵送砼(	
截面宽度(	240	
截面高度(	600	
截面面积(m	0.144	
截面周长(m	1.68	
起点顶标高	层顶标高	
终点顶标高	层顶标高	
轴线距梁左	(120)	
砖胎膜厚度	0	
是否计算单	否	
图元形状	直形	
模板类型		
支撑类型		
是否为人防	否	
备注		
+ 计算属性		
+ 显示样式		

图 3－30

属性编辑框

属性名称	属性值	附加
名称	KL-8	
类别1	框架梁	
类别2	有梁板	
材质	现浇混凝	
砼标号	(C30)	
砼类型	(泵送砼(	
截面宽度(	240	
截面高度(	600	
截面面积(m	0.144	
截面周长(m	1.68	
起点顶标高	层顶标高	
终点顶标高	层顶标高	
轴线距梁左	(120)	
砖胎膜厚度	0	
是否计算单	否	
图元形状	直形	
模板类型		
支撑类型		
是否为人防	否	
备注		
+ 计算属性		
+ 显示样式		

图 3－31

属性编辑框

属性名称	属性值	附加
名称	KL-8C	
类别1	框架梁	
类别2	有梁板	
材质	现浇混凝土	
砼标号	(C30)	
砼类型	(泵送砼(坍落度1	
截面宽度(	240	
截面高度(	400	
截面面积(m	0.096	
截面周长(m	1.28	
起点顶标高	层顶标高+0.33	
终点顶标高	层顶标高+0.33	
轴线距梁左	(120)	
砖胎膜厚度	0	
是否计算单	否	
图元形状	直形	
模板类型		
支撑类型		
是否为人防	否	
备注		
+ 计算属性		
+ 显示样式		

图 3－32

属性编辑框

属性名称	属性值	附加
名称	KL-9	
类别1	框架梁	
类别2	有梁板	
材质	现浇混凝	
砼标号	(C30)	
砼类型	(泵送砼(	
截面宽度(	240	
截面高度(	600	
截面面积(m	0.144	
截面周长(m	1.68	
起点顶标高	层顶标高	
终点顶标高	层顶标高	
轴线距梁左	(120)	
砖胎膜厚度	0	
是否计算单	否	
图元形状	直形	
模板类型		
支撑类型		
是否为人防	否	
备注		
+ 计算属性		
+ 显示样式		

图 3－33

属性编辑框

属性名称	属性值	附加
名称	KL-9C	
类别1	框架梁	
类别2	有梁板	
材质	现浇混凝土	
砼标号	(C30)	
砼类型	(泵送砼(坍落度1	
截面宽度(	240	
截面高度(	400	
截面面积(m	0.096	
截面周长(m	1.28	
起点顶标高	层顶标高+0.33	
终点顶标高	层顶标高+0.33	
轴线距梁左	(120)	
砖胎膜厚度	0	
是否计算单	否	
图元形状	直形	
模板类型		
支撑类型		
是否为人防	否	
备注		
+ 计算属性		
+ 显示样式		

图 3－34

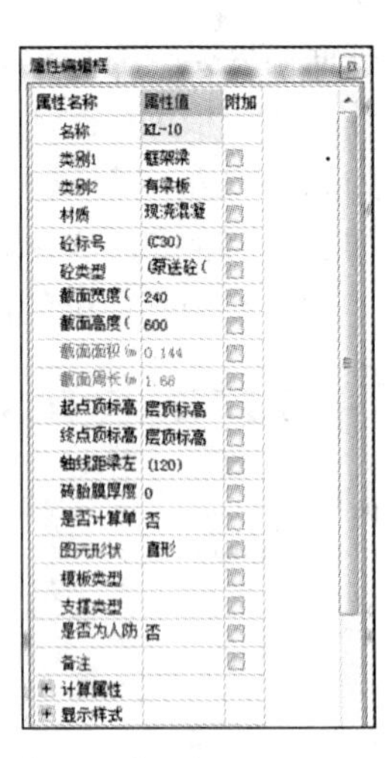

属性编辑框

属性名称	属性值	附加
名称	KL-10	
类别1	框架梁	
类别2	有梁板	
材质	现浇混凝	
砼标号	(C30)	
砼类型	(泵送砼(	
截面宽度(	240	
截面高度(	600	
截面面积(m	0.144	
截面周长(m	1.68	
起点顶标高	层顶标高	
终点顶标高	层顶标高	
轴线距梁左	(120)	
砖胎膜厚度	0	
是否计算单	否	
图元形状	直形	
模板类型		
支撑类型		
是否为人防	否	
备注		
+ 计算属性		
+ 显示样式		

图 3－35

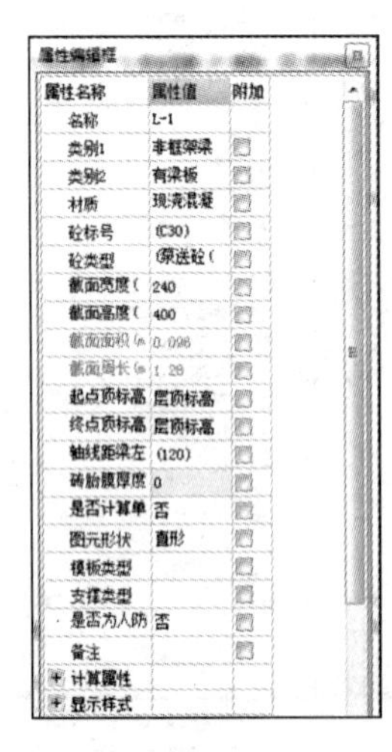

属性编辑框

属性名称	属性值	附加
名称	L-1	
类别1	非框架梁	
类别2	有梁板	
材质	现浇混凝	
砼标号	(C30)	
砼类型	(泵送砼(	
截面宽度(	240	
截面高度(	400	
截面面积(m	0.096	
截面周长(m	1.28	
起点顶标高	层顶标高	
终点顶标高	层顶标高	
轴线距梁左	(120)	
砖胎膜厚度	0	
是否计算单	否	
图元形状	直形	
模板类型		
支撑类型		
是否为人防	否	
备注		
+ 计算属性		
+ 显示样式		

图 3－36

属性编辑框

属性名称	属性值	附加
名称	L-4	
类别1	非框架梁	
类别2	有梁板	
材质	现浇混凝	
砼标号	(C30)	
砼类型	(泵送砼(	
截面宽度(	240	
截面高度(	500	
截面面积(m	0.12	
截面周长(m	1.48	
起点顶标高	层顶标高	
终点顶标高	层顶标高	
轴线距梁左	(120)	
砖胎膜厚度	0	
是否计算单	否	
图元形状	直形	
模板类型		
支撑类型		
是否为人防	否	
备注		
+ 计算属性		
+ 显示样式		

图 3－37

属性编辑框

属性名称	属性值	附加
名称	L-5	
类别1	非框架梁	
类别2	有梁板	
材质	现浇混凝	
砼标号	(C30)	
砼类型	(泵送砼(	
截面宽度(	240	
截面高度(	600	
截面面积(m	0.144	
截面周长(m	1.68	
起点顶标高	层顶标高	
终点顶标高	层顶标高	
轴线距梁左	(120)	
砖胎膜厚度	0	
是否计算单	否	
图元形状	直形	
模板类型		
支撑类型		
是否为人防	否	
备注		
+ 计算属性		
+ 显示样式		

图 3－38

2. 梁的画法

(1)梁中心线与轴线吻合状态下的画法

我们以 KL－1 为例，来讲解当梁在轴线上时的画法，操作步骤如下：

单击模块导航栏中“梁”下拉菜单，单击“梁(L)”，在工具栏中选择 KL－1 如图 3－39 所示。单击“直线”画法，左键单击(2，A)交点，再单击(3，A)轴线的相交点，单击右键结束。

(2)梁中心线与轴线不吻合状态下的画法

我们以 L－1 为例，来讲解梁不在轴线上时的画法。选择“L－1”，单击“直线”画法，按住“Shift”键，左键单击(1，D)交点，弹出图 3－40 所示对话。在对话框中输入 Y＝1110。再按住“Shift”键，左键单击(2，D)交点，弹出图 3.2.19 所示对话框，在对话框中输入 Y＝1110 即可。

L－4 的画法与 L－1 相同，只是在“输入偏移量”中输入 X＝3600。

(3)本案例绘制的梁如图 3－41 所示。

图 3－39

图 3－40

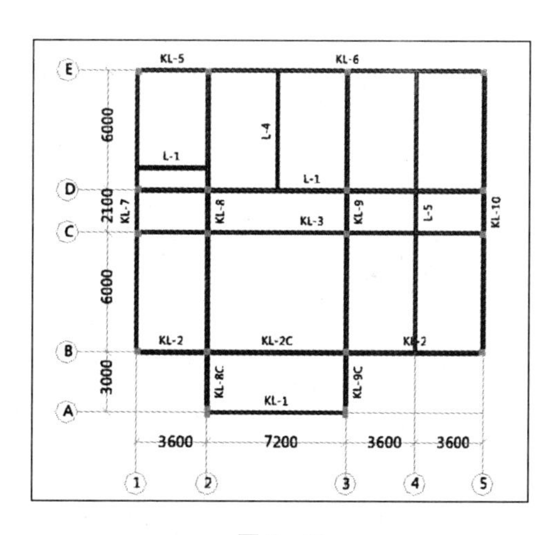

图 3－41

3.3.3　板的建法及画法

1. 板的建法

(1)LB1 的建法

①LB1 的属性编辑：单击左侧模板导航栏“板”下拉菜单，单击“现浇板”，单击“构件列表”对话框中的“新建”下拉菜单，单击“新建现浇板”，在下方“属性编辑框”中输入相应属性，如图 3－42 所示。

②LB1 的构件做法。板和柱子“构件套做法”操作步骤一样，LB1 的构件做法如图 3－43 所示。

(2)WB1 的建法同 LB1。

(3)窗台板的建法

①窗台板的属性编辑如图 3－44 所示。

②窗台板的构件做法如图 3－45 所示。

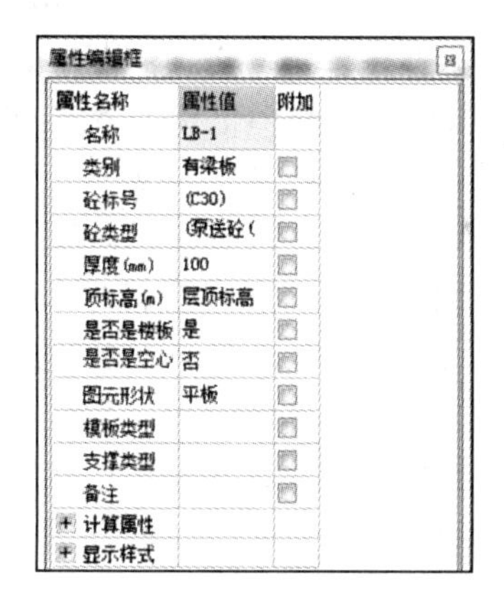
属性编辑框

属性名称	属性值	附加
名称	LB-1	
类别	有梁板	
砼标号	(C30)	
砼类型	(泵送砼(	
厚度(mm)	100	
顶标高(m)	层顶标高	
是否是楼板	是	
是否是空心	否	
图元形状	平板	
模板类型		
支撑类型		
备注		
+ 计算属性		
+ 显示样式		

图 3－42

添加清单 添加定额 删除 项目特征 查询 换算 选择代码 编辑计算式 做法刷 做法查询 选配 提取做法 当前构件自动套用做法 五金手册

	编码	类别	项目名称	项目特征	单位	工程量表达式	表达式说明	措施项目	专业
1	010505001	项	有梁板	1. 混凝土强度等级：c30	m3	TJ	TJ<体积>	☐	建筑工程
2	A5-108	借	商品砼构件 地面以上输送高度30m以内 板		m3	TJ	TJ<体积>	☐	土
3	011702014	项	有梁板		m2	MBMJ	MBMJ<底面模板面积>	☑	建筑工程
4	A13-36	借	现浇砼模板 有梁板 竹胶合板模板 钢支撑		m2	MBMJ	MBMJ<底面模板面积>	☑	土

图 3－43

属性编辑框

属性名称	属性值	附加
名称	窗台挑板	
类别	无梁板	☐
砼标号	(C30)	☐
砼类型	(泵送砼(	☐
厚度(mm)	80	☐
顶标高(m)	层顶标高	☐
是否是楼板	是	☐
是否是空心	否	☐
图元形状	平板	☐
模板类型		☐
支撑类型		☐
备注		☐
+ 计算属性		
+ 显示样式		

图 3－44

添加清单 添加定额 删除 项目特征 查询 换算 选择代码 编辑计算式 做法刷 做法查询 选配 提取做法 当前构件自动套用做法 五金手册

	编码	类别	项目名称	项目特征	单位	工程量表达式	表达式说明	措施项目	专业
1	010505003	项	平板(窗台挑板)	1. 混凝土强度等级：C30	m3	TJ	TJ<体积>	☐	建筑工程
2	A5-86	借	现拌砼 无梁板		m3	TJ	TJ<体积>	☐	土
3	011702016	项	平板(窗台挑板)		m2	MBMJ	MBMJ<底面模板面积>	☑	建筑工程
4	A13-37	借	现浇砼模板 无梁板 竹胶合板模板 钢支撑		m2	MBMJ	MBMJ<底面模板面积>	☑	土

图 3－45

③窗台板的绘制。

双击“模块导航栏”中“辅助轴线”，点击工具栏中“平行”，点击1轴，在弹出的对话框中输入“615”。点击2轴，在弹出的对话框中输入“－1235”。点击Ⓑ轴，在弹出的对话框中输入“－820”。回到板绘制页面，点击工具栏中的“直线”，依次点击辅助轴线和Ⓑ轴围成的矩形的四个顶点，完成绘制。选择窗台板，点击“属性”，在“属性编辑框”中将窗台板的顶点标高修改为0.5M。

再绘制一次窗台板，把这次绘制的窗台板顶标高修改为2.6M。单击“绘图”退出。

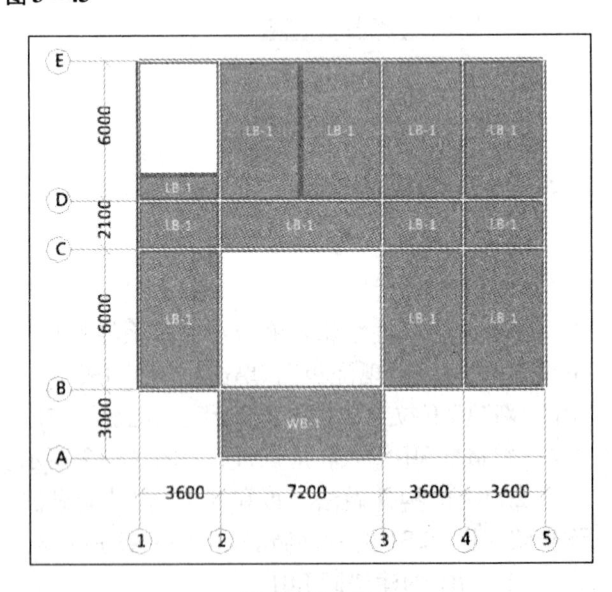

图 3－46

2. 板的画法

选择“LB1”，单击“点”，分别在LB1和WB1的位置单击左键，画好的LB1和WB1的板，如图3－46所示。

3.3.4　墙的建法及画法

1. 墙的建法

(1)Q－1[内墙]的建法

Q－1 [内墙]的属性编辑：单击左侧模板导航栏中“墙”下拉菜单，单击“墙”，单击“构件列表”对话框中的“新建”下拉菜单，单击“新建内墙”，在下方“属性编辑框”输入相应的属性，如图 3－47 所示。

Q－1 [内墙]的构件套做法：和柱子“构件套做法”操作步骤一样，Q－1 [内墙]的构件做法，如图 3－48 所示。

(2)Q－2[外墙]的建法

Q－2[外墙]的建法与 Q－1 [内墙]相同，如图 3－49 所示。

因室外地面标高为－0.6，所以墙的起点底标高和终点底标高都设置为－0.6。在工具栏中点击“批量选择”，在弹出的对话框中选择墙，点击确定。如图 3－50 所示。在工具栏中选择“属性”，修改墙的属性，如图 3－51 所示。左击单击“绘图”退出。

属性编辑框

属性名称	属性值	附加
名称	Q-1	
类别	砌体墙	
材质	砖	
砂浆标号	(M5)	
砂浆类型	(水泥砂浆	
厚度(mm)	240	
起点顶标高	层顶标高	
终点顶标高	层顶标高	
起点底标高	层底标高	
终点底标高	层底标高	
轴线距左墙	(120)	
内/外墙标	内墙	☑
砌筑方式		
工艺		
图元形状	直形	
填充材料		
是否为人防	否	
备注		
+ 计算属性		
+ 显示样式		

图 3－47

	编码	类别	项目名称	项目特征	单位	工程量表达式	表达式说明	措施项目	专业
1	010401003	项	实心砖墙	1. 砖品种、规格、强度等级：MU10烧结多孔砖 2. 墙体类型：外墙 3. 砂浆强度等级、配合比：M10混合砂浆	m3	TJ	TJ<体积>	☐	建筑工程
2	A4-10	借	混水砖墙 1砖		m3	TJ	TJ<体积>	☐	土

图 3－48

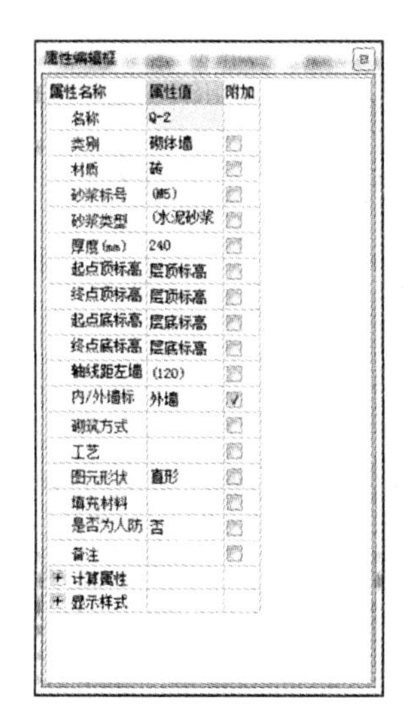

属性编辑框

属性名称	属性值	附加
名称	Q-2	
类别	砌体墙	
材质	砖	
砂浆标号	(M5)	
砂浆类型	(水泥砂浆	
厚度(mm)	240	
起点顶标高	层顶标高	
终点顶标高	层顶标高	
起点底标高	层底标高	
终点底标高	层底标高	
轴线距左墙	(120)	
内/外墙标	外墙	☑
砌筑方式		
工艺		
图元形状	直形	
填充材料		
是否为人防	否	
备注		
+ 计算属性		
+ 显示样式		

图 3－49

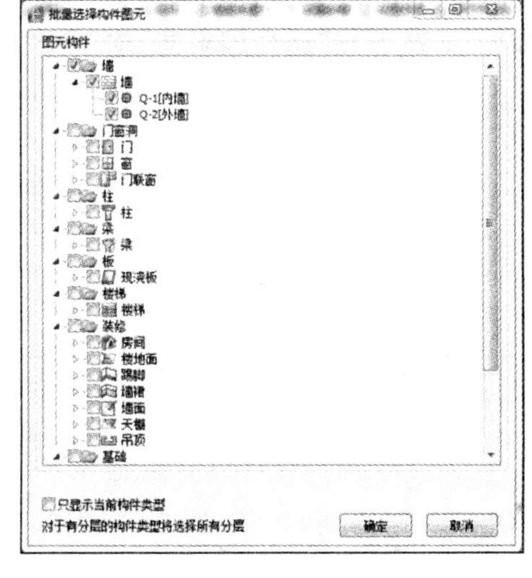

图 3－50

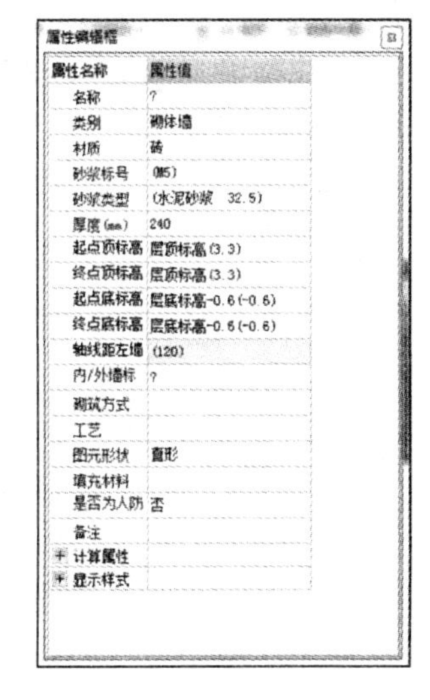

属性编辑框

属性名称	属性值
名称	?
类别	砌体墙
材质	砖
砂浆标号	(M5)
砂浆类型	(水泥砂浆 32.5)
厚度(mm)	240
起点顶标高	层顶标高(3.3)
终点顶标高	层顶标高(3.3)
起点底标高	层底标高-0.6(-0.6)
终点底标高	层底标高-0.6(-0.6)
轴线距左墙	(120)
内/外墙标	?
砌筑方式	
工艺	
图元形状	直形
填充材料	
是否为人防	否
备注	
+ 计算属性	
+ 显示样式	

图 3－51

2. 墙的画法

以 Q－2[外墙]为例展示所有墙画法：进入绘图界面后，从构件列表中选择“Q－1［内墙]”单击“直线”按钮，单击(1，E)交点，再单击(5，E)交点，用相同的画法画好其他部位的Q－1［内墙]和 Q－2[外墙]，制好的墙如图 3－52 所示。

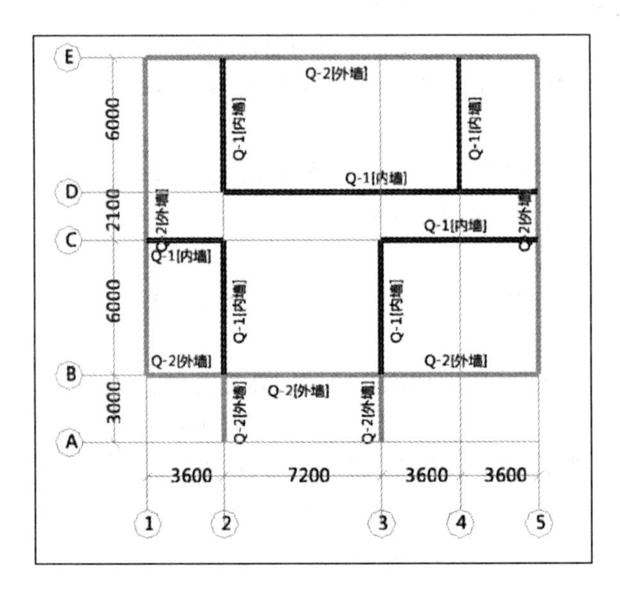

图 3－52

3.3.5 门窗的建法及画法

1. 门的建法

(1)M－1 的建法

①M－1 的属性编辑：单击左侧模板导航栏中“门窗洞”下拉菜单→“门”，单击工具栏的“构件列表”对话框中的“新建”下拉菜单，单击“新建矩形门”，在下方“属性编辑框”输入相应的属性，如图 3－53 所示。

②M－1 的构件套做法。M－1 的“构件套做法”建立，如图 3－54 所示。

属性编辑框

属性名称	属性值	附加
名称	M-1	
洞口宽度(	900	
洞口高度(	2100	
框厚(mm)	60	
立樘距离(	0	
洞口面积(m	1.89	
离地高度(	0	
是否随墙变	否	
框外围面积	1.89	
框左右扣尺	0	
框上下扣尺	0	
是否为人防	否	
备注		
+ 计算属性		
+ 显示样式		

图 3－53

添加清单 添加定额 删除 项目特征 查询 换算 选择代码 编辑计算式 做法刷 做法查询 选配 提取做法 当前构件自动套用做法 五金手册

	编码	类别	项目名称	项目特征	单位	工程量表达式	表达式说明	措施项目	专业
1	010801001	项	木质门	1. 门代号及洞口尺寸：900*2100 2. 实木夹板门，底漆一遍，咖啡色调和漆二遍：	樘	SL	SL<数量>		建筑工程
2	B4-11	定	胶合板门 不带纱 不带亮子		m2	DKMJ	DKMJ<洞口面积>		饰
3	B4-161	定	普通木门五金配件表 镶板门、胶合板门 不带纱扇 不带亮子		m2	DKMJ	DKMJ<洞口面积>		饰
4	B5-1	定	底油一遍、刮腻子、调和漆二遍 单层木门		m2	DKMJ	DKMJ<洞口面积>		饰

图 3－54

(2)其他门的建法

用同样的方法建立其他门，M－2 如图 3－55 和图 3－56 所示。

属性编辑框

属性名称	属性值	附加
名称	M-2	
洞口宽度(	1000	
洞口高度(	2100	
框厚(mm)	60	
立樘距离(	0	
洞口面积(m	2.1	
离地高度(	0	
是否随墙变	否	
框外围面积	2.1	
框左右扣尺	0	
框上下扣尺	0	
是否为人防	否	
备注		
+ 计算属性		
+ 显示样式		

图 3－55

添加清单　添加定额　删除　项目特征　查询　换算　选择代码　编辑计算式　做法刷　做法查询　选配　提取做法　当前构件自动套用做法　五金手册

	编码	类别	项目名称	项目特征	单位	工程量表达式	表达式说明	措施项目	专业
1	010801001	项	木质门	1. 门代号及洞口尺寸：900*2100 2. 实木夹板门，底漆一遍，咖啡色调和漆二遍：	樘	SL	SL<数量>		建筑工程
2	B4-11	定	胶合板门 不带纱 不带亮子		m2	DKMJ	DKMJ<洞口面积>		饰
3	B4-161	定	普通木门五金配件表 镶板门、胶合板门 不带纱扇 不带亮子		m2	DKMJ	DKMJ<洞口面积>		饰
4	B5-1	定	底油一遍、刮腻子、调和漆二遍 单层木门		m2	DKMJ	DKMJ<洞口面积>		饰

图 3－56

M－3 如图 3－57 和图 3－58 所示。

属性编辑框

属性名称	属性值	附加
名称	M-3	
洞口宽度(	1500	
洞口高度(	2400	
框厚(mm)	60	
立樘距离(	0	
洞口面积(m	3.6	
离地高度(	0	
是否随墙变	否	
框外围面积	3.6	
框左右扣尺	0	
框上下扣尺	0	
是否为人防	否	
备注		
+ 计算属性		
+ 显示样式		

图 3－57

添加清单　添加定额　删除　项目特征　查询　换算　选择代码　编辑计算式　做法刷　做法查询　选配　提取做法　当前构件自动套用做法　五金手册

	编码	类别	项目名称	项目特征	单位	工程量表达式	表达式说明	措施项目	专业
1	010801001	项	木质门	1. 门代号及洞口尺寸：900*2100 2. 实木夹板门，底漆一遍，咖啡色调和漆二遍：	樘	SL	SL<数量>		建筑工程
2	B4-11	定	胶合板门 不带纱 不带亮子		m2	DKMJ	DKMJ<洞口面积>		饰
3	B4-161	定	普通木门五金配件表 镶板门、胶合板门 不带纱扇 不带亮子		m2	DKMJ	DKMJ<洞口面积>		饰
4	B5-1	定	底油一遍、刮腻子、调和漆二遍 单层木门		m2	DKMJ	DKMJ<洞口面积>		饰

图 3－58

M－4 如图 3－59 和图 3－60 所示。

属性名称	属性值	附加
名称	M-4	
洞口宽度(	800	☐
洞口高度(	2100	☐
框厚(mm)	60	☐
立樘距离(	0	☐
洞口面积(m	1.68	☐
离地高度(	0	☐
是否随墙变	否	☐
框外围面积	1.68	☐
框左右扣尺	0	☐
框上下扣尺	0	☐
是否为人防	否	☐
备注		☐
+ 计算属性		
+ 显示样式		

图 3－59

添加清单 添加定额 删除 项目特征 查询 换算 选择代码 编辑计算式 做法刷 做法查询 选配 提取做法 当前构件自动套用做法 五金手册

	编码	类别	项目名称	项目特征	单位	工程量表达式	表达式说明	措施项目	专业
1	010801001	项	木质门	1. 门代号及洞口尺寸：800*2100 2. 实木夹板门，底漆一遍，咖啡色调和漆二遍：	樘	SL	SL<数量>	☐	建筑工程
2	010802001	项	金属(塑钢)门		樘	DKMJ	DKMJ<洞口面积>	☐	建筑工程

图 3－60

左键单击“绘图”退出。

2. 门的画法

(1)画门

进入绘图界面后，从构件列表中选择 M－1，单击“精确布置”按钮，单击 M－1 所在的墙，单击 1 轴和 C 轴的交点作为插入点，弹出图 3－61 所示对话框。

根据图纸信息，在对话框内输入“－300”，点击键盘的回车键结束。

用相同的方法画好其他门，画好的门如图 3－62 所示。

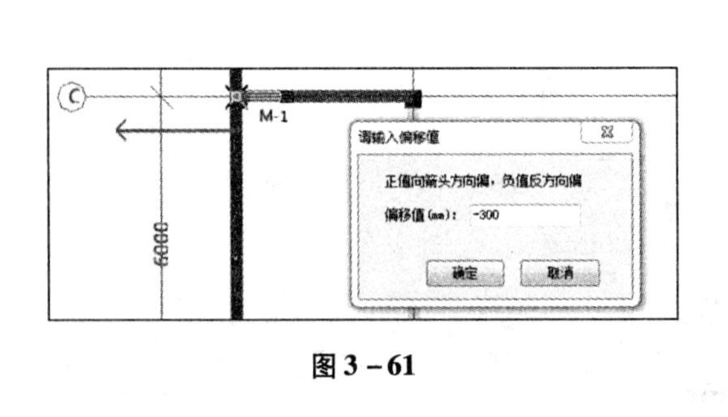

图 3－61

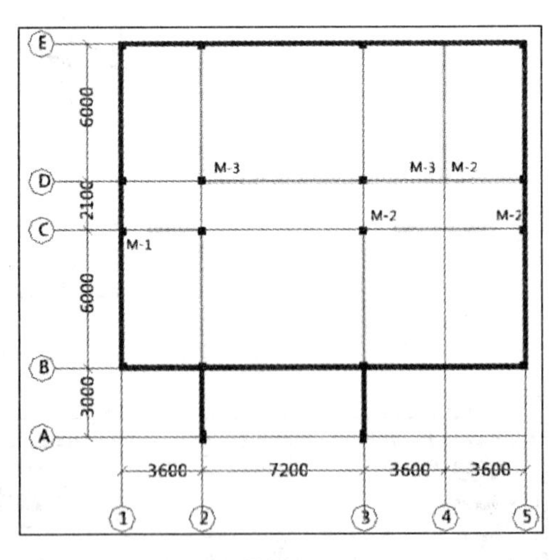

图 3－62

3. 窗的建法

(1)C－1 的建法

①C－1 的属性编辑。用建立门的操作方法建立窗的属性，如图 3－63 所示。

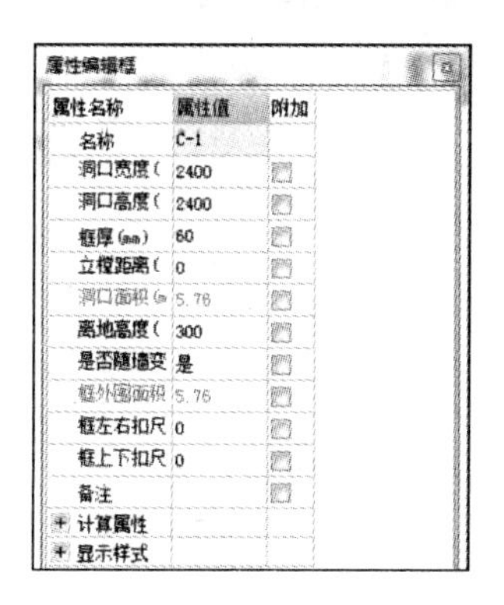

属性编辑框

属性名称	属性值	附加
名称	C-1	
洞口宽度(	2400	
洞口高度(	2400	
框厚(mm)	60	
立樘距离(	0	
洞口面积(m	5.76	
离地高度(	300	
是否随墙变	是	
框外围面积	5.76	
框左右扣尺	0	
框上下扣尺	0	
备注		
+ 计算属性		
+ 显示样式		

图 3－63

②C－1 的构件的做法。用建立门构件的操作方法建立窗的构件，如图 3－64 所示。

添加清单　添加定额　删除　项目特征　查询　换算　选择代码　编辑计算式　做法刷　做法查询　选配　提取做法　当前构件自动套用做法　五金手册

	编码	类别	项目名称	项目特征	单位	工程量表达式	表达式说明	措施项目	专业
1	010807001	项	金属（塑钢、断桥）窗	1. 窗代号及洞口尺寸：2400*2400 2. 框、扇材质：铝合金型材 3. 玻璃品种、厚度：中空玻璃(6+6A+6厚)	樘	SL	SL<数量>		建筑工程
2	B4-76	定	铝合金门窗(成品)安装 平开窗		m2	DKMJ	DKMJ<洞口面积>		饰

图 3－64

(2)其他的窗建法

用同样的方法建立其他窗，C－2 如图 3－65 和图 3－66 所示。

属性编辑框

属性名称	属性值	附加
名称	C-2	
洞口宽度(	2400	
洞口高度(	1800	
框厚(mm)	60	
立樘距离(	0	
洞口面积(m	4.32	
离地高度(	900	
是否随墙变	是	
框外围面积	4.32	
框左右扣尺	0	
框上下扣尺	0	
备注		
+ 计算属性		
+ 显示样式		

图 3－65

	编码	类别	项目名称	项目特征	单位	工程量表达式	表达式说明	措施项目	专业
1	010807001	项	金属（塑钢、断桥）窗	1. 窗代号及洞口尺寸：2400*1800 2. 框、扇材质：铝合金型材 3. 玻璃品种、厚度：中空玻璃(6+6A+6厚)	樘	SL	SL<数量>		建筑工程
2	B4-76	定	铝合金门窗(成品)安装平开窗		m2	DKMJ	DKMJ<洞口面积>		装饰

图 3－66

C－4 如图 3－67 和图 3－68 所示。

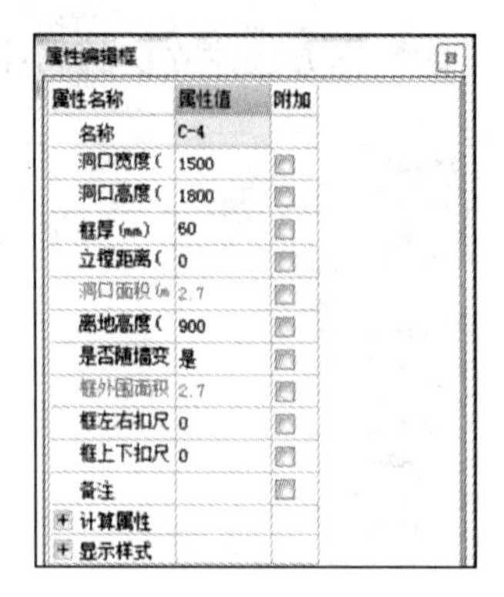
属性编辑框

属性名称	属性值	附加
名称	C-4	
洞口宽度(	1500	☐
洞口高度(	1800	☐
框厚(mm)	60	☐
立樘距离(	0	☐
洞口面积(m	2.7	☐
离地高度(	900	☐
是否随墙变	是	☐
框外围面积	2.7	☐
框左右扣尺	0	☐
框上下扣尺	0	☐
备注		☐
⊞ 计算属性		
⊞ 显示样式		

图 3－67

	编码	类别	项目名称	项目特征	单位	工程量表达式	表达式说明	措施项目	专业
1	− 010807001	项	金属（塑钢、断桥）窗	1. 窗代号及洞口尺寸：1500*1800 2. 框、扇材质：铝合金型材 3. 玻璃品种、厚度：中空玻璃(6+6A+6厚)	樘	SL	SL<数量>	☐	建筑工程
2	B4-76	定	铝合金门窗(成品)安装平开窗		m2	DKMJ	DKMJ<洞口面积>	☐	装饰

图 3－68

C－7 如图 3－69 和图 3－70 所示。

属性编辑框

属性名称	属性值	附加
名称	C-7	
洞口宽度(	1500	☐
洞口高度(	2100	☐
框厚(mm)	60	☐
立樘距离(	0	☐
洞口面积(m	3.15	☐
离地高度(	500	☐
是否随墙变	是	☐
框外围面积	3.15	☐
框左右扣尺	0	☐
框上下扣尺	0	☐
备注		☐
⊞ 计算属性		
⊞ 显示样式		

图 3－69

添加清单 添加定额 × 删除 项目特征 查询 ▾ fx 换算 ▾ 选择代码 编辑计算式 做法刷 做法查询 选配 提取做法 当前构件自动套用做法 五金手

	编码	类别	项目名称	项目特征	单位	工程量表达式	表达式说明	措施项目	专业
1	⊟ 010807001	项	金属（塑钢、断桥）窗	1. 窗代号及洞口尺寸：1500*2100 2. 框、扇材质：铝合金型材 3. 玻璃品种、厚度：中空玻璃(6+6A+6厚)	樘	SL	SL<数量>	☐	建筑工程
2	B4-76	定	铝合金门窗(成品)安装 平开窗		m2	DKMJ	DKMJ<洞口面积>	☐	饰

图 3－70

左键单击“绘图”退出。

4. 窗的画法

窗的画法与门的画法相同，都是用“精确布置”。画好的窗如图 3－71 所示。

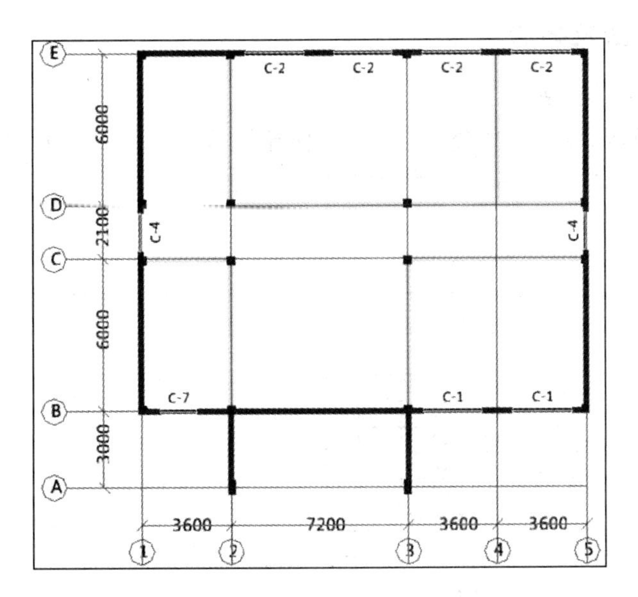

图 3－71

5．门联窗的建法

(1)用建立门的操作方法建立门联窗的属性和构件做法，如图 3－72 和图 3－73 所示。

(2)用“精确布置”方法，绘制好 MC－1。

属性编辑框

属性名称	属性值	附加
名称	MC-1	
洞口宽度(	6900	☐
洞口高度(	2700	☐
窗宽度(mm)	3900	☐
洞口面积(m	18.63	☐
框厚(mm)	60	☐
立樘距离(	0	☐
窗距门相对	0	☐
窗位置	靠右	☐
门离地高度	0	☐
是否随墙变	否	☐
门框外围面	8.1	☐
门框左右扣	0	☐
门框上下扣	0	☐
窗框外围面	10.53	☐
窗框左右扣	0	☐
窗框上下扣	0	☐
备注		☐
⊞ 计算属性		
⊞ 显示样式		

图 3－72

添加清单　添加定额　删除　项目特征　查询　换算　选择代码　编辑计算式　做法刷　做法查询　选配　提取做法　当前构件自动套用做法　五金手册

	编码	类别	项目名称	项目特征	单位	工程量表达式	表达式说明	措施项目	专业
1	010807001	项	金属（塑钢、断桥）窗	1．框、扇材质：铝合金型材 2．玻璃品种、厚度：中空玻璃(6+6A+6厚)	樘	SL	SL<数量>	☐	建筑工程
2	B4-76	定	铝合金门窗(成品)安装 平开窗		m2	DKMJ	DKMJ<洞口面积>	☐	饰

图 3－73

3.3.6 楼梯的建法及画法

1. 楼梯的建法及构件做法

(1)单击左侧模板导航栏中“楼梯”，双击“楼梯”，单击“构件列表”对话框中的“新建”下拉菜单。单击“新建参数化楼梯”，在弹出的对话框中选择“标准双跑 1”，编辑图形参数，单击“保存退出”，如图 3－74 所示。

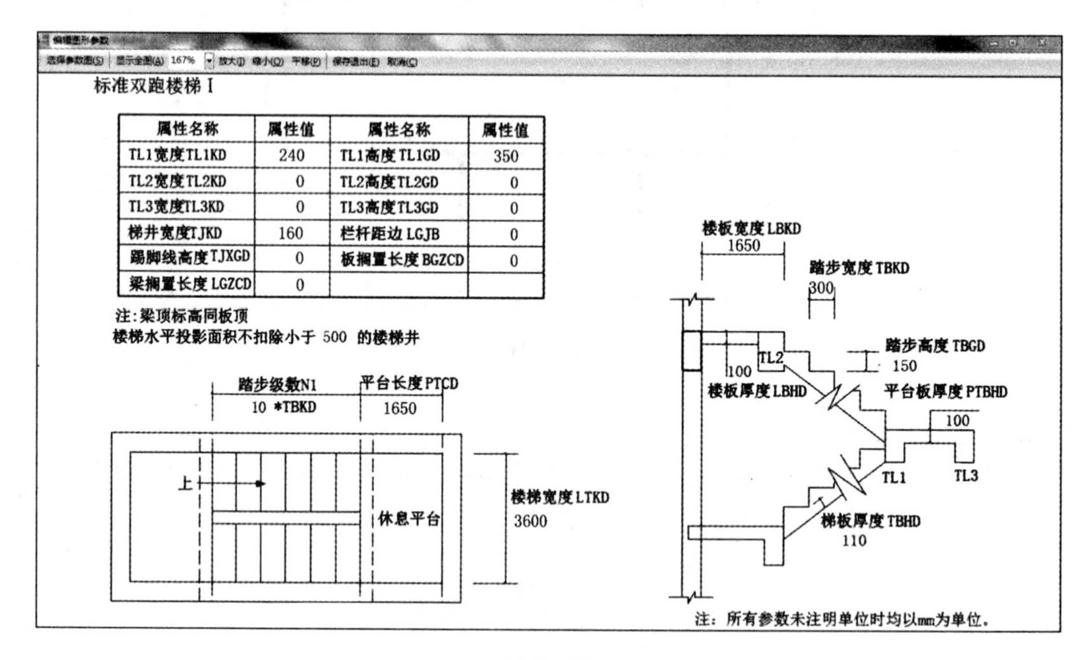

属性名称	属性值	属性名称	属性值
TL1宽度TL1KD	240	TL1高度TL1GD	350
TL2宽度TL2KD	0	TL2高度TL2GD	0
TL3宽度TL3KD	0	TL3高度TL3GD	0
梯井宽度TJKD	160	栏杆距边LGJB	0
踢脚线高度TJXGD	0	板搁置长度BGZCD	0
梁搁置长度LGZCD	0		

图 3－74

(2)楼梯构件套做法

楼梯构件套做法如图 3－75 所示。

	编码	类别	项目名称	项目特征	单位	工程量表达式	表达式说明	措施项目	专业
1	010506001	项	直形楼梯		m2	TYMJ	TYMJ<水平投影面积>	☐	建筑工程
2	B1-65	定	陶瓷地面砖 楼梯		m2	TYMJ	TYMJ<水平投影面积>	☐	饰

图 3－75　楼梯构件的做法

左键单击“绘图”退出。

2. 楼梯的画法

在工具栏中选择“LT－1”，单击“点”画法，左键单击 L－1 和 KL－8 交点，单击右键结束。如图 3－76 所示。

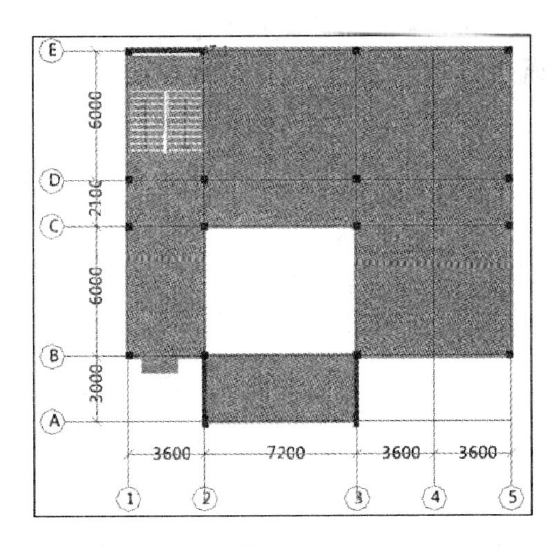

图 3－76

3.3.7　台阶的建法及画法

1. 台阶的建法

(1)台阶的属性编辑

单击左键模块导航中"其他"下拉菜单，双击"台阶"，单击"构件列表"对话框中的"新建"下拉菜单，单击"新建台阶"，在下方"属性编辑框"输入相应的属性，如图 3－77 所示。

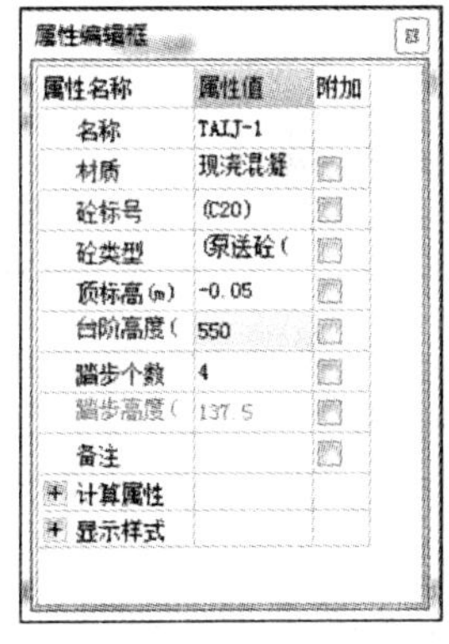
属性编辑框

属性名称	属性值	附加
名称	TAIJ-1	
材质	现浇混凝	☐
砼标号	(C20)	☐
砼类型	(泵送砼(	☐
顶标高(m)	-0.05	☐
台阶高度(	550	☐
踏步个数	4	☐
踏步高度(	137.5	☐
备注		☐
+ 计算属性		
+ 显示样式		

图 3－77

(2)台阶的构件套做法

台阶的构件套做法，如图 3－78 所示。

左键单击"绘图"退出。

添加清单　添加定额　删除　项目特征　查询　换算　选择代码　编辑计算式　做法刷　做法查询　选配　提取做法　当前构件自动套用做法　五金手册

	编码	类别	项目名称	项目特征	单位	工程量表达式	表达式说明	措施项目	专业
1	011107002	项	块料台阶面	1. 深灰色花岗石贴面:	m2	MJ	MJ<台阶整体水平投影面积>	☐	建筑工程
2	B1-23	定	石材块料面层 花岗岩楼地面 周长3200mm以内 单色		m2	MJ	MJ<台阶整体水平投影面积>	☐	饰

图 3－78

2. 台阶的画法

选择"台阶"，单击"直线"按钮，单击 2 轴和 B 轴交点，再按住"Shift"键并单击 2 轴和 B 轴交点，在偏移对话框里输入 Y = －3550。再按住"Shift"键并单击 3 轴和 B 轴交点，在偏移对话框里输入 Y = －3550。再单击 3 轴和 B 轴交点，单击右键完成绘制。

在工具栏中单击"设置台阶踏步边"，选择台阶外边沿，单击右键，在弹出的对话框中输入 260，单击"确定"完成绘制。

绘制好的台阶如图 3－79 所示。

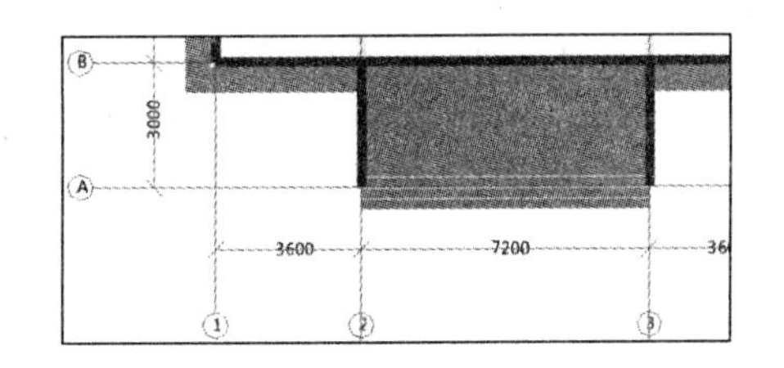

图 3－79

3.3.8 散水的建法及画法

1. 散水的建法

(1)散水的属性编辑

单击左侧模板导航栏中“其他”下拉菜单，双击“散水”，单击“构件列表”对话框中的“新建”下拉菜单，单击“新建散水”，在下方“属性编辑框”输入相应属性如图 3－80 所示。

(2)散水的构件套做法

散水的构件套做法，如图 3－81 所示。

左键单击“绘图”退出。

属性编辑框

属性名称	属性值	附加
名称	SS-1	
材质	现浇混凝	☐
砼标号	(C20)	☐
厚度(mm)	90	☐
砼类型	(泵送砼(	☐
备注		☐
− 计算属性		
计算规则	按默认计	
+ 显示样式		

图 3－80

添加清单 添加定额 删除 项目特征 查询 换算 选择代码 编辑计算式 做法刷 做法查询 选配 提取做法 当前构件自动套用做法

	编码	类别	项目名称	项目特征	单位	工程量表达式	表达式说明	措施项目	专业
1	010401013	项	砖散水、地坪	1. 垫层材料种类、厚度：20厚1：2.5水泥砂浆粉面 2. 2.70厚C10混凝土：	m2	MJ	MJ<面积>	☐	建筑工程

图 3－81

2. 散水的画法

单击“智能布置”下拉菜单，单击“外墙外边线”，在弹出的对话框中填写宽度 600，单击“确定”。选择散水，在右键菜单中选择“分割”，单击选择散水，单击右键确认，单击 2 轴和 B 轴交点，单击 2 轴和 A 轴交战，点击右键结束。单击 3 轴和 B 轴交战，单击 3 轴和 A 轴交点点击右键结束，单击右键，弹出“分割成功”窗口，点击台阶部位散水，点右键选择删除，布置好的散水如图 3－82 所示。

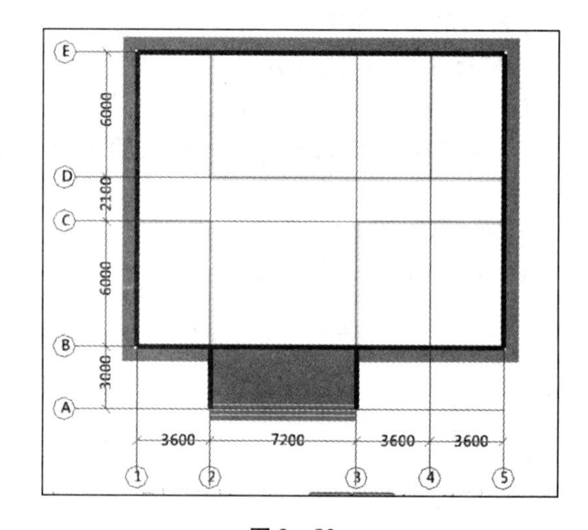

图 3－82

3.3.9 平整场地的建法及画法

1. 平整场地的建法

单击左侧模块导航栏“其他”下拉菜单，双击“平整场地”，单击“构件列表”对话框中的“新建”下拉菜单，单击“新建平整场地”，“属性编辑框”输入相应属性如图 3－83 所示。

平整场地的构件套做法，如图 3－84 所示。

左键单击“绘图”，退出。

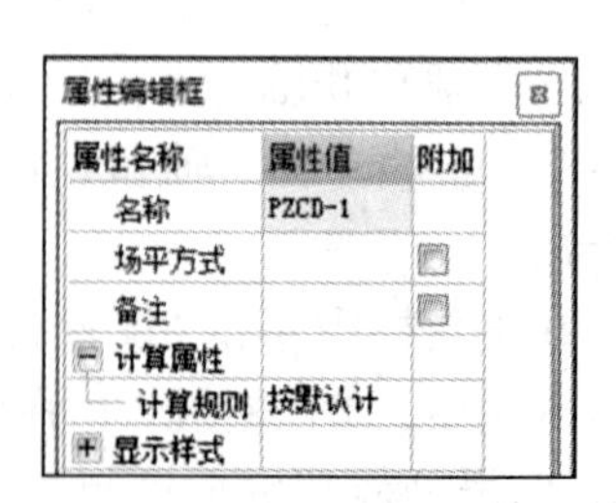

属性编辑框

属性名称	属性值	附加
名称	PZCD-1	
场平方式		☐
备注		☐
− 计算属性		
计算规则	按默认计	
+ 显示样式		

图 3－83

添加清单　添加定额　删除　项目特征　查询　换算　选择代码　编辑计算式　做法刷　做法查询　选配　提取做法　当前构件自动套用做法　五金手册

	编码	类别	项目名称	项目特征	单位	工程量表达式	表达式说明	措施项目	专业
1	010101001	项	平整场地		m2	MJ	MJ<面积>		建筑工程
2	A1-3	借	平整场地		m2	WF2MMJ	WF2MMJ<外放2米的面积>		土

图 3 – 84

2. 平整场地的画法

选择“平整场地”，单击“点”按钮，在墙内任意位置左键单击可。台阶部位平整场地部分，选择工具栏中的“矩形”，单击2轴和B轴交点，再选择3轴和A轴交点，如图3 – 85所示。

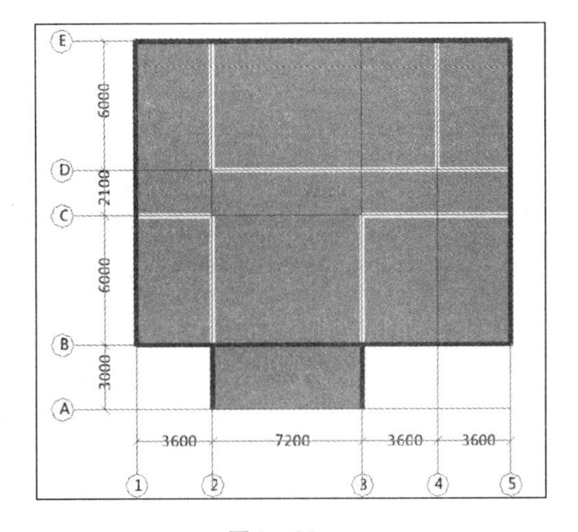

图 3 – 85

3.3.10　首层室内装修的建法及画法

1. 室内装修的建法

房间装修工程量的手工计算相当繁琐，而软件已建立构件形成好房间，此时利用软件计算装饰工程量较为简便。GCL2013将房间分成了地面、楼面、踢脚、墙面、天棚、吊顶等构件，房间处理的思路是先定义部位(地面、楼面、踢脚、墙面、天棚、吊顶等构件)，再依附(依附的同时做法也依附了进去)到房间，再点画房间。定义地面、踢脚等构件的方法和前面定义主体的构件类似，根据图纸我们来定义房间的各个构件。

(1)地面的属性编辑和构件做法

单击左侧模板导航栏中“装修”下拉菜单，双击“楼地面”，单击“构件列表”对话框中的“新建”下拉菜单，左键单击“新建楼地面”。楼地面的属性编辑建和构件做法如图3 – 86 ~图3 – 93所示。

图 3 – 86

添加清单　添加定额　删除　项目特征　查询　换算　选择代码　编辑计算式　做法刷　做法查询　选配　提取做法　当前构件自动套用做法　五金手册

	编码	类别	项目名称	项目特征	单位	工程量表达式	表达式说明	措施项目	专业
1	011102003	项	块料楼地面	1. 2.20厚1：4干硬性水泥砂浆；2. 素水泥浆结合层一遍；3. 4.30厚细石混凝土随捣随抹平；4. 粘贴3厚SBS改性沥青防水卷材；5. 刷基层处理剂一遍；6. 7.15厚1：2水泥砂浆找平；7. 8.80厚C15混凝土；8. 素土夯实；9. 600*600花岗岩；	m2	KLDMJ	KLDMJ<块料地面积>		建筑工程
2	B1-1	定	找平层 水泥砂浆 混凝土或硬基层上 20mm		m2	DMJ	DMJ<地面积>		饰
3	B1-4	定	找平层 细石混凝土 30mm		m2	DMJ	DMJ<地面积>		饰
4	B1-61	定	陶瓷地面砖 楼地面 每块面积在6400 cm2以内		m2	KLDMJ	KLDMJ<块料地面积>		饰
5	A8-27	借	石油沥青改性卷材 热贴满铺 一胶一毡		m2	DMJ	DMJ<地面积>		土

图 3 – 87

属性编辑框

属性名称	属性值	附加
名称	楼10	
块料厚度(	0	☐
顶标高(m)	层底标高	☐
是否计算防	否	☐
备注		☐
− 计算属性		
计算设置	按默认计	
计算规则	按默认计	
+ 显示样式		

图 3 – 88

添加清单 添加定额 删除 项目特征 查询 换算 选择代码 编辑计算式 做法刷 做法查询 选配 提取做法 当前构件自动套用做法 五金手册

	编码	类别	项目名称	项目特征	单位	工程量表达式	表达式说明	措施项目	专业
1	011102003	项	块料楼地面	1. 1. 1.8~10厚地砖铺实拍平，水泥浆擦缝: 2. 素水泥浆结合层一遍: 3. 3. 20厚1: 4干硬性水泥砂浆:	m2	KLDMJ	KLDMJ<块料地面积>	☐	建筑工程
2	B1-1	定	找平层 水泥砂浆 混凝土或硬基层上 20mm		m2	DMJ	DMJ<地面积>	☐	饰
3	B1-61	定	陶瓷地面砖 楼地面 每块面积在6400 cm2以内		m2	DMJ	DMJ<地面积>	☐	饰

图 3 – 89

属性编辑框

属性名称	属性值	附加
名称	楼33	
块料厚度(	0	☐
顶标高(m)	层底标高	☐
是否计算防	否	☐
备注		☐
− 计算属性		
计算设置	按默认计	
计算规则	按默认计	
+ 显示样式		

图 3 – 90

添加清单 添加定额 删除 项目特征 查询 换算 选择代码 编辑计算式 做法刷 做法查询 选配 提取做法 当前构件自动套用做法 五金手

	编码	类别	项目名称	项目特征	单位	工程量表达式	表达式说明	措施项目	专业
1	011102003	项	块料楼地面	1. 1. 1.8~10厚地砖铺实拍平，水泥浆擦缝: 2. 素水泥浆结合层一遍: 3. 刷基层处理剂一遍: 4. 钢筋混凝土楼板: 5. 3. 3.1.5厚聚氨酯防水涂料，面上撒黄砂，四周沿墙上翻150: 6. 5. 5.15厚1: 2水泥砂浆找平: 7. 6. 6.50厚C15细石混凝土找坡，最薄处不小于20:	m2	KLDMJ	KLDMJ<块料地面积>	☐	建筑工程
2	B1-5 *20	换	找平层 细石混凝土 每增减 1mm 子目乘以系数20 子目乘以系数20		m2	DMJ	DMJ<地面积>	☐	饰
3	B1-4	定	找平层 细石混凝土 30mm		m2	DMJ	DMJ<地面积>	☐	饰
4	B1-57	定	陶瓷地面砖 楼地面 每块面积在900 cm2以内		m2	KLDMJ	KLDMJ<块料地面积>	☐	饰
5	A8-102	借	涂膜防水 厚2mm聚氨酯 涂刷二遍		m2	LMFSMJ	LMFSMJ<立面防水面积(大于最低立面防水高度)>	☐	土

图 3 – 91

属性编辑框

属性名称	属性值	附加
名称	台阶地面	
块料厚度(	0	☐
顶标高(m)	层底标高	☐
是否计算防	否	☐
备注		☐
− 计算属性		
计算设置	按默认计	
计算规则	按默认计	
+ 显示样式		

图 3 – 92

添加清单　添加定额　删除　项目特征　查询　换算　选择代码　编辑计算式　做法刷　做法查询　选配　提取做法　当前构件自动套用做法　五金手册

	编码	类别	项目名称	项目特征	单位	工程量表达式	表达式说明	措施项目	专业
1	011102003	项	块料楼地面(台阶地面)	1. 深灰色花岗石贴面:	m2	KLDMJ	KLDMJ<块料地面积>	□	建筑工程

图 3-93

(2)踢脚的属性编辑和构件做法，用同样的方法建立踢脚，如图 3-94、图 3-95 所示。

属性编辑框

属性名称	属性值	附加
名称	踢脚17	
块料厚度(	10	□
高度(mm)	100	□
起点底标高	墙底标高	□
终点底标高	墙底标高	□
备注		□
− 计算属性		
计算设置	按默认计	
计算规则	按默认计	
+ 显示样式		

图 3-94

添加清单　添加定额　删除　项目特征　查询　换算　选择代码　编辑计算式　做法刷　做法查询　选配　提取做法　当前构件自动套用做法

	编码	类别	项目名称	项目特征	单位	工程量表达式	表达式说明	措施项目	专业
1	− 011105003	项	块料踢脚线	1. 1.17厚1: 3水泥砂浆: 2. 2.3~4厚1: 1水泥砂浆加水重20%白乳胶镶贴: 3. 3.8~10厚面砖、水泥浆擦缝:	m2	TJKLMJ	TJKLMJ<踢脚块料面积>	□	建筑工程
2	B1-63	定	陶瓷地面砖 踢脚线		m2	TJKLMJ	TJKLMJ<踢脚块料面积>	□	饰

图 3-95

(3)墙裙的属性编辑和构件做法，用同样的方法建立墙裙，如图 3-96、图 3-97 所示。

属性编辑框

属性名称	属性值	附加
名称	QQ-1	
所附墙材质	(程序自动	□
高度(mm)	1500	□
块料厚度(	0	□
起点底标高	-0.6	□
终点底标高	-0.6	□
内/外墙裙	外墙裙	☑
备注		□
− 计算属性		
计算设置	按默认计	
计算规则	按默认计	
+ 显示样式		

图 3-96

添加清单　添加定额　删除　项目特征　查询　换算　选择代码　编辑计算式　做法刷　做法查询　选配　提取做法　当前构件自动套用做法　五金手册

	编码	类别	项目名称	项目特征	单位	工程量表达式	表达式说明	措施项目	专业
1	− 011204001	项	石材墙面	1. 浅黄色石材:	m2	QQKLMJ	QQKLMJ<墙裙块料面积>	□	建筑工程
2	B2-73	定	粘贴大理石 水泥砂浆粘贴 砖墙面		m2	QQKLMJ	QQKLMJ<墙裙块料面积>	□	饰

图 3-97

(4)墙面的属性编辑和构件做法，用同样的方法建立墙面，如图 3-98 ~ 图 3-101 所示

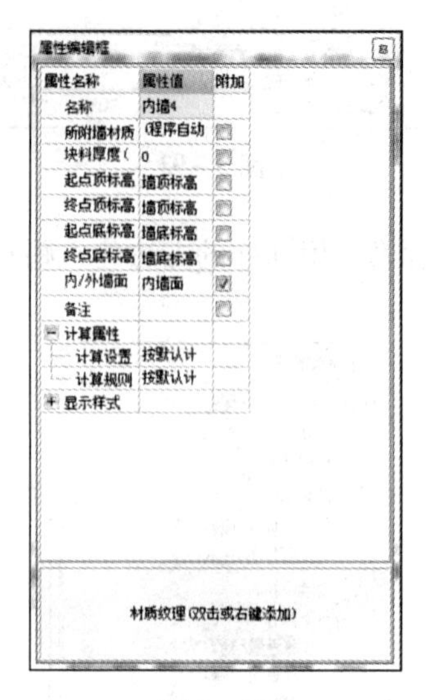

图 3 – 98

	编码	类别	项目名称	项目特征	单位	工程量表达式	表达式说明	措施项目	专业
1	011201001	项	墙面一般抹灰	1. 底层厚度、砂浆配合比：15厚1：1：6水泥石灰砂浆；2. 面层厚度、砂浆配合比：5厚1：0.5：3水泥石灰砂浆：	m2	QMMHMJ	QMMHMJ<墙面抹灰面积>	☐	建筑工程
2	B2-1	定	一般抹灰 墙面、墙裙石灰砂浆二遍 砖墙		m2	QMMHMJ	QMMHMJ<墙面抹灰面积>	☐	饰
3	B5-197	定	刷乳胶漆 抹灰面 二遍		m2	QMMHMJ	QMMHMJ<墙面抹灰面积>	☐	饰

图 3 – 99

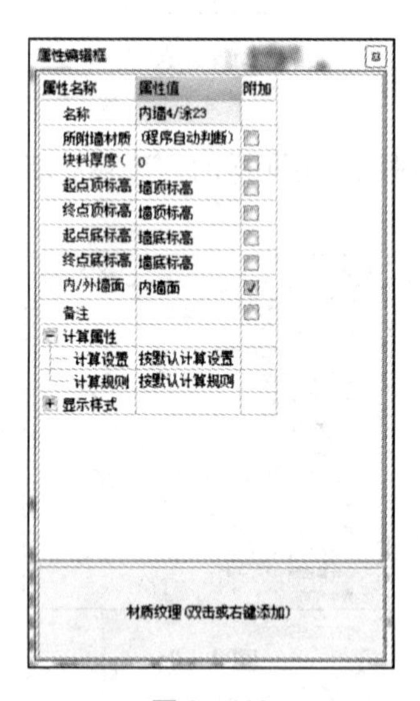

图 3 – 100

添加清单 添加定额 删除 项目特征 查询 换算 选择代码 编辑计算式 做法刷 做法查询 选配 提取做法 当前构件自动套用做法 五金手

	编码	类别	项目名称	项目特征	单位	工程量表达式	表达式说明	措施项目	专业
1	011201001	项	墙面一般抹灰	1. 底层厚度、砂浆配合比：15厚1：1：6水泥石灰砂浆；2. 面层厚度、砂浆配合比：5厚1：0.5：3水泥石灰砂浆：	m2	QMMHMJ	QMMHMJ<墙面抹灰面积>	☐	建筑工程
2	B2-1	定	一般抹灰 墙面、墙裙石灰砂浆二遍 砖墙		m2	QMMHMJ	QMMHMJ<墙面抹灰面积>	☐	饰
3	B5-197	定	刷乳胶漆 抹灰面 二遍		m2	QMMHMJ	QMMHMJ<墙面抹灰面积>	☐	饰

图 3 – 101

(5)吊顶的属性编辑和构件做法，用同样的方法建立吊顶，如图 3－102～图 3－107 所示。

属性编辑框

属性名称	属性值	附加
名称	顶11	
离地高度(	5800	☑
备注		☐
+ 计算属性		
+ 显示样式		

图 3－102

添加清单　添加定额　删除　项目特征　查询　换算　选择代码　编辑计算式　做法刷　做法查询　选配　提取做法　当前构件自动套用做法

	编码	类别	项目名称	项目特征	单位	工程量表达式	表达式说明	措施项目	专业
1	011302001	项	吊顶天棚	1. 轻钢龙骨标准骨架：主龙骨中距900-1000，次龙骨中距600，横撑龙骨中距600 2. 2.600厚石石膏装饰板，自攻螺钉拧牢，孔眼用腻子填平：	m2	DDMJ	DDMJ<吊顶面积>	☐	建筑工程
2	B3-43	定	装配式U型轻钢天棚龙骨(不上人型) 面层规格 600*600mm 平面		m2	DDMJ	DDMJ<吊顶面积>	☐	饰
3	B3-115	定	石膏板天棚面层 安在U型轻钢龙骨上		m2	DDMJ	DDMJ<吊顶面积>	☐	饰

图 3－103

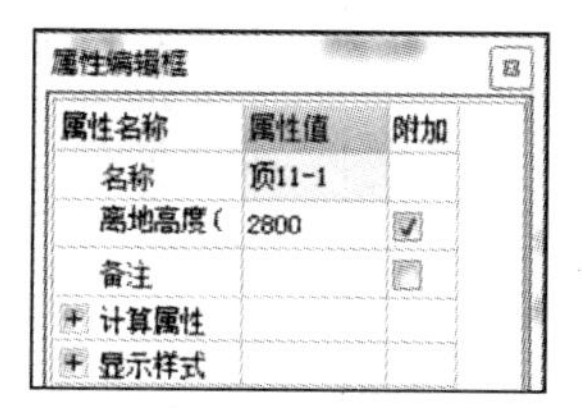

属性编辑框

属性名称	属性值	附加
名称	顶11-1	
离地高度(	2800	☑
备注		☐
+ 计算属性		
+ 显示样式		

图 3－104

添加清单　添加定额　删除　项目特征　查询　换算　选择代码　编辑计算式　做法刷　做法查询　选配　提取做法　当前构件自动套用做法　五金

	编码	类别	项目名称	项目特征	单位	工程量表达式	表达式说明	措施项目	专业
1	011302001	项	吊顶天棚	1. 轻钢龙骨标准骨架：主龙骨中距900-1000，次龙骨中距600，横撑龙骨中距600 2. 2.600厚石石膏装饰板，自攻螺钉拧牢，孔眼用腻子填平：	m2	DDMJ	DDMJ<吊顶面积>	☐	建筑工程
2	B3-43	定	装配式U型轻钢天棚龙骨(不上人型) 面层规格 600*600mm 平面		m2	DDMJ	DDMJ<吊顶面积>	☐	饰
3	B3-115	定	石膏板天棚面层 安在U型轻钢龙骨上		m2	DDMJ	DDMJ<吊顶面积>	☐	饰

图 3－105

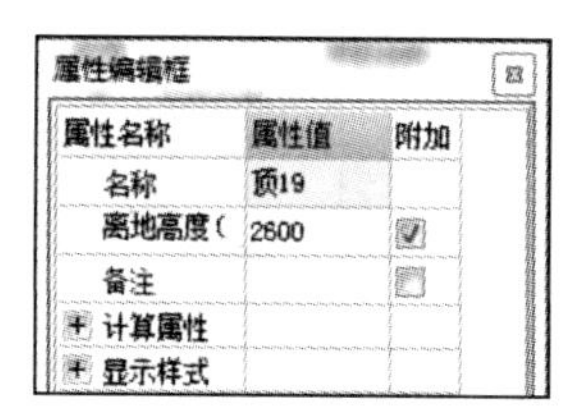

属性编辑框

属性名称	属性值	附加
名称	顶19	
离地高度(	2600	☑
备注		☐
+ 计算属性		
+ 显示样式		

图 3－106

添加清单　添加定额　删除　项目特征　查询　换算　选择代码　编辑计算式　做法刷　做法查询　选配　提取做法　当前构件自动套用做法

	编码	类别	项目名称	项目特征	单位	工程量表达式	表达式说明	措施项目	专业
1	011302001	项	吊顶天棚	1. 配套金属龙骨： 2. 铝合金条板，板宽150：	m2	DDMJ	DDMJ<吊顶面积>	☐	建筑工程
2	B3-88	定	铝合金条板天棚龙骨 中型		m2	DDMJ	DDMJ<吊顶面积>	☐	饰
3	B3-143	定	铝合金扣板天棚		m2	DDMJ	DDMJ<吊顶面积>	☐	饰

图 3－107

2. 首层房间的建法

前面我们已经建好了房间各构件的属性及做法，在这里需要把各个构件组合成各个房间。

门厅的组合：双击“房间”，单击“新建”下拉菜单，单击“新建房间”，修改房间名称为“门厅，单击“定义”按钮，进入依附构件类型界面，按照图纸添加构件：地 62、踢脚 17、内墙 4/涂 23、吊顶 11[5800]，操作如下：

单击“楼地面”，点击“添加依附构件”，点击构件名称下拉菜，选择“地 62”。单击“踢脚”，点击“添加依附构件”，点击构件名称下拉菜单，选择“踢脚 17”。单击“墙面”，点击“添加依附构件”，点击构件名称下拉菜单，选择“内墙 4/涂 23”。单击“吊顶”，点击“添加依附构件”，点击构件名称下拉菜单，选择“吊顶 11[5800]”，如图 3－108 所示。

如图完成《办公室》房间装饰的组合，用同样的方法组合其他房间，如图 3－109 ~ 图 3－113 所示。

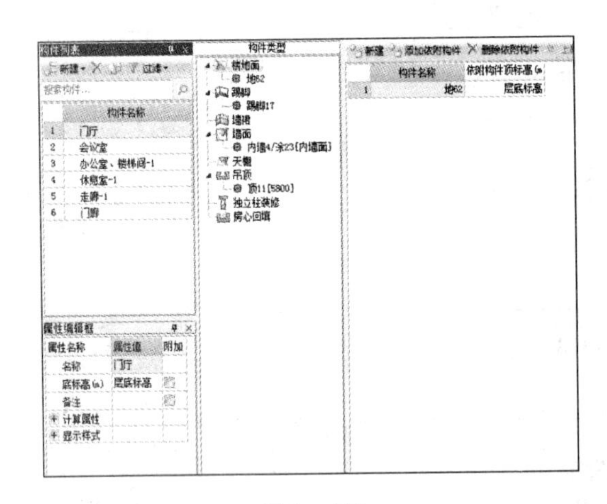

图 3－108

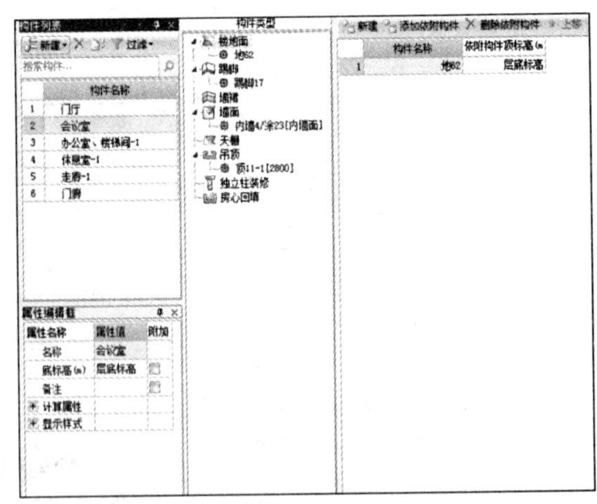

图 3－109

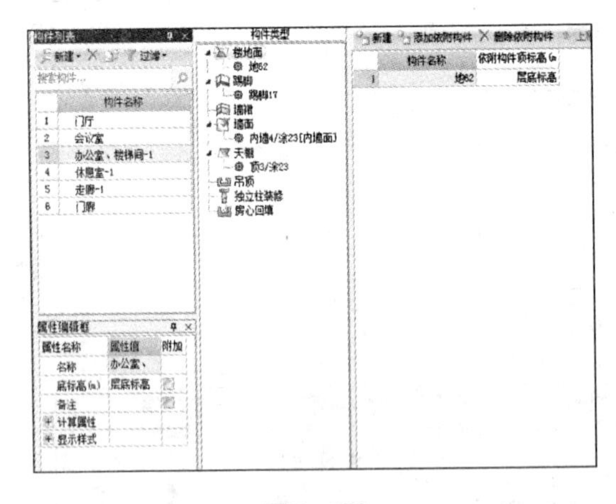

图 3－110

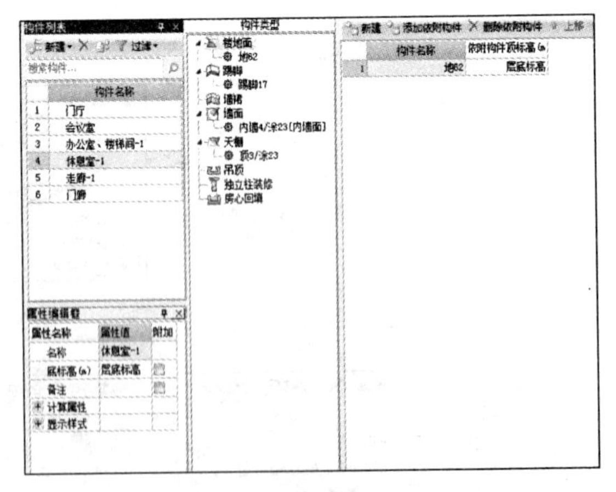

图 3－111

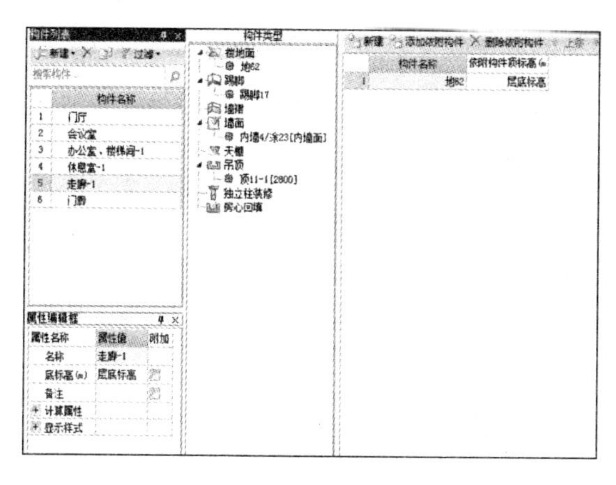

图 3－112

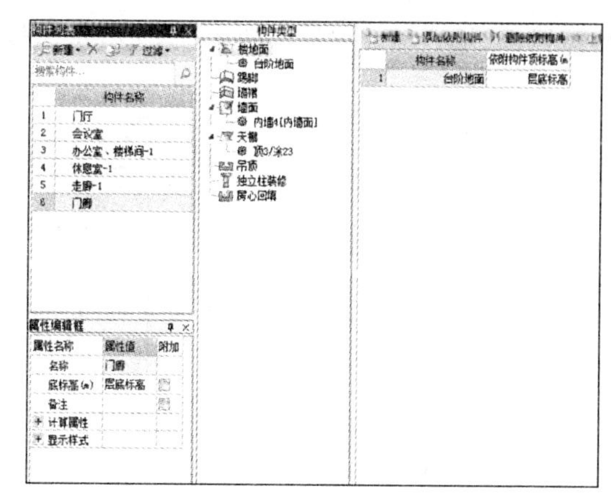

图 3－113

单击“绘图”完成。

3. 首层房间的画法

定义完所有房间后，若一个封闭房间内的装修不同，我们需要用到虚墙的画法，将所有房间分隔开出来。虚墙只起分隔、封闭房间作用，不计算工程量。如楼梯间、门厅的分隔：单击左侧导航栏中的“墙”下拉菜单，选择“墙”，单击“新建”，选择“新建虚墙”。单击“直线”，点击1轴D轴交点，再点击2轴和D轴交点，点右键结束。点击2轴和C轴交点，再点击3轴和C轴交点，点右键结束。

单击“房间”，在工具栏中选择“门厅”，单击“点”，按照图纸标注，在相应的位置单击左键即可。其他房间的画法与门厅相同。绘制好的房间装修工程如图3－114所示。

注：在画门廊时，先要形成一个封闭的区域，选择“虚墙”，点击“直线”，按住“Shift”键，点击2轴和B轴交点，在弹出的对话框中输入“Y＝－2500”。再按住“Shift”键，点击3轴和B轴交点，点击右键结束。

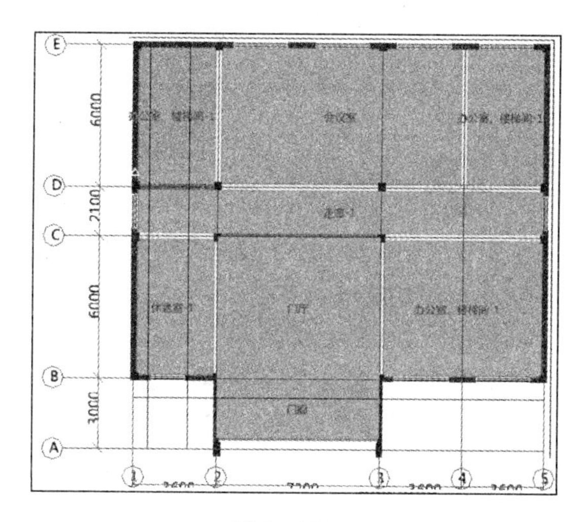

图 3－114

我们以门廊为例，讲解房间的画法。用“点”布置的方法布置门廊，因为门廊位置楼板顶标高为3.6米，所以天棚要单独布置。选择“天棚”，在工具栏中选择“顶3/涂23”，点击“矩形”绘制，点击2轴和B轴交点，再点击3轴和B轴交点，完成门廊绘制。

3.3.11　首层室外装修的建法和绘制

1. 外墙面的建法

单击“墙面”，单击“构件列表”对话框中的“新建”下拉菜单，单击“新建外墙面”，在“属性编辑框”输入相应属性如图 3 – 115 所示。外墙面的构建做法，如图 3 – 116 所示。

属性编辑框

属性名称	属性值	附加
名称	QM-1	
所附墙材质	(程序自动	☐
块料厚度(	0	☐
起点顶标高	墙顶标高	☐
终点顶标高	墙顶标高	☐
起点底标高	0.9	☐
终点底标高	0.9	☐
内/外墙面	外墙面	☑
备注		☐
+ 计算属性		
+ 显示样式		

材质纹理(双击或右键添加)

图 3 – 115

添加清单 添加定额 删除 项目特征 查询 换算 选择代码 编辑计算式 做法刷 做法查询 选配 提取做法 当前构件自动套用做法 五金手册

	编码	类别	项目名称	项目特征	单位	工程量表达式	表达式说明	措施项目	专业
1	011204003	项	块料墙面	1. 红色无釉面砖骑缝贴:	m2	QMKLMJ	QMKLMJ<墙面块料面积>	☐	建筑工程
2	B2-180	定	面砖 水泥砂浆粘贴 周长在3200mm以内		m2	QMMHMJ	QMMHMJ<墙面抹灰面积>	☐	饰
3	B2-1	定	一般抹灰 墙面、墙裙石灰砂浆二遍 砖墙		m2	QMMHMJ	QMMHMJ<墙面抹灰面积>	☐	饰
4	B2-81	定	挂贴花岗岩 砖墙面		m2	QMKLMJ	QMKLMJ<墙面块料面积>	☐	饰

图 3 – 116

2. 外墙面的画法

在工具栏中选择“点”，单击外墙外边线布置外墙面。

3. 外墙裙的建法

(1)外墙裙的属性编辑

单击“墙裙”，单击“构建列表”对话框中的“新建”下拉菜单，单击“新建外墙裙”，在“属性编辑框”输入相应属性如图 3 – 117 所示。

(2)外墙裙构件套做法

外墙群的构件套做法，如图 3 – 118 所示。

属性编辑框

属性名称	属性值	附加
名称	QQ-1	
所附墙材质	(程序自动	☐
高度(mm)	1500	☐
块料厚度(	0	☐
起点底标高	-0.6	☐
终点底标高	-0.6	☐
内/外墙裙	外墙裙	☑
备注		☐
+ 计算属性		
+ 显示样式		

图 3 – 117

添加清单 添加定额 删除 项目特征 查询 换算 选择代码 编辑计算式 做法刷 做法查询 选配 提取做法 当前构件自动套用做法 五金手册

	编码	类别	项目名称	项目特征	单位	工程量表达式	表达式说明	措施项目	专业
1	011204001	项	石材墙面	1. 浅黄色石材:	m2	QQKLMJ	QQKLMJ<墙裙块料面积>	☐	建筑工程
2	B2-73	定	粘贴大理石 水泥砂浆粘贴 砖墙面		m2	QQKLMJ	QQKLMJ<墙裙块料面积>	☐	饰

图 3 – 118

4. 外墙裙的画法

(1)外墙面和外墙裙画法相同

单击“点”布置，点击外墙外边线。

(2)门廊部位的外墙裙需要修改标高

单击选择门廊部位的外墙裙，单击“属性”在“属性编辑”框中修改外墙裙标高，如图3－119所示。

属性编辑框

属性名称	属性值
名称	QQ-1
所附墙材质	(砖)
高度(mm)	4800
块料厚度(	0
起点底标高	-0.6
终点底标高	-0.6
内/外墙裙	外墙裙
备注	
+ 计算属性	
+ 显示样式	

图3－119

任务3.4　其他层图形的绘制

任务要求

熟练掌握算量软件中各构件的建法和绘制，并完成总任务《办公楼》的其他层(含屋面层)图形的绘制。

操作指导

3.4.1　构件在其他层的画法

进入其他层(含屋面层)界面进行编辑，在任务3.3章节中，对柱子、梁、板、墙的建法及画法时，有了详细的说明，其他层操作相同。

当进行到其他层(含屋面层)的门窗、室内装饰、室外装饰的建法及画法也同样和首层的操作相同。

3.4.2　女儿墙的绘制

屋顶、雨篷上部的墙我们定义为女儿墙，新建女儿墙，修改女儿墙的属性，如图3－120所示。

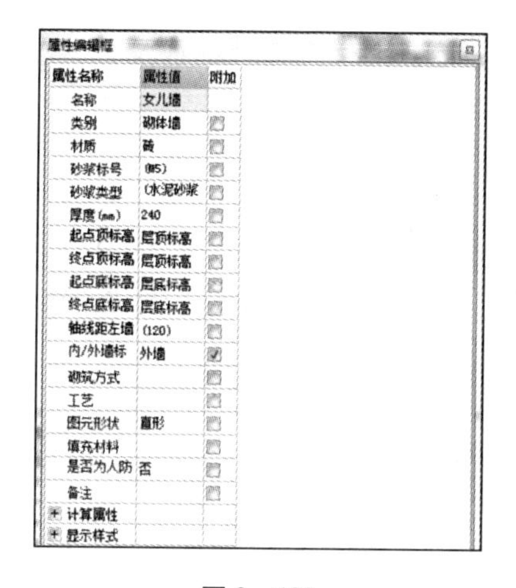

属性编辑框

属性名称	属性值	附加
名称	女儿墙	
类别	砌体墙	
材质	砖	
砂浆标号	(M5)	
砂浆类型	(水泥砂浆	
厚度(mm)	240	
起点顶标高	层顶标高	
终点顶标高	层顶标高	
起点底标高	层底标高	
终点底标高	层底标高	
轴线距左墙	(120)	
内/外墙标	外墙	
砌筑方式		
工艺		
图元形状	直形	
填充材料		
是否为人防	否	
备注		
+ 计算属性		
+ 显示样式		

图3－120

添加女儿墙清单和定额子目，如图3－121所示。

添加清单　添加定额　删除　项目特征　查询　换算　选择代码　编辑计算式　做法刷　做法查询　选配　提取做法　当前构件自动套用做法

	编码	类别	项目名称	项目特征	单位	工程量表达式	表达式说明	措施项目	专业
1	010401003	项	实心砖墙	1. 砖品种、规格、强度等级：MU10烧结多孔砖 2. 墙体类型：外墙 3. 砂浆强度等级、配合比：M10混合砂浆	m3	TJ	TJ<体积>		建筑工程
2	A4-10	借	混水砖墙 1砖		m3	TJ	TJ<体积>		土

图3－121

用“直线”画法，画好女儿墙。

3.4.3 构造柱的建法及画法

新建构造柱，修改构造柱属性，如图 3－122 所示。

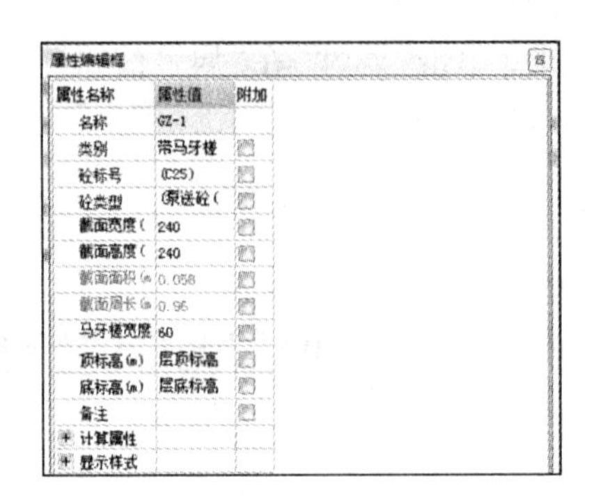

属性编辑框

属性名称	属性值	附加
名称	GZ-1	
类别	带马牙槎	☐
砼标号	(C25)	☐
砼类型	(泵送砼(	☐
截面宽度(	240	☐
截面高度(	240	☐
截面面积(m	0.058	☐
截面周长(m	0.96	☐
马牙槎宽度	60	☐
顶标高(m)	层顶标高	☐
底标高(m)	层底标高	☐
备注		☐
+ 计算属性		
+ 显示样式		

图 3－122

添加构造柱清单和定额子目，如图 3－123 所示。

添加清单 添加定额 删除 项目特征 查询 换算 选择代码 编辑计算式 做法刷 做法查询 选配 提取做法 当前构件自动套用做法 五金手册

	编码	类别	项目名称	项目特征	单位	工程量表达式	表达式说明	措施项目	专业
1	010502002	项	构造柱	1. 混凝土强度等级：C25	m3	TJ	TJ<体积>	☐	建筑工程
2	A5-81	借	现拌砼 构造柱		m3	TJ	TJ<体积>	☐	土
3	011702003	项	构造柱		m2	MBMJ	MBMJ<模板面积>	☑	建筑工程
4	A13-20	借	现浇砼模板 矩形柱 竹胶合板模板 钢支撑		m2	MBMJ	MBMJ<模板面积>	☑	土

图 3－123

有轴线相交的地方，直接用“点”绘制构造柱。没有轴线相交的地方，按住“Shift”，左击参考点，在弹出的对话框中输入偏移数值即可。

3.4.4 压顶的建法和画法

1. 压顶的建法

以女儿墙上方压顶为例，其他压顶画法相同，注意修改起点与终点标高。

(1)在模块导航栏中展开“其他”，双击“压顶”，单击“新建”，选择“新建异形压顶”，在弹出的“多边形编辑器”中，选择“定义网格”，在对话框中输入相应的数据，如图 3－124 所示。

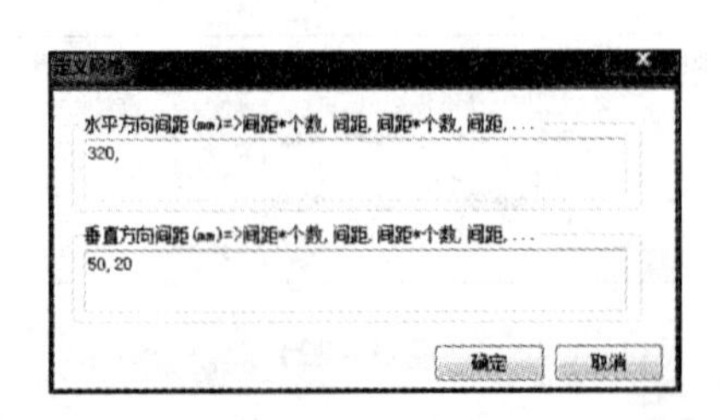

图 3－124

在定义好的网格中选择在“画直线”，绘制好压顶，如图 3－125 所示。

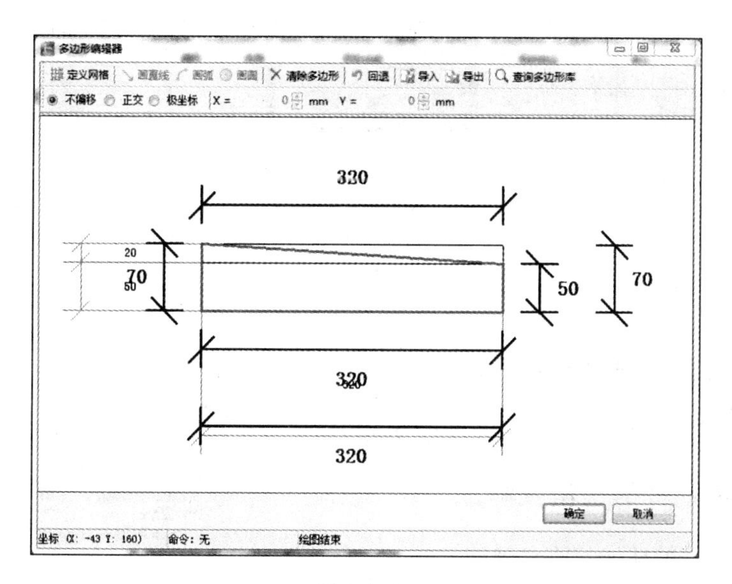

图 3－125

编辑压顶属性，如图 3－126 所示。

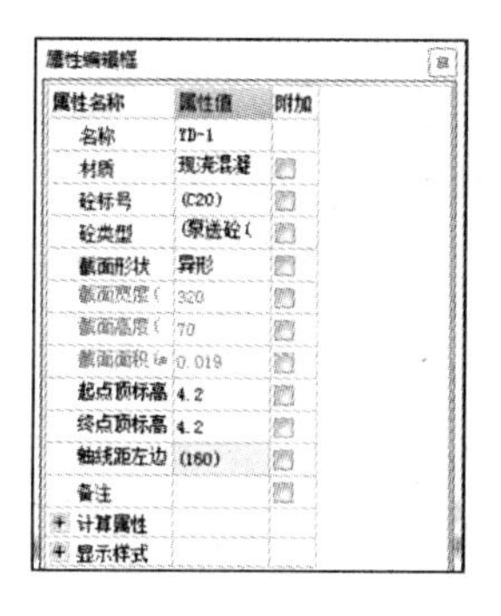

属性编辑框

属性名称	属性值	附加
名称	YD-1	
材质	现浇混凝	☐
砼标号	(C20)	☐
砼类型	(泵送砼(	☐
截面形状	异形	☐
截面宽度(	320	☐
截面高度(	70	☐
截面面积(m	0.019	☐
起点顶标高	4.2	☐
终点顶标高	4.2	☐
轴线距左边	(160)	☐
备注		☐
+ 计算属性		
+ 显示样式		

图 3－126

(2)压顶的构件套做法

添加压顶的清单和定额子目，如图 3－127 所示。

添加清单　添加定额　删除　项目特征　查询　换算　选择代码　编辑计算式　做法刷　做法查询　选配　提取做法　当前构件自动套用做法　五金手册

	编码	类别	项目名称	项目特征	单位	工程量表达式	表达式说明	措施项目	专业
1	010507005	项	扶手、压顶		m	CD	CD<长度>	☐	建筑工程
2	A13-54	借	现浇砼模板 压顶 木模板木支撑		m2	MBMJ	MBMJ<模板面积>	☐	土

图 3－127

2. 压顶的画法

在“绘图”界面，单击“智能布置”，单击“墙中心线”，选择需要布置压顶的墙，点击右键确认。

绘制好的压顶如图 3－128 所示。

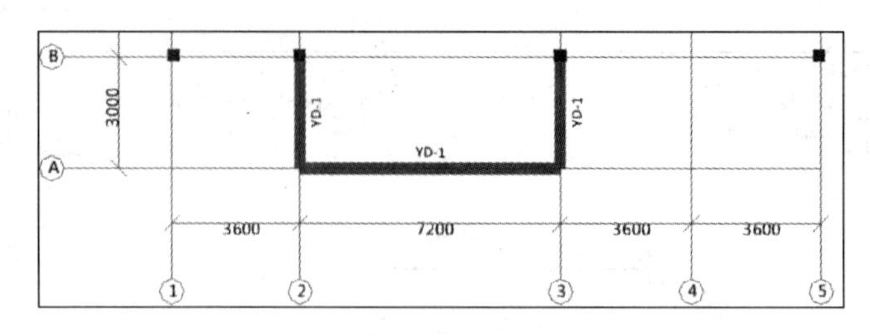

图 3－128

3.4.5 女儿墙装饰的建法及绘制

参考前面 3.3.10 和 3.3.11，绘制好女儿墙装饰。

3.4.6 不锈钢栏杆的建法及画法

1. 不锈钢栏杆的建法和构件做法

在“模块导航栏”中双击“自定义线”，修改名称为“不锈钢栏杆”，编辑属性，如图 3－129 所示。

属性编辑框

属性名称	属性值	附加
名称	不锈钢栏杆	
截面宽度(	60	☐
截面高度(	1100	☐
起点顶标高	层底标高+1.2	☐
终点顶标高	层底标高+1.2	☐
轴线距左边	(30)	☐
扣减优先级	要扣减点，不扣减面，要扣减线	☐
备注		☐
+ 计算属性		
+ 显示样式		

图 3－129

添加不锈钢栏杆的清单和定额子目，如图 3－130 所示。

	编码	类别	项目名称	项目特征	单位	工程量表达式	表达式说明	措施项目	专业
1	− 011503001	项	金属扶手、栏杆、栏板	1. 不锈钢栏杆:	m	CD	CD<长度>	☐	建筑工程
2	B1-191	定	不锈钢扶手 直形 Φ60		m	CD	CD<长度>	☐	装饰

图 3－130

2. 不锈钢栏杆的画法

在绘图界面内，选择“直线”，点击 2 轴和 C 轴交点，再点击 3 轴和 C 轴交点，点右键结束。

3.4.7 反沿的建法及画法

在模块导航栏中找到圈梁，单击“新建”，选择“新建矩形圈梁”，在属性编辑框中进行属性修改，如图 3－131 所示。

添加反沿的清单和定额子目，如图 3－132 所示。

用绘制梁的方法，绘制好反沿。

属性编辑框

属性名称	属性值	附加
名称	反沿	
材质	现浇混凝土	☐
砼标号	(C30)	☐
砼类型	(泵送砼(坍落度175~1	☐
截面宽度(	240	☐
截面高度(	100	☐
截面面积(m	0.024	☐
截面周长(m	0.68	☐
起点顶标高	层底标高+0.1	☐
终点顶标高	层底标高+0.1	☐
轴线距梁左	(120)	☐
砖胎膜厚度	0	☐
图元形状	直形	☐
模板类型		☐
支撑类型		☐
备注		☐
+ 计算属性		
+ 显示样式		

图 3－131

添加清单 添加定额 删除 项目特征 查询 换算 选择代码 编辑计算式 做法刷 做法查询 选配 提取做法 当前构件自动套用做法 五金手册

	编码	类别	项目名称	项目特征	单位	工程量表达式	表达式说明	措施项目	专业
1	− 011702033	补项	反沿		m3	TJ	TJ<体积>	☐	
2	A13-28	借	现浇砼模板 圈梁 直形 竹胶合板模 木支撑		m2	MBMJ	MBMJ<模板面积>	☐	土

图 3－132

任务3.5　基础层的绘制

任务要求

熟悉算量软件中基础层的建法及画法，并完成总任务《办公楼》图形算量中基础的绘制。

操作指导

3.5.1　基础层柱子的建法及画法

首先操作从其他楼层复制构件图元：单击“楼层”按钮，单击“从其他楼层复制构件图元”，只复制柱，复制到基础层，如图 3－133 所示。

点击“确定”，会弹出如图 3－134 所示对话框。这是因为我们在首层将 KZ－2 的柱点标高设置为固定值 4.2M 了，所以我们参考前面柱的画法，将 KZ－2 绘制好。

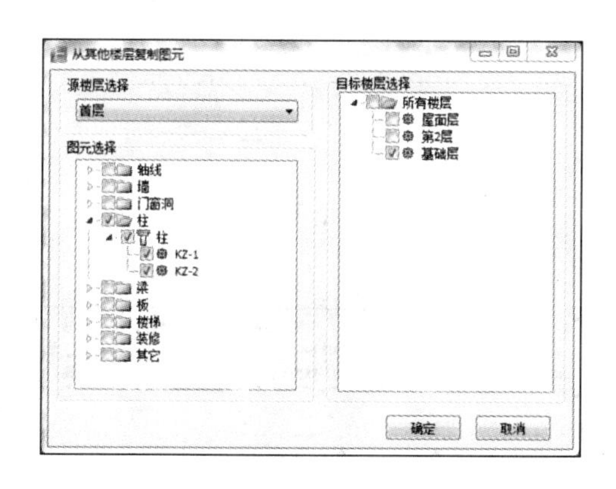

图 3－133

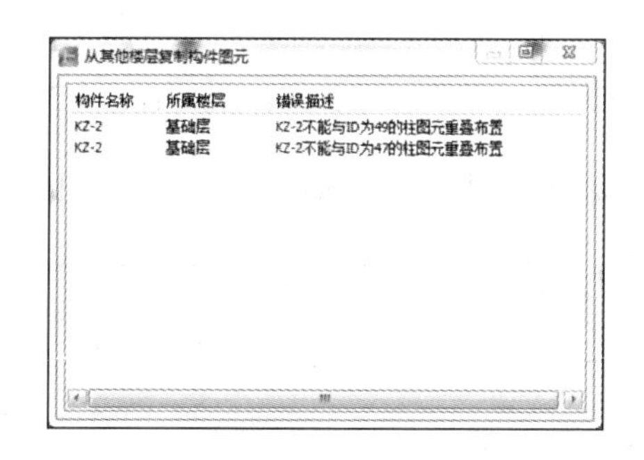

图 3－134

3.5.2　基础层中梁的建法及画法

1. PL1 的建法及画法

在“梁”构件列表中新建 PL1 的属性，如图 3－135 所示。添加 PL1 的清单和定额子目，如图 3－136 所示。参考前面按住键盘“Shift”加鼠标左键，输入偏移量的方法绘制好 PL1 即可。

属性编辑框

属性名称	属性值	附加
名称	PL-1	
类别1	非框架梁	
类别2	单梁	
材质	现浇混凝	
砼标号	(C30)	
砼类型	(泵送砼(	
截面宽度(	240	
截面高度(	350	
截面面积(m	0.084	
截面周长(m	1.18	
起点顶标高	-0.03	
终点顶标高	-0.03	
轴线距梁左	(120)	
砖胎膜厚度	0	
是否计算单	否	
图元形状	直形	
模板类型		
支撑类型		
是否为人防	否	
备注		
+ 计算属性		

图 3－135

添加清单 添加定额 删除 项目特征 查询 换算 选择代码 编辑计算式 做法刷 做法查询 选配 提取做法 当前构件自动套用做法 五金手册

	编码	类别	项目名称	项目特征	单位	工程量表达式	表达式说明	措施项目	专业
1	010503002	项	矩形梁	1. 混凝土强度等级：C30	m3	TJ	TJ<体积>	☐	建筑工程
2	A5-108	借	商品砼构件 地面以上输送高度30m以内 梁		m3	TJ	TJ<体积>	☐	土
3	011702006	项	矩形梁		m2	MBMJ	MBMJ<模板面积>	☑	建筑工程
4	A13-36	借	现浇砼模板 有梁板 竹胶合板模板 钢支撑		m2	MBMJ	MBMJ<模板面积>	☑	土

图 3－136

2. 基础层地圈梁的建法及画法

在“梁”构件列表中新建地圈梁的属性，如图 3－137 所示。

属性编辑框

属性名称	属性值	附加
名称	QL-1	
材质	现浇混凝	☐
砼标号	(C30)	☐
砼类型	(泵送砼(	☐
截面宽度(	240	☐
截面高度(	240	☐
截面面积(m	0.058	☐
截面周长(m	0.96	☐
起点顶标高	-0.06	☐
终点顶标高	-0.06	☐
轴线距梁左	(120)	☐
砖胎膜厚度	0	☐
图元形状	直形	☐
模板类型		☐
支撑类型		☐
备注		☐
+ 计算属性		
+ 显示样式		

图 3－137

添加地圈梁清单和定额子目，如图 3－138 所示。

编码	类别	项目名称	项目特征	单位	工程量表达式	表达式说明	措施项目	专业
010503004	项	圈梁	1. 混凝土强度等级：C30	m3	TJ	TJ<体积>	☐	建筑工程
A12-82	定	圈梁 直形 竹胶合板模 木支撑		m2	MBMJ	MBMJ<模板面积>	☐	土建

图 3－138

参考前面梁的画法，画好的地圈梁如图 3－139 所示

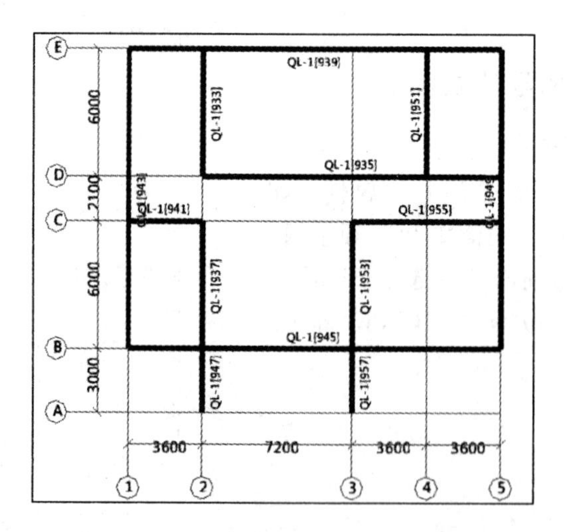

图 3－139

3.5.3　砌筑墙基础大样的建法及绘制

在“墙”构件列表中新建墙[外墙]的属性，选择“新建异形墙”，定义好网格，用“绘直线”方法画好异形墙[外墙]，如图 3－140 和图 3－141 所示。

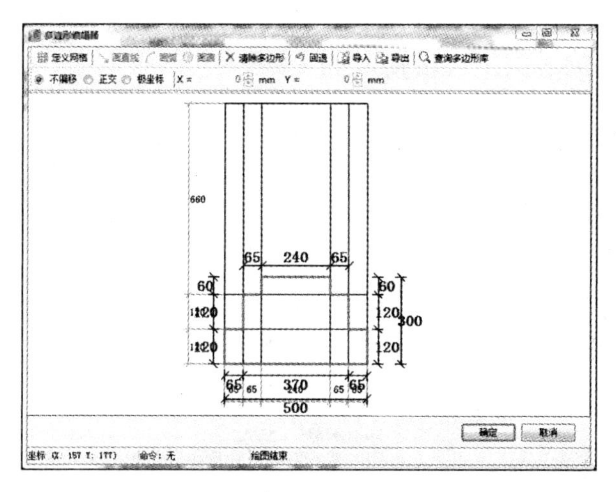

图 3－140

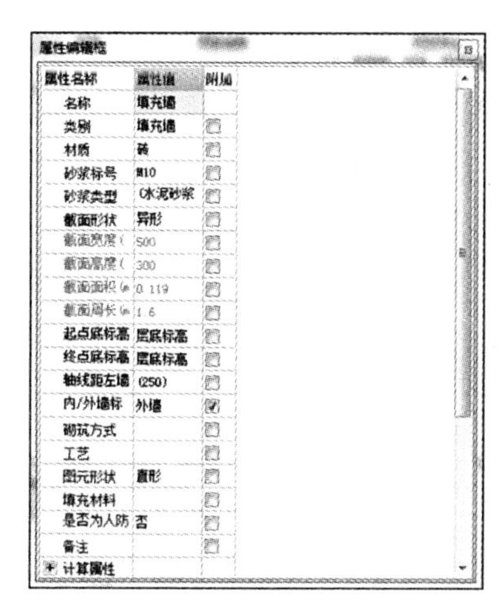

图 3－141

添加异形墙[外墙]清单和定额子目，如图 3－142 所示。

添加清单　添加定额　删除　项目特征　查询　换算　选择代码　编辑计算式　做法刷　做法查询　选配　提取做法　当前构件自动套用做法

	编码	类别	项目名称	项目特征	单位	工程量表达式	表达式说明	措施项目	专业
1	010401003	项	实心砖墙	1. 砖品种、规格、强度等级：MU10 烧结多孔砖 2. 墙体类型：外墙 3. 砂浆强度等级、配合比：M10混合砂浆	m3	TJ	TJ<体积>		建筑工程
2	A4-10	借	混水砖墙 1砖		m3	TJ	TJ<体积>		土

图 3－142

用同样的方法建好异形墙[内墙]，如图 3－143、图 3－144 和图 3－145 所示。

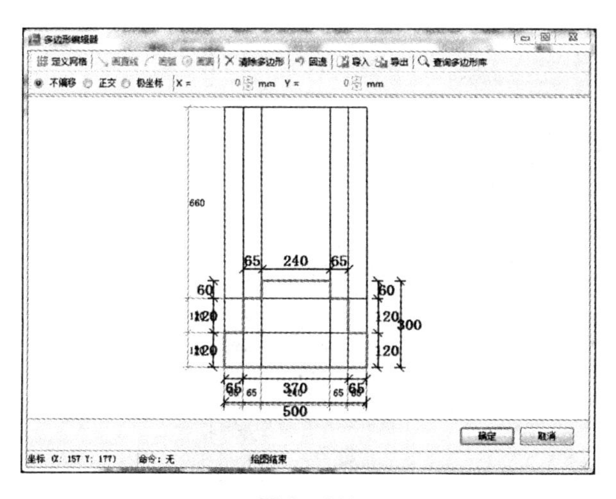

图 3－143

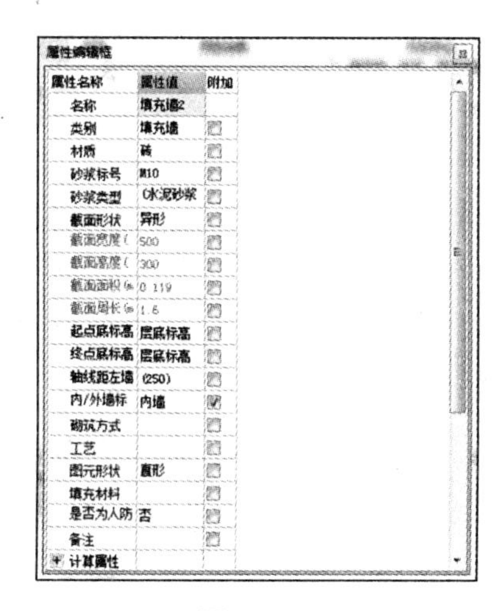

图 3－144

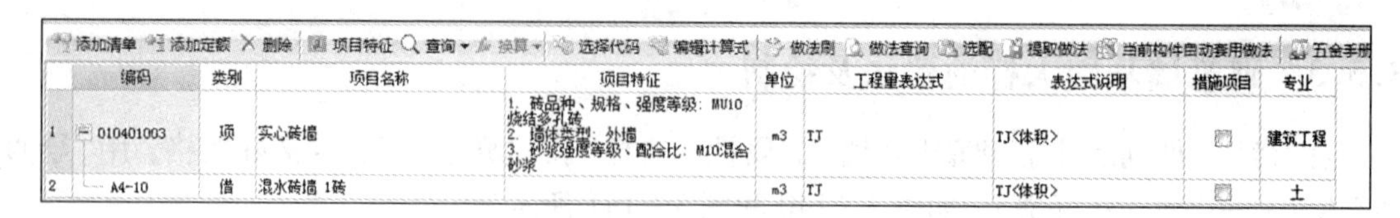

添加清单 添加定额 删除 项目特征 查询 换算 选择代码 编辑计算式 做法刷 做法查询 选配 提取做法 当前构件自动套用做法 五金手册

	编码	类别	项目名称	项目特征	单位	工程量表达式	表达式说明	措施项目	专业
1	010401003	项	实心砖墙	1. 砖品种、规格、强度等级：MU10烧结多孔砖 2. 墙体类型：外墙 3. 砂浆强度等级、配合比：M10混合砂浆	m3	TJ	TJ<体积>	□	建筑工程
2	A4-10	借	混水砖墙 1砖		m3	TJ	TJ<体积>	□	土

图 3－145

参考前面墙的画法，画好的砌筑墙基础如图 3－146 所示。

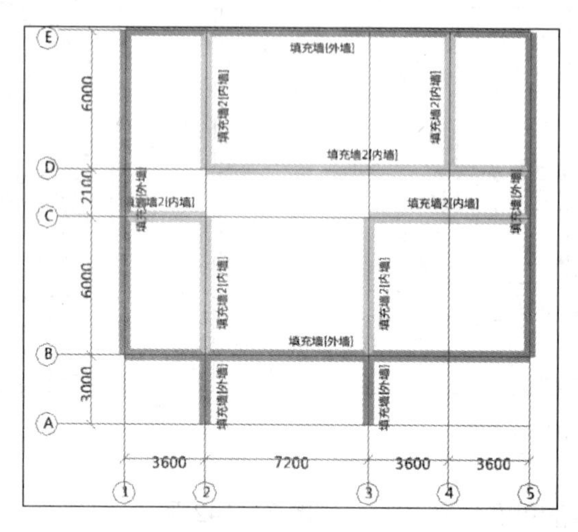

图 3－146

3.5.4 独立基础的建法及画法

1. 独立基础的建法

在模块导航栏双击“独立基础”，点击“新建”，选择“新建独立基础”，点击“新建”，选择“新建参数化独基单元”，在弹出的“选择参数化图形”窗口中，选择四棱锥台形独立基础，修改好参数，如图 3－147、图 3－148 所示。

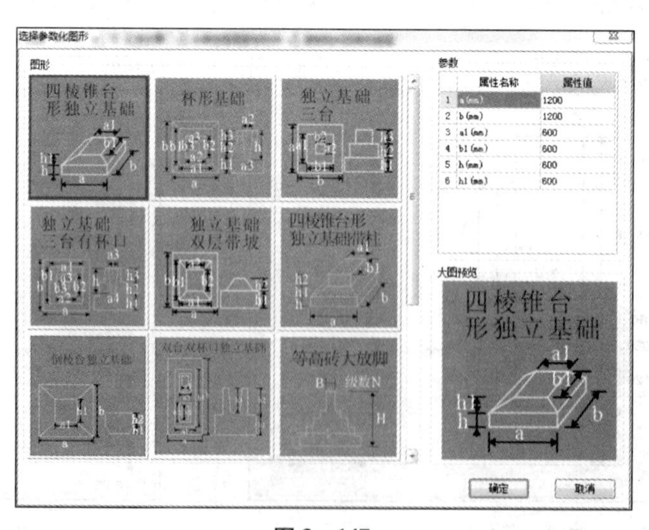

图 3－147

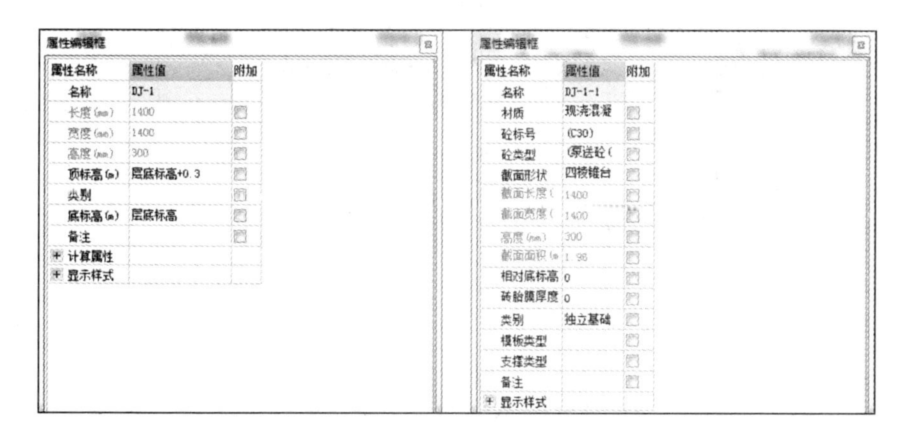

属性编辑框

属性名称	属性值	附加
名称	DJ-1	
长度(mm)	1400	
宽度(mm)	1400	
高度(mm)	300	
顶标高(m)	层底标高+0.3	
类别		
底标高(m)	层底标高	
备注		
计算属性		
显示样式		

属性编辑框

属性名称	属性值	附加
名称	DJ-1-1	
材质	现浇混凝	
砼标号	(C30)	
砼类型	(泵送砼(	
截面形状	四棱锥台	
截面长度(	1400	
截面宽度(	1400	
高度(mm)	300	
截面面积(m	1.96	
相对底标高	0	
砖胎膜厚度	0	
类别	独立基础	
模板类型		
支撑类型		
备注		
显示样式		

图 3－148

在 DJ－1 的独基单元下添加清单和定额子目，如图 3－149 所示。

	编码	类别	项目名称	项目特征	单位	工程量表达式	表达式说明	措施项目	专业
1	010501003	项	独立基础	1. 混凝土强度等级：C30	m3	TJ	TJ<体积>		建筑工程
2	A5-105	借	商品砼构件 地下室 基础		m3	TJ	TJ<体积>		土
3	011702001	项	独立基础		m2	MBMJ	MBMJ<模板面积>	☑	建筑工程
4	A13-5	借	现浇砼模板 独立基础 竹胶合板模板 木支撑		m2	MBMJ	MBMJ<模板面积>	☑	土

	构件名称
1	DJ-1[1400]
2	(底)DJ-1-1
3	DJ-2
4	(底)DJ-2-1

图 3－149

DJ－2 建法与 DJ－1 相同，建好的 DJ－2 如图 3－150、图 3－151 和图 3－152 所示。

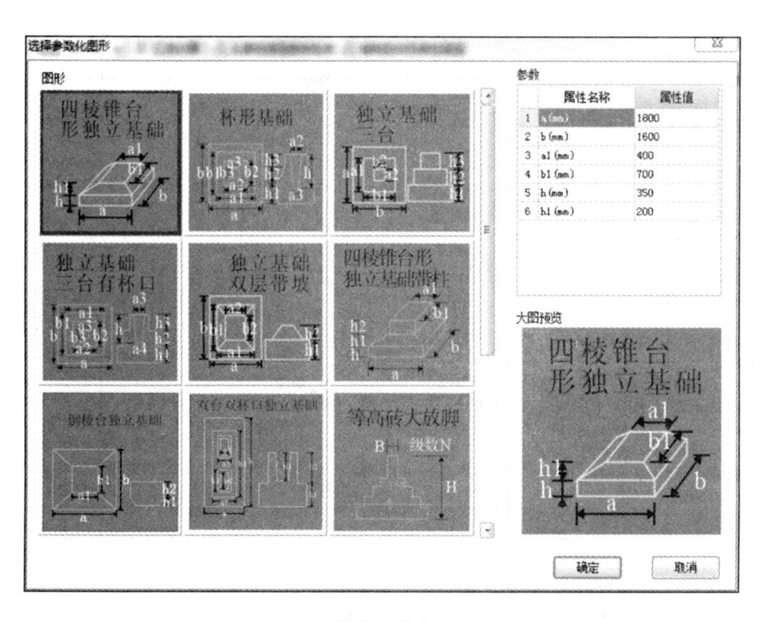

图 3－150

属性编辑框

属性名称	属性值	附加
名称	DJ-2	
长度(mm)	1800	
宽度(mm)	1600	
高度(mm)	550	
顶标高(m)	层底标高+0.55	
类别		
底标高(m)	层底标高	
备注		
+ 计算属性		
+ 显示样式		

属性编辑框

属性名称	属性值	附加
名称	DJ-2-1	
材质	现浇混凝	
砼标号	(C30)	
砼类型	(泵送砼(	
截面形状	四棱锥台	
截面长度(	1800	
截面宽度(	1600	
高度(mm)	550	
截面面积(m	2.88	
相对底标高	0	
砖胎膜厚度	0	
类别	独立基础	
模板类型		
支撑类型		
备注		
+ 显示样式		

图 3－151

构件列表

	构件名称
1	DJ-1[1400]
2	(底)DJ-1-1
3	DJ-2
4	(底)DJ-2-1

添加清单 添加定额 删除 项目特征 查询 换算 选择代码 编辑计算式 做法刷 做法查询 选配 提取做法 当前构件自动套用做法

	编码	类别	项目名称	项目特征	单位	工程量表达式	表达式说明	措施项目	专业
1	010501003	项	独立基础	1. 混凝土强度等级：C30	m3	TJ	TJ<体积>	□	建筑工程
2	A5-105	借	商品砼构件 地下室 基础		m3	TJ	TJ<体积>	□	土
3	011702001	项	独立基础		m2	MBMJ	MBMJ<模板面积>	☑	建筑工程
4	A13-5	借	现浇砼模板 独立基础 竹胶合板模板 木支撑		m2	MBMJ	MBMJ<模板面积>	☑	土

图 3－152

2. 独立基础的画法

在绘图界面下，在工具栏中选择 DJ－1，点击“智能布置”，选择“柱”，拉框选择所有 KZ－1，点右键结束，DJ－1 就布置好了。

用相同的方法画好 DJ－2，如图 3－153 所示。

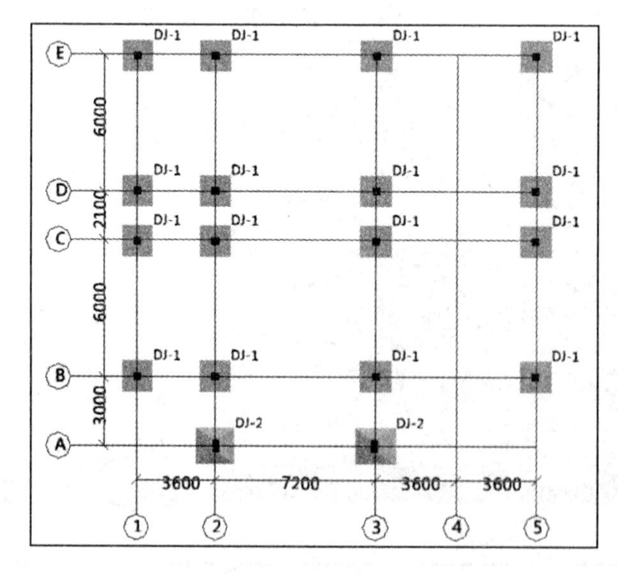

图 3－153

3.5.5　独立基础垫层的建法和画法

在导航栏中双击“垫层”，单击“新建”，选择“新建点式矩形垫层”，新建 DC－1，如图 3－154 所示。

属性名称	属性值	附加
名称	DC-1	
材质	现浇混凝	☐
砼标号	(C15)	☐
砼类型	(泵送砼(	☐
形状	点型	☐
长度(mm)	1600	☐
宽度(mm)	1600	☐
厚度(mm)	100	☐
截面面积(m	2.56	☐
顶标高(m)	基础底标	☐
备注		☐
+ 计算属性		
+ 显示样式		

图 3－154

添加 DC－1 的清单和定额子目，如图 3－155 所示。

	编码	类别	项目名称	项目特征	单位	工程量表达式	表达式说明	措施项目	专业
1	010404001	项	垫层	1. 垫层材料种类、配合比、厚度：C15	m3	TJ	TJ<体积>	☐	建筑工程
2	A2-14	借	垫层 混凝土		m3	TJ	TJ<体积>	☐	土

图 3－155

用同样的方法新建 DC－2，如图 3－156 和图 3－157 所示。

属性名称	属性值	附加
名称	DC-2	
材质	现浇混凝	☐
砼标号	(C15)	☐
砼类型	(泵送砼(	☐
形状	点型	☐
长度(mm)	2000	☐
宽度(mm)	1800	☐
厚度(mm)	100	☐
截面面积(m	3.6	☐
顶标高(m)	基础底标	☐
备注		☐
+ 计算属性		
+ 显示样式		

图 3－156

	编码	类别	项目名称	项目特征	单位	工程量表达式	表达式说明	措施项目	专业
1	010404001	项	垫层	1. 垫层材料种类、配合比、厚度：C15	m3	TJ	TJ<体积>	☐	建筑工程
2	A2-14	借	垫层 混凝土		m3	TJ	TJ<体积>	☐	土

图 3－157

在绘图界面，在工具栏中选择 DC－1，点击“智能布置”，点击“独基”，选择所有 DJ－1，点右键结束。

用相同的方法布置 DC－2，画好的垫层如图 3－158 所示。

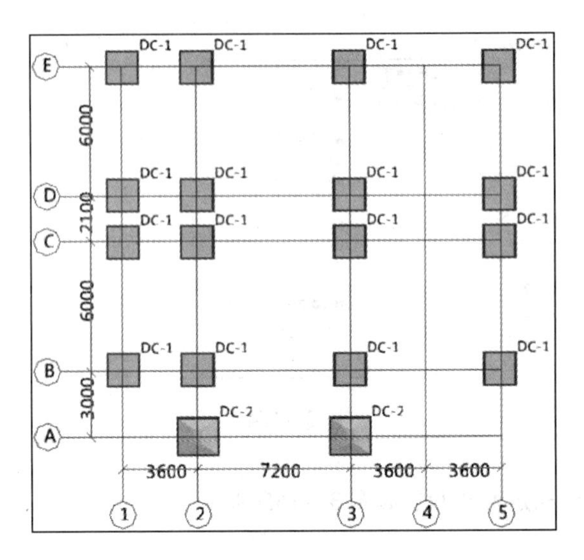

图 3－158

3.5.6 独立基础土方的建法和画法

在绘制垫层界面内的工具栏中点击“自动生成土方”，在弹出的对话框中选择生成的土方类型，如图 3－159 所示。

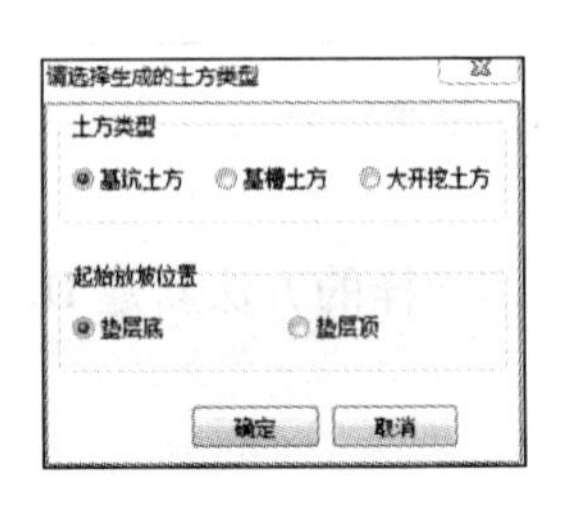

图 3－159

点击“确定”，在弹出的对话框中选择生成方式及相关属性，如图 3－160 所示。再点击“确定”，在构件列表中，双击 JK－1，其属性如图 3－161 所示，添加相应的清单和定额子目，如图 3－162 所示。

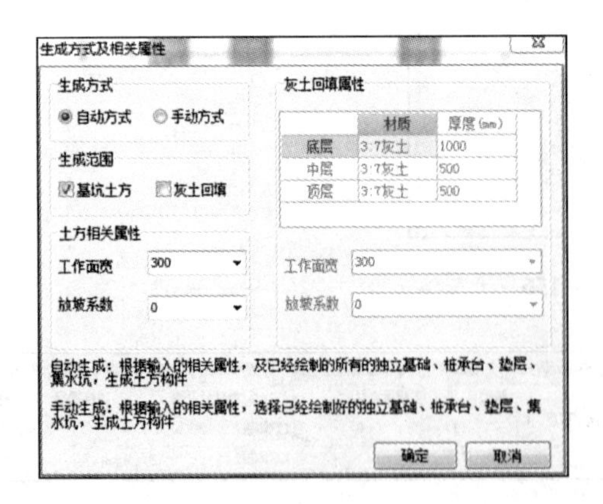

图 3－160

图 3－161

添加清单 添加定额 删除 项目特征 查询 换算 选择代码 编辑计算式 做法刷 做法查询 选配 提取做法 当前构件自动套用做法

	编码	类别	项目名称	项目特征	单位	工程量表达式	表达式说明	措施项目	专业
1	010101004	项	挖基坑土方	1. 土壤类别：二类土 2. 挖土深度：2M以内 3. 弃土运距：1KM以内	m3	TFTJ	TFTJ<土方体积>		建筑工程
2	A1-1	借	人工挖土方 深度2m以内 普通土		m3	TFTJ	TFTJ<土方体积>		土
3	A1-34	借	挖掘机挖土、自卸汽车运土 运距1km以内 普通土		m3				土

图 3－162

用相同的方法画 JK－2，如图 3－163 和图 3－164 所示。

属性编辑框

属性名称	属性值	附加
名称	JK-2	
深度(mm)	(1200)	
坑底长(mm)	2000	
坑底宽(mm)	1800	
工作面宽(	300	
放坡系数	0	
顶标高(m)	底标高加深度	
底标高(m)	层底标高	
土壤类别		
挖土方式		
备注		
+ 计算属性		
+ 显示样式		

图 3－163

添加清单 添加定额 删除 项目特征 查询 换算 选择代码 编辑计算式 做法刷 做法查询 选配 提取做法 当前构件自动套用做法

	编码	类别	项目名称	项目特征	单位	工程量表达式	表达式说明	措施项目	专业
1	010101004	项	挖基坑土方	1. 土壤类别：二类土 2. 挖土深度：2M以内 3. 弃土运距：1KM以内	m3	TFTJ	TFTJ<土方体积>		建筑工程
2	A1-1	借	人工挖土方 深度2m以内 普通土		m3	TFTJ	TFTJ<土方体积>		土
3	A1-34	借	挖掘机挖土、自卸汽车运土 运距1km以内 普通土		m3				土

图 3－164

绘制好的基坑土方如图 3－165 所示。

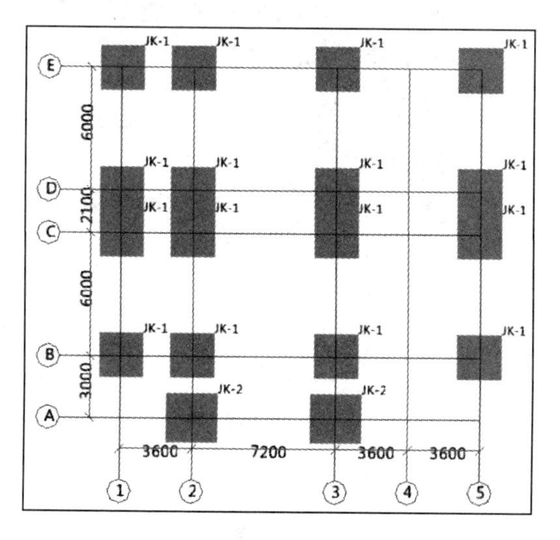

图 3－165

3.5.7 房心回填土方的建法及画法

在模块导航栏中展开“土方”，双击“房心回填”，新建房心回填土方属性，如图 3－166 所示。

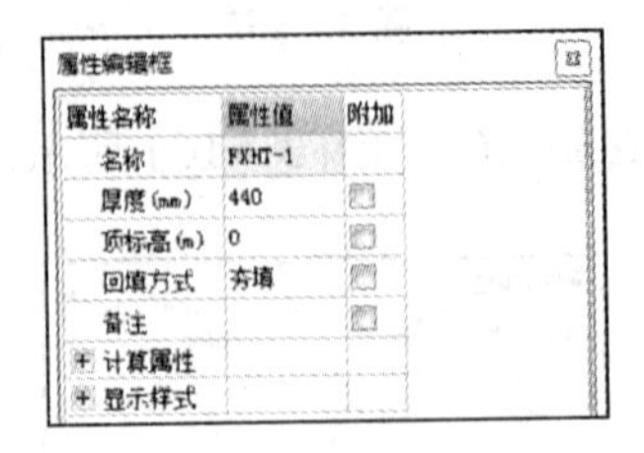

属性名称	属性值	附加
名称	FXHT-1	
厚度(mm)	440	☐
顶标高(m)	0	☐
回填方式	夯填	☐
备注		☐
+ 计算属性		
+ 显示样式		

图 3－166

添加房心回填土方相应的清单和定额子目，如图 3－167 所示。

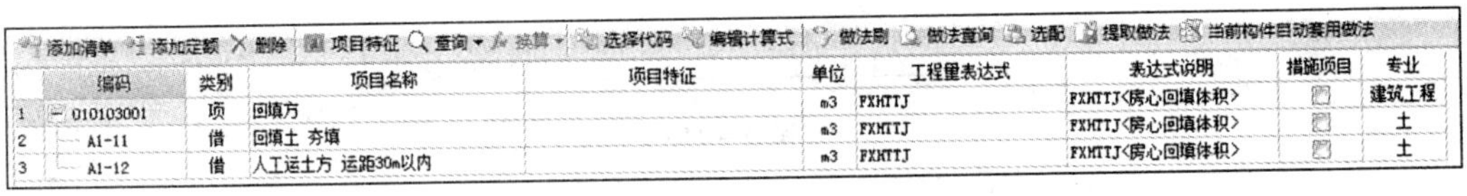

添加清单 添加定额 删除 项目特征 查询 换算 选择代码 编辑计算式 做法刷 做法查询 选配 提取做法 当前构件自动套用做法

	编码	类别	项目名称	项目特征	单位	工程量表达式	表达式说明	措施项目	专业
1	010103001	项	回填方		m3	FXHTTJ	FXHTTJ<房心回填体积>	☐	建筑工程
2	A1-11	借	回填土 夯填		m3	FXHTTJ	FXHTTJ<房心回填体积>	☐	土
3	A1-12	借	人工运土方 运距30m以内		m3	FXHTTJ	FXHTTJ<房心回填体积>	☐	土

图 3－167

在工具栏中选择“点”布置，点击各个需要计算房心回填工程量的房间，绘制好的房心回填如图 3－168 所示。

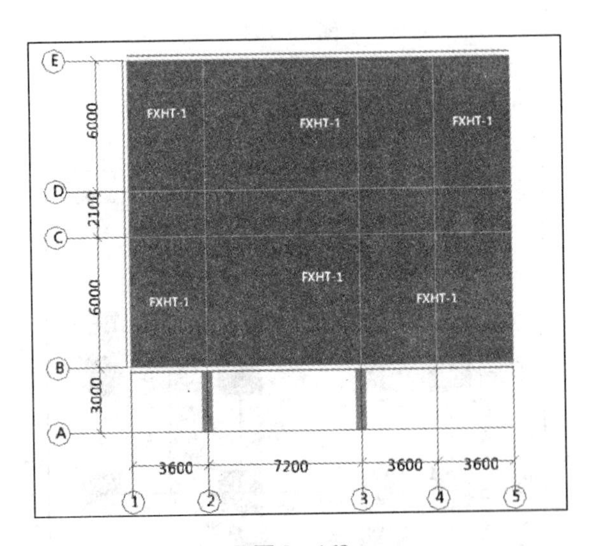

图 3－168

任务3.6　算量软件出量分析和数据文件的整理

任务要求

熟悉算量软件中的数据文件的整理。并输出总任务《办公楼》的图形算量中工程量。

操作指导

3.6.1　查看构件工程量

(1)在工具栏内单击“汇总计算”，在弹出的对话框中选择所有楼层，如图3－169所示。点击“确定”，弹出如图3－170所示对话框，点击“确定”，完成汇总计算。

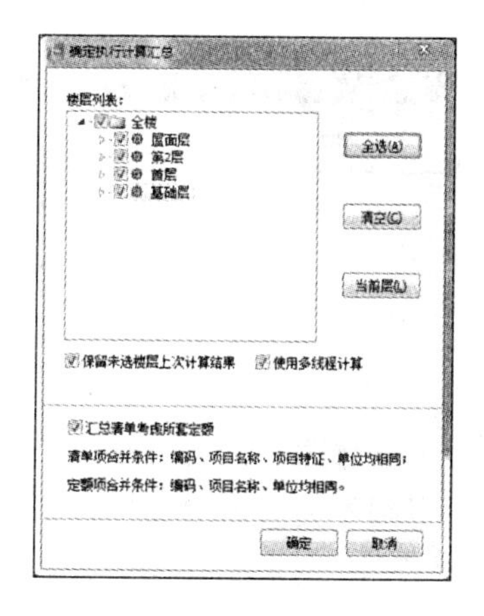

图3－169

计算汇总

计算汇总成功。总共用时：00:00:19

计算汇总成功

确定

图3－170

(2)下面以柱为例，讲解如何查看构件工程量：在工具栏中点击“查看构件工程量”，点击一个柱构件，弹出如图3－171所示对话框。

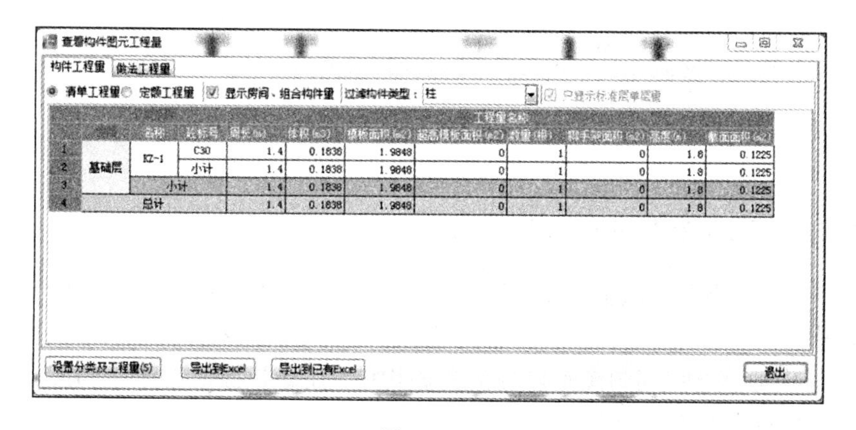

图3－171

在对话框中查到一个 KZ－1 的构件工程量，点击“做法工程量”，可以查看构件的做法工程量。如果要查看多个 KZ－1 的工程量，点击“查看构件工程量”后，按住键盘“Ctrl”键，点击需要查看的 KZ－1 即可。点击工具栏中的“查看计算式”，选择一个 KZ－1，弹出如图 3－172 所示对话框。从这个对话框中可以查看 KZ－1 的计算式。

其他构件查看工程量的方法与 KZ－1 相同。

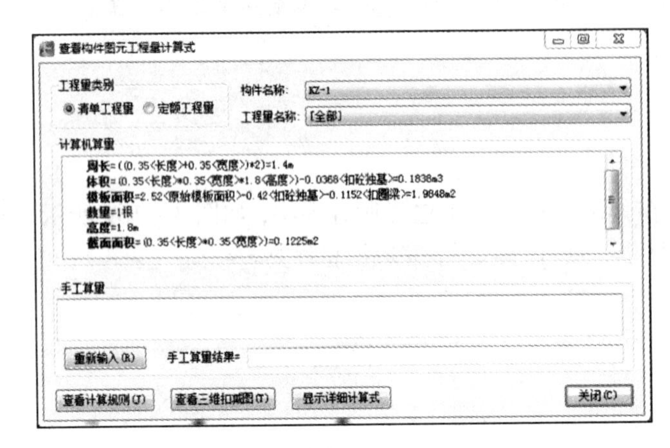

图 3－172

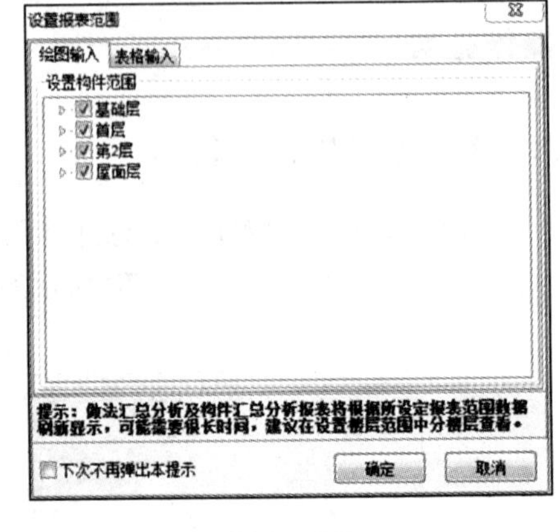

图 3－173

3.6.2 数据文件整理

进行汇总计算后，点击模块导航栏中的“报表预览”，弹出如图 3－173 所示对话框。

点击“确定”，在模块导航栏中点击各类的报表，即可得到相关报表的数据。点击工具栏上的“导出”，可以将报表导出为 Excel 表格，或者 Excel 文件。

任务 3.7 CAD 图形导入算量软件的应用

任务要求

熟悉操作算量软件中的 CAD 图形导入，并以此输出总任务《办公楼》的图形算量中工程量。

操作指导

3.7.1 CAD 导图和算量软件的整体应用

软件除了使用绘制的方法进行图形算量之外，也提供了功能强大、高效快捷的 CAD 识别功能进行操作。用户将“CAD. dwg”电子图导入到软件中，利用软件提供的识别构件功能，快速将电子图纸中的信息识别为图形软件的各类构件，用最快捷的方法绘制图形，得出工程量。其具体操作流程如图 3－174 所示。

同时，软件还提供了完善的图纸管理功能，能够将原电子图进行有效管理，与土建算量

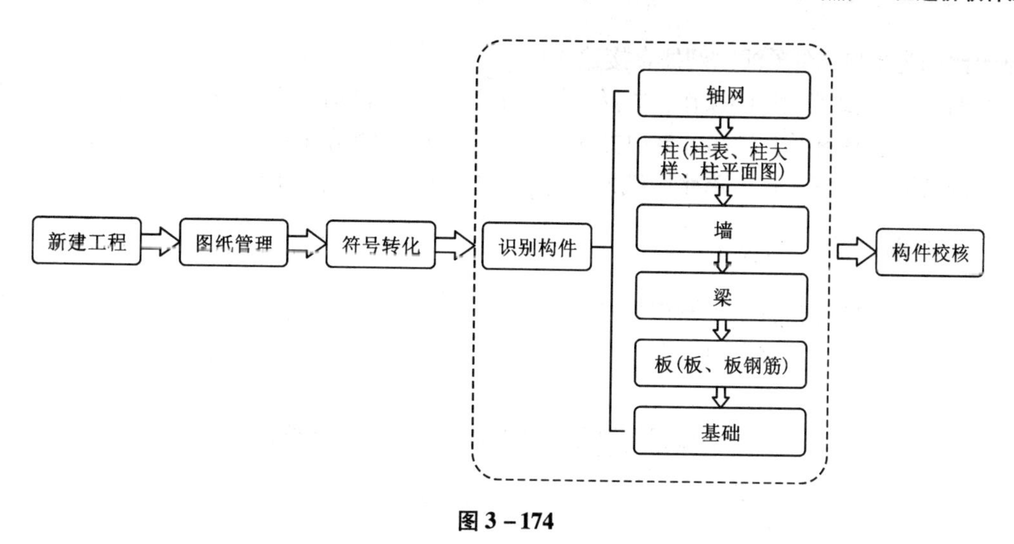

图 3-174

工程的楼层及构件类型进行一一对应，并随工程统一保存，提高做工程的效率。图纸管理工程在使用时，其流程如图 3-175 所示。

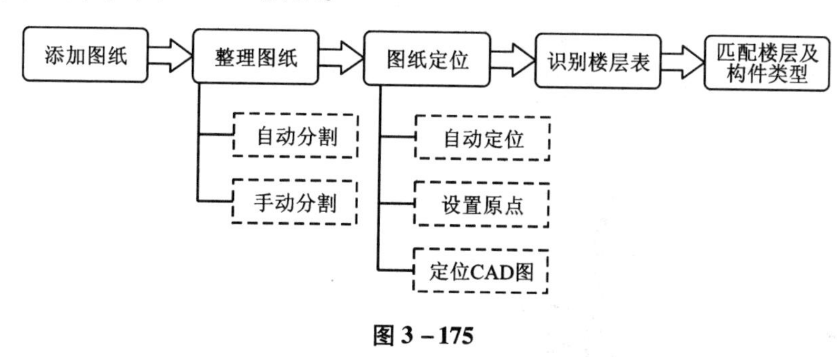

图 3-175

3.7.2　CAD 图纸管理

设计人员设计图纸时，为了出图方便，把整套图纸都放在一个 dwg 文件中，如果将这份图纸直接导入软件中，显示的线条会非常多，不便于我们使用，所以在绘制前，要对图纸进行分割管理。

第一步：点击导航条“CAD 识别”→“CAD 草图”，如图 3-176 所示。

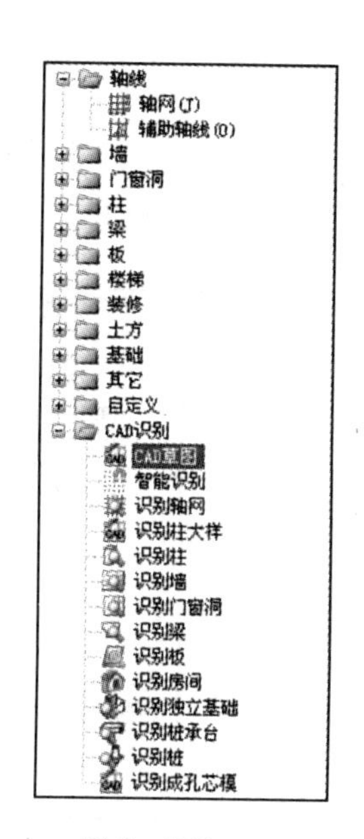

图 3-176

第二步：点击图纸管理的图纸管理列表下“添加图纸”，选择电子图纸所在的文件夹，并选择需要导入的电子图，点击“打开”；说明：图纸选择支持单选、拉框多选、Shift 或 Ctrl 点击多选。

第三步：在图纸管理界面显示导入图纸后，可以修改名称和图纸的比例，在绘图区域显示导入的图纸文件内容及完成操作。

说明：(1)双击图纸列表中的图名，则选择的图纸会在绘图区进行显示，同时图名底色变为绿色。

(2)图纸比例显示的是 1:1，该比值为图纸实际尺寸与图纸标注尺寸的比例。例如某条线段的实际像素尺寸为 100，标注尺寸为 300，则原图比例为 1:3，在图纸比例处直接输入即可。

第四步：[图纸管理]的操作：选择“手动分割”或者“自动分割”→拉框选择需要分解的单张图纸，点击原图纸上名称可自动提取文字→在界面左侧出现分解图纸名称→重复操作直至所有图纸分解完毕。点击单张图纸即可进行相应构件的识别等工作。

3.7.3 识别柱表、门窗表

1. 识别柱表（在结构施工图中识别）

第一步：在模块导航栏中点击“识别柱”，点击绘图工具栏中“识别柱表”，如图 3－177 所示。

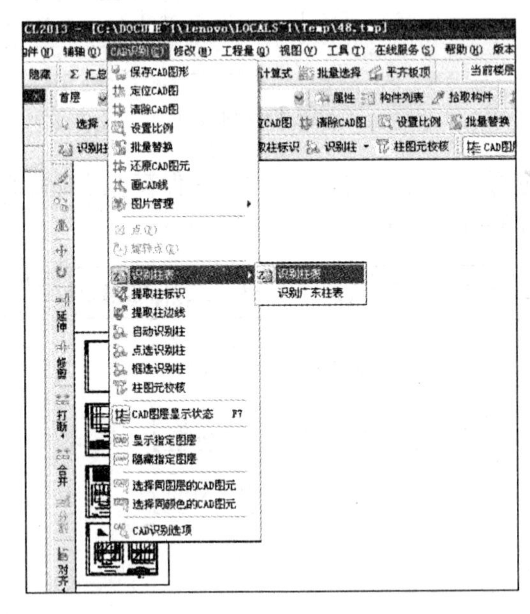

图 3－177

第二步：拉框选择柱表中的数据，黄色虚线框为框选的柱表范围，按右键确认选择，如图 3－178 所示。

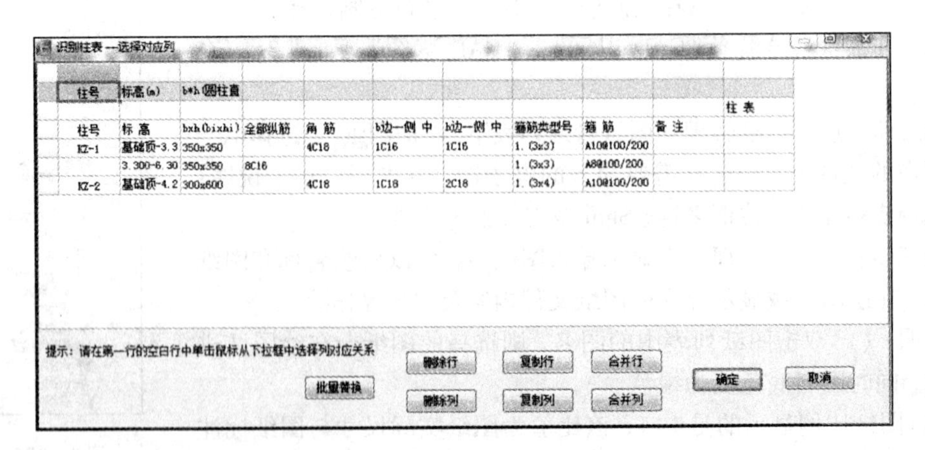

图 3－178

第三步：弹出“识别柱表－选择对应列”窗口，使用“删除行”和“删除列”功能删除无用的行和列，点击“确认”，如图 3－179 所示。

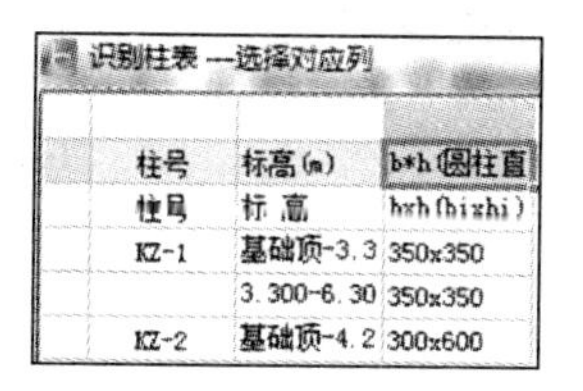

柱号	标高(m)	b*h(圆柱直
柱号	标高	b×h(bizhi)
KZ-1	基础顶-3.3	350x350
	3.300-6.30	350x350
KZ-2	基础顶-4.2	300x600

图 3－179

参考前面柱的建法，修改柱子的属性，添加柱子相应的清单和定额子目。

2. 识别门窗表(在建筑施工图中识别)

第一步：点击绘图工具栏“识别门窗表”，如图 3－180 所示。

第二步：拉框选择门窗表中的数据，黄色虚线框为框选的门窗表范围，按右键确认，如图 3－181 所示。

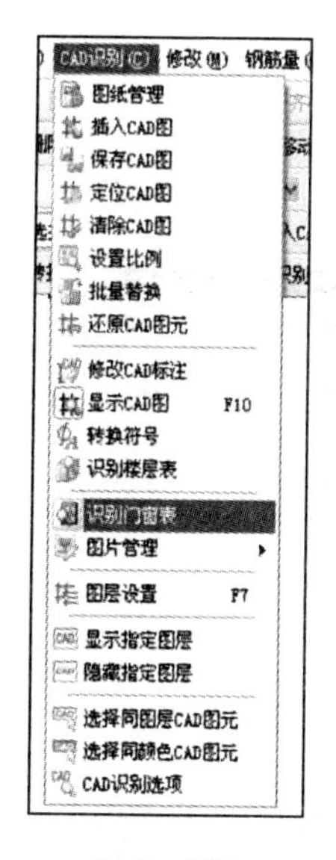

图 3－180

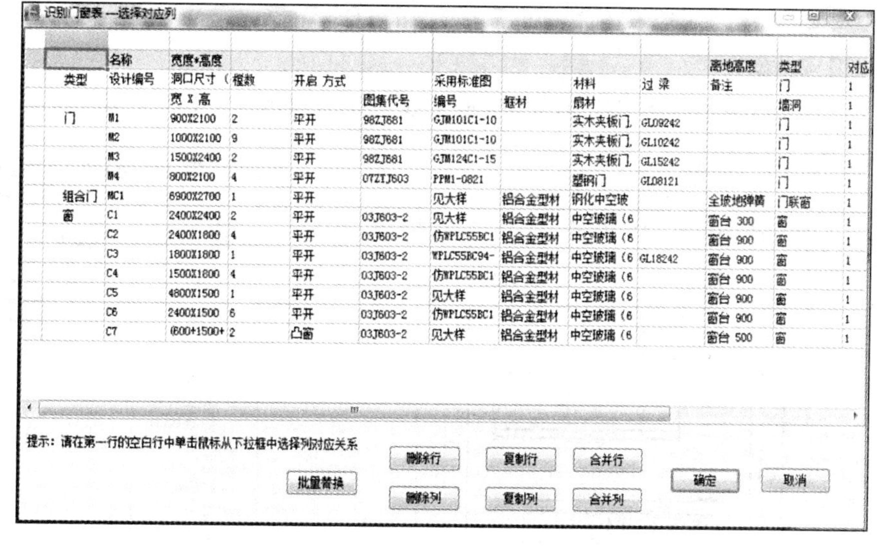

	名称	宽度*高度								离地高度	类型	对应
类型	设计编号	洞口尺寸（	樘数	开启 方式		采用标准图		材料	过 梁	备注	门	1
		宽 X 高			图集代号	编号	框材	扇材			墙洞	1
门	M1	900X2100	2	平开	98ZJ681	GJM101C1-10		实木夹板门,	GL09242		门	1
	M2	1000X2100	9	平开	98ZJ681	GJM101C1-10		实木夹板门,	GL10242		门	1
	M3	1500X2400	2	平开	98ZJ681	GJM124C1-15		实木夹板门,	GL15242		门	1
	M4	800X2100	4	平开	07ZTJ603	PPM1-0821		塑钢门	GL08121		门	1
组合门	MC1	6900X2700	1	平开		见大样	铝合金型材	钢化中空玻		全玻地弹簧	门联窗	1
窗	C1	2400X2400	2	平开	03J603-2	见大样	铝合金型材	中空玻璃（6		窗台 300	窗	1
	C2	2400X1800	4	平开	03J603-2	仿WPLC55BC1	铝合金型材	中空玻璃（6		窗台 900	窗	1
	C3	1800X1800	1	平开	03J603-2	WPLC55BC94-	铝合金型材	中空玻璃（6	GL18242	窗台 900	窗	1
	C4	1500X1800	4	平开	03J603-2	仿WPLC55BC1	铝合金型材	中空玻璃（6		窗台 900	窗	1
	C5	4800X1500	1	平开	03J603-2	见大样	铝合金型材	中空玻璃（6		窗台 900	窗	1
	C6	2400X1500	6	平开	03J603-2	仿WPLC55BC1	铝合金型材	中空玻璃（6		窗台 900	窗	1
	C7	(600+1500+	2	凸窗	03J603-2	见大样	铝合金型材	中空玻璃（6		窗台 500	窗	1

图 3－181

第三步：弹出“识别门窗表－选择对应列”窗口，使用“删除行”和“删除列”功能删除无用的行和列，点击“确定”，如图 3－182 所示。

参考前面门窗的建法，修改好门窗的属性，添加门窗相应的清单和定额子目。

3.7.4　识别轴网

第一步：在 CAD 草图中导入 CAD 图，CAD 图中需包括可以用于识别的轴网(此处以结构施工图中柱平面图为例进行讲解)。在“图纸管理”对话框中选择“手动分割”，拉框选择“柱表　柱平面布置图”，如图 3－183 所示。点击右键，在对话框中输入图纸名

名称	宽度*高度	离地高度	类型	对应楼层
M1	900X2100		门	1
M2	1000X2100		门	1
M3	1500X2400		门	1
M4	800X2100		门	1
MC1	6900X2700	全玻地弹簧	门联窗	1
C1	2400X2400	窗台 300	窗	1
C2	2400X1800	窗台 900	窗	1
C3	1800X1800	窗台 900	窗	1
C4	1500X1800	窗台 900	窗	1
C5	4800X1500	窗台 900	窗	1
C6	2400X1500	窗台 900	窗	1
C7	(600+1500+	窗台 500	窗	1

图 3－182

称，如图 3－184 所示，点击“确定”，完成图纸分割。若是已经完成分割任务，可直接进入第二步。

第二步：双击“图纸管理”对话框中的“柱平面布置图”，点击模块导航栏“CAD 识别”→“识别轴网”。

第三步：点击绘图工具栏“提取轴线边线”，如图 3－185 所示。

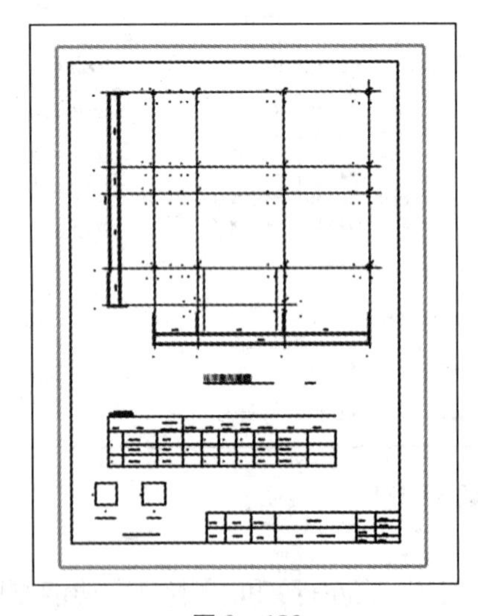

图 3－183

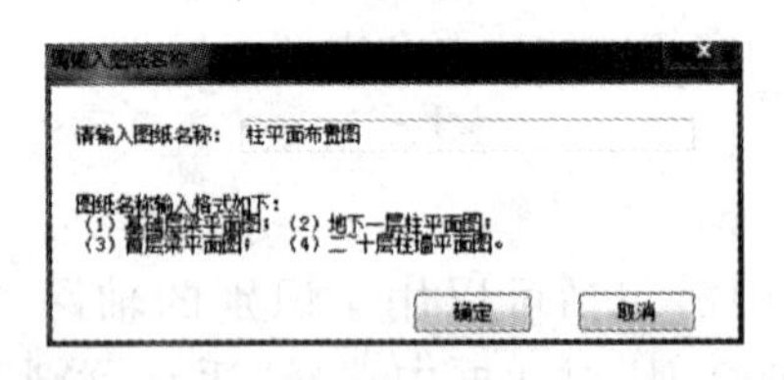

图 3－184

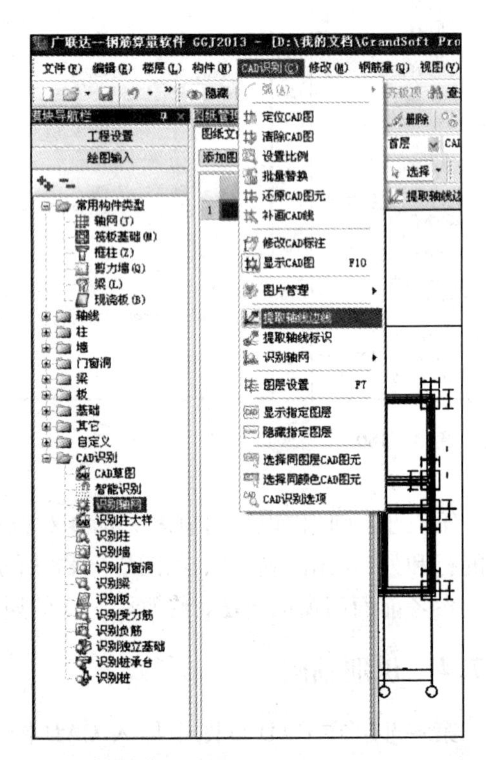

图 3－185

第四步：利用“选择相同图层的CAD图元”或“选择相同颜色的CAD图元”的功能选中需要提取的轴线CAD图元，如图3－186所示。此过程中也可以点选或框选需要提取的CAD图元。

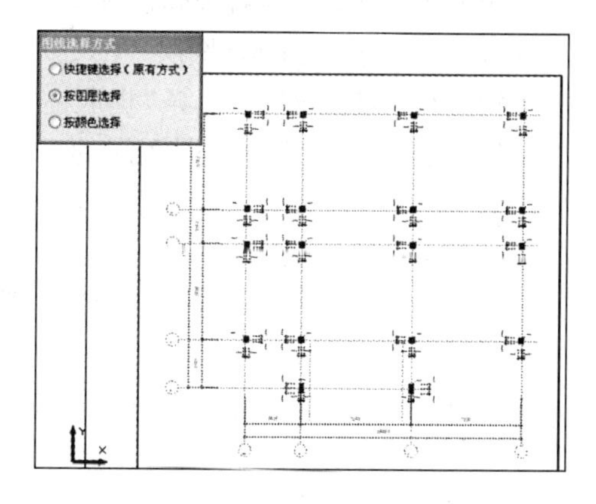

图3－186

第五步：点击鼠标右键确认选择，则选择的CAD图元自动消失，并存放在“已提取的CAD图层”中。

第六步：点击绘图工具栏“提取轴线标识”。

第七步：利用“选择相同图层的CAD图元”或“选择相同颜色的CAD图元”的功能选中需要提取的轴线标识CAD图元，过程中也可以点选或框选需要提取的CAD图元。

第八步：点击鼠标右键确认选择，则选择的CAD图元自动消失，并存放在“已提取的CAD图层”中。

第九步：点击菜单栏“CAD识别”→“自动识别轴网”，如图3－187所示，软件自动完成轴网识别。识别好的轴线如图3－188所示。

图3－187

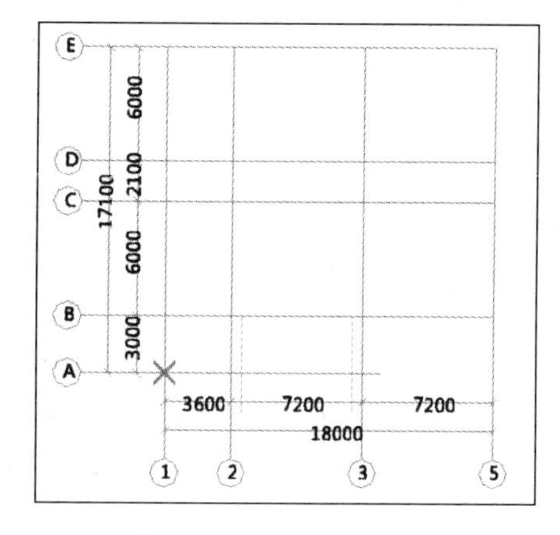

图3－188

3.7.5　识别柱

第一步：在CAD草图中导入CAD图，应选择CAD图中含有可以用于识别柱的图块（如果已经导入了CAD图则此步可省略），如果不是同一张图纸，需要定位CAD图，叠加一起后进行下一步。

第二步：点击导航条“CAD识别”→“识别柱”，如图3－189所示。

第三步：点击绘图工具栏“提取柱边线”。

第四步：用“选择相同图层的CAD图元”或“选择相同颜色的CAD图元”的功能选中需要提取的柱边线CAD图元；此过程中也可以点选或框选需要提取的CAD图元。

第五步：点击鼠标右键确认选择，则选择的 CAD 图元自动消失，并存放在“已提取的 CAD 图层”中。

第六步：点击绘图工具条“提取柱标识”。

第七步：利用“选择相同图层的 CAD 图元”或“选择相同颜色的 CAD 图元”的功能选中需要提取的柱标识 CAD 图元；此过程中也可以点选或框选需要提取的 CAD 图元。

第八步：点击鼠标右键确认选择，则选择的 CAD 图元自动消失，并存放在“已提取的 CAD 图层”中。

第九步：完成提取柱边线和提取柱标识操作后，点击绘图工具栏“识别柱”→“自动识别柱”，则提取的柱边线和柱标识被识别为软件的柱构件，并弹出识别成功的提示，如图 3－190 所示。点击“确定”，完成柱识别。

图 3－189

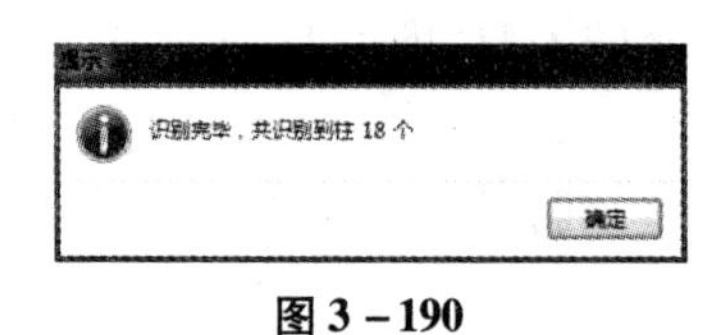

图 3－190

3.7.6 识别梁

1. 提取梁边线

第一步：在 CAD 草图中导入 CAD 图，选择 CAD 图中包括可以用于识别梁的图块，参考“柱平面布置图”的操作，将“首层梁平面布置图”分割出来，在“图纸管理”对话框中，双击命名好的“首层梁平面布置图”，在工具栏中点击“定位 CAD 图纸”，选择 1 轴和 B 轴的交点为定位点，将“柱平面布置图”和“首层梁平面布置图”重合。

第二步：点击导航条“CAD 识别”→“识别梁”。

第三步：点击绘图工具栏“提取梁边线”。

第四步：利用“选择相同图层的 CAD 图元”或“选择相同颜色的 CAD 图元”的功能选中需要提取的梁边线 CAD 图元；此过程中也可以点选或框选需要提取的 CAD 图元。

第五步：点击鼠标右键确认选择，则选择的 CAD 图元自动消失，并存放在“已提取的 CAD 图层”中。

2. 提取梁标识

第六步：点击工具栏“提取梁标识”→在弹出的对话框中选择“按图层选择”点击所有梁的集中标注和原来标注。

第七步：点击鼠标右键确认选择，则选择的 CAD 图元自动消失，并存放在“已提取的 CAD 图层”中。技巧：“自动提取梁标注”多用于 CAD 图中梁集中标注和原位标注在一个图层上的情况。

第八步：点击工具栏中“识别梁”按钮，选择“自动识别梁”，在弹出的对话框，点击“是”，则提取的梁边线和梁集中标注被识别为软件的梁构件。

第九步：参考前面的内容，添加梁构件相应的清单和定额子目。注意：如果有某些梁无法识别，在绘图界面内绘制该梁即可。

3.7.7 识别墙

第一步：将建筑施工图中的“首层平面图”分割出来。将“首层平面图”与前面识别好的柱和梁定位好。点击工具栏中“提取砌体墙边线”。

第二步：利用“选择相同图层的 CAD 图元”或“选择相同颜色的 CAD 图元”的功能选中需要提取的砌体墙边线 CAD 图元，点击右键确认。

第三步：完成提取砌体墙边线操作后，点击导航条“CAD 识别”→“识别墙”。

第四步：点击工具栏中“提取墙标识”，点击相应的墙标识。

第五步：点击工具栏中“识别墙”，在弹出的“识别墙”对话框中，点击“砌体墙”，点击“自动识别”，在弹出的对话框中点击“是”，完成墙的识别。

3.7.8 识别门窗洞

第一步：在“图纸管理”对话框中，双击“首层平面图”，在模块导航栏中选择“识别墙”，在工具栏中选择“识别门窗线”，点击相应的门窗线，点右键完成。

第二步：在模块导航栏中选择“识别门窗洞”，点击工具栏中“提取门窗洞标识”，点击相应的门窗洞标识，点右键结束。

第三步：点击工具栏“识别门窗沿”，选择“自动识别门窗动”，完成门窗洞的识别。

3.7.9 识别钢筋

在 GGJ2013 中可以导入 CAD 图识别钢筋，简化图形绘制时间。一般操作与图形算量的识别相同，其步骤：新建工程→新建楼层（识别楼层表）→识别轴网→识别柱（柱表、柱大样）→识别墙（识别墙身表、识别连梁表）→识别梁、梁筋→板（识别板、识别板筋）→基础（识别独立基础、识别承台、识别桩）。

同图形算量软件的识别操作一样，第一步：在 CAD 草图中导入 CAD 图，手动分割需要的图纸（图 3－191）。第二步：选择需要识别钢筋的图纸，定位 CAD 图→点击导航条“CAD 识别”→进入“识别柱“识别梁”“识别板”的操作。

1. 梁钢筋的识别

点击“转换符号”按钮进行钢筋符号转换（图 3－192）→点击绘图工具栏“提取梁边线”（图 3－193）→在“图层设置”中“选择相同图层的 CAD 图元”功能→鼠标左键选择梁边线以后点击鼠标右键两下进行确认，则选择的 CAD 图元（梁边线）自动消失，并存放在“已提取的 CAD 图层”的梁边线中→提取梁标注（此功能用于提取 CAD 图形中的梁标注）→点击绘图工具栏“提取梁标注”。

在提取梁标注时可以“自动提取梁标注”、“提取梁集中标注”、“提取梁原位标注”。→①“自动提取梁标注”：如果梁的集中标注和原位标注在同一个图层中，一般使用“自动提取梁标注”。②“提取梁集中标注”、“提取梁原位标注”：现在图纸设计梁的集中标注和原位标注一般是在不同的图层，所以我们要分别提取梁的集中标注和原位标注。先点击“提取梁集中标注”按钮，在“图层设置”中点击“选择相同图层的 CAD 图元”，鼠标左键选择梁的集中标注，然后点击鼠标右键两下进行确认，梁的集中标注自动消失后被存放到已经提取的 CAD 图层中梁的集中标注里了；然后在点击“提取梁的原位标注”按钮，在“图层设置”中点击“选择

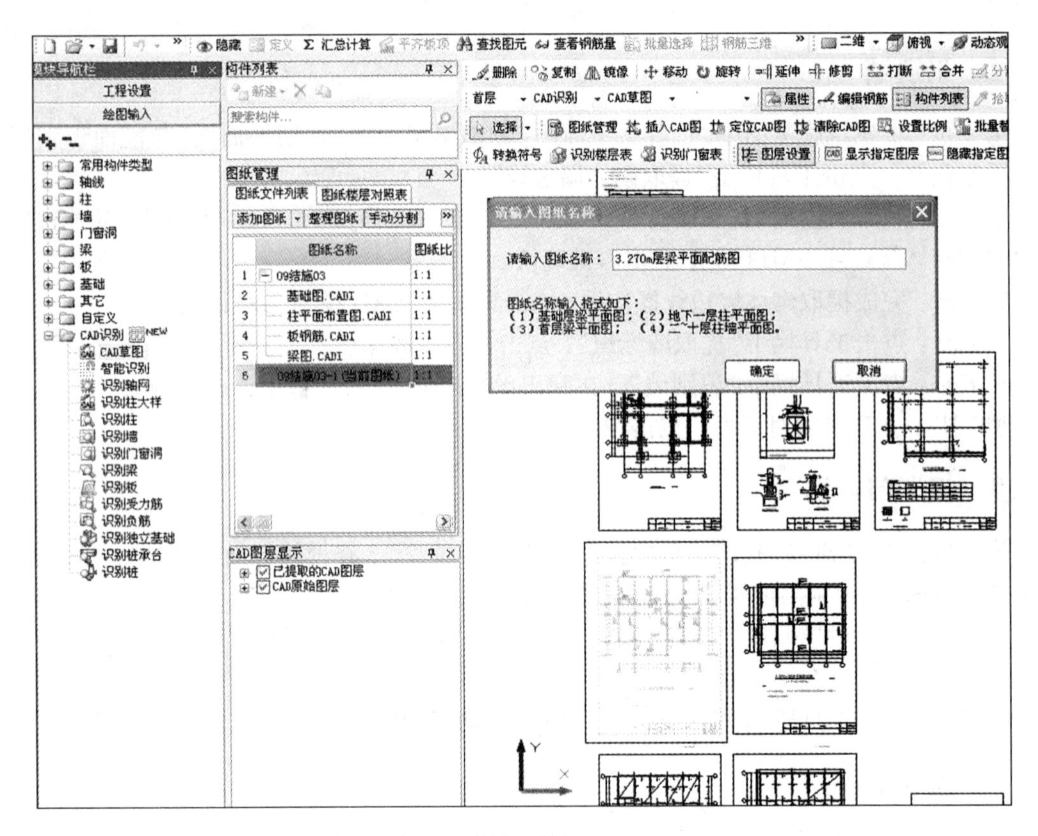

图 3－191

相同图层的 CAD 图元”，鼠标左键选择梁的原位标注，然后点击鼠标右键两下进行确认，梁的原位标注自动消失后被存放到已经提取的 CAD 图层中梁的原位标注里了。

识别梁（可以将提取的梁边线和梁标识一次全部识别）完成提取梁边线和提取梁标注操作后，点击绘图工具栏“识别梁”中的“自动识别梁”，软件弹出提示“建议在识别梁之前先画好柱、梁、墙……”，点击“是”即可，则提取的梁边线和梁标注被识别为软件的梁构件，此时绘图界面中的梁为粉红色的。如果有个别的梁没有被识别，我们再继续使用“点选识别梁”功能。

“识别集中标注”→在弹出“梁集中标注信息”对话框以后，鼠标左键选择梁的集中标注信息，这样就识别到了这支梁的集中标注，集中标注信息确认无误后点击确定，然后按鼠标左键选择梁的起始跨和末跨，梁跨选择好以后点击右键确认，这样这根梁就被识别过来了。

“识别原位标注”→点击“识别原位标注”的自动识别，或者点击“单构件识别梁原位标注”，选择好命令之后鼠标左键选择要提取原位标注的梁，然后点击鼠标右键确认，被确认的梁颜色就变为绿色，这样在梁的原位平法表格中原位标注就被提取过来了。我们使用同样的方法提取其他的梁原位标注。如果个别的梁原位标注没有被识别过来，我们可以使用“点选识别梁原位标注”，点击“点选识别梁原位标注”按钮，这时没有被识别的梁原位标注会出现在绘图界面，然后鼠标左键选择梁图元，再按鼠标左键选择梁的原位标注，然后点击右键确认，这样就识别过来梁的一个原位标注；

提示：识别所有的梁以后开始对照图纸检查钢筋，每检查一支梁（相同名称比较多的梁

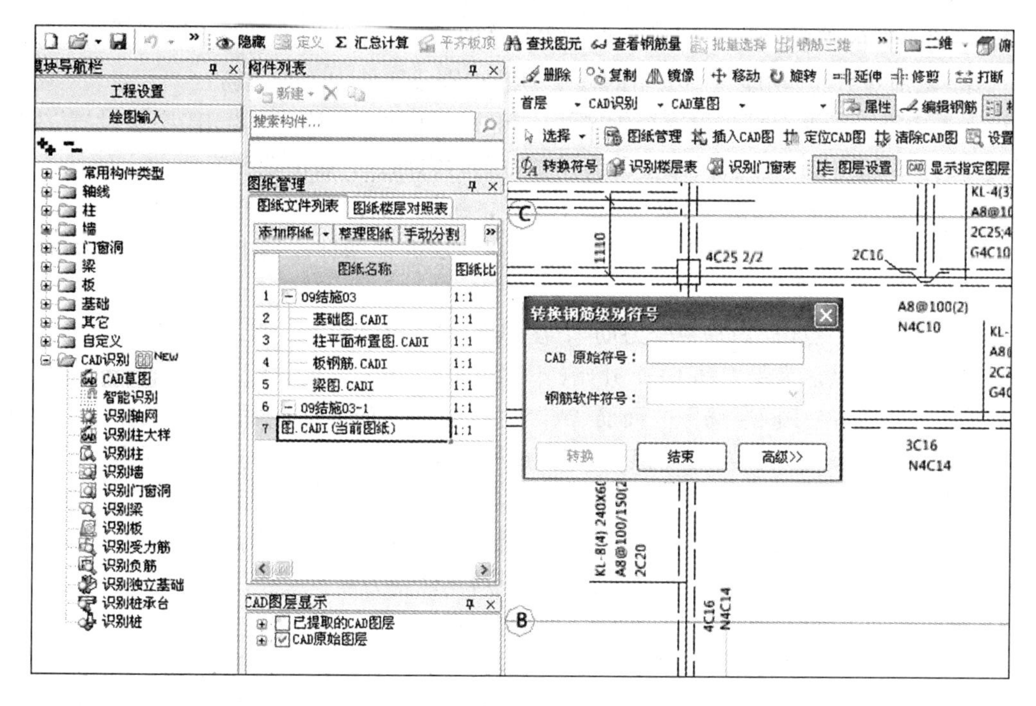

图 3 - 192

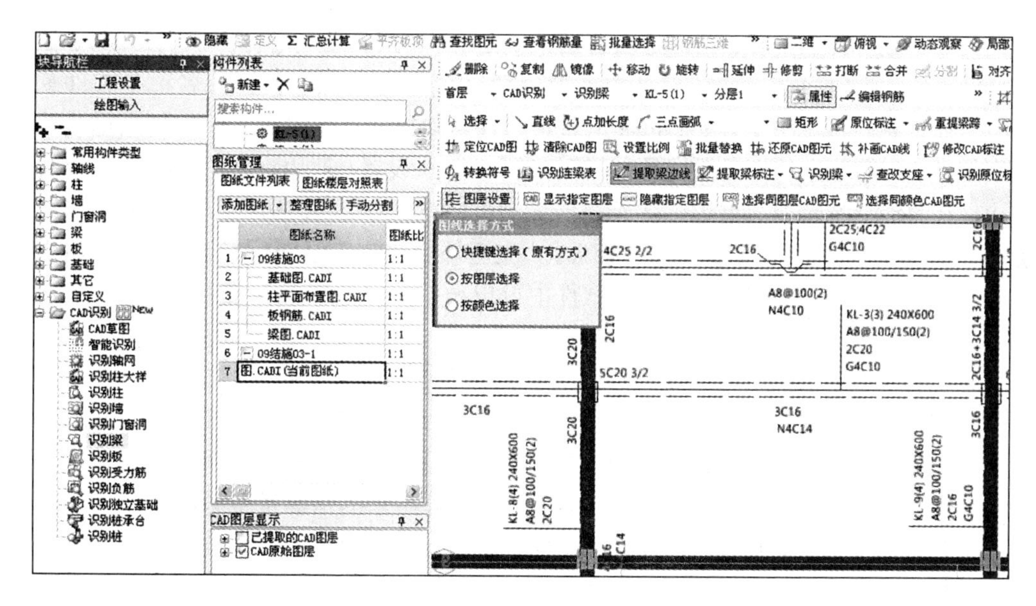

图 3 - 193

构件）的钢筋及更改后，点击鼠标右键弹出对话框，点击“应用到同名梁”，弹出“应用范围选择”对话框，点击“同名称已识别的梁”，提示“当前所选范围 1 道梁属性应用成功”，所有同名称的梁钢筋就会按更改好的梁钢筋更改正确。注意：有些梁需要自己修改属性，用画图的方式自己补画上去，进行原位标注等。

2. 板受力筋的识别

选择"识别受力筋"功能将图纸中的板受力筋识别成软件中的受力筋。

识别受力筋→转换符号→提取板钢筋线，点击"提取板钢筋线"，点击"图层设置""选择相同图层的 CAD 图元"，然后鼠标左键选择受力筋的钢筋线，点击鼠标右键两下确认→提取板钢筋标注，步骤如下：点击"提取板钢筋标注"，点击"图层设置""选择相同图层的 CAD 图元"，然后鼠标左键选择受力筋的钢筋标注，相同图层的钢筋标注选中之后点击鼠标右键两下确认→识别板受力筋。

布置步骤如下：点击"识别板受力筋"，在弹出的"受力筋信息"对话框中，受力筋的名称软件会自动默认，默认为受力筋1—1 开始(不用填写)，类别需要我们自己选择，软件默认为底筋，我们可以选择"中间层筋"、"面筋"或"温度筋"等钢筋信息，当我们用鼠标左键选择钢筋线的时候，钢筋信息软件会自动识别，受力钢筋信息确认无误后，点击鼠标右键，然后鼠标左键选择需要布筋的板，我们可以使用单板、多板或者自定义，对于这根受力筋来说，我们需要用多板布置，点击"多板"然后鼠标左键选择需要布筋的板，再点击鼠标右键确认，这样一根受力筋就被识别过来了，用同样的方法识别其他受力筋。

3. 板负筋的识别

"识别负筋" →转换符号→提取板负筋钢筋线：点击"提取钢筋线"，点击"图层设置""选择相同图层的 CAD 图元"，鼠标左键选择钢筋线，然后点击鼠标右键两下确定→提取板负筋钢筋标注：点击"提取钢筋标注"，点击"图层设置""选择相同图层的 CAD 图元"，鼠标左键选择板负筋钢筋标注，然后点击鼠标右键两下确定→"识别负筋"：点击"识别负筋"，鼠标左键选择钢筋线，弹出"负筋信息"对话框，在"负筋信息"对话框中负筋的名称是软件默认的(不用填写)，默认成 FJ－1 开始；负筋信息是软件默认的；左标注和右标注信息也是软件自动识别的；分布筋信息软件提取的是"计算设置"中默认设置；双边标注的负筋我们要自行选择双边标注是否含支座宽；单边标注长度位置，可以选择"支座内边线"、"支座轴线"、"支座中心线"、"支座外边线"，在这里我们选择"支座外边线"，"钢筋信息"调整好以后点击确定。最后需要我们自行选择布筋范围，软件中可以根据实际要求按梁布置、按圈梁布置、按连梁布置、按墙布置、按板边线布置、画线布置。

1)选择按梁布置：点击"按梁布置"按钮按鼠标左键选择需要布置的梁，这样板负筋就被识别过来了；我们再用相同的方法识别其他的负筋，鼠标左键选择负筋钢筋线，然后确定钢筋信息，确定无误后点击确定，然后选择布筋范围。2)选择画线布筋用鼠标左键制定两个端点，画线布筋我们要注意画的线一定是直线，否则计算出来的钢筋量是有问题的。3)当识别阳台或挑檐板的负筋时，我们需要注意一个问题，设计者如果用一根负筋绘制在室内板与异形阳台板相交的梁上时，我们要用跨板受力筋绘制(不能用负筋绘制)，我们切换到板受力筋界面，在定义构件中我们选择新建跨板受力筋，然后按照图纸输入钢筋信息和标注信息，点击绘图，进行跨板受力筋的绘制，方向我们选择垂直方向，布置范围选择单板，然后鼠标左键选择需要布筋的板，这样跨板受力筋就布置成功了。

提示：识别需要板筋校核，一般情况下对照图纸钢筋信息绘图输入比较快。

任务实践

按照本模块操作讲解，完成《办公楼》图形算量的绘制，并导出汇总表格。

《办公楼》案例算量参考结果

序号	项目编码/定额编号	项目名称及特征	工程量	
			单位	数量
	0101	附录 A 土石方工程		
1	010101001001	平整场地：1. 人工平整；2. 厚度在 30 cm 以内的就地挖填找平，包括 5 m 内取土	m^2	285.221
	A1－3	平整场地	$100m^2$	4.436
2	010101003001	挖沟槽土方：1. 土壤类别：二类土；2. 基础类型：条形基础；3. 挖土深度：2.0 m 内；4. 弃土运距：就地堆放	m^3	20.640
	A1－4	人工挖槽、坑：深度 2 m 以内，普通土	$100\ m^3$	0.347
3	010101004001	挖基坑土方：1. 土壤类别：二类土；2. 基础类型：独立基础；3. 挖土深度：2.0 m 内；4. 弃土运距：就地堆放	m^3	62.640
	A1－4	人工挖槽、坑：深度 2 m 以内，普通土	$100\ m^3$	1.877
4	010103001001	回填方：1. 人工夯实；2. 余土外运运距：500 m；	m^3	155.764
	A1－11	回填土：夯填	$100\ m^3$	2.954
	A1－12	人工运土方：运距 30 m 以内	$100m^3$	2.954
	A1－13	人工运土方：每增加 20 m	$100m^3$	2.954
	0104	附录 D　砌筑工程		
5	010401001001	砖基础：1. 砖品种、规格、强度等级：实心页岩砖 240×115×53；2. 基础类型：砖基础；3. 砂浆强度等级：M7.5 水泥砂浆	m^3	23.155
	A4－1 换	砖基础～换：水泥砂浆（水泥 32.5 级）强度等级 M7.5 换：页岩实心砖 240×115×53	$10m^3$	2.316
6	010401003001	实心砖墙－女儿墙：1. 砖品种、规格、强度等级：实心页岩砖 240×115×53；2. 墙体厚度：240；3. 砂浆强度等级、配合比：M5 混合砂浆	m^3	9.010
	A4－10 换	混水砖墙 1 砖～换：混合砂浆（水泥 32.5 级）强度等级 M5	$10\ m^3$	0.900
7	010401003001	实心砖墙－外墙：1. 砖品种、规格、强度等级：实心页岩砖 240×115×53；2. 墙体厚度：240；3. 砂浆强度等级、配合比：M5 混合砂浆	m^3	68.240
	A4－10 换	混水砖墙：1 砖～换：混合砂浆（水泥 32.5 级）强度等级 M5	$10\ m^3$	6.824
8	010401004001	多孔砖墙－内墙：1. 砖品种、规格、强度等级：页岩多孔砖 240×190×90；2. 墙体厚度：240；3. 砂浆强度等级、配合比：M5 混合砂浆	m^3	71.955
	A4－23 换	页岩多孔砖：厚 240 mm～换：混合砂浆（水泥 32.5 级）强度等级 M5 换：页岩多孔砖 240×190×90	$10\ m^3$	7.195

续上表

序号	项目编码/定额编号	项目名称及特征	工程量	
			单位	数量
9	010401014001	砖地沟、明沟：1. 垫层材料种类、厚度：混凝土 70；2. 混凝土强度等级：C10；3. 成品复合盖板；4. 平均深度 220 mm	m	71.000
	补 001	地沟盖板(0.32×0.49)成品包安装	套	121.200
	A10－50	砖砌明沟：沟深平均 27 cm C10	100 m	0.710
	A10－51	砖砌明沟：沟深每增减 5cm	100 m	－0.710
	0105	附录 E　混凝土及钢筋混凝土工程		
10	010501001001	垫层：1. 混凝土等级强度：C15；2. 混凝土拌和要求：砾石；3. 砖基础、独立基础垫层	m^3	11.586
	A2－14 换	垫层：混凝土～垫层用于独立基础、条形基础、房心回填　换：现浇及现场混凝土、砾石最大粒径 40mm C15 水泥 32.5	10 m^3	1.159
11	010501003001	独立基础：1. 混凝土强度等级：商品混凝土 C30；2. 混凝土拌和料要求：砾石	m^3	11.932
	A5－77 换	现拌混凝土：带形基础、独立基础 C35～采用垂直运输机械运送商品混凝土　换：普通商品混凝土 C30(砾石)	10 m^3	1.193
12	010502001001	矩形柱：1. 混凝土强度等级：商品混凝土 C30；2. 混凝土拌和料要求：砾石	m^3	17.250
	A5－80 换	现拌混凝土：承重柱(矩形柱、异形柱) C35～采用垂直运输机械运送商品混凝土　换：普通商品混凝土 C30(砾石)	10 m^3	1.725
13	010502002001	构造柱(含梯柱)：1. 混凝土强度等级：商品混凝土 C25；2. 混凝土拌和料要求：砾石	m^3	0.950
	A5－81 换	现拌混凝土：构造柱 C35～采用垂直运输机械运送商品混凝土～框架或框架剪力墙结构中的构造柱　换：普通商品混凝土 C25(砾石)	10 m^3	0.095
14	010503001001	基础梁：1. 混凝土强度等级：商品混凝土 C30；2. 混凝土拌和料要求：砾石	m^3	6.590
	A5－82 换	现拌混凝土：单梁、连续梁、基础梁 C20～采用垂直运输机械运送商品混凝土　换：普通商品混凝土 C20(砾石)	10 m^3	0.659
14	010503002001	矩形梁：1. 混凝土强度等级：商品混凝土 C30；2. 混凝土拌和料要求：砾石	m^3	37.590
	A5－82 换	现拌混凝土：单梁、连续梁、基础梁 C35～采用垂直运输机械运送商品混凝土　换：普通商品混凝土 C30(砾石)	10 m^3	3.759

续上表

序号	项目编码/定额编号	项目名称及特征	工程量	
			单位	数量
15	010510003001	现场预制过梁：1. 混凝土强度等级：C20；2. 混凝土拌和料要求·砾石	m^3	0.660
	A5－115	预制混凝土：异形梁、过梁、拱形梁 C30	10 m^3	0.067
	A5－162	梁安装：单体 0.4 m^3 以内	10 m^3	0.066
	A5－225	构件接头灌缝：梁	10 m^3	0.066
16	010503004001	圈梁：1. 混凝土强度等级：商品混凝土 C30；2. 混凝土拌和料要求：砾石	m^3	6.499
	A5－84 换	现拌混凝土：圈梁、过梁、弧形拱形梁 C35～采用垂直运输机械运送商品混凝土～框架或框架剪力墙结构中的圈梁　换：普通商品混凝土 C30(砾石)	10 m^3	0.650
17	010505001001	有梁板：1. 混凝土强度等级：商品混凝土 C30；2. 混凝土拌和料要求：砾石	m^3	41.920
	A5－86 换	现拌混凝土：有梁板、无梁板、平板 C35～采用垂直运输机械运送商品混凝土　换：普通商品混凝土 C30(砾石)	10 m^3	4.190
19	010506001001	直形楼梯：1. 混凝土强度等级：商品混凝土 C30；2. 混凝土拌和料要求：砾石	m^2	15.620
	A5－91 换	现拌混凝土：楼梯 C35～换：普通商品混凝土 C30(砾石)	10 m^2 投影面积	1.560
20	010507001001	其他构件－散水、坡道：1. 垫层材料种类、厚度：混凝土 70；2. 面层厚度：水泥砂浆 20；3. 混凝土强度等级：C10；4. 混凝土拌和料要求：砾石	m^2	36.072
	A10－49 换	混凝土散水：C15～换：现浇及现场混凝土、砾石最大粒径 40 mm C10 水泥 32.5	100 m^2	0.360
21	010507004001	其他构件－台阶－98ZJ901－2/9：1. 混凝土强度等级：C15；2. 混凝土拌和料要求：砾石；98ZJ901－2/9	m^2	9.450
	A5－97 换	现拌混凝土：台阶 C35～换：现浇及现场混凝土、砾石最大粒径 40 mm C15 水泥 32.5	10m^3	0.095
22	010507005001	其他构件－扶手、压顶：1. 混凝土强度等级：C20；2. 混凝土拌和料要求：砾石；	m^3	1.270
	A5－98 换	现拌混凝土：压顶 C35～换：现浇及现场混凝土、砾石最大粒径 40 mm C20 水泥 32.5	10 m^3	0.127
23	010507007001	其他构件－雨蓬、阳台板：1. 混凝土强度等级：C20；2. 混凝土拌和料要求：砾石	m^3	3.814
	A5－92 换	现拌混凝土：悬挑式阳台、雨篷 C35～换：现浇及现场混凝土、砾石最大粒径 40 mm C20 水泥 32.5	10 m^3	0.381
24	010507007002	其他构件－天沟、挑檐板：1. 混凝土强度等级：C20；2. 混凝土拌和料要求：砾石	m^3	4.820
	A5－96 换	现拌混凝土：天沟、挑檐板　～换：现浇及现场混凝土、砾石最大粒径 40 mm C20 水泥 32.5	10 m^3	0.482

续上表

序号	项目编码/定额编号	项目名称及特征	工程量	
			单位	数量
		部分措施项目		
27	011701001001	综合脚手架	m^2	494.190
	A12－10	综合脚手架：框架、剪力墙结构多高层建筑，檐口高15 m以内	100 m^2	4.940
28	011702001001	基础－竹胶合板模板：木支撑	m^2	43.400
	A13－5	独立基础：竹胶合板模板，木支撑	100 m^2	0.434
29	011702002001	矩形柱－竹胶合板模板：钢支撑	m^2	200.630
	A13－20	矩形柱：竹胶合板模板，钢支撑	100 m^2	2.010
	A13－22	柱支撑：高度超过3.6m，增加3 m以内，钢支撑	100 m^2	1.050
30	011702014001	有梁板(有超高)－竹胶合板模板：钢支撑	m^2	331.510
	A13－36	有梁板：竹胶合板模板，钢支撑	100 m^2	3.310
	A13－41	板支撑：高度超过3.6 m，增加3 m以内，钢支撑	100 m^2	4.160
32	011702008001	圈梁－竹胶合板模：木支撑	m^2	54.163
	A13－28	圈梁：直形，竹胶合板模，木支撑	100 m^2	0.540
33	011702003001	构造柱－竹胶合板模板：钢支撑	m^2	6.360
	A13－20	矩形柱：竹胶合板模板，钢支撑	100 m^2	0.064
34	011702024001	楼梯－木模板木支撑	m^2	15.620
	A13－42	楼梯：直形，木模板木支撑	10 m^2 投影面积	1.562
35	011702023001	雨篷、悬挑板、阳台板－木模板木支撑	m^2	6.260
	A13－44	悬挑板(阳台、雨篷)：直形，木模板木支撑	10 m^2 投影面积	0.626
36	011702022001	天沟、檐沟－木模板木支撑	m^2	76.150
	A13－51	挑檐天沟：木模板木支撑	100 m^2	0.762
	0108	附录H　门窗工程		
38	010801001001	木质门：1. 门代号及洞口尺寸：900×2100；2. 木夹板门，底漆一遍，咖啡色调和漆二遍；3. 不带亮子、不带纱窗	樘	2.000
	B4－4	镶板门、胶合板门：镶板门，不带纱窗，不带亮子	100m^2	0.038
	B4－161	普通木门五金配件表：镶板门、胶合板门，不带纱扇，不带亮子	100m^2	0.038
	B5－5	刷底漆一遍、刮腻子、调和漆三遍：单层木门	100 m^2	0.038
	B5－33	每增加一遍调和漆：单层木门	100 m^2	0.038

续上表

序号	项目编码/定额编号	项目名称及特征	工程量	
			单位	数量
39	010801001002	木质门：1. 门代号及洞口尺寸：1000×2100；2. 木夹板门，底漆一遍，咖啡色调和漆二遍：3. 不带亮子、不带纱窗	樘	9.000
	B4－4	镶板门、胶合板门：镶板门，不带纱窗，不带亮子	100m²	0.189
	B4－161	普通木门五金配件表：镶板门、胶合板门，不带纱扇，不带亮子	100m²	0.189
	B5－5	刷底漆一遍、刮腻子、调和漆三遍：单层木门	100 m²	0.189
	B5－33	每增加一遍调和漆：单层木门	100 m²	0.189
40	010801001003	木质门：1. 门代号及洞口尺寸：1500×2100；2. 木夹板门，底漆一遍，咖啡色调和漆二遍：3. 不带亮子、不带纱窗	樘	2.000
	B4－3	镶板门、胶合板门：镶板门，不带纱窗，带亮子	100m²	0.072
	B4－161	普通木门五金配件表：镶板门、胶合板门，不带纱扇，不带亮子	100m²	0.072
	B5－5	刷底漆一遍、刮腻子、调和漆三遍：单层木门	100 m²	0.072
	B5－33	每增加一遍调和漆：单层木门	100 m²	0.072
41	010807001001	金属（塑钢、断桥）窗：1. 窗代号及洞口尺寸：2400×2400；2. 框、扇材质：铝合金型材，成品带玻璃；3. 玻璃品种、厚度：中空玻璃(6+6A+6厚)	樘	2.000
	B4－74	铝合金门窗（成品）安装：推拉窗	100 m²	0.115
	B4－151	铝合金窗五金制作配件表：推拉窗，双扇	樘	2.000
42	010807001002	金属（塑钢、断桥）窗：1. 窗代号及洞口尺寸：1800×1800；2. 框、扇材质：铝合金型材，成品带玻璃；3. 玻璃品种、厚度：中空玻璃(6+6A+6厚)	樘	1.000
	B4－74	铝合金门窗（成品）安装：推拉窗	100 m²	0.032
	B4－151	铝合金窗五金制作配件表：推拉窗，双扇	樘	1.000
43	010807001003	金属（门连窗）窗：1. 窗代号及洞口尺寸：4800×1500；2. 框、扇材质：铝合金型材，成品带玻璃；3. 玻璃品种、厚度：中空玻璃(6+6A+6厚)	樘	1.000
	B4－74	铝合金门窗（成品）安装：推拉窗	100 m²	0.072
	B4－153	铝合金窗五金制作配件表：推拉窗，四扇	樘	1.000
44	010807001004	金属（塑钢、断桥）窗：1. 窗代号及洞口尺寸：2400×1800；2. 框、扇材质：铝合金型材，成品带玻璃；3. 玻璃品种、厚度：中空玻璃(6+6A+6厚)	樘	5.000
	B4－74	铝合金门窗（成品）安装：推拉窗	100 m²	0.216
	B4－151	铝合金窗五金制作配件表：推拉窗，双扇	樘	5.000

续上表

序号	项目编码/定额编号	项目名称及特征	工程量	
			单位	数量
45	010807001005	金属(塑钢、断桥)窗：1. 窗代号及洞口尺寸：1500×1800；2. 框、扇材质：铝合金型材，成品带玻璃；3. 玻璃品种、厚度：中空玻璃(6+6A+6厚)	樘	4.000
	B4-74	铝合金门窗(成品)安装：推拉窗	100 m^2	0.108
	B4-151	铝合金窗五金制作配件表：推拉窗，双扇	樘	4.000
	010809004001	石材窗台板(厚25 mm)：大理石	m^2	4.886
	B4-131	窗台板(厚25 mm)：大理石	100 m^2	0.049
	0111	附录L　楼地面装饰工程		
	011102001001	石材地面(一楼)：深灰色花岗岩贴面(综合)	m^2	12.900
	B1-1	找平层：水泥砂浆，混凝土或硬基层上，20 mm	100 m^2	0.129
	B1-23	花岗岩楼地面：周长3200 mm以内，单色	100 m^2	0.129
	011102003002	块料楼面(600×600)：1. 8~10厚地砖600×600铺实拍平，水泥浆擦缝；2. 20厚1∶4干硬性水泥砂浆；3. 素水泥浆结合层一遍	m^2	232.910
	B1-1	找平层：水泥砂浆，混凝土或硬基层上，20 mm	100 m^2	2.329
	B1-60	陶瓷地面砖：楼地面，每块面积在3600 cm^2 以内	100 m^2	2.329
	011102003004	休息室块料楼面(300×300)：1. 8~10厚地砖300×300铺实拍平，水泥浆擦缝；2. 20厚1∶4干硬性水泥砂浆；3. 素水泥浆结合层一遍	m^2	188.590
	B1-1	找平层：水泥砂浆，混凝土或硬基层上，20 mm	100 m^2	1.886
	B1-57	陶瓷地面砖：楼地面，每块面积在900 cm^2 以内	100 m^2	1.886
	011105002001	石材踢脚线：1. 17厚1∶3水泥砂浆；2. 3~4厚1∶1水泥砂浆加水重20%白乳胶镶贴；3. 深灰色花岗岩、水泥浆擦缝	m^2	14.056
	B1-32	踢脚线：花岗岩，水泥砂浆	100 m^2	0.141
	011105003001	块料踢脚线：1. 17厚1∶3水泥砂浆；2. 3~4厚1∶1水泥砂浆加水重20%白乳胶镶贴；3. 8~10厚面砖、水泥浆擦缝	m^2	14.608
	B1-63	陶瓷地面砖：踢脚线	100 m^2	0.146
	011106001001	石材楼梯面层：深灰色花岗岩贴面(综合)	m^2	15.624
	B1-1	找平层：水泥砂浆，混凝土或硬基层上，20 mm	100 m^2	0.156
	B1-36	楼梯：花岗岩，水泥砂浆	100 m^2	0.156
	011107001001	石材台阶面：深灰色花岗岩贴面800×800	m^2	9.450
	B1-41	台阶：花岗岩，水泥砂浆	100m^2	0.095

续上表

序号	项目编码/定额编号	项目名称及特征	工程量	
			单位	数量
	0112	附录 M　墙、柱面装饰与隔断、幕墙工程		
	011201001001	墙面一般抹灰－内墙	m^2	720.240
	B2－30	一般抹灰：墙面、墙裙抹混合砂浆，内砖墙	100 m^2	7.202
	011201001002	墙面一般抹灰－外墙	m^2	233.670
	B2－31	一般抹灰：墙面、墙裙抹混合砂浆，外砖墙	100 m^2	2.065
	011204001001	石材墙面：花岗岩外墙面，见施工图，钢骨架，磨边	m^2	47.150
	B2－96	干挂花岗岩：墙面，密缝	100 m^2	0.472
	B2－104	钢骨架(暂估)	t	1.179
	B2－105	后置件(暂估)	块	148.000
	B6－91	石材装饰线：现场磨边，磨边(倒角)	100m	0.960
	011204003001	块料墙面：73×73 面砖，水泥砂浆粘贴，面砖灰缝 5 mm	m^2	186.520
	B2－154	73×73 面砖：水泥砂浆粘贴，面砖灰缝 5 mm	100 m^2	1.865
	0113	附录 N　天棚工程		
	011301001001	天棚抹灰：1. 清理基层；2. 满刮腻子一遍；3. 刷底漆一遍；4. 乳胶漆二遍	m^2	245.363
	B3－10	抹灰面层：混凝土天棚，混合砂浆拉毛，现浇	100 m^2	2.454
	011302001001	吊顶天棚：1. 装配式 U 型轻钢天棚龙骨(不上人型)：主龙骨中距 900～1000，次龙骨中距 600，横撑龙骨中距 600；2. 600 厚石石膏装饰板，自攻螺钉拧牢，孔眼用腻子填平	m^2	136.022
	B3－43	装配式 U 型轻钢天棚龙骨(不上人型)：面层规格 600×600 mm，平面	100 m^2	1.360
	B3－115 换	石膏板天棚面层：安在 U 型轻钢龙骨上～自攻螺钉采用防锈漆或腻子封闭处理	100 m^2	1.360
	011302001002	吊顶天棚：1. 配套金属龙骨；2. 铝合金条板，板宽 150	m^2	34.272
	B3－89	铝合金条板天棚龙骨：轻型	100 m^2	0.343
	B3－137	铝合金条板天棚：闭缝	100 m^2	0.343
	0114	附录 P　油漆、涂料、裱糊工程		
	011407001001	墙面喷刷涂料：1. 清理基层；2. 满刮腻子一遍；3. 刷底漆一遍；4. 乳胶漆二遍	m^2	720.240
	B5－197	刷乳胶漆：抹灰面，二遍	100 m^2	7.202

续上表

序号	项目编码/定额编号	项目名称及特征	工程量	
			单位	数量
	011407002001	天棚喷刷涂料：1. 清理基层；2. 满刮腻子一遍；3. 刷底漆一遍；4. 乳胶漆二遍	m^2	245.363
	B5 - 197	刷乳胶漆：抹灰面，二遍	100 m^2	2.454
	0115	附录 Q　其他装饰工程		
	011503001001	金属扶手、栏杆、栏板：不锈钢管栏杆	m	14.570
	B1 - 151	不锈钢管栏杆：直线型，竖条式	100 m	0.146

模块小结

1. 运用广联达图形算量软件(GCL2013)完成工程项目新建。
2. 运用广联达图形算量软件(GCL2013)对建筑物各构件进行属性定义及做法定义。
3. 运用广联达图形算量软件(GCL2013)对建筑物各构件进行绘制。
4. 运用广联达图形算量软件(GCL2013)进行工程量汇总计算、对量、核量。
5. 掌握广联达钢筋抽样软件(GGJ 2013)工程报表导出、打印及数据整理。
6. 运用广联达图形算量软件(GCL2013)进行 CAD 图形导入。
7. 运用广联达图形算量软件(GCL2013)独立完成任务实践中的内容。

模块四　广联达计价软件应用

模块任务

- 任务4.1　布置总任务，熟悉编制流程
- 任务4.2　编辑计价项目结构界面
- 任务4.3　操作分部分项工程量清单及组价界面
- 任务4.4　操作措施项目、其他项目清单及组价界面
- 任务4.5　编辑人材机汇总界面
- 任务4.6　费用汇总界面、报表的编辑与打印
- 任务4.7　计价软件整体操作功能的应用

能力目标

- 熟练掌握一种计价软件的应用
- 熟练运用计价软件对成本进行有效管理

知识目标

- 熟练掌握一种计价软件操作流程和操作技巧
- 能利用多种计价软件进行工程量清单招投标文件的编制

任务4.1　布置总任务，熟悉编制流程

任务要求

根据本书钢筋算量与图形算量章节计算出的清单和定额工程量表，利用计价软件编制本书附图《办公楼》工程工程量清单招标文件或投标文件。

熟悉项目管理等操作界面，能熟练掌握相关命令的操作和技巧。

编辑《办公楼》建筑、装饰工程的分部分项目清单和定额组价的文件。

编辑《办公楼》建筑、装饰工程的措施项目清单和定额组价的文件。

准确操作人材机调整界面，单位工程取费界面以及报表的编辑与打印。

按标准、按规范整理电子招标文件和电子投标文件。

熟悉图纸

序号	识　图　任　务	识图要点	需解决问题	备　注
1	经审核通过的《办公楼》工程建施部分的识图			
2	经审核通过的《办公楼》工程结施部分的识图			

续上表

序号	识　图　任　务	识图要点	需解决问题	备　注
3	查阅建施图第1页的建筑设计总说明，手算其建筑面积和首层占地面积			
4	了解建筑物首层层高和其他层层高；建筑物檐口高度；室外地坪高度；总建筑尺寸			
5	查看结施图第1页的结构设计总说明；主体结构形式；了解抗震等级；土壤类别；基础埋深			
6	混凝土环境类别以及基础结构形式；混凝土强度等级；保护层厚度；钢筋等级；砌体材料砂浆等级等。			
7	浏览建施与结施其他图纸，对施工项目有整体了解。有几个单位工程？是否有大型土方或打桩工程单独取费的工程？			
8	建筑工程和装饰工程中分几个分部工程？分别是哪几个？			
9	建筑工程和装饰工程中措施项目的计取分别有哪几项？			
10	查阅《工期定额》确定施工工期；确定本工程土方施工方案、脚手架搭设方案、垂直运输机械方案等。			
11	详细了解施工背景，查看招标文件，是否对投标报价有特殊要求？			
12	仔细寻找图纸需要答疑的问题，提交答疑报告。			

模拟背景

序号	招标文件内容(节选)	备　注
1	本项目为工程总承包，包括但不限于基础工程、主体建筑工程、室内外装饰工程、安装工程。受甲方委托编制《办公楼》工程工程量清单招标控制价文件，施工地点在××市	部分同学可以编制投标价(相关参数可由老师取定)，具体以施工图纸和工程量清单为准
2	编制依据：2014《湖南省建筑工程消耗量标准》《湖南省建筑装饰装修工程消耗量标准》及附录文件；湘建价〔2014〕113号《湖南省建设工程计价办法》及有关建设工程取费标准；《建设工程工程量清单计价规范》(GB50500—2013)；中南地区建筑、结构设计标准图集等相关资料	
3	综合装饰人工单价为98元/工日，其余人工单价为82元/工日，取费人工单价为60元/工日	
4	材料预算价格采用附录一：《参考价格文件》2014年2月第一期，其余材料市场价同基期基价	
5	材料暂估价：米色花岗岩(综合)120元/m^2、仿花岗岩陶瓷地面砖(600×600)80元/m^2、米色防滑陶瓷地面砖(300×300)68元/m^2、SBS改性沥青卷材26元/m^2 甲供材料：成品铝合金窗(含中空玻璃6+6A+6)为280元/m^2 暂列金额：20000元 安装工程暂估价：180000元 安装工程分包：不超过5%的安装工程费用计取总承包费用	总承包服务费用要求对分包的专业工程进行总承包管理和协调，并同时要求提供配套服务

操作指导

广联达 GBQ4.0 同众多造价管理软件一样是融计价、招标管理、投标管理于一体的计价软件，能帮助工程造价人员解决电子招投标环境下的工程计价、招投标业务问题，使计价更高效、招标更便捷、投标更安全。

进入广联达服务新干线网站的升级下载界面(图 4－1)，或者利用广联达 G＋工作台(GWS)中软件管家下载广联达计价软件 GBQ4.0(湖南 2014 新定额版本－4.200.13.5930 版本)，下载后出现利用安装导航来进行安装直到桌面上出现快捷图标为止。

GBQ4.0 包含清单计价与定额计价两大块，其中定额计价模块分为预算与概算。清单计价分为招标管理模块、投标管理模块，保存形成文件图标时，有“招”、“投”明显区别显示(图 4－2)。

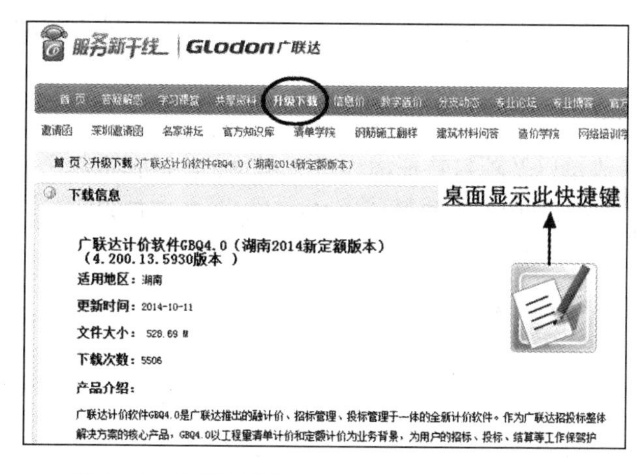

图 4－1　广联达服务新干线网站的升级下载界面

图 4－2　文件保存后图标

4.1.1　招标管理模块编制流程

1. 新建招标项目(图 4－3)

【进入软件】→【建立项目结构】，包括新建招标项目工程，建立项目结构。

工程项目计价时通常分为建设项目、单项工程、单位工程三个级别，其中单位工程以定额取费的划分而分类，专业工程组价后，项目级就能自动汇总，最后整个项目报价是一体的。

2. 编制单位工程分部分项工程量清单

【进入单位工程编辑界面】：输入清单项的编码，编辑清单名称，编辑清单项目特征，输入清单工程量，查看自动输入清单计

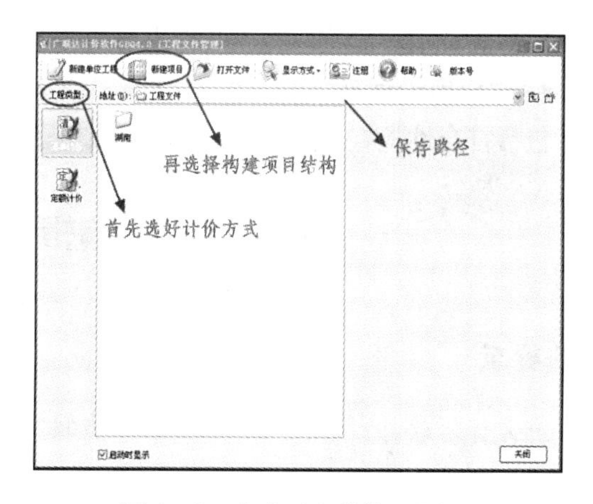

图 4－3　启动时文件管理界面

量单位，做好分部整理等工作。其中以项目特征描述和清单工程量的计算最为重要。

3. 编制措施项目清单

4. 编制其他项目清单

5. 编制甲供材料、设备表

6. 查看工程量清单报表，保存退出

7. 生成电子标书

包括招标书自检，生成电子招标书，预览和打印报表，刻录及导出电子标书。

4.1.2 投标管理模块编制流程

1. 新建投标项目

【进入软件】→【新建投标项目】，包括新建投标项目工程，建立项目结构。建立投标文件时根据招标文件要求选择专业工程进行报价(除非答疑中有变化)，保证清单工程量不改动，项目报价不漏项，不重复。

2. 单位工程分部分项工程量清单组价

【进入单位工程编辑界面】：根据招标清单以及项目特征描述进行组价，包括套定额子目，输入子目工程量，子目换算，设置单价构成等，其中以工程量的核对和清单组价更重要。

3. 措施项目清单计价

包括计算公式组价、定额组价、实物量组价三种方式。

4. 其他项目清单计价

5. 人材机汇总的编辑

包括调整人材机价格，设置甲供材料、设备等。

6. 查看单位工程费用汇总

包括调整计价程序，工程造价模板的套用。

7. 查看报表

8. 汇总项目总价

包括查看项目总价，统一调整人材机单价，调整项目总价，保存退出。

9. 生成电子标书

包括符合性检查，投标书自检，生成电子投标书，预览打印报表，刻录及导出电子标书。

任务4.2 编辑计价项目结构界面

任务要求

打开计价软件，熟悉项目结构操作步骤，能熟练掌握菜单命令和快捷按钮的操作；熟练掌握招标文件与投标文件编辑的区别。在此基础上完成总任务《办公楼》的新建项目招标/投标文件的编辑工作。

操作指导

4.2.1 构建项目文件操作步骤

1. 招标文件的建立

在桌面上双击"广联达计价软件 GBQ4.0"快捷图标，软件会启动文件管理界面，在文件管理界面选择工程类型为【清单计价】，点击【新建项目】→【构建招标工程项目结构】，在弹出的界面中，选择地区标准为"湖南 B 清单 14 定额"，项目名称输入"图书馆综合楼"，项目编号输入"2014"，建设单位和招标代理可以选填，然后点击下一步，进入单位工程编辑。

2. 投标文件的建立

点击【新建项目】→【构建投标工程项目结构】，在弹出的界面中，选择地区标准为"湖南 B 清单 14 额定"，此时比招标文件编制状态下多出一栏【导入电子招标书】(图 4－4)，可进行选择填入，或者点击下一步，进入单位工程投标文件的编辑。

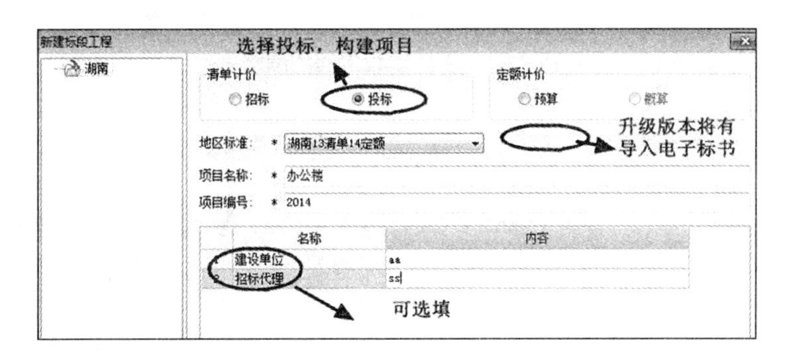

图 4－4 导入电子标书

3. 单位工程投标文件编辑

在单位工程编辑界面，选中项目节点后点击上方菜单栏的【新建单位工程】或者鼠标右键选择【新建单位工程】进行操作，若在招标计价文件格式下进行，在弹出的对话框进行单位工程的编辑，选择清单库"工程量清单项目计量规范(2013－湖南)"，清单专业选择"建筑工程"，定额库选择"湖南省建筑工程消耗量标准(2014)"或者"湖南省建筑装饰装修工程消耗量标准(2014)"，定额专业为"建筑工程"或者建立装饰单位工程时选择"装饰工程"。工程名称输入为"图书馆综合楼建筑工程"或"图书馆综合楼装饰工程"，价格文件暂不选。如图 4－5 所示，根据实际工程依次编辑好 4 个单位工程。

在单位工程编辑状态下注意填好取费类别、安全生产责任险、提前竣工费和纳税地区，以便自动套用取费模板。当然也可以在确定后进入【统一设置费率】对话框，进行修改。在此界面可以对管理费、利润等进行编辑工作(图 4－6)。

通过以上操作，就新建了一个招标项目，并且建立项目的结构文件列表就在形成的界面的左上方显示，注意点击【保存】按钮，将文件进行保存。

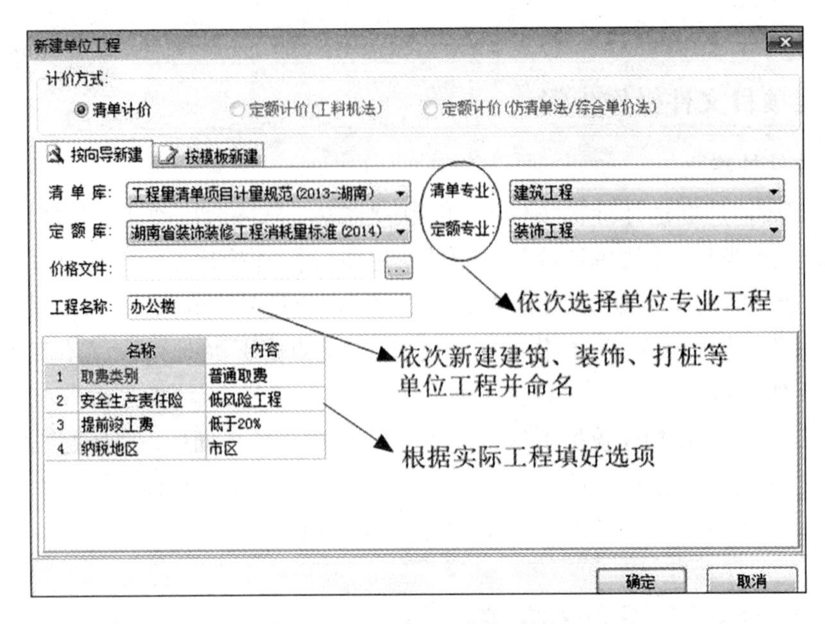

图 4－5　新建单位工程的编辑

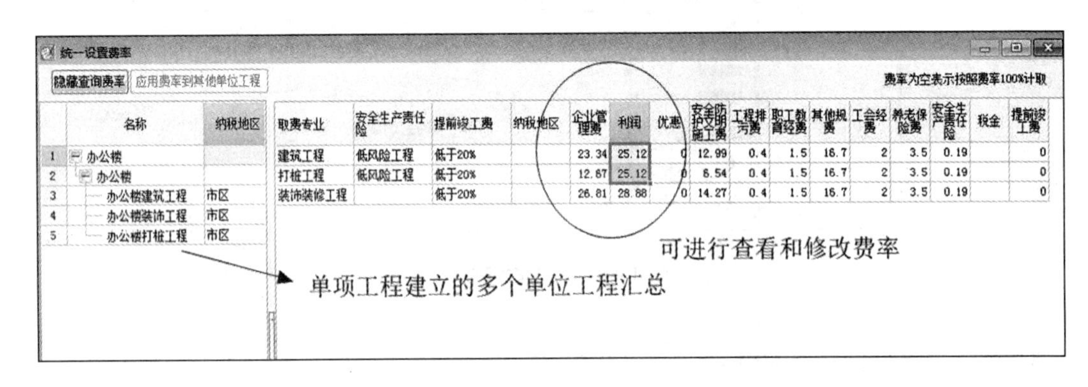

图 4－6　统一设置费率对话框

同样的步骤我们也可以进行投标管理模块下的构建项目文件。

4. 工程概况

工程概况包括工程信息、工程特征及编制说明，可以在右侧界面相应的信息内容中输入信息；如根据工程的实际情况在工程信息、工程特征界面输入法定代表人、造价工程师、结构类型等信息，封面等报表会自动关联这些信息；点击上方工具条的“添加信息/特征项”，可以在最后行加入空行编辑。点击“插入信息/特征项”，则是在当前行插入空行。

5. 造价分析

造价分析是时时刷新的，显示工程总造价和单方造价，系统根据用户编制预算时输入的资料自动计算，在此页面的信息是不可以手工修改的。

4.2.2　项目管理模式主界面

1. 项目管理模式主界面

参看(图4－7)，项目管理模式主界面由下面几部分组成：

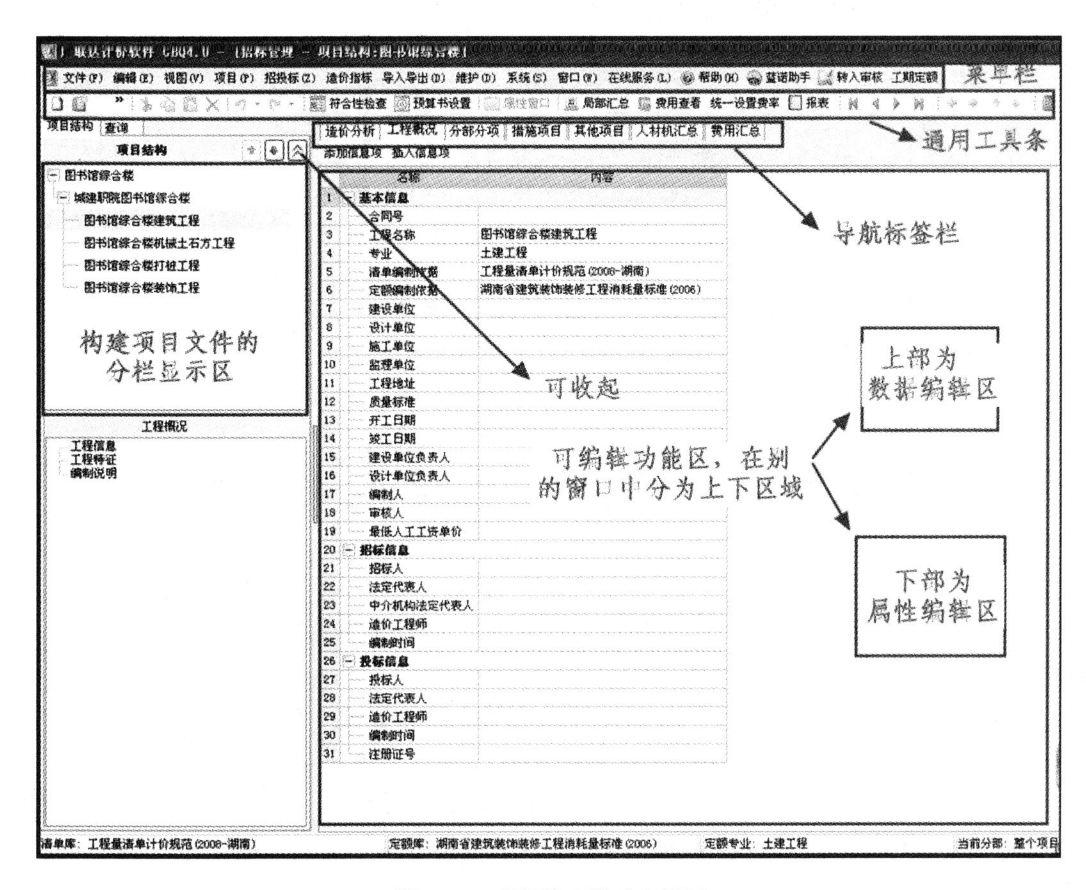

图4－7　项目管理模式主界面

菜单栏→集合了软件所有功能和命令；

通用工具条→无论切换到任一界面，它都不会随着界面的切换而变化；

界面工具条→会随着界面的切换，工具条的内容不同，且计价清单和定额清单编辑状态下才显示；

导航标签栏→可切换到不同的编辑界面；

分栏显示区→显示整个项目下的分部结构，点击分部实现按分部显示，可收起此窗口；

功能区→每一编辑界面都有自己的功能菜单，可关闭此功能区；

以下窗口在清单计价或定额计价窗口中显示：

属性窗口也叫属性编辑区→功能菜单点击后就可泊靠在界面下边，形成属性窗口，可隐藏此窗口；

属性窗口辅助工具栏→根据属性菜单的变化而更改内容，提供对属性的编辑功能，跟随属性窗口的显示和隐藏；

数据编辑区→切换到每个界面，都会自己特有的数据编辑界面，供用户操作，这部分是用户的主操作区域。

2. GBQ4.0 菜单栏的功能键

(1)【文件】在主界面窗口菜单栏“文件”下拉菜单中有很多命令是我们很熟悉和常用的，如“新建”“打开” “关闭”“保存”“另存”(图 4 - 8)。

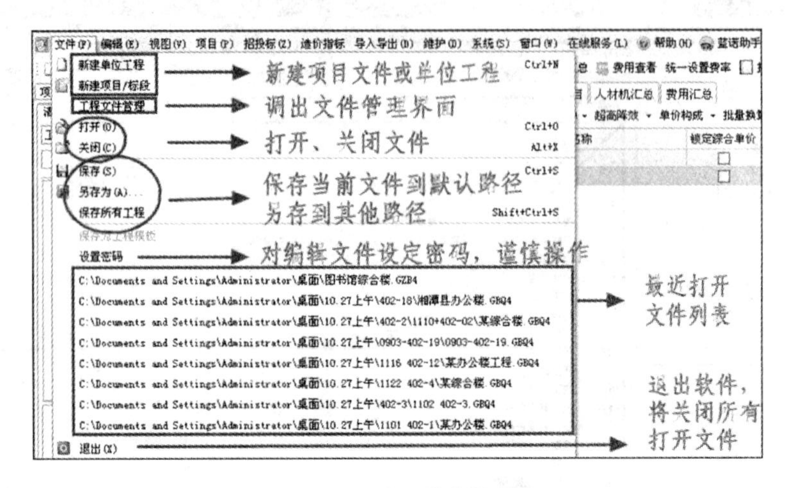

图 4 - 8　文件下拉菜单命令

(2)【编辑】主要是进行一些常用类似普通办公软件命令的操作：撤消/恢复，剪切/复制/粘贴/删除。

(3)【视图】主要是进行窗口界面工具条显示和隐藏的编辑。有系统工具条、编辑工具条、工程工具条、表格导航工具条、表操作工具条、常用工具条以及状态栏的开关。

(4)【项目】对整个项目文件或者其中的某个单位工程进行统一编辑调整，有“预算书的设置”、“统一设置费率”“生成工程量清单”“统一调价”等功能(图 4 - 9)。

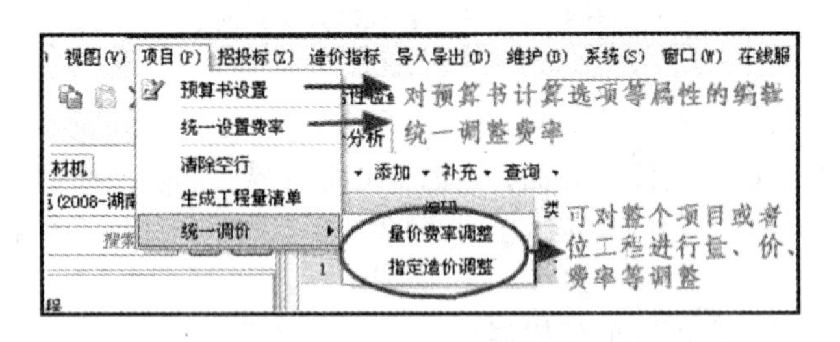

图 4 - 9　项目下拉菜单命令

(5)【导入和导出】(图 4 - 10)

【导入 Excel 文件】招标文件的标书是按 Excel 格式给出的，就需要投标单位编制时重新录入，使用此功能键能一起导入分部分项、措施项目等多个业务数据，并且能自动标识出分部与清单行，如果当前工程与以前编制的工程相似，还可调用历史工程组价。

【导入单位工程】：可以导入与当前工程文件类型一致的 GBQ4.0 文件；

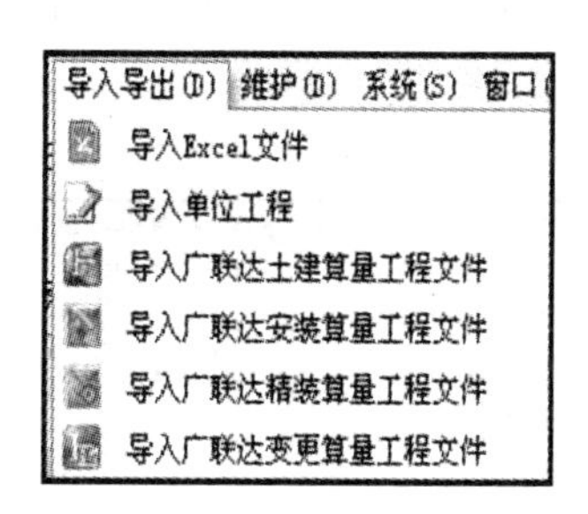

图 4－10　导入和导出下拉菜单命令

【导入广联达算量工程文件】：可以导入广联达土建、安装、精装、变更算量软件工程文件。用图形软件计算出清单与子目工程量后，需要在计价软件中取费，且打印报表。

如：【导入 Excel 文件】(图 4－11)：如果 Excel 的格式同国标清单表示，则分部与清单是会自动识别，如果 Excel 中的列名称与国标略有区别，程序没有自动识别出行，可以在每一列的“列标识”处下拉标识列名称，然后点击右下侧的“识别行”，分部与清单行就会根据设置的列名称自动标识。

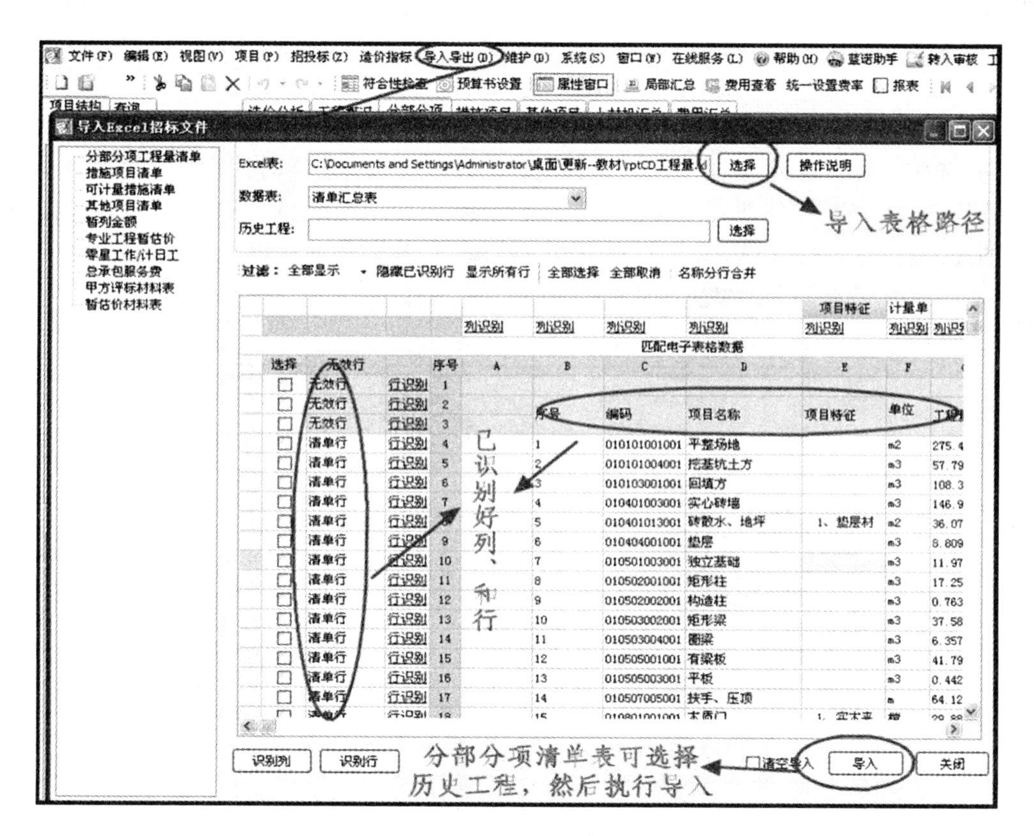

图 4－11　导入 Excel 文件命令

【导入广联达算量工程文件】(图 4－12)：分清单项目与措施项目两个页面显示，在图形工程中标识为措施项目，则导入时自动导入措施页面内，且可选择子目导入到哪条措施项目下。

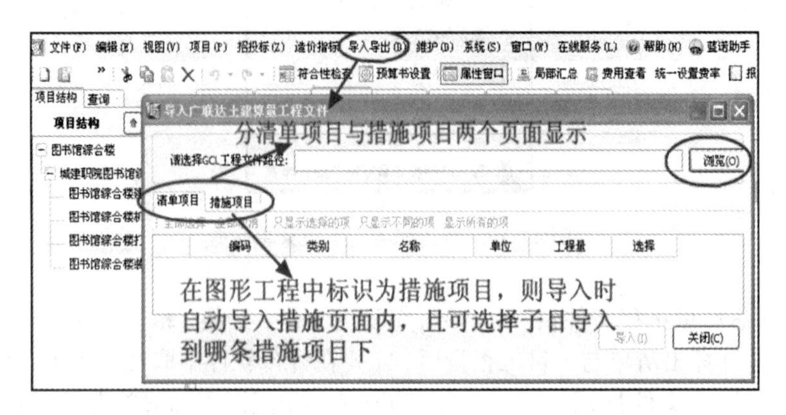

图 4-12　导入广联达算量工程文件

(6)【系统】：系统下拉菜单含有计算器、图元公式、土石方折算、特殊符号、系统选项、配色方案、皮肤风格、我最喜欢的界面布局、保存当前界面布局、删除自定义界面布局、定额库别名、备份定额库、恢复定额库、找回历史工程。

学会充分利用软件中“图元公式”功能，它以图形方式装载了一些常用计算公式，用以计算工程量。选择图元，输入参数，多个图元可以累加，一个图元参数输入完毕，点击界面左下方的“选择”按钮，多个不同图元想累加时，可以多次选择，同时计算公式可在预览中表示，最后点击“确定”按钮即可得到累加值。此功能键的运用能节约工程量输入的时间，如挖基坑的棱台公式(图 4-13)，就可自动生成一排算式，参数输完后也可以不进行预览，直接点击确定，即可计算图元结果。

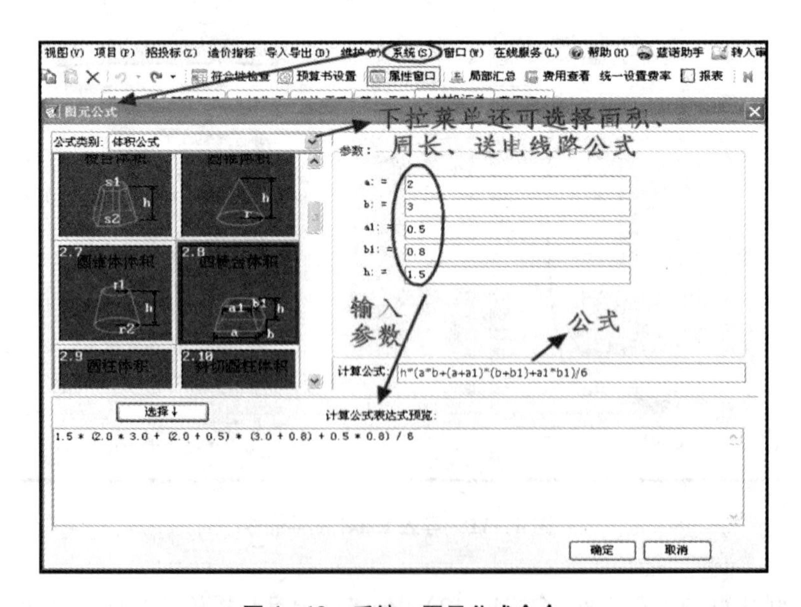

图 4-13　系统-图元公式命令

“土石方折算”命令如图4－14：可以计算夯实、松填、虚方体积，对话框有文字说明。

(7)【窗口】可以编辑多个文件的显示方式及显示当前文件信息，可进行切换。

(8)【在线服务】【帮助】可以查看软件的使用说明及功能讲解，并可以了解软件版本及注册信息，在线获得帮助等。

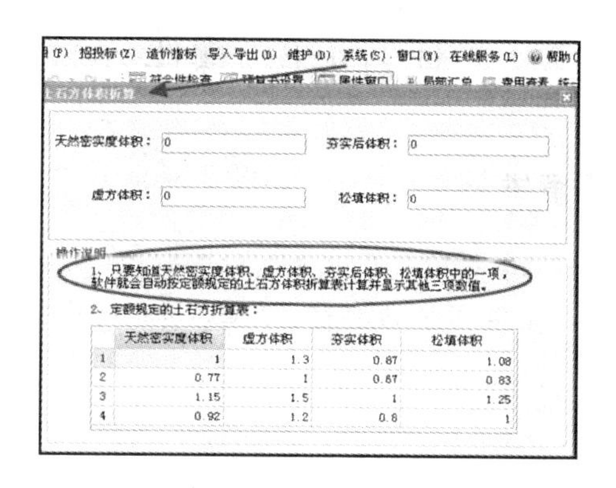

图4－14　土石方折算对话框

4.2.3　项目管理界面中工具条

项目管理界面通用工具条，它存在于导航栏的每个界面。如图4－15所示共有5组工具条组成。

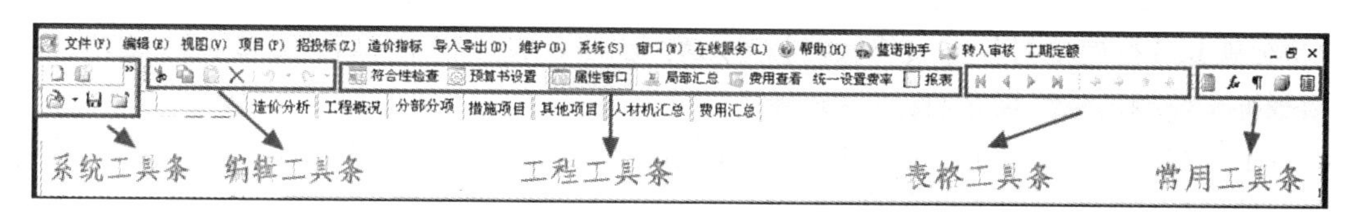

图4－15　编辑界面中的工具条

(1)系统工具条：系统工具条与菜单栏“文件”下的部分功能是一一对应的。从左到右各个按钮分别代表意义如下：

新建单位工程→新建一个单位工程文件；

新建项目或标段→新建一个项目或标段文件；

打开→用于打开已经保存的工程文件；

保存→保存您所建立的当前工程，建议在编制过程中定时保存(图4－16)；

关闭→关闭您正在编辑的工程文件，不是关闭GBQ4.0的程序。

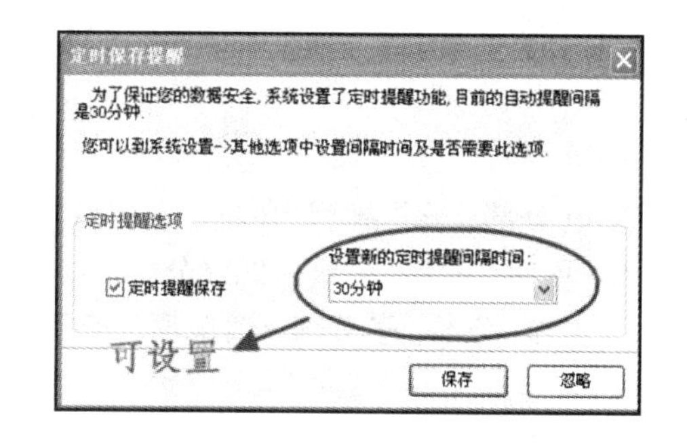

图4－16　定时保存提醒的设置

(2)编辑工具条：编辑工具条与菜单栏“编辑”下的功能是一一对应的。

(3)工程工具条：主要是对工程的设置操作，如【预算书设置】用于存放控制预算书计算的各个选项。【局部汇总】用于对已选择子目或分部的汇总取费，实现按分部、按所需呈现工程造价。

(4)表格工具条：进行光标定位操作，所表示的内容依次是：第一行/上一行/下一行/最后一行，还可以进行一些常用操作：对当前选择项进行上移/下移，升级/降级。

(5)常用工具条：按钮依次为：【计算器】可以通过这个计算器进行四则运算及其他科学运算并得到运算结果；【图元公式】；【特殊符号】可以插入一些特殊符号；【土石方折算】可以计算夯实、松填、虚方体积；【变量表】。

任务4.3　操作分部分项工程量清单及组价界面

任务要求

在编辑好项目管理界面的基础上，熟练掌握单位工程窗口的相关命令和菜单命令的操作，完成总任务中的《办公楼》建筑和装饰装修工程部分的分部分项目清单和定额组价的编辑工作。

操作指导

4.3.1　单位工程窗口组成及应用

在建立好招标/投标文件的左侧上方项目结构中选择一个单位工程，右边进入单位工程编辑界面，在窗口上部第三排有一组编辑页面导航标签栏：即【造价分析】、【工程概况】、【分部分项】、【措施项目】、【其他项目】、【人料机汇总】、【费用汇总】，此为单位工程清单编制与报价文件编辑主流程界面。

点击【分部分项】标签栏，界面切换展示出本界面常用工具栏，如图4－17所示，第四排为分部分项快捷操作工具按钮的介绍，从左至右为：

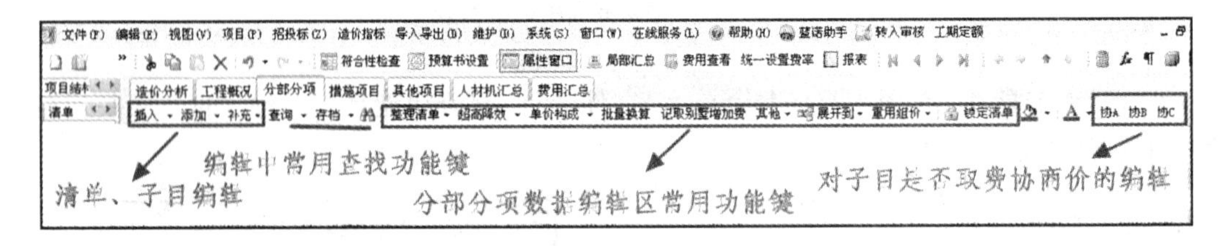

图4－17　分部分项快捷操作工具按钮

插入（分部、子分部、清单项、子目）：“插入”是指在当前选中行的前面插入，清单计价可以插入清单项、子目，一级～四级分部，此功能只针对新增的清单项和子目，或者新增的分部。

1. 添加（分部、子分部、清单项、子目）

添加”是指无论光标在哪个位置，只能添加到最后一行，此功能只针对新增的清单项和子目，或者新增的分部。

2. 补充（清单、子目、人工、材料、机械、主材、设备、暂估）

当定额库中没有与实际工程相匹配的子目、材料等，使用此功能，此功能只针对新增补充子目或材料。如果人工、材料、机械、主材、设备、暂估需要补充到子目下，请选择属性编辑区【工料机显示】窗口最右侧或者鼠标右键中的【补充】按钮。

3. 查询（清单指引、查询清单、查询定额、查询人材机、查询价格文件等）

查询窗口可以查询清单、定额和人材机，选中双击即可输入。清单指引：方便做标底，可以同时输入清单和子目。

4. 存档（清单项、子目、人材机）

保存用户补充的清单项，子目、人材机，可以单独保存，此功能只针对新增的清单项和子目以及人材机，只有当前工程文件中有补充的清单，子目，人材机，功能才会亮显。

5. 查找

可以查看当前界面的清单项、子目，或者材料等。可以在高级中选择查找类别和详细查找条件。

6. 整理清单

(1)“分部整理”可以按照专业、章、节以及自定义在清单中插入分部标题。

(2)“整理工作内容”可以显示子目的工作内容，并让子目按照工作内容排序。

(3)“清单排序”可以自动修改清单的流水码，对相同清单按照输入先后顺序排序，对同一专业的清单按照章节顺序排序。

(4)如果想按照清单排列的位置编码排序，需要先执行“保存清单原顺序”再执行“按清单顺序调整流水码”，以便可还原。

7. 超高降效

记取超高降效，可以按照建筑物的檐高/层高确定套用的超高降效子目，并可以记取到措施页面或者通过高级选项设置放置的位置。可以“批量设置超高过滤类别”，根据清单子目是否计取来批量设置计取和不计取，可以批量设置超高汇总类别，选择汇总后放置的位置。

8. 单价构成

(1)通过单价构成可以直接修改管理费、利润和载入其他单价构成模板。

(2)按专业匹配单价构成：点击后弹出【按专业匹配单价构成】窗口，在取费专业对应的单价构成文件列，双击该行，点击下拉显示单价构成模板，点选匹配的单价构成文件即可。匹配好单价构成文件以后，点击上方的【按专业自动匹配单价构成】，软件会自动将清单依据清单的取费专业与单价构成文件相匹配，也可以点击【停止自动匹配功能】，对清单逐项自行选择匹配的单价构成文件。

(3)【全费用单价】在弹出对话框选择是否采用全费用单价。

9. 批量换算

当子目人材机需要统一作换算的时候可以采取批量换算功能，如人材机批量换算可以批量换算人材机，批量系数换算可以让人材机批量调整系数。

10. 其他/重用组价

(1)子目关联：适用于安装专业需要计算刷油刷漆的管道子目。

(2)复制组价到其他清单：清单组价基本相同时可以复制过去，节约重新组价的过程和时间，要求清单编码前9位相同。

(3)提取其他清单组价：同上。

(4)强制修改综合单价：当调整清单下的子目和人材机无法达到所要求的清单综合单价的时候可以通过强制修改综合单价直接调整清单综合单价。

(5)当清单编码需要重新编码的时候，通过“强制调整编码”修改清单编码。

(6)“工程量批量乘系数”可以批量调整清单和子目的工程量。

11. 展开到(所有清单、清单、子目)

编制完预算书后，如果想单独查看清单，可以通过“展开到清单”功能只显示清单项。

12. 锁定清单

锁定清单后就不能编辑清单名称、工程量、项目特征。导入清单 Excel 或者招标文件后默认是锁定清单的。锁定清单后工具条上显示的就是解除清单锁定按钮。

4.3.2 分部分项界面的工程量清单的编辑

根据施工图要求与施工现场情况，录入分部分项工程量清单。工程量清单的录入包括五个要素：清单的12位编码、项目名称、项目特征、计量单位和工程量。其中工程量、项目特征为重要的输入内容。

1. 输入工程量清单

输入工程量清单：有以下几种形式输入。

(1)在左侧上方从“项目结构”切换到“查询”界面进行清单输入→在查询清单库界面点击【选择清单】，根据项目需要找到“平整场地”清单项，双击即可录入。

(2)按编码输入，点击鼠标右键，选择【添加】→【添加清单项】，在空行的编码列输入010101004，点击回车键，在弹出的窗口回车即可录入挖基础土方清单项。

提示：输入完清单后，可以敲击回车键快速切换到工程量列，再次敲击回车键，软件会新增一空行，软件默认情况是新增定额子目空行，在编制工程量清单时我们可以也设置为新增清单空行。点击【工具】→【预算书属性设置】，去掉勾选“输入清单后直接输入子目”即可。

(3)简码输入，由于清单的前九位编码可以分为四级，如010401008001填充墙清单项，附录顺序码01，专业工程顺序码04，分部工程顺序码01，分项工程项目名称顺序码008，软件把项目编码进行简码输入，即输入1-4-1-8，自动形成清单项，提高了输入速度，其中清单项目名称顺序码001由软件自动生成。

同理，如果清单项的附录顺序码、专业工程顺序码等相同，我们只需输入后面不同的编码即可。例如：对于010401014001砖地沟、明沟清单项，我们只需输入1-14回车或者直接输入14即可，因为它的附录顺序码01、专业工程顺序码04、分部工程顺序01和前一条填充墙清单项一致。即软件会保留前一条清单的前两位编码1-4-1。

在实际工程中，编码相似也就是章节相近的清单项一般都是连在一起的，所以用简码输入方式处理起来更方便快速。

(4)补充清单项：在编码列输入B-1，名称列输入清单项名称截水沟盖板，单位为m，即可补充一条清单项。编码也可根据用户自己的要求进行编写。

2. 输入工程量

(1)直接输入：平整场地清单子目的工程量表达式列输入5200。若是定额工程量的输入一般也是输入在工程量表达式列，在这个界面中注意工程量与工程量表达式的区别，工程量=工程量表达式计算结果/定额单位。软件默认定额工程量用QDL表示与清单工程量相同。

(2)图元公式输入：选择挖基础土方清单项，双击工程量表达式单元格，使单元格数字处于编辑状态，即光标闪动状态。点击右上角工具条【图元公式】按钮，在图元公式界面中选择公式类别为体积公式，图元选择长方体体积，输入参数值后点击【选择】→【确定】，退出图元公式界面，回车即可；

提示：输入完参数后要点击【选择】按钮，且只点击一次，如果点击多次，相当于对长方体体积结果的一个累加，工程量会按倍数增长。可参看任务4.2章节的详细描述。

(3)计算明细输入：选择填充墙清单项，双击工程量表达式单元格，点击小三点按钮(图4-18)，将出现“编辑工程量表达式”对话框，输入计算公式点击【确定】，计算结果表示出来了。

(4)简单计算公式输入：在工程量表达式列直接输入 2.1 ×2 计算公式。

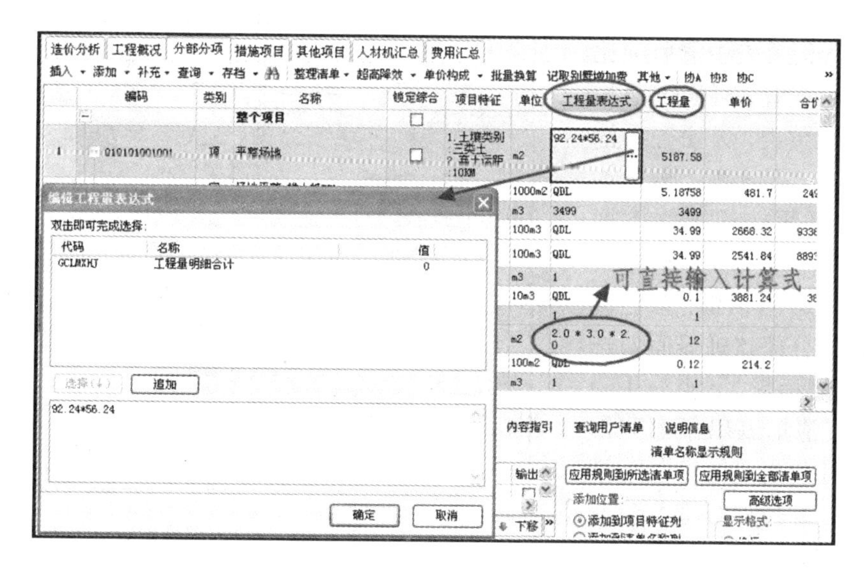

图 4 －18　工程量计算明细输入

3. 清单项目特征描述

(1)项目特征输入清单：光标选择平整场地清单，点击下方属性编辑标签栏中的【特征及内容】，在此界面上单击土壤类别的特征值单元格，选择为“一类土、二类土”，填写运距如图 4 －19 所示。亦可点击鼠标右键选择【插入】增加一行手动输入其他项目特征。

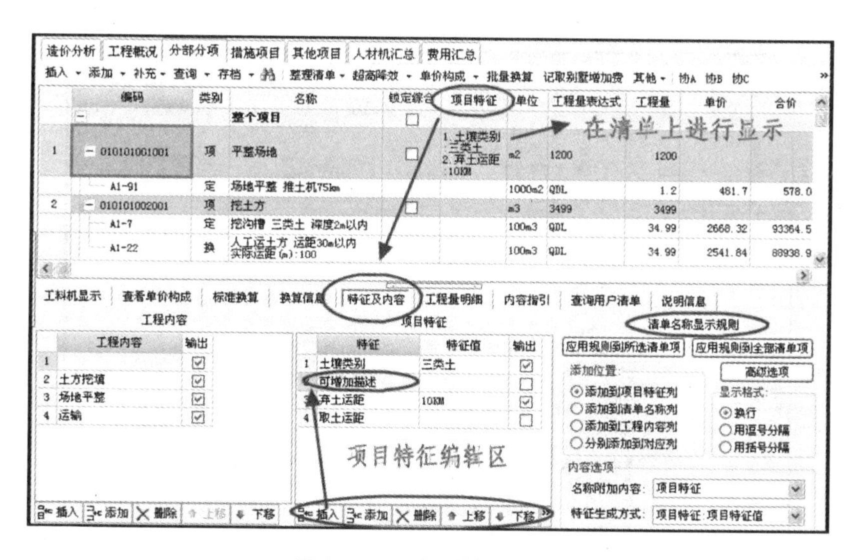

图 4 －19　项目特征的编辑

(2)直接修改清单名称：选择“矩形柱”清单，点击项目名称单元格，使其处于编辑状态，点击单元格右侧的小三点按钮，在编辑【名称】对话框中输入项目名称和项目特征即可。

提示：对于名称描述有类似的清单项，可以采用 Ctrl + C 和 Ctrl + V 的方式快速复制、粘贴名称，然后进行修改。尤其是给排水工程，很多同类清单名称描述类似，只是部分数据更改。

4. 分部整理

实际工程清单表中清单项比较多，不容易查看，可通过添加章节标题进行分类，方便查看清单项编制的是否正确。操作如下：在编辑页面标签导航下面【整理清单】中选择“分部整理”，出现如图 4－20 对话框，依据说明，在窗口的分部整理界面勾选“需要章分部标题”，点击【确定】，自动按清单编码添加分部标题，按照计价规范的章节编排增加分部行，并建立分部行和清单行的归属关系。

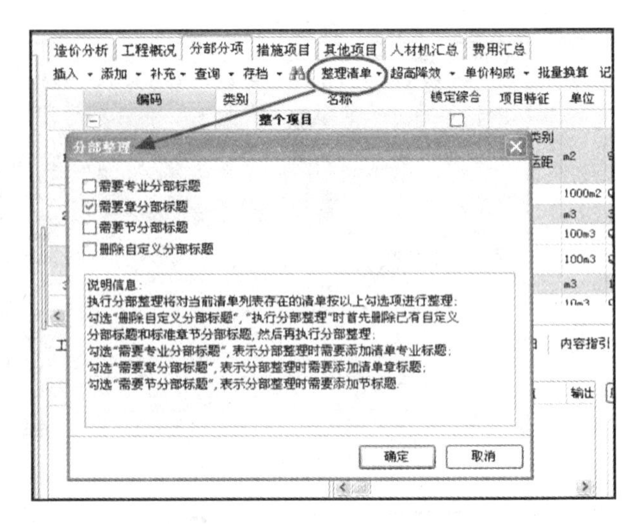

图 4－20　分部整理命令

在分部整理后，补充的清单项会自动生成一个分部为补充分部，如果想要编辑补充清单项的归属关系，在页面点击鼠标右键选中【页面显示列设置】（图 4－21），在弹出的界面对【指定专业章节位置】进行勾选，点击确定，如图 4－22 所示，在页面就会出现【指定专业章节位置】一列（将水平滑块向后拉），点击单元格，出现三个小点按钮，点击按钮，选择章节即可，我们选择金属结构工程中的金属网章节，点击确定。指定专业章节位置后，再重复进行一次【分部整理】，补充清单项就会归属到选择的章节中了。

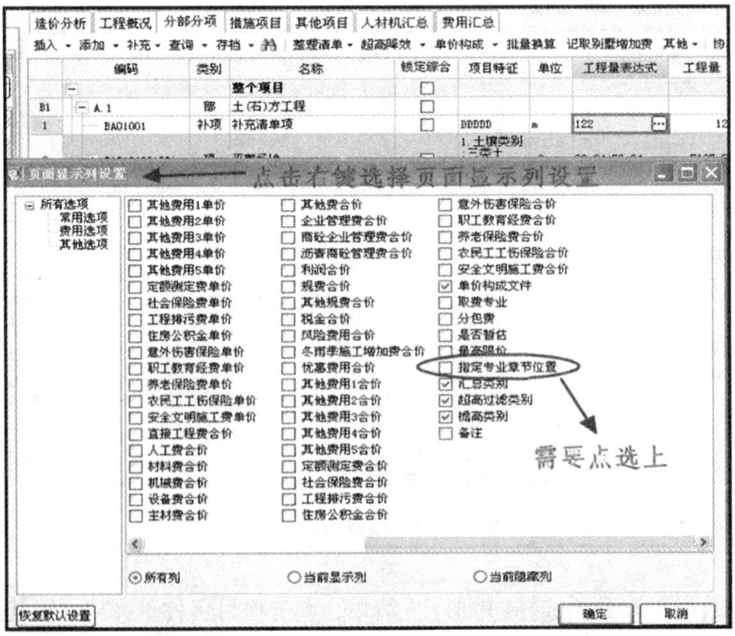

图 4－21　补充清单设置专业章节位置操作一

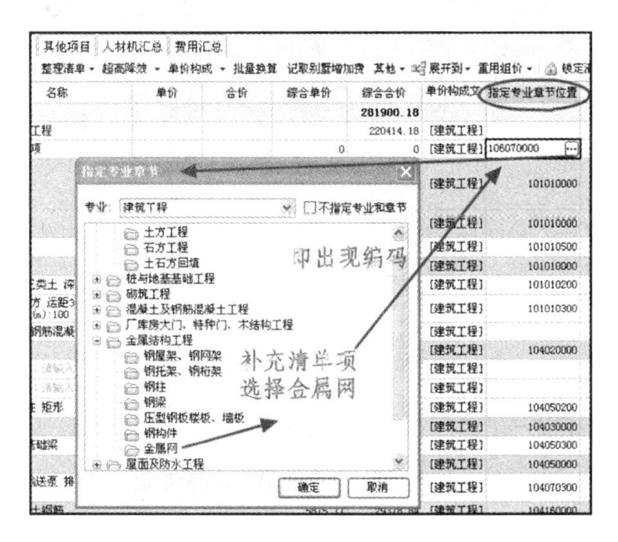

图 4－22　补充清单设置专业章节位置操作二

4.3.3　分部分项界面的清单组价的编辑

打开我们在上一章已经建立好的《办公楼》投标文件，软件会进入单位工程编辑主界面，在已导入招标清单状态下能看到已经导入的工程量清单在界面上已显示。

提示：输入建筑面积后，单位工程的工程概况中会保存这个信息。

1. 套定额组价

在建筑工程中，套定额组价通常采用的方式有以下四种。

(1)联想指引：当输入或点击清单项后，在左侧显示清单时下方会联想显示相关定额选项，如在左侧已选好平整场地清单，下方联想场地平整、运输、土方挖填，根据清单特征描述，选择 A1－3 子目双击即可；

(2)直接输入：选择填充墙清单，点击【插入】→【插入子目】，在空行的编码列输入 A4－31，工程量为 1200 即可。

提示：输入完子目编码后，敲击回车光标会跳格到工程量列，再次敲击回车软件会在子目下插入一空行，光标自动跳格到空行的编码列，这样能通过回车键快速切换。

(3)查询输入：选中 010502001001 矩形柱清单，点击上方快捷命令【查询】按钮，弹出对话框，出现定额子目选项，选中 A5－80 子目，点击【插入子目】，在换算对话框进行换算后点击【确定】，移动光标后输入工程量即可。

(4)补充子目：选中挖基础土方清单，点击鼠标右键【补充】→【补充子目】。在弹出的对话框中输入编码、专业章节、名称、单位、工程量和人材机等信息。点击确定，即可补充子目(图 4－23)。提示：注意右上角专业切换回建筑工程。

2. 输入子目工程量

一般情况下，软件默认定额工程量用 QDL 表示与清单工程量相同，若是子目工程量与清单相同，此时就可以不输入。若不同则在工程量表达式列直接输入定额子目的工程量即可，或者参考清单工程量的输入方式。

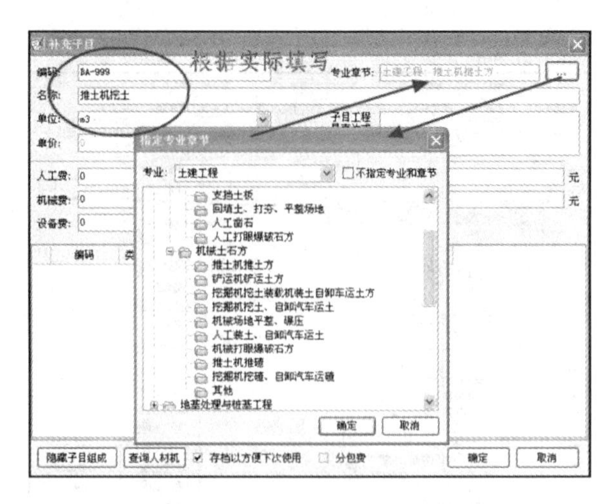

图 4－23　补充子目操作界面

3. 组价定额子目换算（如图 4－24）

（1）系数换算：输入定额子目时往往弹出对话框，系数换算就在此完成。如选中混水砖墙 A4－10 子目，第一行直接套用，不需要更改；第二种情况点击子目编码列，使其处于编辑状态，在子目编码后面 A3－10 输入 ×2，则整个子目单价费用都 ×2，用于整体调整价格；

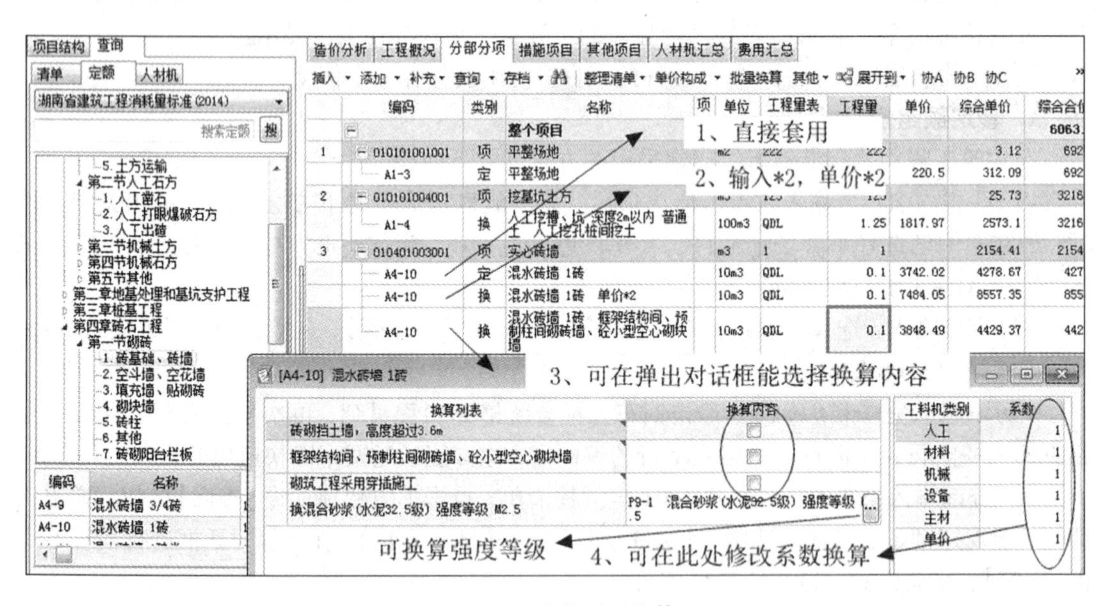

图 4－24　定额子目换算

（2）标准换算：选中 A4－10 子目，在下侧属性功能区点击【标准换算】，即可完成（图 4－24）中的第三种情况，在弹出对话框内软件提供了定额可换算内容，我们只要点选换算内容，软件就会把这条子目的单价乘以 1.1 的系数；第四种情况在弹出对话框右侧，有默认为 1 的系数列表，可根据实际工程进行系数换算。如图 4－24 则是人工与机械换算其系数为 2，计价时就人工与机械的费用就增加了。

(3)强度等级换算：如图4－24在弹出对话框内软件提供了定额可换算内容，点击小三点下拉菜单选择需要的就可以了。

说明：标准换算可以处理的换算内容包括：定额书中的章节说明、附注信息，混凝土、砂浆标号换算，运距、板厚换算。在实际工作中，大部分换算都可以通过标准换算来完成。

4. 设置单价构成

在编辑页面标签导航下面【单价构成】中选择“单价构成”则可在弹出对话框内进行费率的修改，并可以保存自己需要的模板。软件会按照设置后的费率重新计算清单的综合单价（图4－25）。

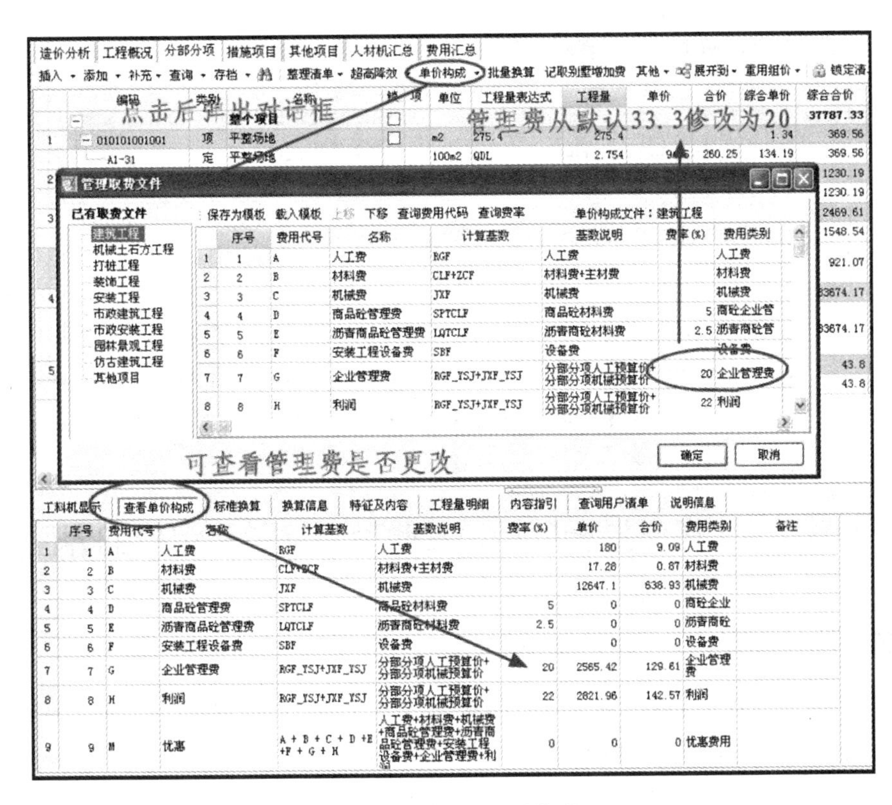

图4－25 设置单价构成

提示：如果工程中有多个专业，并且每个专业都要按照本专业的标准取费，可以利用软件中的【按专业匹配单价构成】功能快速设置。软件也提供全费用单价，点击后修改综合单价为人工费、材料费、机械费、管理费、利润、规费和税金全费用单价。

5. 提取其他清单组价/复制组价到其他清单的应用

在编制招投标书的时候，对于不同截面的梁，有的会按清单项分别给出，清单工程量是不同的，但组价的子目是相同的，不同也只是工程量，为了快速组价，先对其中的一条清单项进行组价，然后将这条清单项的组价应用到其他项目编码前9位相同清单项下。操作如下：在界面上方工具条中选择【重用组价】下拉菜单执行【复制组价到其他清单】/【提取其他清单组价】命令（图4－26），在弹出的对话框通过约束“过滤方式”“子目复用方式”的选项，勾选需要应用的清单项，在点击下方的【应用按钮】即可。初学者慎用，最好的方法是需要重新打开这些子目进行查看，有无正确应用，符合工程实际。

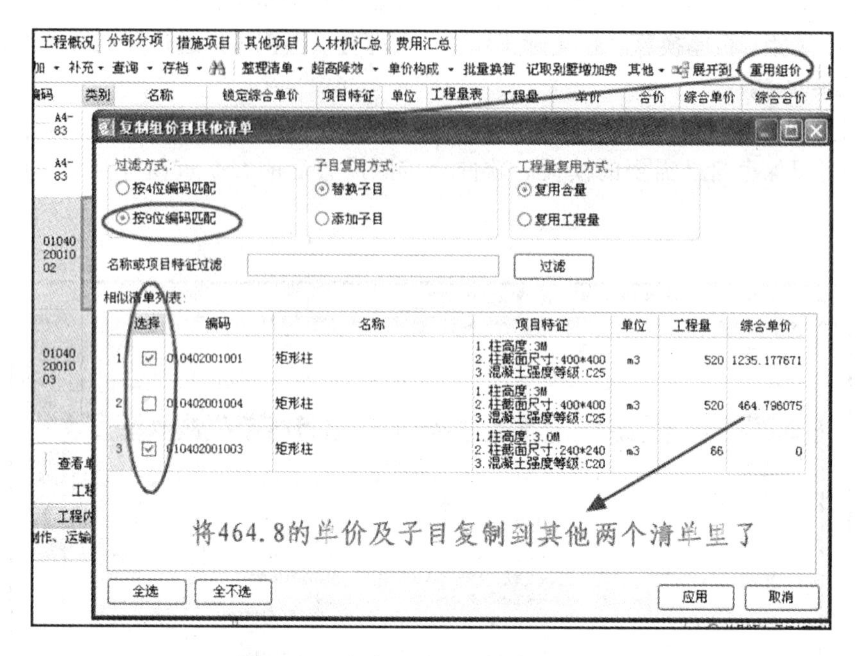

图 4－26　复制组价到其他清单的应用

任务 4.4　操作措施项目、其他项目清单及组价的界面

任务要求

熟练掌握措施项目、其他项目窗口的相关命令和菜单命令的操作，完成总任务中的《办公楼》建筑和装饰装修工程部分的措施项目清单、其他清单及相应定额组价的编辑工作。

操作指导

4.4.1　措施项目窗口组成及清单措施

为完成工程项目施工，我们需要完成发生于该工程施工前和施工过程中技术、生活、安全等方面的非工程实体项目。一般分为施工技术措施费、施工组织措施费和综合措施费(或者称工程安全防护、文明施工费)。

施工技术措施费包括脚手架搭拆费、模板工程、垂直运输费、超高费等。施工组织措施费包括成品保护费、生产工具用具使用费、检验试验费、室内空气污染测试费、冬雨季施工增加费、夜间施工增加费、场地清理费、二次搬运费、临时停水停电费等，也可以将这两类费用统称施工措施费。

综合措施费包括文明施工费、安全施工费、环境保护费、临时设施费。此类费用一般按照各省的计费文件要求参照费率形式计取，湖南省是合并取费率记取。

具体操作时首先要参考拟建工程的施工组织设计，以确定工期、环境保护、文明安全施工、材料的二次搬运等项目；其次参阅施工技术方案，以确定垂直运输机械、大型机械进出场及安拆、混凝土模板与支架、脚手架、施工排水降水、垂直运输机械、组装平台等项目；最后参阅相关的施工规范与工程验收规范，确定施工技术方案没有表述的，如为了实现施工规范与工程验收规范要求而必须发生的技术措施等。

软件为提高工作效率已经内置了常用的措施项。措施项目清单的表示：一种是以“项”计价(无定额可套)的措施项目，在这个界面下我们只需要根据工程实际情况进行增加和删除即可完成。另一种是以综合单价形式计价的措施项目，其输入方法同分部分项界面。“安全文明施工费”在此窗口界面中自动形成。

1. 措施项目常用编辑按钮

如图 4－27 所示从左至右依次为：插入、添加、补充、查询、存档、批量换算、模板、展开到、其他、重用组价、锁定清单等。

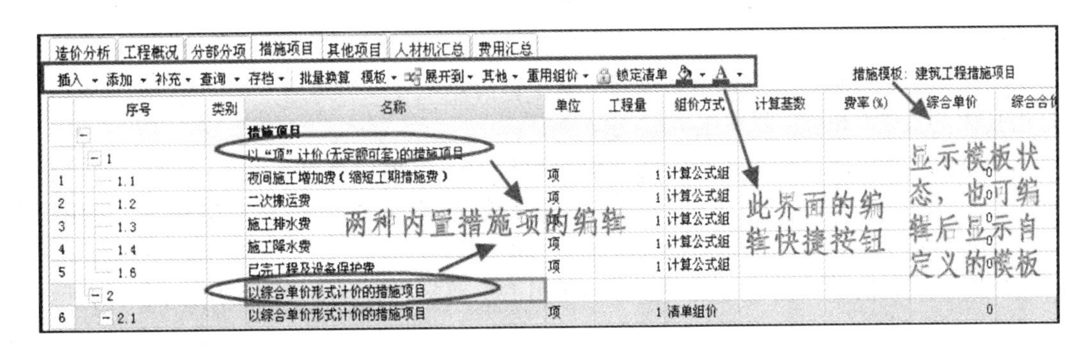

图 4－27　措施项目窗口快捷键按钮

2. 措施项目常用编辑方法

(1)使用【插入】和【添加】功能。

插入：在所选择行的上方插入一行。在其下拉菜单中，插入标题→先选中一行(标题行、措施项等)，然后选择【插入】，选择【标题】，即完成。插入子项→需选中标题行才能插入子项，选择【插入】，选择【子项】，即完成。插入措施项→选中一行，然后选择【插入】，选择【措施项】，即完成。

添加：在所在分部最后添加一行。在其下拉菜单中，添加标题→需选中标题行才能添加标题行，然后选择【添加】，选择【标题】，即完成。添加子项→需选中标题行，且标题行下无措施项，才能插入子项，选择【添加】，选择【子项】，即完成。添加措施项——选中一行，然后选择【添加】，选择【措施项】，即完成。

(2)删除措施项：光标移至编辑行，点击删除按钮或者点击鼠标右键选择【删除】即可删除此标题行及标题行下的子项和措施项。

(3)载入模板：在界面上方工具条点开【模板】下拉菜单中选择：如果软件默认的模板不是你所需要的，可以从软件的后台去载入新的模板；如果对软件默认的模板进行了修改，而又想恢复到原来默认的时候，也可以从后台里载入默认的模板。还可以选择功能中的“清空载入模板”和“追加载入模板”，根据实际情况进行选择，点击后将出现对话框。在对话框选择所需要的文件后，点击右下角的【确定】。如果是清空载入，那将清除现在的模板，换成这个模板；如果是追加载入，则在原来的模板基础上增加这个模板。“保存为模板”当您想把您修改过的措施模板应用到其他工程或以后的工程，你可以使用此工程。点击功能里的“保存为模板”，选择好路径，输入模板名称，点击【保存】即可。其他工程或以后的工程要使用此模板可通过载入模板的操作来实现。

4.4.2 措施项目组价

1. 措施项目组价方式

措施的组价方式分为：计算公式组价、定额组价、实物量组价、清单组价、子措施组价。

计算公式组价：措施项目费用是由计费基础 × 费率来计算的。例如：“夜间施工增加费（缩短工期措施费）”的计价方式是“人工费”（由计算基数选择而来）× 费率（2% 自行输入）计算出来的。

定额组价：措施项目费用是由套入的定额来计算的。例如：“矩形柱模板”是套定额和输入对应的工程量计算得出的。

实物量组价：措施项目费是由具体的实物单价与数量计算出来的。例如：“施工降水费”中是由具体的人工、机械、材料组成。

清单组价：措施项目费是由措施清单综合单价与工程量计算出来的。例如：将“综合脚手架”作为一条措施清单，我们需要描述清单五要素后，套定额，得出其综合单价，并由综合单价 × 工程量得到综合合价，即为措施清单的费用。

子措施组价：措施项目费是由子措施的费用汇总而来，子措施项的费用由以上四种方式组价而来。

2. 编辑措施项目组价（图 4－28）

（1）直接输入费用：选中“已完工程及设备保护费”，移动光标至“计算基数”中输入 1200，即综合单价和综合合价都显示 1200 元，即可。

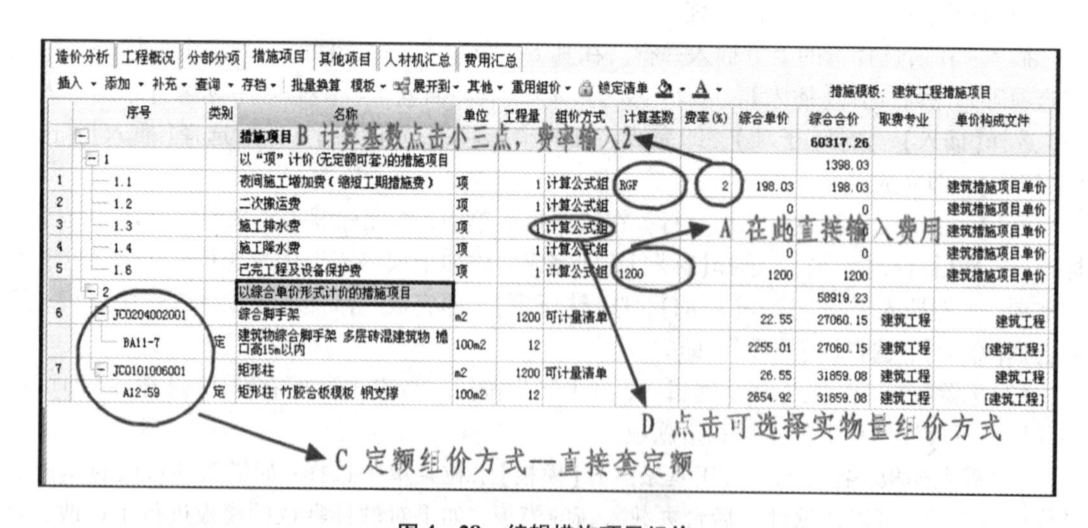

图 4－28 编辑措施项目组价

(2)按取费基数输入：选择“夜间施工增加费(缩短工期措施费)”，移动光标至“计算基数”。点击后面的小三点按钮，在弹出的费用代码查询界面选择“分部分项人工费(9901.54元)”，移动光标输入费率为2%，软件会计算出夜间施工增加费为分部分项人工费的2%，即综合单价和综合合价显示198.03元。

(3)定额组价方式→直接套定额：以综合脚手架和混凝土柱模板为例，在清单下插入子目点选BA11－7、A12－59，然后输入工程量1200，软件自动分别计算综合单价和综合合价。其操作方法与【分部分项】窗口相同。

(4)实物量组价方式：根据工程填写实际发生的项目即可。

4.4.3　措施项目常用案例编制

根据相关规范和湘建价〔2014〕113号《湖南省建设工程计价办法》、2014《湖南省建筑装饰安装消耗量定额》和交底资料的内容，操作几个典型措施项目案例的编辑。

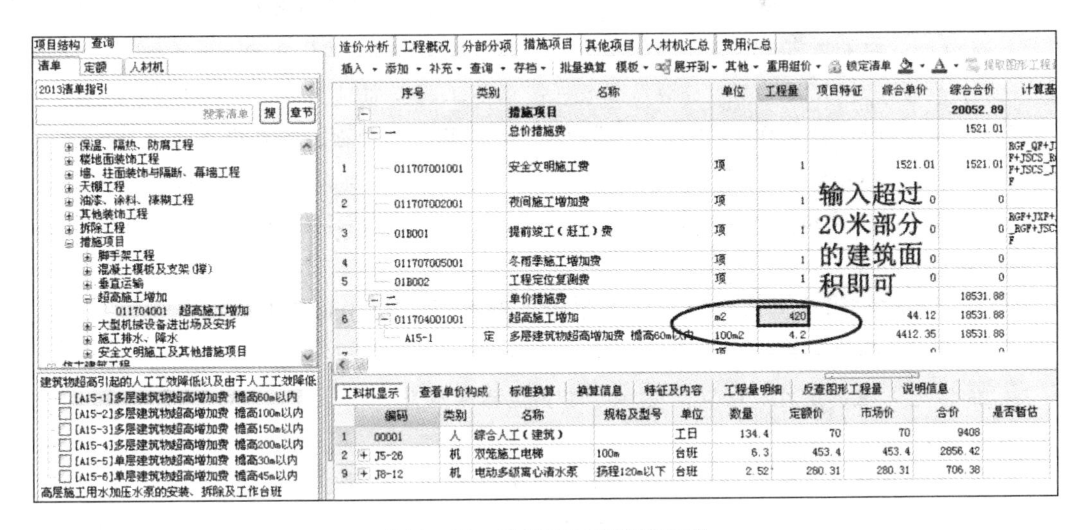

图4－29　建筑工程超高增加费

1. 建筑工程超高增加费的编辑(图4－29)

根据2014湖南消耗量定额规定：建筑物檐高20 m以上部分均可计算超高增加费，且按檐口的高度20 m以上建筑面积以平方米计算。

在【措施项目】窗口，有总价措施费和单价措施费两大类，输入011704001001“超高施工增加”清单双击录入到【单价措施费】中；联想选择合适的子目如点击“A15－1建筑物超高增加费 檐高60 m以内”子目输入，填入檐口的高度20 m以上建筑面积(如建筑面积3000 m^2，其中檐高20～50 m范围内的建筑面积是420 m^2，则工程量填入420)即可完成。

2. 装饰工程超高增加费编辑

根据2014湖南消耗量定额规定：装饰工程超高增加费按檐口高度20 m以上装饰装修工程的人工费、机械费，分别乘以人工、机械增加系数。则装饰工程与建筑工程超高增加费的编辑略有不同：

A 在【分部分项】窗口，将“檐高类别”一列按照实际工程对每一项清单子目进行装饰工程的高度选择。这时原来的“不记取”换成了“装饰多层 20 - 40 m”等字样。

B 点击界面上方的快捷功能键【超高降效】按钮，弹出同建筑工程相同的对话框，也可以在对话框内“装饰降效层高/檐高设置”列的下拉菜单里选择檐口高度。点击【确定】即可。

C 回到【措施项目】窗口，可以看到超高增加费清单下计算了“超高增加费 多层建筑物 垂直运输高度(m) 20 ~ 40”的费用。

3. 建筑工程垂直运输机械费编辑

根据 2014 湖南消耗量定额规定：垂直运输机械使用台班数量，按分部分项工程工程量折算，折算后汇总台班数量为单位工程垂直运输机械台班数量。其具体折算办法如下：

综合脚手架，按建筑面积每 100 m^2 计算 0.06 台班；砖石工程，按砖石工程量每 10 m^3 计算 0.55 台班；梁、板、柱、墙等混凝土构件(包括混凝土和模板吊运)，按混凝土工程量每 10 m^3 计算 0.8 台班(其中混凝土吊运 0.4 台班，模板吊运 0.4 台班)；其他混凝土构件(包括混凝土和模板吊运)，按混凝土工程量每 10 m^3 计算 1.6 台班(其中混凝土吊运 0.8 台班，模板吊运 0.8 台班)；基础和垫层如采用塔吊运输，按混凝土工程量每 10 m^3 计算 0.4 台班(其中混凝土吊运 0.35 台班，模板吊运 0.05 台班)；钢筋工程，按钢筋工程量每吨计算 0.07 台班；门窗工程，按门窗面积每 100 m^2 计算 0.45 台班；“楼地面、墙柱面、天棚面，按装饰面展开面积的工程量，每 100 m^2 计算 0.3 台班；屋面工程(不包括种植屋面刚性层以上工作内容)，按防水卷材面积的工程量，每 100 m^2 计算 0.2 台班；瓦屋面，按其工程量每 100 m^2 计算 0.35 台班。

软件操作如下：

(1)在【措施项目】界面的单价措施费中输入清单项：011703001001“垂直运输”清单项，选择“m^2”或“天”为计量单位，填好工程量。

(2)根据施工组织设计、檐口高度选择垂直运输相应定额子目，如“A14 - 3 塔吊 建筑檐口高 20 m 以内”。

(3)在版本未升级之前需要按定额规定折算办法计算工程量，并填好即可。

(4)软件升级后会自动按分部分项工程工程量折算，并在弹出对话框内填入此檐口高度建筑面积权重，本案例只是一个单项工程，则填入 100 含量。

4. 装饰工程垂直运输机械费编辑

装饰工程垂直运输机械费编辑分两种情况。

(1)当新建工程的主体工程与装饰工程一同发包的工程其垂直运输费按建筑工程垂直运输机械费编辑方法编辑，根据施工组织设计、檐口高度选择建筑部分垂直运输相应定额子目，如“A14 - 3 塔吊 建筑檐口高 20 m 以内”。按定额规定折算办法计算工程量，并填好即可。

(2)单独发包的装饰工程套用装饰的垂直运输定额子目如下操作：

A 将装饰工程措施清单 011703001001【垂直运输】清单双击录入到【措施项目】单价措施费中；

B 输入该措施清单下与分部分项同一檐口高度匹配的【垂直运输机械费】子目 B8 - 1，软件自动按每 100 个工日计算垂直运输机械台班量、单价与合价。

4.4.4　其他项目窗口

1. 其他项目窗口

2014 版本中其他项目窗口罗列【暂列金额】、【暂估价】、【计日工】、【总承包费】、【索赔及现场签证】。常用编辑按钮(图 4－30)有“插入”“添加”“保存为模板”“载入模板”，用法同措施项目界面。

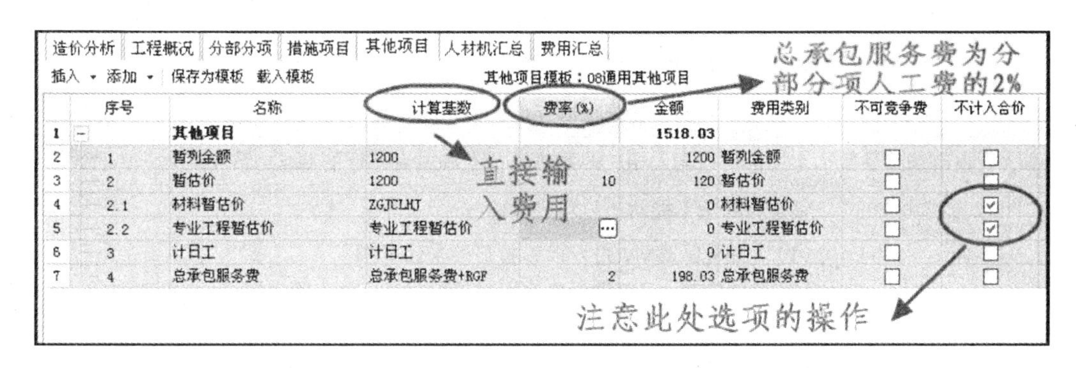

图 4－30　其他项目窗口编辑

2. 其他项目界面组价编辑

本窗口中同措施项目窗口操作类似。

(1)直接输入费用：选中“暂列金额”，移动光标至“计算基数”中输入 1200，即可。选中“材料暂估价”，移动光标至“计算基数”中输入 1200，选择费率，输入 10，则此项金额为 120 元。

(2)按取费基数输入：选择“总承包服务费”，移动光标至“计算基数”。点击后面的小三点按钮，在弹出的费用代码查询界面选择“分部分项人工费(9901.54 元)”，移动光标输入费率为 2%，软件会计算出总承包服务费为分部分项人工费的 2%，即金额显示 198.03 元。

任务 4.5　编辑人材机汇总界面

任务要求

熟练掌握【人材机汇总】界面的功能命令和操作技巧。完成总任务中对《办公楼》建筑装饰工程分别进行工料机的市场价的编辑，并在联网的状态下，进行 2014 年 2 月第 1 期“当地建设信息”中材料价格下载。

操作指导

4.5.1　【人材机汇总】界面功能键的熟悉掌握

【人材机汇总】是当前单位工程中【分部分项】与【计量措施】的人工、材料、机械台班消耗量汇总，其中被设置为“暂估材料”材料会在【其他项目】进行汇总表示，注意点击是否并入合计金额，但总价不会受此影响。在此窗口中可以利用第四排快捷功能键完成对人材机单价的调整、材料属性的定义等操作(表4－1、图4－31)。

表4－1 【人材机汇总】界面常用功能键一览表

序号	功能	使用方法
1	查找	点击此按钮，可查找定位当前人材机页面的某条材料，可以根据名称、单位、材料编码、价格，用量进行查找
2	显示对应子目	选中某条材料，可以反查到用到此材料的所有子目，并查看具体的用量
3	载入市场价	软件内存各地的市场价，可以通过载入市场价来调整人材机的价格
4	市场价存档	人材机调整的市场价可以存档以便下次调用
5	调整市场价系数	市场价可以输入相应的系数进行上调或者下浮的调整，系数是大于0的数值
6	锁定材料	锁定材料后不能对该材料进行修改
7	其他	(1)设置采保费率，可以设置材料的采保费率 (2)批量修改，可以批量修改人材机的供货方式、输出标识、材料类别等，下拉选择即可 (3)信息价下载，直接链接到广联达服务新干线进行下载市场价 (4)部分甲供，当材料为部分甲供时候执行该功能可以反查到甲供量来源于哪条清单下的子目

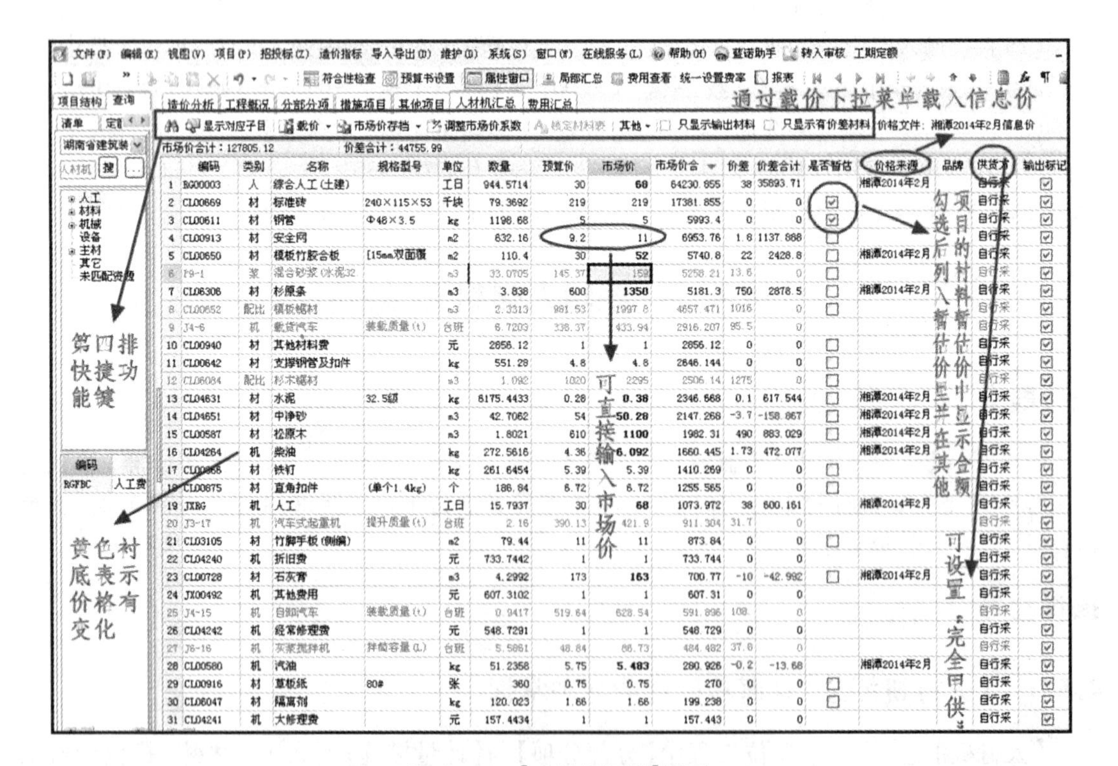

图4－31 【人材机汇总】界面

4.5.2　人材机造价信息的编辑

1. 在【人材机汇总】界面，选择材料表，点击界面上方工具条【载价】下拉菜单的“载入价格文件”选项，在弹出对话框内已内存下载好的价格文件，选择“××市 2014 年 2 月信息价”，点击【确定】，软件会按照信息价文件的价格修改材料市场价，如图 4－31 在“价格来源”一列显示来源为“××市 2014 年 2 月信息价”。

2. 直接修改材料价格

光标移至市场价一列，直接输入安全网材料价格，这时基期价 9.2 元/m^2 改为的市场价格为 11 元/m^2。

3. 设置甲供材、暂估价

设置甲供材料、暂估价有两种，逐条设置或批量设置。

(1)逐条设置：选中一种材料，单击供货方式单元格，在下拉选项中选择“完全甲供”，或勾选选中材料的暂估价单元格。

(2)批量设置：通过拉选的方式选择多条材料，点击鼠标右键选择【批量修改】，在弹出的界面中点击“设置值”下拉选项，选择为“完全甲供”，或者在“设置项”下拉选项选择“暂估材料”，点击【确定】退出。

4. 子目反查

一份标书编制完成，为了报价等更合理，总是要核查一些主要材料的价格和用量，利用此功能在【人材机汇总】界面中通过选中的材料可看到子目的用量，且可直接定位返回分部分项/措施项目界面进行编辑。

选中查看材料，点击鼠标右键选择【显示对应子目】，弹出相应窗口，可查看该材料对应子目中的用量，双击其中的一条子目则自动定位到分部分项/措施项目界面的子目行可进行编辑。

4.5.3　【人材机汇总】界面相关表格的应用

在【人材机汇总】界面的左侧“项目结界”栏有相关表格：人工表、材料表、机械表、设备表、主材表、分部分项人材机、措施项目人材机、甲供材料表、主要材料指标表、甲方评标主要材料表、主要材料表、暂估材料表，可以点击查看，编辑(图 4－31)。下面以【甲供材料表】为例讲解应用。

招标方为了控制成本，一个工程中通常都少不了甲方提供的材料，这部分材料要看双方如何规定，是否参与取费，并且材料所用量是全部由甲方供给还是部分供给，这些都会影响到工程造价与结算，同时也需要在投标时提交这些材料的价格清单，这时就可以选择【甲供材料表】进行编辑和打印输出。

在【人材机汇总】界面中“供货方式”一列中点开下拉菜单，设置材料供货类别，全部甲供不需要输入会自动更新，部分甲供需要输入甲供数量，全部输入完毕，可在左侧下方点击【甲供材料表】(图 4－32)，界面上可直接查看当前工程中所有的甲供材料。

当甲方供货多于实际用量的情况，材料设定时，甲供数量是可以超出工程中对应的材料数量，多余的甲供材料价格不会影响总造价，只是相应的甲供材料表及甲供代码相应会包含所有的甲供数量及价格。

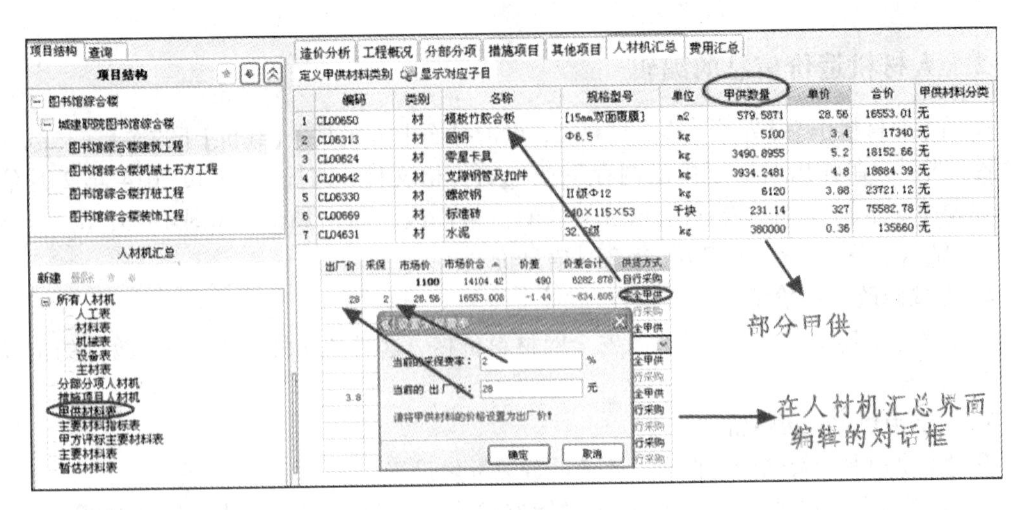

图 4 - 32　甲供材料表

任务 4.6　费用汇总界面、报表的编辑与打印

任务要求

查看单位工程取费计算界面，核对计算项目和相应取费费率。进入报表窗口，利用报表集合导出招标控制价和投标价所有的文件。完成《办公楼》工程的招标控制价文件的编辑工作，做好整理装订工作。

操作指导

4.6.1　费用汇总界面

【费用汇总】窗口是整个单位工程的造价数据组成汇总，在招标控制价编制阶段，反映的是当前单位工程的控制价，在投标阶段，反应是投标总报价，而在结算阶段，反映的是结算工程的总价。包括了分部分项费、措施项目费、其他项目费及规费与税金五大清单总价。在此界面查看及核实费用汇总表，如图 4 - 33 所示，一般情况下数据自动汇总不需要手工进行任何调整，只需复核数据是否完整。

实际工程中部分费用需要按照甲乙双方协商的方式计算，和常规的计费方式不同，可以点击【计算基数】列的小三点进行修改基数，点击【费率%】列进行修改数值，直至达到要求，点击【保存为模板】供类似工程借用，借用时点击【载入模板】。

4.6.2　清单报表界面介绍

1. 查看清单报表并导出

编辑完成后可以在任意标签栏状态下点击第二排工具栏的【报表】，进入【预览整个项目报表】查看本工程的所有报表，单张报表可以导出为 Excel，点击右上角的“导出到 Excel 文件”，在保存界面输入文件名，点击保存。也可以把所有报表批量导出为 Excel，点击批量导出到 Excel，在弹出对话框内进行选择，即可。

项目结构　查询　项目结构　办公楼　办公楼建筑工程　办公楼装饰工程　办公楼打桩工程　本界面编辑功能键　费用汇总

造价分析　工程概况　分部分项　措施项目　其他项目　人材机汇总　费用汇总

插入　保存为模板　载入模板　批量替换费用表　费用汇总文件：建筑工程费用汇总模板　费率为空表示按照费率100%计取

	序号	费用代号	名称	计算基数	基数说明	费率(%)	金额	费用类别	输出
1	1	A	分部分项工程费	FBFXHJ	分部分项合计		6,646.38	分部分项合计	☑
2	2	B	措施项目费	CSXMHJ	措施项目合计		371.20	措施项目合计	☑
3	2.1	B1	能计量的部分	JSCSF	技术措施项目合计		0.00		☑
4	2.2	B2	总价措施项目费	ZZCSF	组织措施项目合计		371.20		☑
5	3	C	其他项目费	QTXMHJ	其他项目合计		0.00	其他项目合计	☑
6	4	D	规费	D1 + D2 + D3 + D4 + D5 + D6	工程排污费+职工教育经费+工会经费+其他规费+养老保险费(劳保基金)+安全生产责任险		1,071.59	规费	☑
7	4.1	D1	工程排污费	A+B+C-XSXMFB-XSXMFC	分部分项工程费+措施项目费+其他项目费-协商项目B-协商项目C	0.4	28.07	工程排污费	☑
8	4.2	D2	职工教育经费	RGF+JSCS_RGF+RGF_JRG	分部分项人工费+技术措施项目人工费+计日工人工费	1.5	58.26	职工教育经费	☑
9	4.3	D3	工会经费	RGF+JSCS_RGF+RGF_JRG	分部分项人工费+技术措施项目人工费+计日工人工费	2	77.68	工会经费	☑
10	4.4	D4	其他规费	RGF+JSCS_RGF+RGF_JRG	分部分项人工费+技术措施项目人工费+计日工人工费	16.7	648.63	其他规费	☑
11	4.5	D5	养老保险费(劳保基金)	A+B+C-XSXMFB-XSXMFC	分部分项工程费+措施项目费+其他项目费-协商项目B-协商项目C	3.5	245.62	养老保险费	☑
12	4.6	D6	安全生产责任险	A+B+C-XSXMFB-XSXMFC	分部分项工程费+措施项目费+其他项目费-协商项目B-协商项目C	0.19	13.33	安全生产责任险	☑
13	5	E	税金	A+B+C+D-XSXMFB	分部分项工程费+措施项目费+其他项目费+规费-协商项目B	3.477	281.26	税金	☑
14	6	G	暂列金额	暂列金额	暂列金额		0.00	暂列金额	☑
15	7		单位工程造价	A+B+C+D+E+G	分部分项工程费+措施项目费+其他项目费+规费+税金+暂列金额		8,370.43	工程造价	☑

查询费用代码　查询费率信息

费用代码　分部分项

	费用代码	费用名称	费用金额
1	FBFXHJ	分部分项合计	6646.37837

图 4－33　单位工程取费计算界面

2. 保存退出

在编辑中注意保存，然后点击 关闭 ，返回招标管理主界面。

4.6.3　投标报表界面介绍

1. 查看投标相关报表并导出

同清单报表操作相同，编辑完成后可以在任意标签栏状态下点击第二排工具栏的【报表】，进入【预览整个项目报表】查看本工程的所有报表，如图 4－34 所示。在左侧导航栏选择“投标方”集合报表，进行相关操作了。

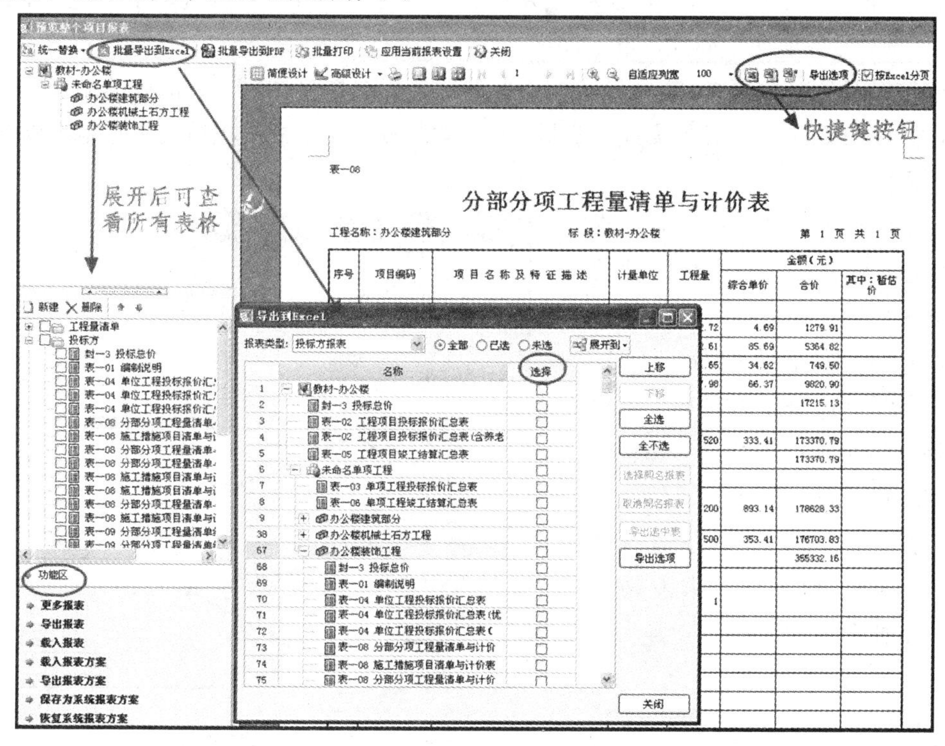

图 4－34　投标报表界面介绍

2. 报表打印输出

(1)点击上方 批量打印 ，则打印当前报表，点击 批量导出到Excel 按钮，可将当前报表输出 Excel 文件；

(2)我们在编辑招标清单、编制控制价、投标报价与结算时，所需要的报表是不一样的，或者说每个地区对报表的要求也不一样，每次要打印报表时，注意选择报表集合和追加“其他选项”里面的特殊表格，一次性打印输出即可，而不需要单张报表的选择并打印，这样既能节省打印时间提高效率，又能满足不同预算编制阶段对报表的不同需求。

任务 4.7　计价软件整体操作功能的应用

任务要求

掌握造价软件的整体操作相关功能。审核《办公楼》工程的招标控制价文件/投标文件的整体编辑工作。

操作指导

4.7.1　生成电子招标书的整体操作

用清单招投标工程，招标方要按“五大要素”规范编制标书，编制过程中难免遗漏或出现重码等问题，且各地现在都推行电子评标，符合性检查或评标打分时对此要求严格。编制过程中充分利用【符合性检查】来帮助我们，当然可自行选择关注的项，检查的结果也只是提醒，对于标书的结果没有任何影响，编制人可根据检查的结果视工程情况决定是否调整。

1. 招标书自检

当编制好清单文件后，在任意界面点击上方快捷键按钮【符合性检查】，在弹出对话框“选择检查方案”下拉菜单中点击【招标书自检选项】，选择自检项目后按下方的【执行检查】，检查后出现检查结果，如果工程量清单存在错漏、重复项，软件显示检查结果出来，根据提示进行修改，直至出现“检查结果未发现异常”即可，如图 4－35。

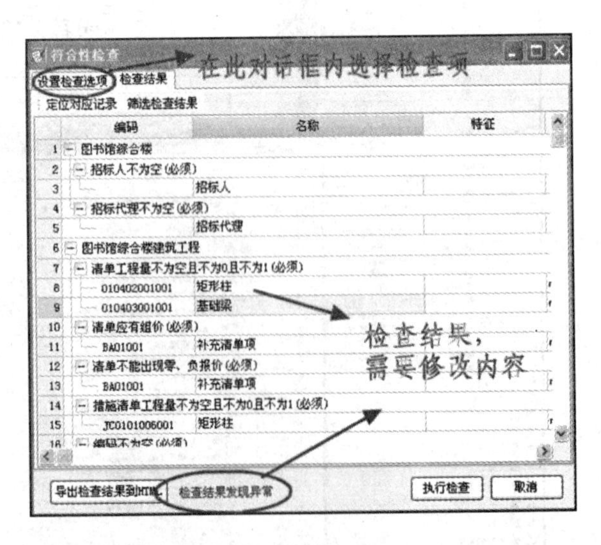

图 4－35　招标书自检

2. 生成电子招标书

点击上方菜单栏的【招投标】，在下拉菜单中选择“招标书”的“生成招标文件”，出现询问对话框“友情提醒：生成标书之前，最好进行自检，以免出现不必要的错误”，已检查则选择“取消”，进行下一步，“导出标书”，选择存储路径后，出现招标控制价和电子标书文件（图 4－36）所示。注：如果多次生成招标书，则此界面会保留多个电子招标文件，注意文件的整理。

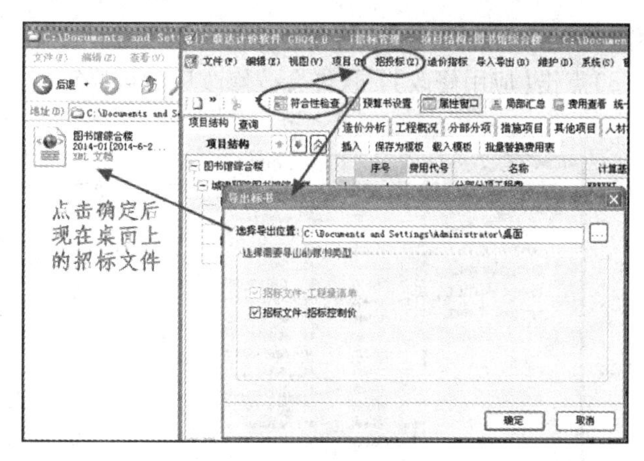

图 4－36　生成电子招标书

4.7.2　生成电子投标书的整体操作

投标方编制完标书后，通常要核查一下组价过程是否有漏项或错误的地方，因为大量的工程清单、子目、工料机项目都是手动输入，检查往往不能完全查看到，所以使用单位工程自检能高效解决这个问题。软件设置中有多种选项，根据招标文件和规范规定，自己设定【纸质投标书符合性检查】的选项，为了节约修改时间，一般主要检查“定额检查”、“材料工程量为0”、“未计价材料单价为0”、“甲方评标主要材料表”、“费用汇总检查”、“同一工料机不能有多个价格”项目等，且可生成报告，打印出来对照着修改，方便检查和修改。其他操作过程同“生成电子招标书的整体操作”类似，只是注意界面选项选择与投标相关选项即可。

4.7.3　统一调整整个项目人材机价格

一般情况下主要材料在整个项目要保持一致的价格，虽然施工期中材料进货价不同，但最终结算的时候价格会统一用加权平均的方式去确定，所以对同时施工的项目来说，这些主要材料的价格就要经常进行统一调整。特别是各专业预算人员编制标书后，汇总后需要核查或统一工料机价格，如果针对一个个专业工程进行调整的，速度很慢而且不一定调整到位，这时我们可以根据整个项目（标段）进行调价，调整后应用到个各单位工程，则价格相应改变。

图 4－37　选择汇总材料范围

（1）设置调整的范围如图 4－37 所示。在左侧项目结构栏里选择总的建设项目，选择材料后，在界面的下方能显示有哪些单位工程使用了该材料，如图 4－38 所示。

（2）如果有多个单位工程使用了该材料，以前面章节的编辑材料价格的方式修改了材料价格后，所有单位工程的该条材料价格都会被修改。注意：利用载入市场价文件编辑时，需

将不需调整的人材机进行市场价锁定

(3)点击【应用修改】，软件会按修改后的价格重新汇总投标报价。

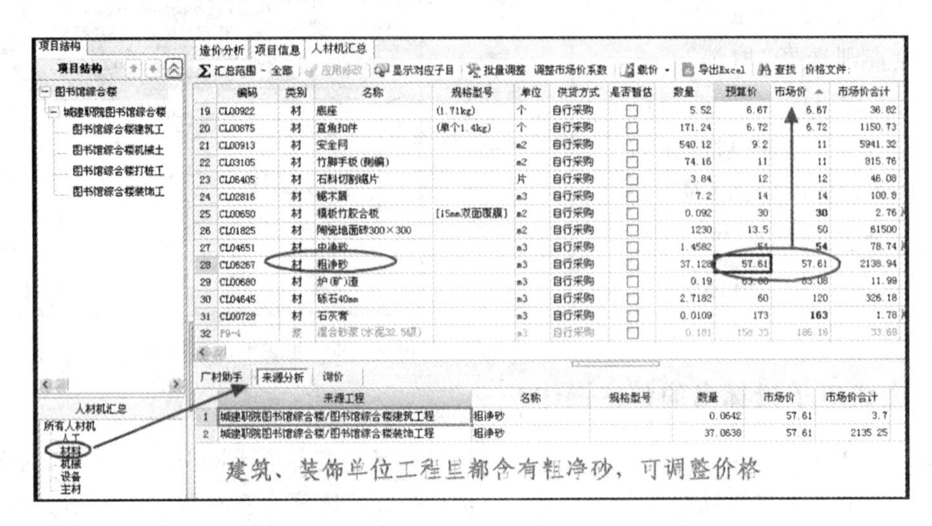

图 4－38　统一修改材料价格界面

4.7.4　强制调整清单综合单价

在特定的情况下，补充清单项不套定额，直接给出综合单价。操作如下：选中补充清单项的综合单价列，点击鼠标右键→【强制修改综合单价】，在弹出的对话框中输入综合单价，软件自动计算即可，如图 4－39。

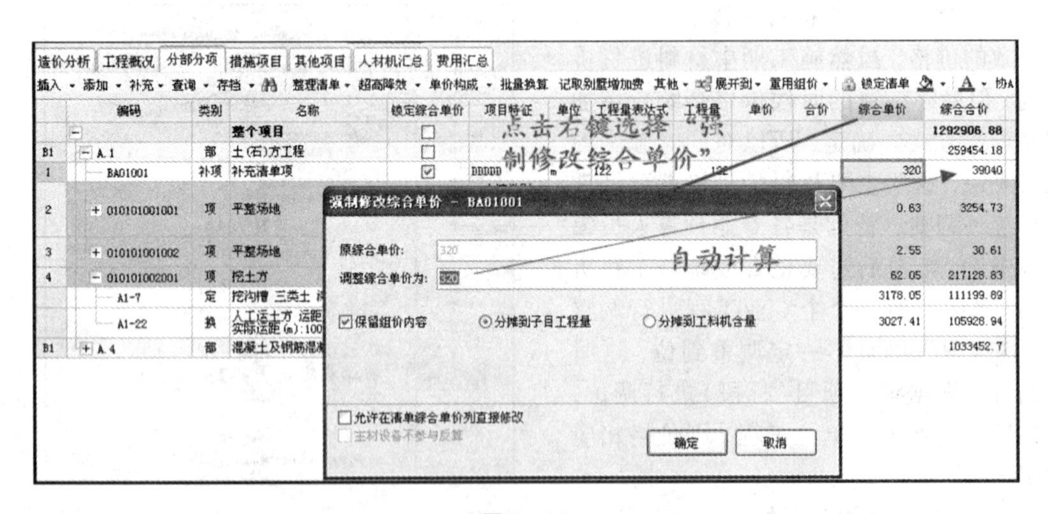

图 4－39

在结算或进度结算过程中，如果发生变更，要根据工程情况及合同规定，调整清单的工程量，现在多是单价合同，不能随意修改清单的综合单价，需要我们再调整过程中考虑如何让综合单价不变，这里可操作勾选【锁定综合单价】，锁定后修改清单工程量，单价不会发生变化。

4.7.5　如何找回历史工程

工作过程中，用户有时会遇到受网络病毒、工程断电、工程死机等因素的影响，经常出现一些文件损坏的情况，造成用户的劳动成果丢失，软件提供【找回历史工程】的功能。

软件操作如下：

(1)点击界面上方菜单栏的【系统】的下拉菜单中点击【找回历史工程】，弹出“找回历史工程”选择界面；

(2)若是文件过多。可在软件弹出的窗口中选择大致日期范围，输入工程名称里的关键字等，进行过滤，以快速查找；

(3)在过滤后的界面中，选择目标工程，点击鼠标右键选择【保存历史工程到】，就可以另存为，选择保存路径即可。

注意：尽量找到最近时间的备份工程，数据保留最多。

模块小结

1. 运用广联达清单计价软件(GBQ4.0)完成工程项目新建。

2. 运用广联达清单计价软件(GBQ4.0)进行分部分项工程量清单的编制及组价、换算和调价。

3. 运用广联达清单计价软件(GBQ4.0)进行措施项目工程量清单的编制及组价、换算和调价。

4. 掌握广联达清单计价软件(GBQ4.0)其他项目清单费用组成及数据输入

5. 运用广联达清单计价软件(GBQ4.0)进行市场价载入、工料机用量和价格调整。

6. 运用广联达清单计价软件(GBQ4.0)进行报表预览和导出，掌握造价文件装订。

7. 运用广联达清单计价软件(GBQ4.0)独立完成任务实践中的内容。

模块五　智多星和斯维尔计价软件应用

模块任务

- 任务5.1　布置总任务，熟悉编制流程
- 任务5.2　编辑计价项目管理界面
- 任务5.3　操作分部分项工程量清单及组价界面
- 任务5.4　操作措施项目、其他项目清单及组价的界面
- 任务5.5　编辑工料机汇总界面
- 任务5.6　单位工程取费界面、报表的编辑与打印

能力目标

- 熟练掌握多种计价软件的应用
- 熟练运用计价软件对成本进行有效管理

知识目标

- 熟练掌握多种计价软件操作流程和操作技巧
- 能利用多种计价软件进行工程量清单计价文件的编制

任务5.1　布置总任务，熟悉编制流程

任务要求

同模块四的任务要求。对比学习，掌握多种计价软件的操作。

熟悉图纸

同模块四的识图要求

模拟背景

同模块四的模拟背景

操作指导

进入智多星公司网站的下载中心，选择湖南2014建设项目造价管理软件进行下载(图5-1)，下载后出现“zdxhn2014.exe”(2014/11/6)文件，双击这个文件按照安装导航来进行下一步，直到软件安装完毕后，会在桌面上形成快捷图标。

进入斯维尔网站的“服务与支持”，进行“工程造价系列软件”和“清单计价2014”的搜索(图5-2)，选择合适的版本下载安装盘，安装完毕后出现【清单计价2014 湖南版】的图标，双击图标可进行工程造价文件的编制工作。

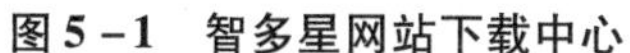
图 5－1　智多星网站下载中心

图 5－2　斯维尔网站的软件下载

广联达、智多星、斯维尔等计价软件的界面各具特色，但其操作方法大同小异，最终形成的造价文件报表都符合清单规范的要求。本模块以智多星软件为主讲解案例操作，以下为主要操作步骤：

第一步　双击需要的快捷图标启动软件。

第二步　新建项目：输入项目名称→“办公楼”，在项目模板中选择“建筑经济指标专用：湖南 2014 建设工程工程量清单计价”，选择相应的保存路径。（这里智多星软件默认直接进入新建建设项目，而斯维尔和文联达软件操作类似，需要选择新建建设项目，有需要时才选择新建单位工程进入。）

第三步　构建项目文件：打开【项目管理】界面后，根据项目实际编制要求，构建单项工程与单位工程，并且根据要求输入【项目信息】和【编制说明】。

第四步　编辑单项工程文件：在单项工程编制界面可进行工程项目管理的编辑。亦可在完成单位工程计价工作后，对整个项目进行编辑。

第五步　操作单位工程分部分项清单：完成单位工程【工程信息】的填写后，进入【分部分项】窗口输入分部分项工程量清单、描述项目特征、挂消耗量定额子目，此时注意检查清单与子目规范性、准确性与完整性，也要注意组价的定额子目套用、取费以及工程量的正确输入。

第六步　操作单位工程措施项目清单：根据招标文件或施工组织方案编制计量措施内容、计项措施内容。

第七步　调整人材机价格：在【工料机汇总】窗口中调整人材机的市场价；注意编制招投标文件时根据要求勾选指定【暂估单价材料】。

第八步　其他项目清单编制：招投标阶段根据要求编制暂列金额、专业工程暂估价、计日工、总承包服务费。竣工结算阶段根据结算内容编制签证索赔、专业工程结算价、计日工结算、总承包服务费。

第九步　计算汇总：在【取费计算】窗口点击计算按钮，刷新后检查数据成果，检查单位工程造价合计的组成。循环上述第五至九步骤，完成项目内其他单位工程编制。

第十步　报表输出：报表的预览，成果的编辑与打印。

任务5.2　编辑计价项目管理界面

任务要求

熟悉两种不同计价软件的项目管理界面，能熟练掌握菜单命令和快捷按钮的操作；能在项目管理界面查找成本控制的相关数据；能熟悉整体列表项目的编辑和整体调整工料机价格操作等；在此基础上用两种软件完成总任务《办公楼》的项目管理界面的编辑工作。

操作指导

5.2.1　项目管理操作界面

【项目管理】主界面窗口（图5－3）中：

第一排为标题栏：显示软件版本号及当前项目文件保存的路径。

第二排为菜单栏：软件所有菜单命令功能。

第三排为常用命令按钮的快捷键。

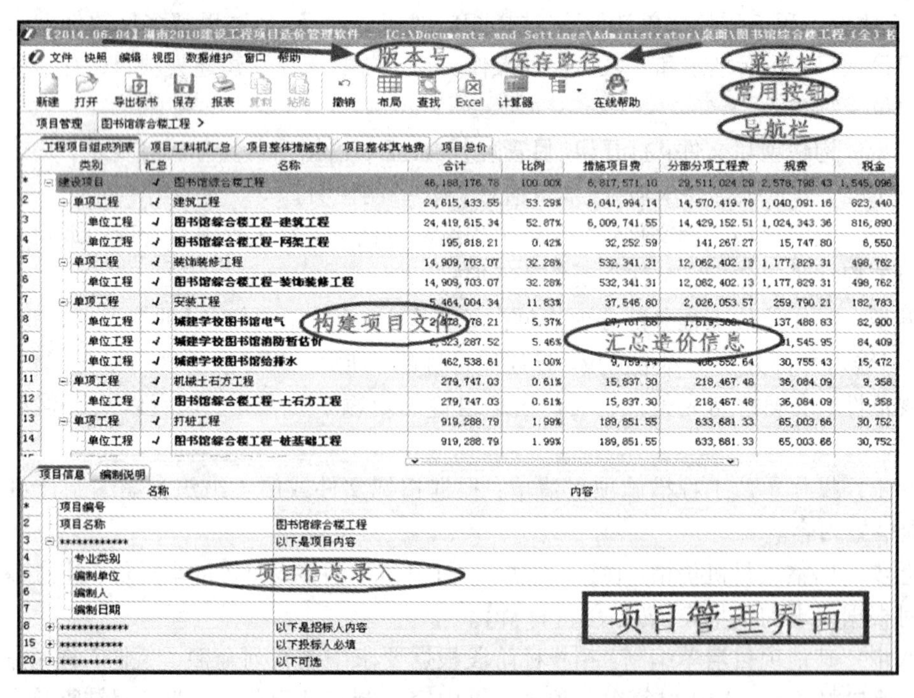

图5－3　项目管理界面

第四排为导航栏：单项工程下的单位工程的窗口快速切换

第五排为项目管理窗口：这是单项工程进行编辑的主要操作界面：由工程项目组成列表、项目工料机汇总、项目整体措施费、项目整体其他费、项目总价五个子窗口标签栏组成。

在这个界面中当汇总为“√”状态时可以汇总造价金额到上级节点、也可汇总该节点的工料机和导出标书、报表输出等，但是汇总状态为“×”状态时则不能完成上述的操作。

5.2.2　常用菜单命令

1. 文件

在【项目管理】主界面窗口“文件”下拉菜单中有很多命令是我们很熟悉和常用的，如“新建”、“打开”、“关闭”、“保存”、“另存”。

“从备份恢复”是软件的一个预险的功能，项目文件在编制过程中要不定期对项目文件进行保存，确保系统意外中断退出不丢失数据，万一发生情况可以“从备份恢复”。

2. 快照

“快照”下拉菜单中→建立当前状态的快照备份，以供我们在编辑若干步骤后，来恢复立快照时刻的状态。

3. 编辑

“编辑”下拉菜单中也有很多命令同普通办公软件命令的，“复制”“粘贴”“查找”，但是“撤消”按钮只能撤消此前的字符操作，而不能撤消所编辑步骤。“Excel”按钮有着实用的辅助功能，它能将当前焦点窗口信息导出为 Excel 文档进行编辑。

如在打开的《图书馆综合楼工程》界面窗口上显示总价为 46188176.78 元，分别由建筑工程、网架工程、装饰工程、安装工程等组成，那么我们点击“Excel”按钮将窗口界面所显示的表格导出(图 5-4)，存在桌面上命名为“图书馆综合楼工程”。进入此文件，就可在 Excel 文档里进行汇总编辑。

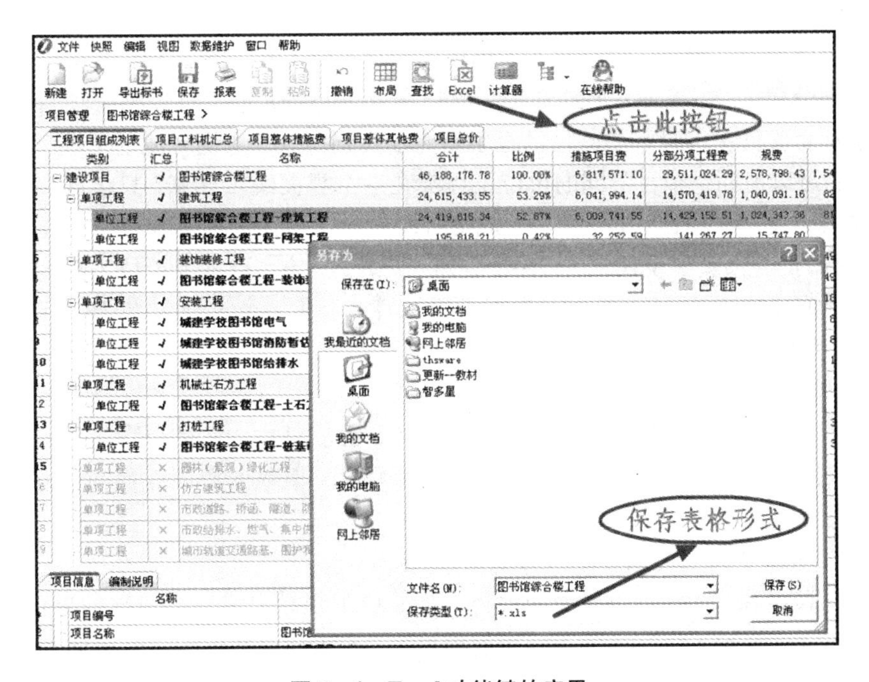

图 5-4　Excel 功能键的应用

4. 视图

在“视图”下拉菜单中“工具栏”是可隐藏和显示工具栏开关；“特殊符号”显示特殊符号

开关；打开“计算器”工具可以计算结果和完成工程量表达式的输入，在弹出对话框的左下方有帮助按钮，对函数、平方根等的输入进行了说明。如计算对3的平方+4的平方和开根号，结果是多少？这时我们可在表达式里输入SQRT(SQR(3)+SQR(4))结果就出来了。“布局”→个性化的选项，选好节点，对当前窗口设置显示项、行高、字号，这个功能帮助我们对界面的编辑，如我觉得字体过小，那么加大字号数据由9变到12，行距应该相应增加，那么进入界面后字体加大，视觉清楚。

5. 帮助

在“帮助”下拉菜单里的功能，能辅助我们更好的完成计价编辑。如，操作入门→软件操作说明，可进行软件操作的学习。定额说明，点击进入，可查看2014消耗标准的工程量计算说明和计算规则。若有定额、软件操作等问题就可使用“操作入门”“视频演示”“在线帮助”等等，在联网状态下也可以从这里点击进入“智多星网站”和下载信息价等。

5.2.3 常用菜单命令操作

在项目管理窗口界面中间的主要编辑区，点击鼠标右键出现功能菜单，这里有对项目管理窗口进行编辑的命令，如新建、打开、“导入单位工程”、“导出单位工程”、“复制单位工程”、“粘贴单位工程”等。

其中的“重排清单流水号”为确保清单编码唯一，对清单流水号整体重排，即形成招投标文件前进行的自检。“标记”对选择节点做红色标记，以示特殊，或需要进行修改的标注，再一次点击“标记”，就回复原态。重点熟练掌握如下功能。

1. 新建单项工程

工程项目计价时通常分为建设项目、单项工程、单位工程三个级别，其中软件的单位工程以取费的划分而分类，专业工程组价后，项目级就能自动汇总，最后整个项目报价是一体的。在构建项目文件主编辑区中软件已经根据专业类别内置了不同专业的单项工程。在这个界面中，我们可以把同一项目不同的单位工程都在一个界面编辑计算，只生成一个项目工程文件。这样很方便工程项目管理、汇总、成批打印及导出电子招投标文件。如图5-3《图书馆综合楼工程》的界面就展现建筑、网架、装饰、安装、土方、打桩等单位工程的状态。当然也可以把同类的工程项目也放在一个界面编辑计算，生成一个扩展名为.NGC的工程文件。如《教师村工程》中含1#、2#、3#栋工程项目。

2. 新建单位工程

单位工程必须建立在相应的单项工程节点之下，在软件中内置的单项工程行，单击鼠标右键，执行快捷菜单命令【新建单位工程】，新建工程名称默认与单项工程同名，用户也可以根据实际进行改写。

3. 单位工程的导入与导出

在“项目管理”窗口中，可以根据需要将一个单位工程导出成一个单独的单位工程文件，或者将一个独立的单位工程文件导入到当前项目中，成为项目文件的一个整体部分。这种功能有利于多人协作完成同一个工程项目。

例如：先选择当前项目的这个工程文件《图书馆综合楼工程》中的装饰装修工程，其金额为14909703.07元，然后单击鼠标右键，执行菜单命令【导出单位工程】，保存到桌面上，并改名为“图书馆综合楼工程装饰装修工程”，点击确定，则桌面上出现了“图书馆综合楼工程装饰装修工程. NGC”的文件。

再一次打开《图书馆综合楼工程》的文件，在“项目管理”窗口的主编辑区的单项工程结点下，单击鼠标右键，执行菜单命令【导入单位工程】，在对话框内选择刚才导出的名为“图书馆综合楼工程装饰装修工程. NGC”文件，点【打开】即快速导入到项目中来，就在的项目管理界面上看见同样“装饰装修工程其金额为 14909703.07 元”两个单位工程，同时工程金额总计也增加了(图 5 –5)。

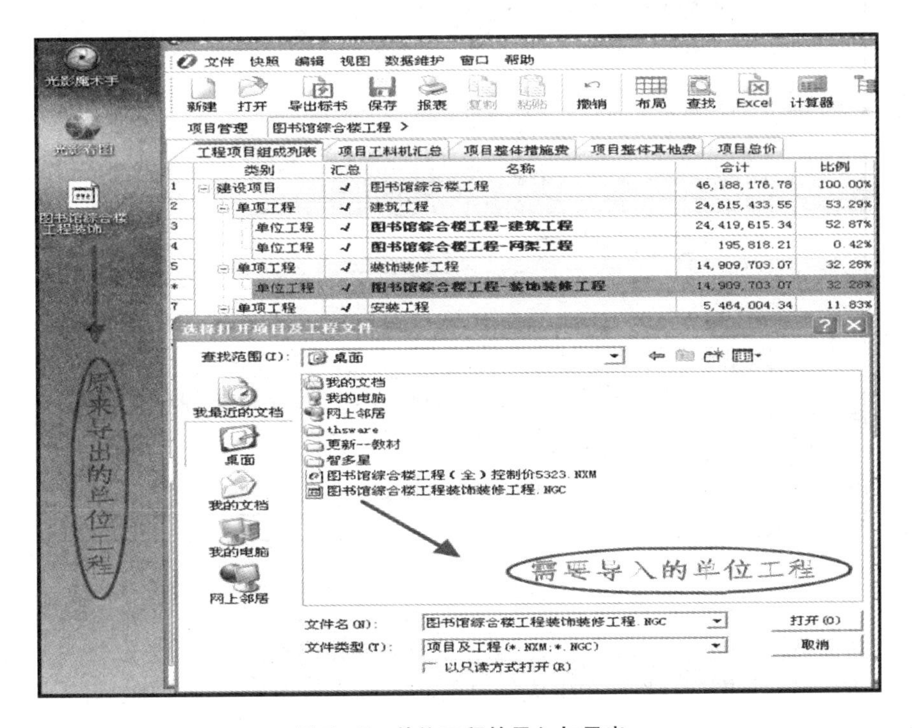

图 5 –5　单位工程的导入与导出

4. 单位工程的移动

用鼠标点选需要移动的文件，按下鼠标左键不放，将选择的工程拖到任意位置，这样以拖拽的方式放到指定结点位置。

5. 电子标书的导出

工程项目编制完成后，需要发布工程量清单或导出控制价文件，即执行菜单工具栏中【导出标书】命令按钮，在打开的对话框中选择导出标书类型、选择表述模板，指定导出文件保存位置，即可将当前项目按规定的招投标接口标准导出生成一个 XML 工程成果文件(见图 5 –6)。

注意：

(1)根据湖南省新计价办法及招投标管理办法规定，同一招标项目内清单编码不允许重复，因此为了避免工程项目内各单位工程中清单编码出现重复现象，在生成 XML 电子招标清单前必须对整个项目内清单编码进行重排。在【项目组成】窗口，单击鼠标右键，执行快捷菜单中的【重排清单流水号】命令，完成对整个项目清单流水号的重新生成。

(2)选择电子标书类型：软件提供四种选择项，见(图 5 –6)。

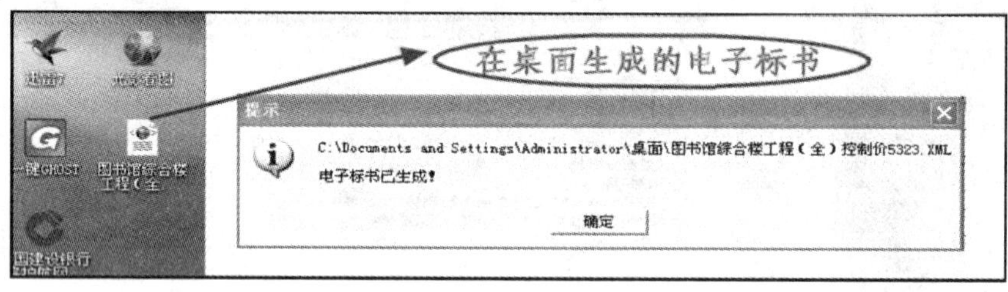

图5-6　电子标书的导出

(3)选择标书模板(软件一般会自动匹配模板)及保存位置。

(4)为防止串标与围标嫌疑、在生成标书前必须插入正版软件加密锁，且不能一个软件加密锁编制多份标书文件。

(5)汇总状态为“×”的工程不能导出XML标书中。

(6)出现需要更改的提示，请按提示进行修正后再导出电子标书。

6. 项目信息编制

项目信息一般包括项目编号、招标人信息、投标人信息等，根据编制要求填入信息，“必填信息”部分是招投标接口标准要求内容，必须完整无误填写，以免影响招投标。

7. 项目工料机汇总

在此界面里已汇总项目内所有单项工程和单位工程的人工、材料与机械消耗量、单价等，可对工料机进行集中调价，也可查看材料在各个单位工程的用量，如图5-7。

在界面点击鼠标右键可进行一系列操作，如【设定为主要材料】、【设定为暂估价材料】、【设定为评标指定材料】、【设定为完全甲供】，也可以采用集中【套用价格文件(加权计算)】方式和【价格调整】等，快速对各单位工程进行材料价格同步调整与更新，还有【排序】【从材机库提取属性】等。

8. 项目保存、优化、从备份中恢复

项目文件在编制过程中要不定期对项目文件进行保存，确保系统意外中断退出而丢失数据。

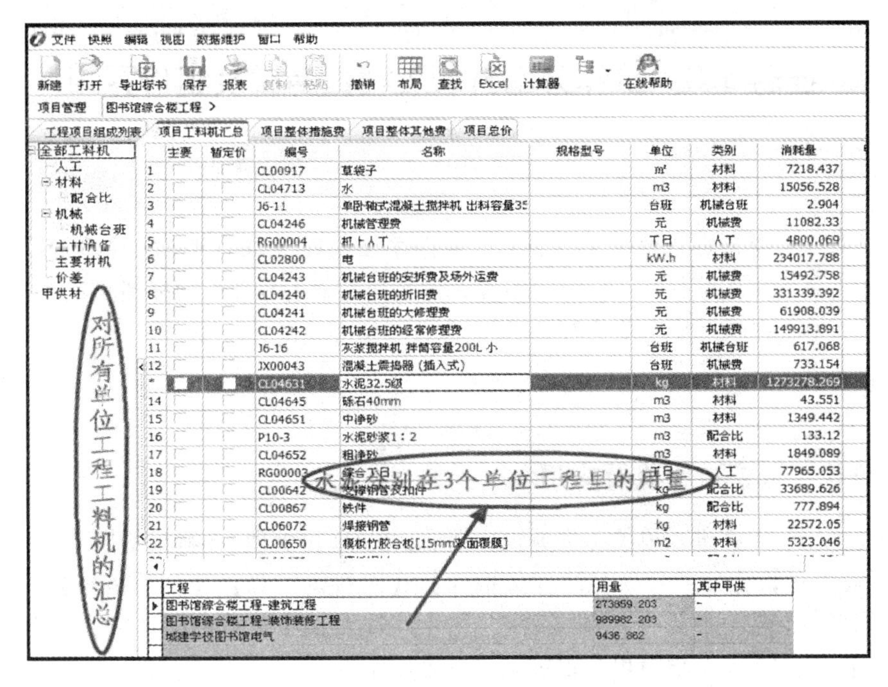

图5－7　项目工料机汇总

（1）执行【文件】菜单中的【保存】命令或工具栏中【保存】按钮，即可快速保存当前项目文件；

（2）执行【文件】菜单中的【全部保存】命令即可快速保存软件打开的所有工程项目文件；

（3）执行【文件】菜单中的【压缩项目文件】命令即可将当前项目文件大小压缩到原体积的30%左右，同时提升工程数据读写效率；

（4）执行【文件】菜单中的【从备份中恢复】命令，即可打开备份文件库，选择欲恢复工程文件后，点【恢复】命令按钮，实现快速恢复，如图5－8所示。

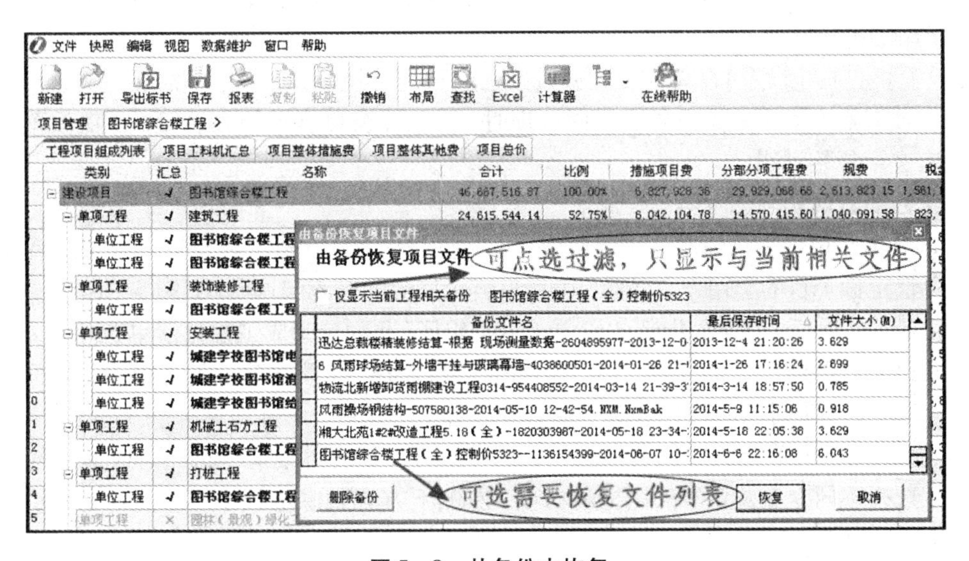

图5－8　从备份中恢复

任务5.3　操作分部分项工程量清单及组价界面

任务要求

在编辑好项目管理界面的基础上，熟练掌握单位工程窗口的相关命令和菜单命令的操作，用两种软件完成总任务中的《办公楼》建筑和装饰装修工程部分的分部分项目清单和定额组价的编辑工作，并核对综合单价。

操作指导

5.3.1　单位工程窗口组成及应用

选择一个单位工程进入单位工程编辑界面后，在“项目管理”导航标签栏下有一组编辑页面：即【工程信息】、【分部分项】、【计量措施】、【工料机汇总】、【计项措施】、【索赔和签证】、【暂列金额】、【专业工程暂估/结算价】、【计日工】、【总承包服务费】、【其他项目】、【取费计算】，此为单位工程清单与组价编辑主流程界面。

1.【工程信息】

【工程信息】窗口左侧有“工程概况”、“编制说明”、“费率变量”与“设置”四个功能按钮。

【工程概况】：输入单位工程的概况信息，而单位工程名称则根据项目管理窗口中的命名自动生成；

【编制说明】：输入该单位工程的编制说明内容，在打印报表中可以显示；

【费率变量】：“单位工程”的费率参数集中设置窗口，也是我们需要根据具体工程编辑的重点部位(图5-9)，根据工程具体情况选择相关参数，右侧会自动生成相关费率，当然所有费率也可在右侧窗口中手动设置，最后勾选自动刷新费率变量开关，刷新改动部分，软件自动应用到工程中去。勾选自动刷新费率变量开关应该是长期勾选，一般不要去操作，转换界面后自动刷新；

【设置】窗口：【设置】窗口在二次开发时已经进行常规设置，一般不需要进行修改，当找不到报表或者需要对小数点设置有不同处理时，可在此窗口进行相关设置，各项设置功能在窗口上有文字标签说明。

2.【分部分项】

分部分项是单位工程编制的主要内容，也是操作的核心工作，在本窗口完成工程清单编制、消耗量定额子目的套用、工程量、子目材料价格等的输入与调整(如图5-10)。

(1)界面分为三个区域，中部的清单子目编辑区(此区域完成工程量清单、组价子目的录入)；下部属性区域有子目工料机、项目特征、子目取费、工程内容、附注说明、工程量计算等界面(此区域实现对工料机的点对点的直观换算，工程量、单价计算等)；左侧的定额清单章节区(此区域为清单定额导航备选)。左侧上方列有系统自带清单标签，根据工程项目内容，下拉选择不同专业及章节的国标清单项；左侧下方有联想定额子目备选区，显示章节中定额子目或者关键词搜索的备选子目。

并排的系统自带定额标签：根据清单项目要求，选择所需的消耗量定额子目，前面备选

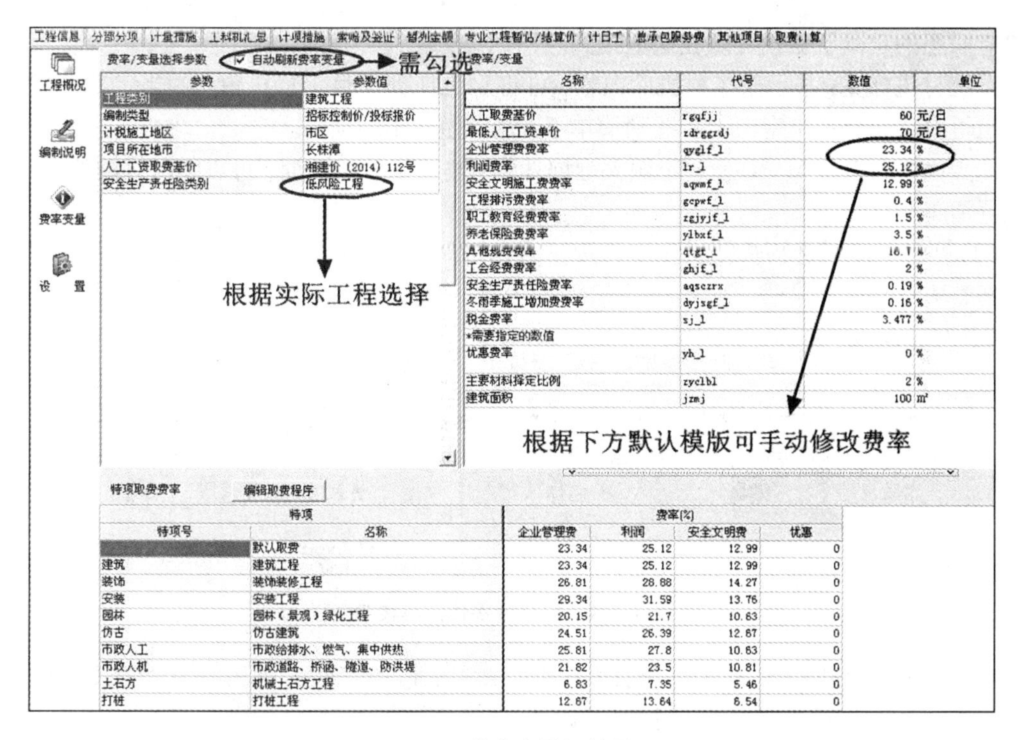

图 5－9　费率变量调整界面

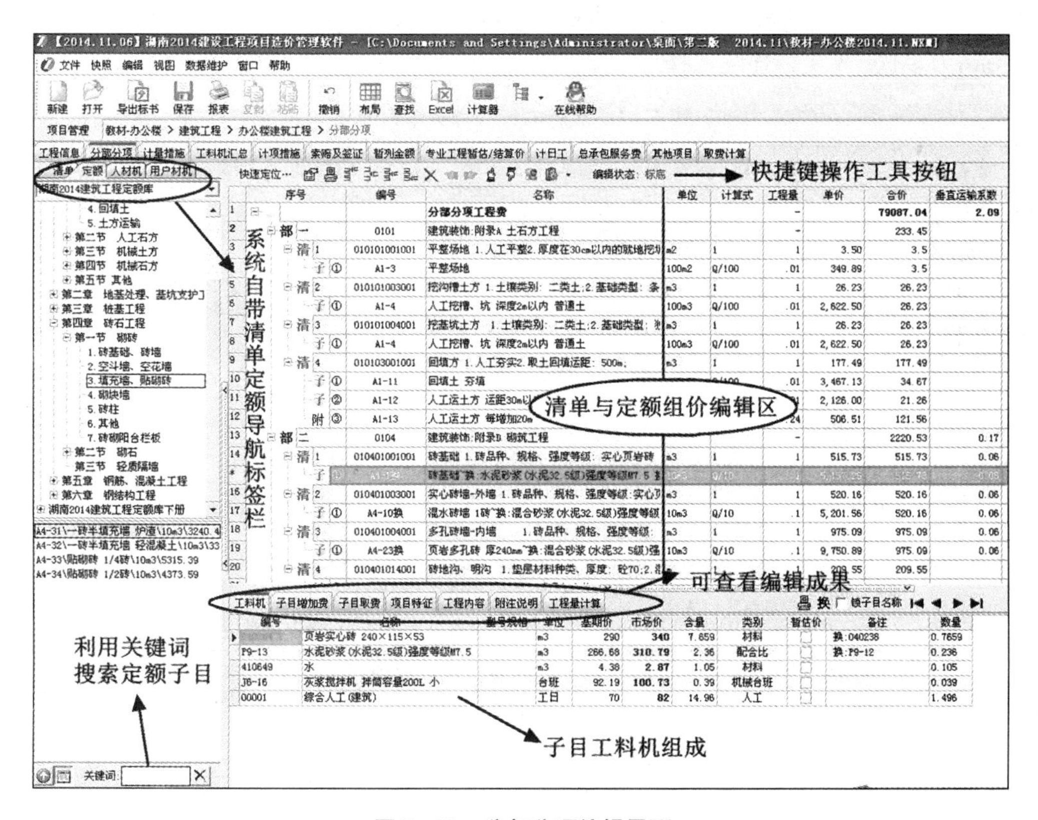

图 5－10　分部分项编辑界面

区没有联想的定额子目就可以在这里找到。

系统材机标签：显示系统材机库内容，可将材机拖到子目工料机窗口，当定额的增补材机。也可直接将材料当定额子目挂到清单下，适合做包干的项目。

此界面中带有辅助功能键，定额关键词搜索：输入子目关键词，可以实时过滤匹配子目，或搜寻清单号。

(2)【分部分项】界面快捷操作工具按钮的介绍：如图5－11是分部分项窗口操作的常用工具钮，从左至右为：

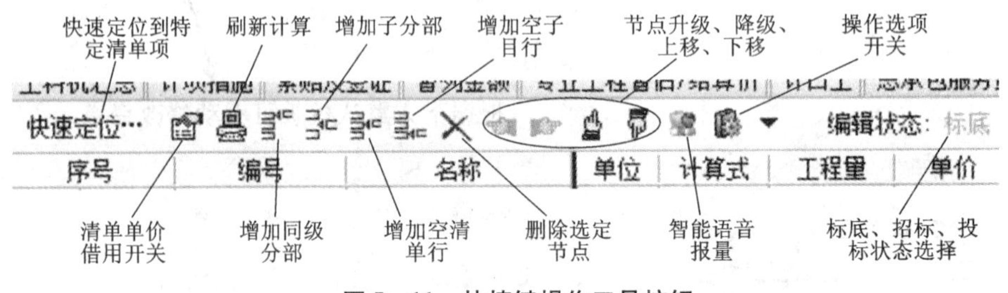

图5－11 快捷键操作工具按钮

(3)鼠标右键快捷菜单是应用在【分部分项】窗口中，集成了快捷菜单命令功能(见表5－1)。里面常用的是【块复制】和【粘贴行】：可以将选定节点及子节点或工程量等已编辑好的内容进行块复制和粘贴行，软件为了菜单简洁，取消了块首与块尾定义菜单命令项，采用使用Excel中常用块选择模式即选择块首行后按Shift键在选择尾部，实现全选的操作。同时按Ctrl为多选，不支持连续选择。

表5－1 鼠标右键快捷菜单命令

一级菜单	二级菜单	功　能
增加分部		增加同级分部
增加子分部		增加下级子分部
增加清单项		增加空清单行
增加子目		增加空子目行
删除		删除选定结点
复制行(按Shift与Ctrl多选)		可多选并复制
粘贴行		在目标位置粘贴此前复制或剪切的节点内容
块复制(包含子节点)		将选定节点及子节点同时复制(支持多选)
块剪切		按Ctrl或SHFT键剪切选择的内容
块操作	块另存文件	按Ctrl或SHFT键将选择块另存为一个文件
	块另存包含子节点	按Ctrl或SHFT键将选择块及子节点内容另存为一个文件
	调用块文件	将此前保存的块文件调用到当前位置
增加主材		增加主材作为子目行
增加设备		增加设备作为子目行
设置直接费		将子目行设置成直接费形式，可直接输入单价
设置增加费		安装专业工程措施项目费的设置

续上表

一级菜单	二级菜单	功　能
用户定额	放回定额库	选定补充的定额放回补充定额库
	调用编辑用户定额	从用户定额库中调用或编辑补充定额
导入	电子表格	导入 Excel 格式表格
	调用/借用清单子目	从其他工程借用清单与子目
	导入三维数据	导入三维算量软件数据结果
批量	调价	对选定的节点调整造价
	批量调整取费	对多选的子目统一设置取费程序
	设置特项号	对多选的子目批量设置专业特项号
	设置超高	计算建筑与装饰超高增加费时设置檐口高度或综合计算
	工料换算	对多选的子目批量换算人材机消耗量
	工程量乘系数	对多选的子目工程量集中乘系数
	定额单位→1 单位	批量修改定额子目单位
	重套定额	根据定额编号重套定额(转神机工程时常用)
	清空增加费	对所选的安装工程子目增加费进行清空
	锁定全部清单单价	对分部分项工程所有清单单价进行锁定
	解除全部清单单价	对分部分项工程所有清单单价进行解锁
其他	页首	快速定位到页首
	页尾	快速定位到页尾
	清单定额自检	快速检测清单与消耗量定额标准的编制规范化
	重排清单流水号	对当前单位工程清单流水号进行重排
	删除空行	快速删除分部分项窗口中无用的空行
显示项目特征		以浮动窗口显示清单项目特征与工作内容等
分部整理		将清单按工程性质(清单章节)进行分部整理
锁定清单单价		锁定当前行清单单价
锁定记录		锁定选择行的记录，锁定记录不能删除
标记		以红字标记选定的清单或子目行
模糊查找定额		根据清单或子目名称中选择关键词检索定额
查找模板来源		当现浇构件按含模量系数表关联计算模板量时，在【计量措施】窗口显示此项

斯维尔软件的[分部分项]界面与智多星界面略有不同，如清单定额库的展示在界面的右侧，但是所有编辑所需要功能及按钮都能在界面上使用，输入操作方法同智多星相同，其联想定额子目的套用、换算亦与广联达弹出窗口的操作相似。

5.3.2 分部分项工程量清单的录入

根据施工图要求与施工现场情况，录入分部分项工程量清单。工程量清单的录入包括五个要素：清单的12位编码、项目名称、项目特征、计量单位和工程量。其中工程量、项目特征为重要的输入内容。

1. 分部分项工程量清单录入

(1)在清单导航标签下选择所需专业的国标清单库，并根据章节展开到所需清单结点，如建筑→土方工程→平整场地，“双击”或者“拖拽”选定清单到分部分项编辑区即可快速实现清单的自动录入，尽量不要修改清单名称，即不要在名称中去描述项目特征。

(2)增加空清单行，在清单编码栏位置输入九位清单编码，软件自动加3位流水号并实现清单的手工录入。如输入010401001001，则自动形成砖基础清单行。

(3)补充清单的录入：增加空清单行后，以“XB001 + 流水号”形式输入(X取当前专业代码A建筑、B装饰、C安装、D市政、E园林)，如输入AB999001、再输入清单名称、单位、工程量及项目特征内容，就出现补充清单行。

(4)项目特征的录入：选择砖基础清单行，再点击界面下方的【项目特征】标签按钮，根据项目要求，点选或输入项目特征值，如满堂基础、C25泵送商品混凝土，做法：见结施02#，填好后自动在特征值显示区出现，在右边的显示区也可以手动输入其他的项目特征进行编辑。中部清单编辑区的清单行中，若要显示其项目特征，即选择选择【加到名称】按钮则在清单行马上显示。点选【全部清单】按钮则表示所有清单行都显示项目特征如图5－12所示。

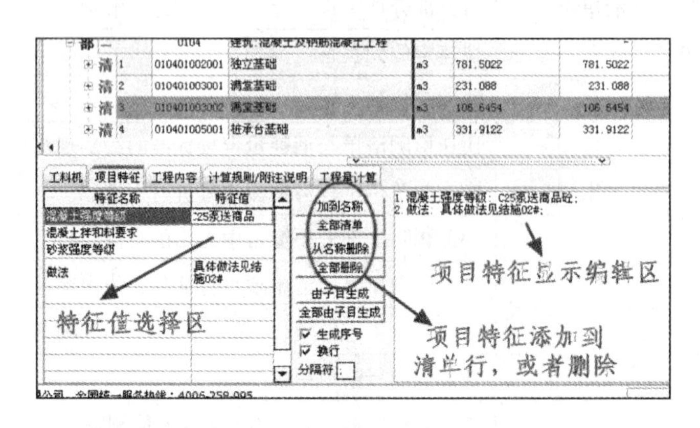

图5－12 项目特征的录入

2. 消耗量子目的录入

定额子目的选择必须根据项目特征描述进行，子目的录入方法与清单录入方法基本相同，支持双击、拖拽、编码录入(图5－13)。

界面左边的清单中做了定额联想的，可以选择清单后，直接从清单定额指引中选择录入，若清单下没有联想的定额子目，可以切换标签栏【定额】选择定额库名称，展开到特定章节，实现定额子目的录入。

3. 输入清单工程量和定额工程量

一般情况下采取手动输入，也可以利用下部【工程量计算】提取输入的工程量。软件默认

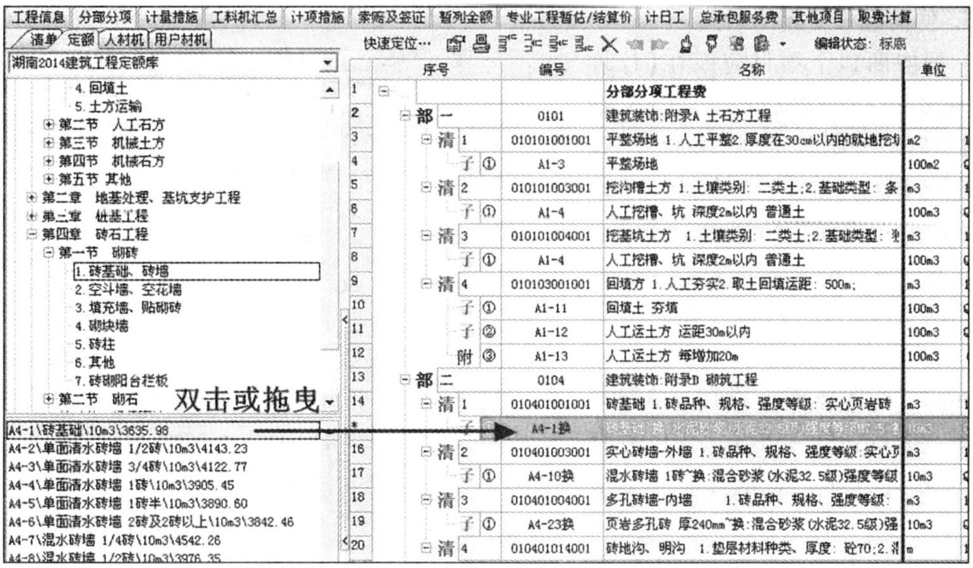

图 5-13　消耗量子目的录入

定额工程量用 Q 表示与清单工程量相同，用 X 表示与上排工程量相同。在这个界面中注意工程量与计算式的区别，工程量 = 计算式计算结果/定额单位。

当定额工程量与清单工程量有不同的情况下，点击界面下部窗口的【工程量计算】在计算表达式栏中编辑工程量计算式，按“计算”按钮得出定额工程量结果，并选择右边的【自动提取】输入，注意：当没有勾选这个按钮时，更改了计算式就要在点选一次，软件不会自动提取。

4. 补充定额的输入

在套定额窗口中，增加一空子目行，依次输入补充子目编码、名称、单位、工程量，然后再进入下方的【工料机】窗口，增加该补充子目所需要的人工、材料、机械及相应的含量标准。如 BC001 综合人工、红机转等拖曳到空行并输入相应含量和单价即可(图 5-14)。

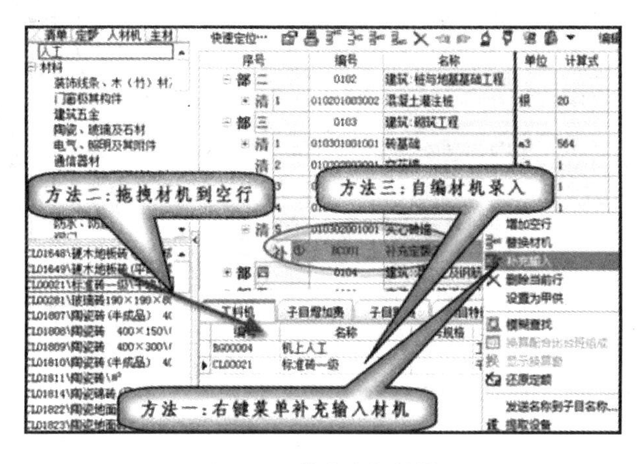

图 5-14　补充定额的输入

5. 协商包干费用的录入

一般协商包干项目应该在【计日工】中进行编制，这里也支持在【分部分项】窗口中编制包干的“协商费”项目(图 5－15)。

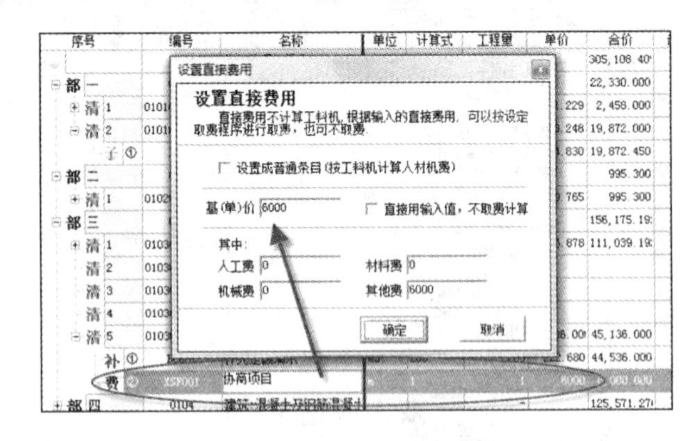

图 5－15　协商包干费用的录入

步骤一：增加空清单行，并输入协商清单，在清单项下增加空子目行，并输入协商项目子目编码 XSXM001、名称“协商清单”、单位、工程量；

步骤二：选择该子目行，单击鼠标右键，执行快捷菜单命令【设置直接费】，在“基(单)价”栏中输入数字即可。注意：当你改动工程量时，单价会发生变动，所以当进行最后检查的时候，请对你输入的协商费用查看一下，以免出现误操作。

6. 节点的移动

用鼠标点住欲移动节点“序号”栏下的类别标志图标上，拖动时鼠标状态呈虚框状态，拖动到目标位置即可。也可用工具栏中上下移动按钮完成节点的移动。

7. 安装主材的录入(图 5－16)

安装定额中一般都含安装主材，但也有需要对安装或者装修子目增加主材或者设备的情况。选择子目，并在下方的【子目工料机】窗口单击鼠标右键，执行提取主材命令，自动增加“主材”项，根据需要修改主材名称，输入单价即可，勾选【暂估】标记即为暂估单价材料。在子目工料机鼠标右键快捷菜单命令还有“替换材机”按钮，打开材机库，用新材机替换当前选定材机。另外也可点选设置为甲供，即编辑此材料为甲方供应材料。

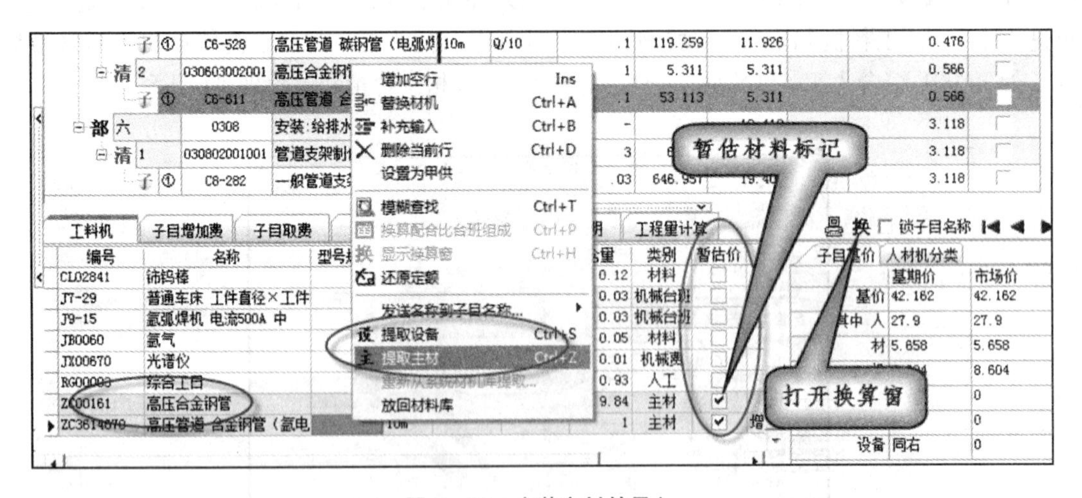

图 5－16　安装主材的录入

8. Excel 工程量汇总表导出与导入

在【分部分项】窗口上部点击 Excel 按钮：如案例《图书馆综合楼》工程所示本界面由 20

个清单子目，存储在桌面上并以“表格导出文件”命名，最小化软件界面，在电脑桌面上即可看见转化为 Excel 表格形式的“表格导出文件”，点打即是软件界面所示的 20 个清单子目并带定额子目、工程量与综合单价。在表格状态下可以进行编辑工作，这是表格的导出。

当有 Excel 表格形式的工程量清单，为减少输入时间，我们可利用 Excel 导入功能。Excel 导入功能要求表格要简单明了，所以一般情况下处理一下这个表格，把多余的表头删除。步骤如下(图 5－17)：

(1)项目管理中新建一个单位工程，点击进入，在【分部分项】窗口单击鼠标右键，执行快捷菜单中的【导入】→【导入电子表格】命令项，弹出“导入 Excel 数据”对话框，在对话框内点击【打开】按钮，选择存在桌面上的命名为“表格导出文件”的 Excel 文件。

(2)如果 Excel 文件含有多个工作表，请指定所欲导入的表单号。指定起始行与结束行(全部导入不需要修改默认 0 值)。

(3)在导入窗口点用鼠标左键点击首行，在深蓝色行的序号行依次点击鼠标右键分别修改为对应的编号、名称、单位、工程量等后，点击【导入】按钮，进入【Excel 数据结构分析】窗口，在这个对话框内对 Excel 报表进行分析处理。

(4)若此时类别还是未知状态，则根据操作提示进行。先选择欲删除的内容，如我们可以删除无用的表头，执行【删除类似】；删除无用的其他内容；执行【自动分析】命令，软件一般会自动分析处理完成所有的分部、清单与子目结构，此时类别就变成了清单和子目；对确实不能分析的结构或者位置需要调整的，请使用辅助分析功能进行预处理。对补充子目，软件会自动以红色标记，导入后需要手工处理补充定额工料机的组成。

(5)分析处理完成后点击【确定】按钮，即可快速将表格内容导入【分部分项】窗口中。点击计算，检查后则可进行下步编辑了。为防止计算错误，需要对表格内红色标记进行检查修订。

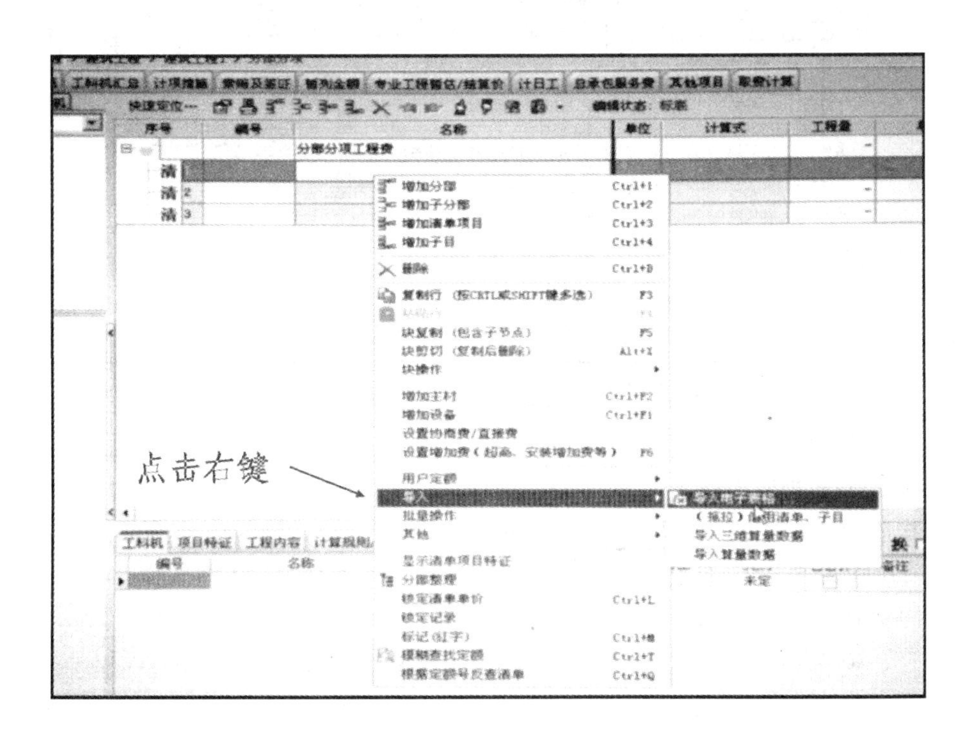

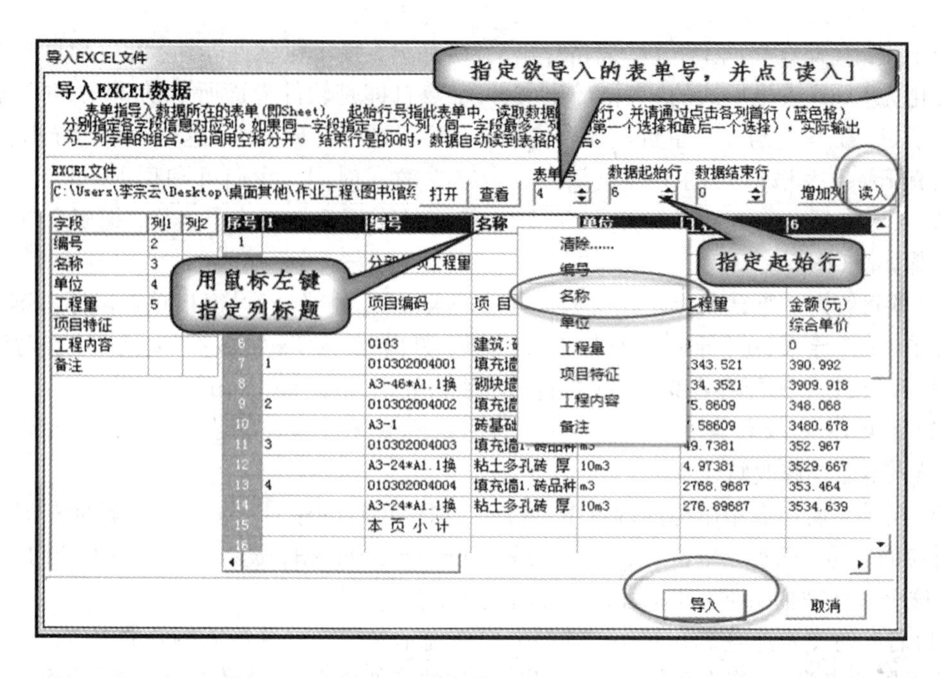

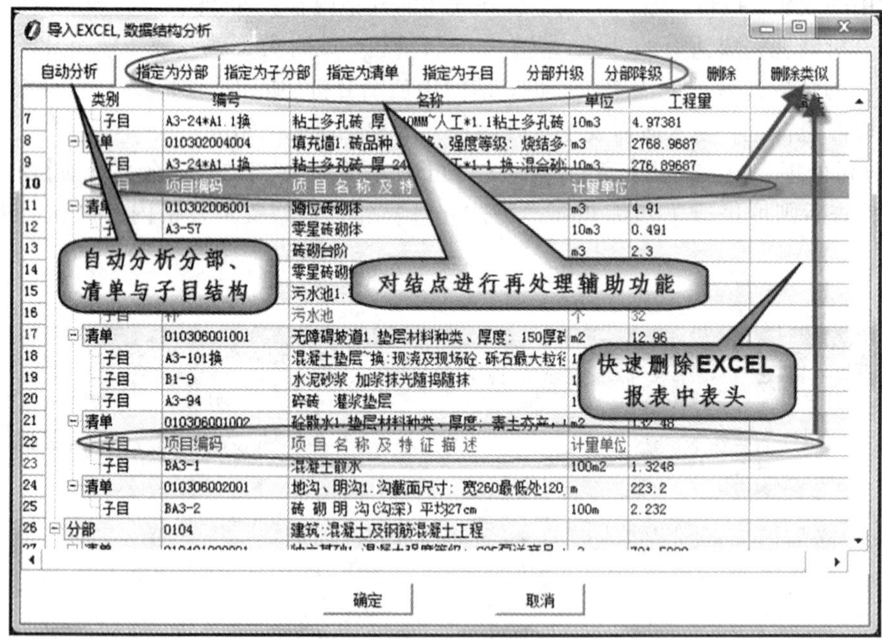

图 5－17　Excel 工程量汇总表导入

9．定额工料机换算操作

在工程造价文件的编制工作中，所套定额的工作内容通常不能与定额子目的标准内容完全吻合，为达到实际工程的需要，就必须对定额内容进行调整，即定额换算。软件中大部分的换算都可以在智能提示下完成，如果需要对定额进行工料机的补充、替换、删除、含量非标准换算等，可以在【子目工料机】窗口中，使用鼠标右键快捷菜单命令完成所需的换算处理。

(1)系数换算→如套用 A1 - 47“人工挖槽、坑 深度 2 m 以内 普通土”子目，根据 2014《湖南建筑工程消耗量标准》中规定，挖桩间土方难度较大，可以按相应子目乘以系数 1.25，套用定额时出现对话框时就勾选“挖桩间土方”一项，则软件自动完成乘以系数 1.25(图 5 - 18)。

(2)涉及到运输距离、厚度等增减的换算→如套用 A1 - 12 在弹出对话框中输入实际运距，软件自动进行换算，在界面就会增加标注“附”一行。操作步骤和系数换算类似。

(3)涉及到配合比、商品混凝土换算等→如套用 A5 - 80 在弹出对话框中操作我们需要的换算，勾选完毕确认后软件自动进行换算(图 5 - 19)。

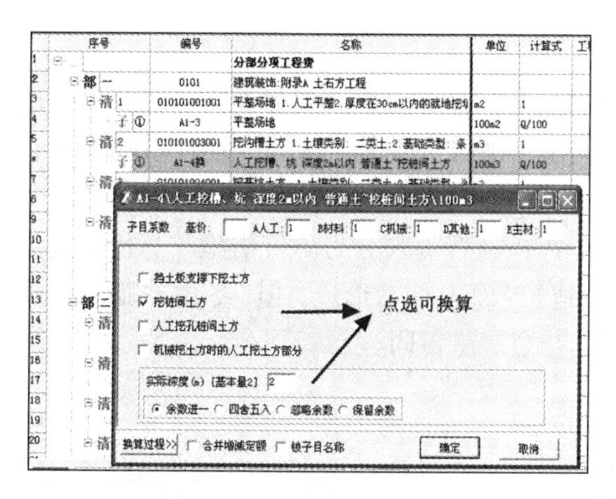

图 5 - 18　系数换算

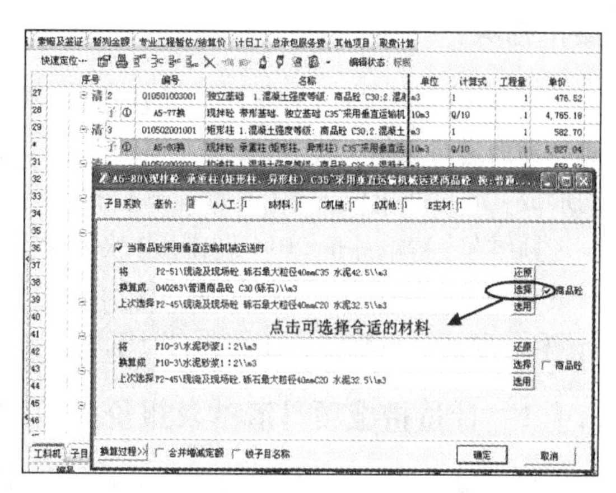

图 5 - 19　商品混凝土的换算

(4)手工换算→在子目工料机窗口，直接修改工料机含量，修改后呈红色以示区别，且备注栏中显示换算前含量。

以上就是在【分部分项】窗口编制分部分项工程量清单、挂消耗量定额子目，输入正确的工程量，重复直至完成单位工程分部分项所有工作。

当我们在【分部分项】窗口中完成所有的清单及组价编制后，要执行鼠标右键菜单中【分部整理】功能(图 5 - 20)，这样软件自动把各清单项整理到相应的分部章节中，并可满足湖南省 2014 计价办法对“表 - 04 单位工程招标控制价(投标报价)汇总表”与“表 - 07 单位工程竣工结算汇总表”格式要求。

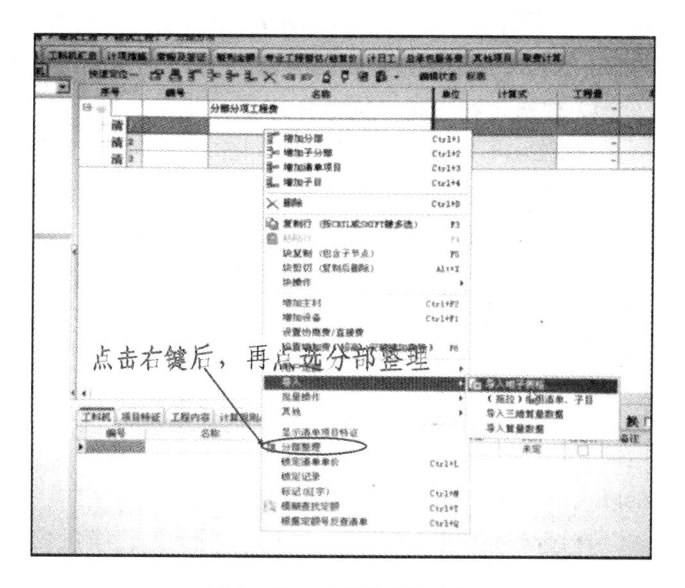

图 5 - 20　分部整理的应用

任务5.4　操作措施项目、其他项目清单及组价的界面

任务要求

熟练掌握措施项目、其他项目窗口的相关命令和菜单命令的操作，用两种软件完成总任务中的《办公楼》建筑和装饰装修工程部分的措施项目清单、其他项目清单和相应定额组价的编辑工作。

操作指导

智多星【湖南2014建设项目造价管理】软件对项目工程措施费输入分为计量部分与计项部分界面进行编辑，其中“安全文明施工费” 和“冬雨季施工增加费”在【计项措施】界面中自动形成，汇总在单位工程【取费计算】总价里。

斯维尔【清单计价2014湖南版】软件对项目工程措施费输入分为单价措施与总价措施界面进行编辑，其中“安全文明施工费”在【总价措施】界面中自动形成，但“冬雨季施工增加费”和广联达计价软件一样需要自己编辑。其操作与智多星雷同。

5.4.1　计量措施项目清单及报价的编制

根据规范要求，软件把能计算工程量的施工措施项目以【计量措施】或【单价措施】编制窗口进行编制，其操作方法与【分部分项】窗口基本相同，以下以湘建价〔2014〕113号《湖南省建设工程计价办法》、2014《湖南省建筑、装饰、安装消耗量定额》和交底资料的内容为蓝本，讲解几个典型措施项目的编辑。

1. 建筑工程超高增加费编辑

根据2014湖南建筑工程消耗量定额规定：建筑物檐高20 m以上部分均可计算超高增加费，且按檐口的高度20 m以上建筑面积以平方米计算。

在【计量措施】窗口，选择011704001001 “超高施工增加”清单双击录入到【计量措施】中；联想点击“A15－1 建筑物超高增加费 檐高60 m以内”子目输入，填入檐口的高度20 m以上建筑面积即可完成(图5－21)。

2. 装饰工程超高增加费编辑

装饰工程与建筑工程超高增加费的操作略有不同。根据2014湖南建筑装饰装修消耗量定额规定：装饰工程超高增加费按檐口高度20 m以上装饰装修工程的人工费、机械费，分别乘以人工、机械增加系数。

在装饰工程的【分部分项】窗口清单工程量必须根据实际情况分超高范围分开列项(图5－22)。

(1)在装饰专业工程的【分部分项】窗口，点击鼠标右键，【批量操作】→设置超高。然后选择檐口高度批量设置超高；

(2)回到【计量措施】窗口，将装饰工程措施清单B0203001【高层建筑增加费】清单双击录入到【计量措施】中；

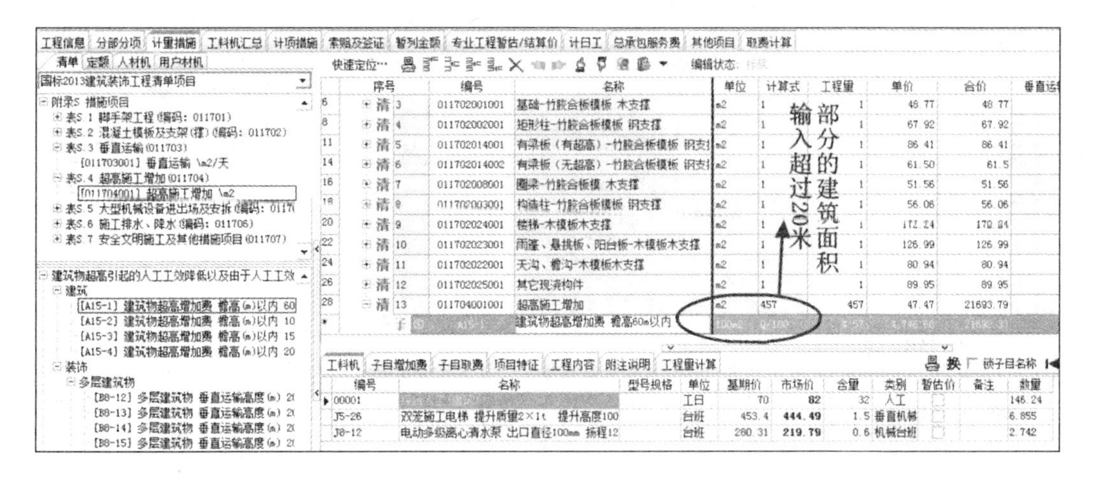

图5－21　建筑工程超高增加费编辑

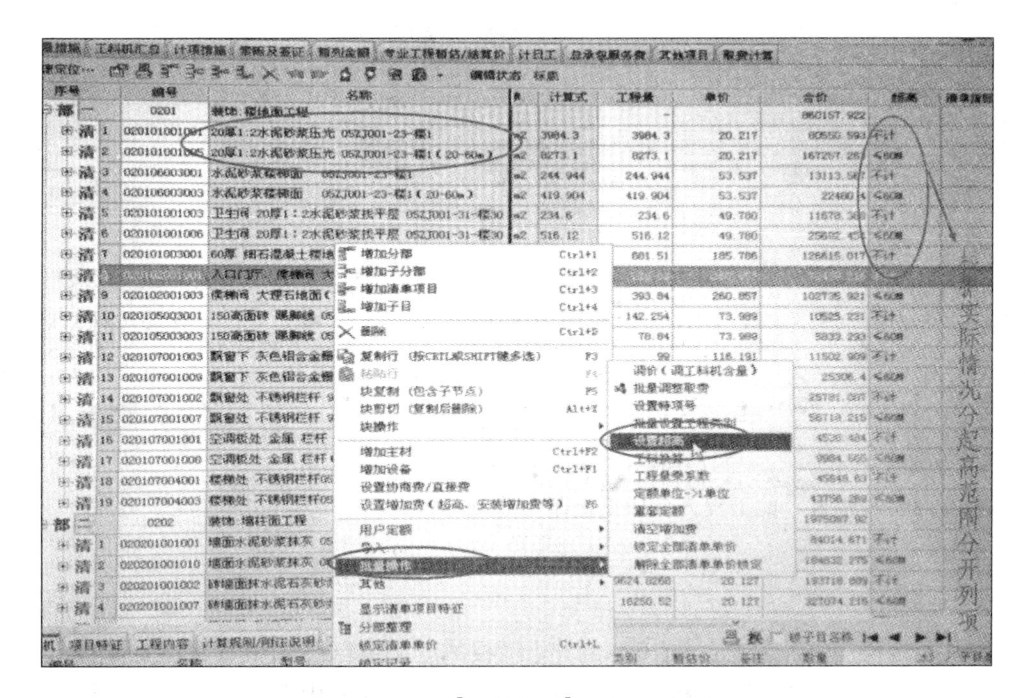

图5－22　在【分部分项】窗口列项操作

(3)输入该措施清单下与【分部分项】同一檐口高度匹配的【超高增加费】定额子目如檐口高度为20～60 m则选择B8－13，双击后软件自动计算超高增加费单价与合价(图5－23)。

3. 建筑工程垂直运输机械费编辑：

根据2014湖南消耗量定额规定：垂直运输机械使用台班数量，按分部分项工程工程量折算，折算后汇总台班数量为单位工程垂直运输机械台班数量。其具体折算办法法如下：

综合脚手架，按建筑面积每100 m^2 计算0.06台班；砖石工程，按砖石工程量每10 m^3 计算0.55台班；梁、板、柱、墙等混凝土构件(包括混凝土和模板吊运)，按混凝土工程量每10

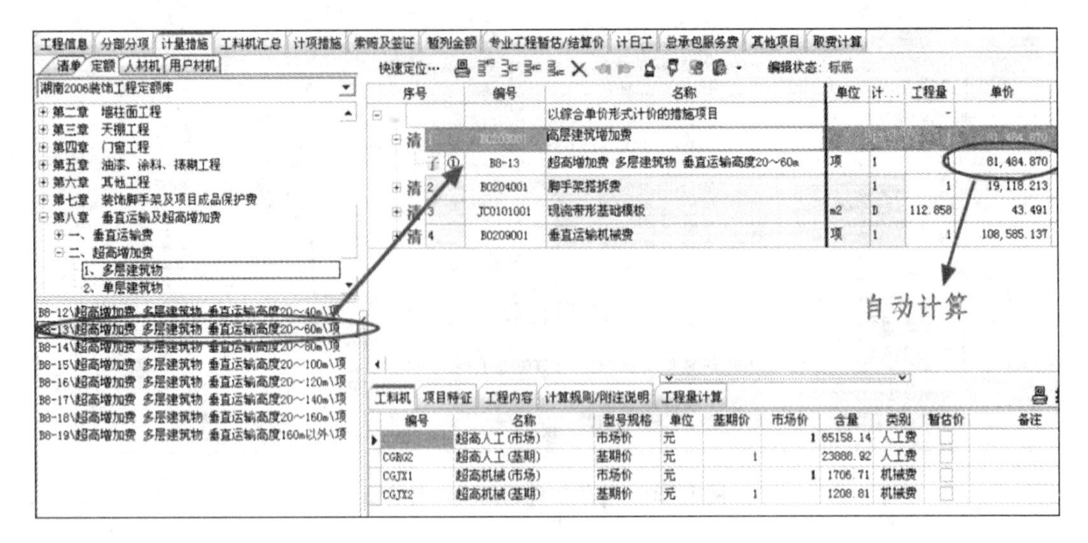

图 5-23 【超高增加费】定额套用

项目管理 教材-办公楼 > 建筑工程 > 办公楼建筑工程 > 计量措施

工程信息 分部分项 计量措施 工料机汇总 计项措施 索赔及签证 暂列金额 专业工程暂估/结算价 计日工 总承包服务费 其他项目 取费计算

清单 定额 人材机 用户材机 快速定位… 编辑状态: 标底

湖南2014建筑工程定额库

第七章 木结构工程
第八章 屋面及防水工程
第九章 保温、防腐工程
第十章 室外附属工程
第十一章 构筑物工程
第十二章 脚手架工程
第十三章 模板工程
第十四章 垂直运输工程
第一节 地下室
第二节 建筑物地面以上
第十五章 超高增加费

A14-3\塔吊 建筑檐口高20m以内\台班
A14-4\塔吊 建筑檐口高50m以内\台班
A14-5\塔吊 建筑檐口高80m以内\台班
A14-6\塔吊 建筑檐口高120m以内\台班
A14-7\塔吊 建筑檐口高150m以内\台班

	序号	编号	名称	单位	计算式	工程量	单价	合价	垂直运输系数
1			以综合单价形式计价的措施项目			-		19100.34	0.30
2	清 1	011701001001	综合脚手架	m2	494.19	494.19	30.63	15137.04	0.30
4	清 2	011703001001	垂直运输	天	2.39	2.39	1,305.84	3120.96	
*	子 ①	A14-3	塔吊 建筑檐口高20m以内						
6	清 3	011702001001	基础-竹胶合板模板 木支撑	m2	1	1	48.77	48.77	
8	清 4	011702002001	矩形柱-竹胶合板模板 钢支撑	m2	1	1	67.92	67.92	
11	清 5	011702014001	有梁板(有超高)-竹胶合板模板 钢支	m2	1			86.4	
14	清 6	011702014002	有梁板(无超高)-竹胶合板模板 钢支	m2	1	1	61.50	61.5	

无施工组织方案时软件自动折算

可查阅折算系数

工料机 子目增加费 子目取费 项目特征 工程内容 附注说明 工程量计算 换 锁子目名称

编号	名称	型号规格	单位	基期价	市场价	含量	类别	暂估价	备注	数量
00001			工日	70	82	2	人工			4.78
J3-41	自升式塔式起重机 起重力		台班	766.35	722	1	垂直机械			2.39
CZYS01	此檐口高度建筑面积权重		%			100	变量		原量:0	239

根据实际工程输入，此工程为单项工程即为100%

图 5-24 建筑工程垂直运输机械费编辑

m^3 计算 0.8 台班(其中混凝土吊运 0.4 台班，模板吊运 0.4 台班)；其他混凝土构件(包括混凝土和模板吊运)，按混凝土工程量每 10 m^3 计算 1.6 台班(其中混凝土吊运 0.8 台班，模板吊运 0.8 台班)；基础和垫层如采用塔吊运输，按混凝土工程量每 10 m^3 计算 0.4 台班(其中混凝土吊运 0.35 台班，模板吊运 0.05 台班)；钢筋工程，按钢筋工程量每吨计算 0.07 台班；门窗工程，按门窗面积每 100 m^2 计算 0.45 台班；“楼地面、墙柱面、天棚面，按装饰面展开面积的工程量，每 100 m^2 计算 0.3 台班；屋面工程(不包括种植屋面刚性层以上工作内容)，按防水卷材面积的工程量，每 100 m^2 计算 0.2 台班；瓦屋面，按其工程量每 100 m^2 计算 0.35 台班。

软件操作如下(图 5-24)：

(1)在【计量措施】窗口中输入施工措施清单项：011703001001“垂直运输”清单项，选择“m^2”或“天”为计量单位，填好清单工程量。

（2）根据施工组织设计、檐口高度选择垂直运输相应定额子目，如“A14－3 塔吊 建筑檐口高 20 m 以内”。

（3）在弹出对话框内填入此檐口高度建筑面积权重，本案例只是一个单项工程，则填入 100 含量，则软件会自动按分部分项工程工程量折算。

（4）若想校对软件是如何自动折算汇总台班数量。按如下方法查看：打开【分部分项】界面或者【计量措施】界面，点击界面上部第 3 排“布局“按钮，在列标题栏勾选“垂直运输系数”，确定后界面右边列项中出现垂直运输系数。汇总即为定额工程量。

4. 装饰工程垂直运输机械费编辑

装饰工程垂直运输机械费编辑分两种情况。

（1）当新建工程的主体工程与装饰工程一同发包的工程，其垂直运输费按建筑工程垂直运输机械费编辑方法编辑，根据施工组织设计、檐口高度选择垂直运输相应定额子目，如“A14－3 塔吊 建筑檐口高 20 m 以内”。软件自动汇总台班工程量进行计算，其垂直运输系数亦可在装饰的【分部分项】界面查看（可参看 5－24）。

（2）单独发包的装饰工程套用装饰的垂直运输定额子目如下操作（图 5－25）：

①将装饰工程措施清单 011703001001【垂直运输】清单双击录入到【计量措施】中；

②输入该措施清单下与分部分项同一檐口高度匹配的【垂直运输机械费】子目 B8－1，软件自动按每 100 个工日计算垂直运输机械台班量、单价与合价。

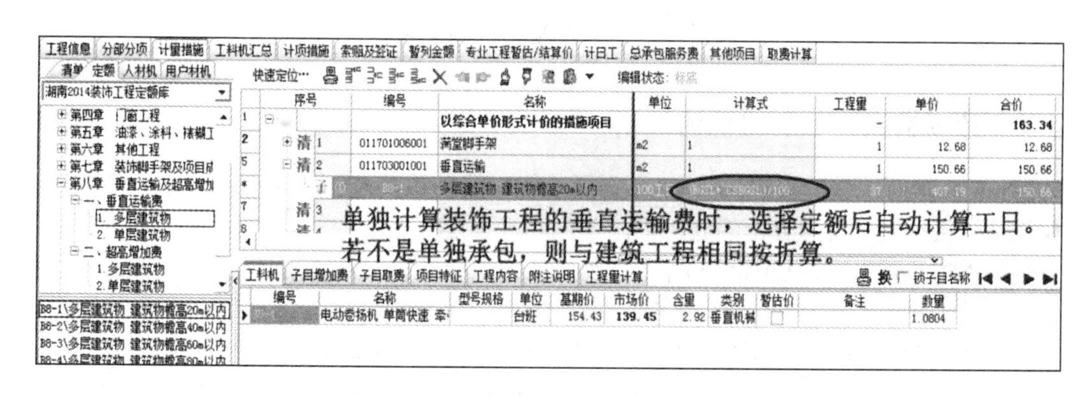

图 5－25　装饰工程垂直运输机械费编辑

5. 安装工程施工措施费编辑

（1）在【分部分项】窗口中执行鼠标右键快捷菜单命令【设置增加费】；

（2）在打开的【工程增加费】对话框中（图 5－26），点击【增加】按钮，打开【子目增加费选择】对话框，根据【分部分项】窗口中，安装专业工程的子目所属册，将右边对应册的措施项目子目双击选择录入到左侧；如选择第二册的脚手架搭拆费，和有害环境施工增加费双击即可。

（3）选择完成后，先关闭【子目增加费选择】，再【确定】【工程增加费】窗口；

（4）切换到【计量措施】窗口中，软件自动完成安装增加费措施清单与子目编制。

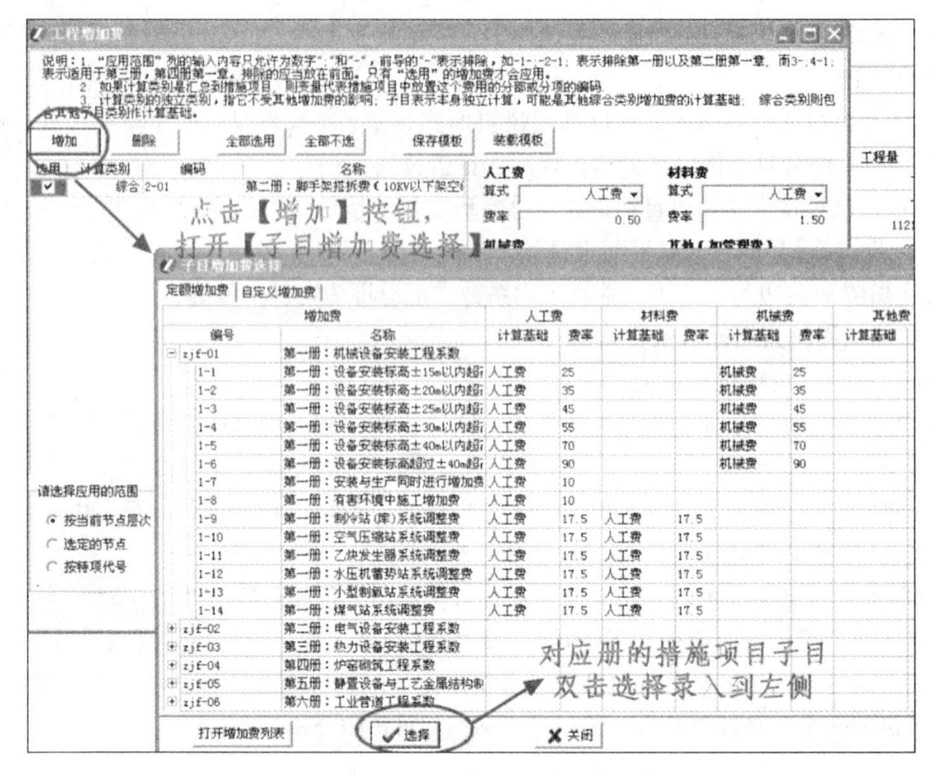

图 5-26　安装工程施工措施费编辑

5.4.2　计项措施清单及组价的编制

【计项措施】或【总价措施】界面是不需要编辑具体工程量，也不需要进行综合单价分析，只要按项直接编制单价与合价的施工措施部分。

将软件窗口切换到【计项措施】中，根据施工组织设计方案对不可计量的施工措施直接列项编制。计项措施编制方法如下(图 5-27)：

(1)软件已默认 6 个计项措施项目，我们可以根据施工组织设计进行增减；

(2)在【计算基础】栏打开【费用变量】直接引用【分部分项】及相关费用变量，再录入费率标准即可；

(3)在【计算基础】栏中直接输入金额，【费率】列输入 100，即表示直接给固定的费用。

工程信息 | 分部分项 | 计量措施 | 工料机汇总 | 计项措施 | 索赔及签证 | 暂列金额 | 专业工程暂估/结算价 | 计日工 | 总承包服务费

直接引用费用变量为计算基础

序号	项目编码	项目名称	计算基础	费率(%)	金额
1		以“项”计价(无定额可套)的措施项目			2,360.45
1.1		安全文明施工费	AQWMF + CSXMF_AQWMF	100	319.67
1.2		夜间施工增加费	RGF	0.5	18.25
1.3		提前竣工(赶工)费			
1.4		冬雨季施工增加费	FBFXF	0.16	22.53
1.5		[illegible]	[illegible]	100	[illegible]
1.6		专业工程的措施项目			

直接输入费用总额，将费率改为100%

图 5-27　计项措施清单及组价的编制

5.4.3　其他项目清单组价的编制

“其他项目”清单根据工程阶段，在招投标阶段一般要求编制【暂列金额】、【专业工程暂估价】、【计日工】、【总承包服务费】，在竣工结算阶段编制【索赔及签证】、【专业工程结算价】、【计日工】、【总承包服务费】。

1. 暂列金额

它是指招标人在工程量清单中暂定并包括在合同价款中的一笔款项。用于施工合同签订时尚未确定或者不可预见的所需材料、设备、服务的采购，施工中可能发生的工程变更、合同约定调整因素出现时的工程价款调整以及发生的索赔、现场签证确认等的费用。由招标人在工程量清单中列明一个固定的金额，投标人报价时暂列金额不允许改变。其编辑方法同计项措施清单及组价的编制，但是一般不输入费率，直接输单价，自动计算合价即可。

2. 专业工程暂估价

招标人在工程量清单中提供的用于支付必然发生但暂时不能确定价格的材料、工程设备的单价、专业工程以及服务工作的金额，具有以下几个特性：

(1)暂估价涵括在签约合同价之中，但是，正如签约合同价不是合同价格一样，暂估价不一定归承包人所有。

(2)暂估价中的材料、工程设备是必然要采购的，暂估价中的专业工程也是必然要施工的，但是，在招投标和签订施工合同的阶段还不能确定材料、工程设备的单价，还不能确定专业施工合同的工程价款。因此，只能在签约合同价中给出暂估价。具体价款在将来签订的采购合同和专业施工合同中确定，替换暂估价。暂估价是必然要发生的，这一点与暂列金额不同。暂列金额是预备金额，不一定能用上。

(3)在签订施工合同的时候，暂估价材料、工程设备的供货商和专业工程的承包人尚未确定。

在此界面中，编辑方法同暂列金额相同(图5－28)。

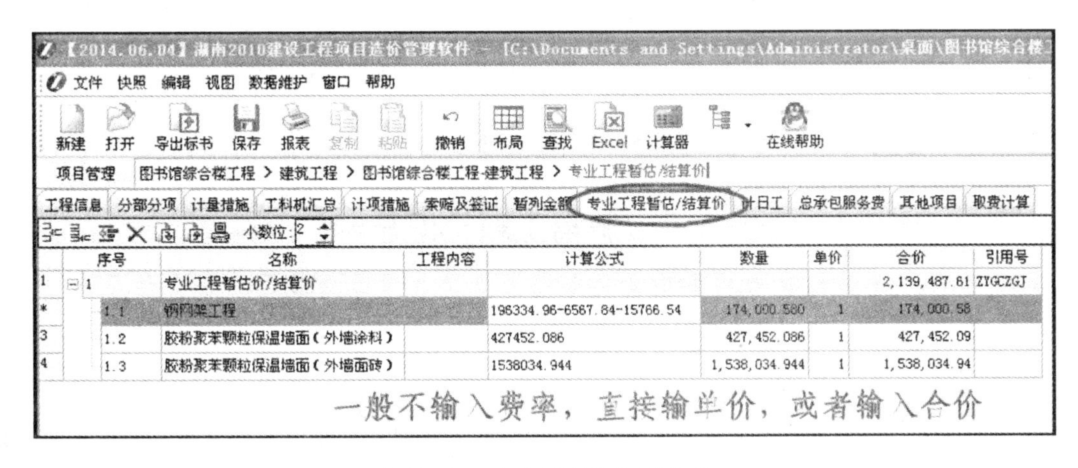

图5－28　专业工程暂估/结算价

3. 计日工

计日工俗称“点工”，在施工过程中，完成发包人提出的施工图纸以外的零星项目或工作

(包括人工、材料和机械)，按合同中约定的综合单价计价。招标方列计日工名称与暂定数量，投标单位进行竞争性报价。

4. 总承包服务费

“总承包服务费”是总承包人为配合协调发包人进行的工程分包自行采购的设备、材料等进行管理、服务以及施工现场管理、竣工资料汇总整理等服务所需的费用。工程量清单编制人只需要在其他项目清单中列出“总承包服务费”项目即可。但是，清单编制人必须在总说明中说明工程分包的具体内容，由投标人根据分包内容自主报价。

5. 索赔与签证

索赔在合同履行过程中，对于非己方的原因而应由对方承担责任的情况造成的损失，向对方提出补偿的要求。索赔窗口是在工程结算过程中，对签证与索赔的项目进行列项，包括项目的名称、单位、工程量及单价等，软件自动汇总计算合价。

以上几种界面的编辑与计项措施编制方法相同。

5.4.4 其他项目窗口

本窗口中根据招投标与结算不同阶段，自动汇总其他项目各项金额，不需要手工进行任何操作了，只需检查数据是否完整正确(图5-29)。

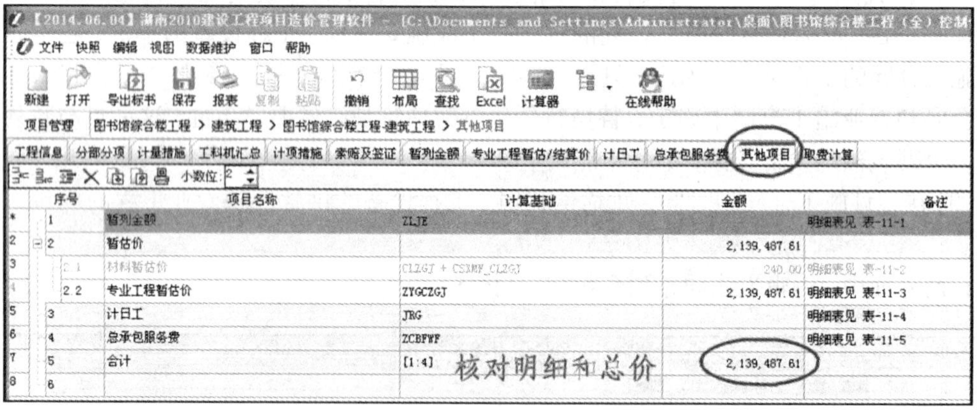

【2014.06.04】湖南2010建设工程项目造价管理软件 - [C:\Documents and Settings\Administrator\桌面\图书馆综合楼工程(全)控制

文件 快照 编辑 视图 数据维护 窗口 帮助

新建 打开 导出标书 保存 报表 复制 粘贴 撤销 布局 查找 Excel 计算器 在线帮助

项目管理 图书馆综合楼工程 > 建筑工程 > 图书馆综合楼工程-建筑工程 > 其他项目

工程信息 分部分项 计量措施 工料机汇总 计项措施 索赔及签证 暂列金额 专业工程暂估/结算价 计日工 总承包服务费 其他项目 取费计算

小数位 2

	序号	项目名称	计算基础	金额	备注
*	1	暂列金额	ZLJE		明细表见 表-11-1
2	2	暂估价		2,139,487.61	
3	2.1	材料暂估价	CLZGJ + CSXMF_CLZGJ	240.00	明细表见 表-11-2
4	2.2	专业工程暂估价	ZYGCZGJ	2,139,487.61	明细表见 表-11-3
5	3	计日工	JRG		明细表见 表-11-4
6	4	总承包服务费	ZCBFWF		明细表见 表-11-5
7	5	合计	[1:4]	2,139,487.61	
8	6				

核对明细和总价

图5-29 其他项目窗口

任务5.5 编辑工料机汇总界面

任务要求

熟练掌握【工料机汇总】窗口的功能命令和操作技巧。用两种软件完成总任务中对《办公楼》建筑、装饰工程两单位工程进行工料机市场单价的编辑，并在联网的状态下，进行2014年2月第1期“××市建设信息”中材料价格的下载的练习。

操作指导

【工料机汇总】是当前单位工程中【分部分项】与【计量措施】的人工、材料、机械台班消耗量汇总，在此窗口中可以完成对人材机单价的调整、材料属性的定义等操作（图5－30），图中深蓝色显示的材料已经被设置为【暂估材料】。

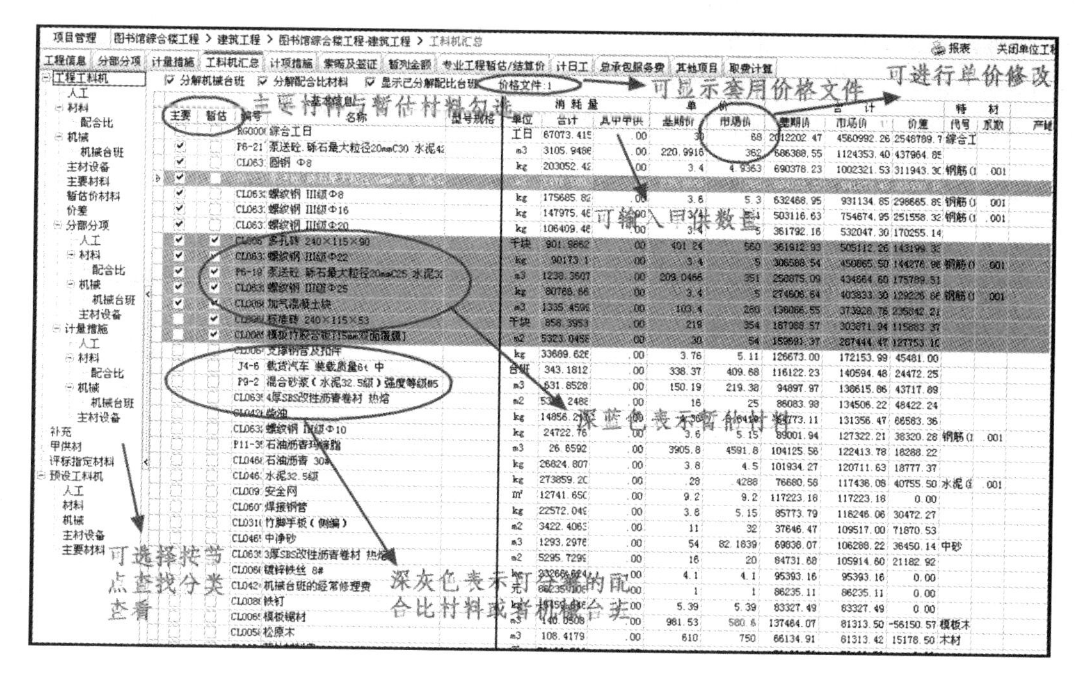

图5－30　【工料机汇总】界面

其窗口界面上主要操作有：

1．在窗口的左侧可以显示主要材料标志，软件提供三种主要材料标记方法

（1）回到工程信息标签栏中，根据【费率变量】窗口右侧，给定的主要材料择定比例默认2%，也可以手动改变，自动刷新主要材料；则【工料机汇总】窗口的符合条件的主要材料就会自动勾选。

（2）选择一项或者多项材料，单击鼠标右键，执行右键菜单【设定为主要材料】命令；

（3）在【工料机汇总】界面直接用鼠标勾选主要材料标志栏。

2．设置暂估单价材料标志

选择一项或多项材料，单击鼠标右键，执行右键菜单【设定暂估单价材料】命令；或者在【工料机汇总】界面直接用鼠标勾选暂估单价材料标志栏。

3．信息价下载（图5－31）

在联网的状态下，进入【帮助】下拉菜单，执行【下载信息价】菜单命令点击【下一步】按钮，下载过程自动检测，软件安装目录中【材料价格】文件夹下是否已经下载过该地区信息价文件，如果没有下载则开始进行下载更新。

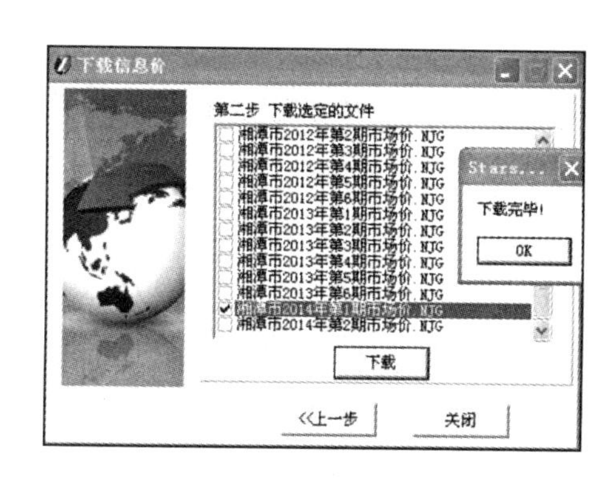

图5－31　信息价下载

4. 套用价格文件

在【工料机汇总】窗口单击鼠标右键，执行右键快捷【套用价格文件(加权计算)】菜单命令，在弹出的“对话框”内，根据提示选择信息价文件进行套用即可，也可以选择几个文件，输入权重比例，取权重比例的价格套用。除了套用信息价文件外，也可以直接修改人工、材料、机械台班的市场价，其中可分解的配合比与机械台班不能直接调价，只能通过调整其组成成分单价，软件自动计算配合比与台班的单价(如图5-32)

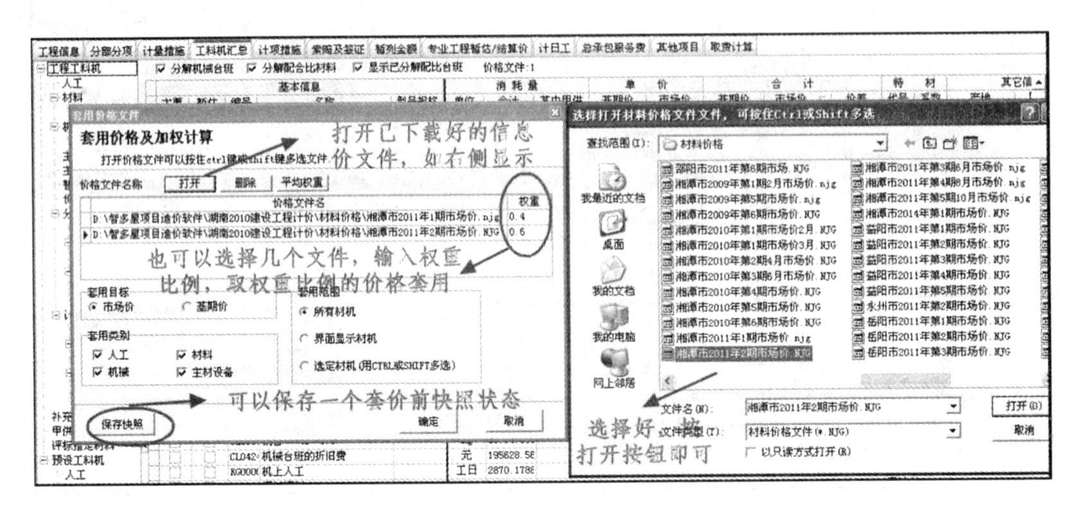

图5-32　套用价格文件

5. 查找材机的来源(图5-33)

用鼠标选择欲反查来源的材机项，单击鼠标右键，执行右键菜单【查找材机来源】命令，即可打开材机来源对话框，双击检索出来的清单或子目项即可快速定位到该清单子目行上，并可以在此对话框中实现对此项材机的整体替换。

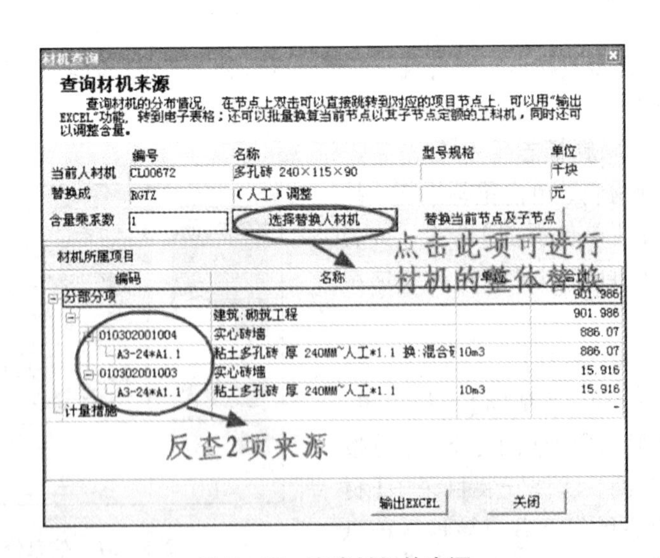

图5-33　查找材机的来源

6. 更多操作可参照右键快捷菜单命令来完成(见表 5－2)

表 5－2　鼠标右键快捷菜单命令功能对照表

主菜单	下级菜单	功　能
按设定比例重新提取主要材料		根据【费率变量】窗口中给定的主要材料比例自动设置主要材料标记
按设定比例追加提取主要材料		根据【费率变量】窗口中给定的主要材料比例在自动设置主要材料标志，原主要材标记保留
设定为主要材料		将选定材料手动设置主要材料标记
设定为暂估价材料		将选定材料手动设置暂估单价材料标记
设定为评标指定材料		将选定材料设置为评标指定材料
设置为完全甲供		将选定材料设置为完全甲供材
查找材机来源		反向查询当前选定材料的来源
增加人材机		将材料增加到【预设工料机】结点下
删除		删除选定的材料【材料消耗量为 0 时有效】
查看/编辑价格文件		编辑信息价格文件
套用价格文件(加权计算)		打开信息价文件并应用到当前工程
从 Excel 导入价格		导入一个 Excel 信息价文件进行套用
保存价格文件		将当前窗口的材料信息价保存到一个文件中
重算配合比、台班价格		修改配合比及台班成分含量与单价后重新计算
价格调整	价格乘系数	将特定的材料价格乘系数
	清除所有市场价	清除所有材料的市场价
	基期价→市场价	将基期价更新市场价
	市场价→基期价	将市场价更新基期价
修改材机类别		修改材料及机械的类别
打开特材表		打开特材表，编辑特材及系数
工料机含量换算		
批量设置特材号		对选定的材料设置特材号，便于特材指标分析
批量设置计算式		对选定的材料设置单价计算式
从材机库提取属性		从系统材机库中提取材机的各项属性
自定义计算		根据自定义的计算式计算材机单价
放回材机库		将选定的材机放回补充材机库

任务5.6 单位工程取费界面、报表的编辑与打印

任务要求

查看单位工程取费计算界面，核对计算项目和相应取费费率。进入报表窗口，利用报表集合导出招标控制价和投标价所有的文件。完成《办公楼》工程的招标控制价/投标文件的编辑工作，并对比两种软件计算结果。

操作指导

5.6.1 单位工程取费计算界面

1.【取费计算】窗口

【取费计算】窗口是整个单位工程的造价数据组成的汇总，在招标控制价编制阶段，反映的是当前单位工程的控制价，在投标阶段，反应的是投标总报价，而在结算阶段，反映的是结算工程部位的总价。包括了分部分项费、措施项目费、其他项目费及规费与税金五大清单造价汇总，当前窗口数据自动汇总，不需要手工进行任何调整，只需复核数据是否完整正确。

在窗口左上为辅助工具按钮，计算公式一列字母标注为变量引用，点击三点打开变量表可查看公式是否符合工程要求，特殊要求下可以进行编辑。表格中为浅灰色行的，只是显示其中取费值和金额，并不汇总。最右边一列为打印费率，一般在打印前需要核对费率金额，特别是投标文件，以防显示的费率低于国家强制性规定而废标(图5-34)。

打印时注意核对费率显示

套用模版、保存模版按钮

费率不可在此调整，若要调整换到【工程信息】界面，即时联动修改

暂列金额不进行取费

	序号	名称	计算公式	费率(%)	合价	备注	打印费率
*	1	分部分项工程费	FBFXF	100	14,070.36	1.1+1.2+1.3+1.4+1.5+1.6+1.7+1.8	
2	1.1	人工费	RGF	100	3,650.08		
3	1.2	材料费	CLF + ZCF+QTF	100	7,929.38		
4	1.3	其他材料费	QTCLF	100	237.90	1.2×其他材料费率	
5	1.4	安装工程设备费	SBF	100			
6	1.5	机械费	JXF	100	1,016.48		
7	1.6	管理费	GLF	100	599.14		26.81
8	1.7	利润	LR	100	645.39		28.88
9	1.8	优惠	-YH	100		(1.1~1.7)*优惠率	0
10	2	措施项目费			505.54	2.1+2.2	
11	2.1	能计量的部分	CSXMF	100	163.34	2.1.1+2.1.2+2.1.3+2.1.4+2.1.5+2.1.6+2.1.7	
12	2.1.1	人工费	CSXMF_RGF	100	6.77		
13	2.1.2	材料费	CSXMF_CLF + CSXMF_ZCF+CSXMF_QTF	100	0.76		
14	2.1.3	其他材料费	CSXMF_QTCLF	100	0.02	2.1.2×其他材料费率	
15	2.1.4	机械费	CSXMF_JXF	100	150.80		
16	2.1.5	管理费	CSXMF_GLF	100	1.44		26.81
17	2.1.6	利润	CSXMF_LR	100	1.55		28.86
18	2.1.7	优惠	-CSXMF_YH	100		(2.1.1~2.1.6)*优惠率	0
19	2.2	总价措施项目费	JXCSF	100	342.20		
20	2.2.1	其中:安全文明施工费	AQWMF + CSXMF_AQWMF	100	319.67		14.27
21	3	其他项目费	QTXMF	100			
22	4	规费			1,335.58		
23	4.1	其中：养老保险费	[1:3]-?XFB:其他B-?XCS:其他B-?XFB:其他C-?XCS:其他C	3.5	510.44	(1+2+3)×3.5%	3.5
24	4.2	工程排污费	[1:3]-?XFB:其他B-?XCS:其他B-?XFB:其他C-?XCS:其他C	0.4	58.34	分部分项工程费+措施项目费+其他项目费	0.4
25	4.3	安全生产责任险	[1:3]-?XFB:其他B-?XCS:其他B-?XFB:其他C-?XCS:其他C	0.19	27.71	分部分项工程费+措施项目费+其他项目费	0.19
26	4.4	职工教育经费	RGF + CSXMF_RGF + JRGRGF-?XFB_RGF:其他B-?XCS_RGF:其他B	1.5	54.88	(分部分项工程费+措施项目费+计日工)中人工费总额	1.5
27	4.5	工会经费	RGF + CSXMF_RGF + JRGRGF-?XFB_RGF:其他B-?XCS_RGF:其他B	2	73.18	(分部分项工程费+措施项目费+计日工)中人工费总额	2
28	4.6	其他规费	RGF + CSXMF_RGF + JRGRGF-?XFB_RGF:其他B-?XCS_RGF:其他B	16.7	611.03	(分部分项工程费+措施项目费+计日工)中人工费总额	16.7
29	5	税金	[1:4]-?XFB:其他B-?XCS:其他B	3.477	553.52	(1+2+3+4)×税率	3.477
30	6	暂列金额	ZLJE	100			
31	7	含税工程造价	[1:6]	100	16,473.02	1+2+3+4+5+6	

图5-34 单位工程取费计算界面

2.【取费计算】窗口中其他模板的用法

在实际过程中，汇总表需要其他方式的表现形式，可以利用保存模板和套用模板按钮（见图5－34）。软件中提供了几种模板：2014.113号文件标准取费（即本版本默认）、406号文件标准取费、标准取费、劳务分包工程取费模板、税后优惠模板、税前优惠模板。

3.【取费计算】【计项措施】【其他项目】【暂列金额】【签证及索赔】【计日工】【总承包服务费】等费用类窗口鼠标右键快捷菜单命令功能见表5－3。

表5－3　窗口鼠标右键快捷菜单命令功能一览表

菜单项	功　能	备　注
锁定	锁定行，名称、计算公式、引用号不能编辑	
插入项目	在当前行之前插入一行	
增加行	在当前节点下增加一行	
增加子项	在当前行下增加子节点行	
删除	删除当前节点及子节点	
复制一行	将选定行复制到剪切板中	
粘贴	将剪切板中的行粘贴到当前位置	
上移	将选中行上移	
下移	将选中行下移	
红色标记	对选定行做红色标记	
套用模板	套用一个当前费用窗口模板	
保存模板	将当前费用结构保存为一个模板	
汇总计算	根据公式计算合价【软件均自动计算】	

5.6.2　报表编辑界面介绍

一般情况下软件自带的报表格式可以打印成果满足要求，如果需要对报表进行编辑修改，则点击右方的【报表编辑】按钮，可以对报表的数据源与格式进行编辑，编辑完成后需点【保存】按钮，才能保存修改后的格式。

此界面根据功能区域划分，将报表划分为【工程文件结构区】、【报表文件列表区】、【菜单命令区】、【常用格式工具按钮区】、【报表数据源区】与【报表辅助函数定义区】（见图5－35）。

1. 在窗口左上为【工程文件结构区】

显示【项目管理】中“汇总”标记为“√”状态下的工程项目、单项工程、单位工程结构。

2. 在窗口左下为【报表文件列表区】

用报表文件夹分类管理的报表文件名、报表集合文件名，在该区域中，可以单击鼠标右

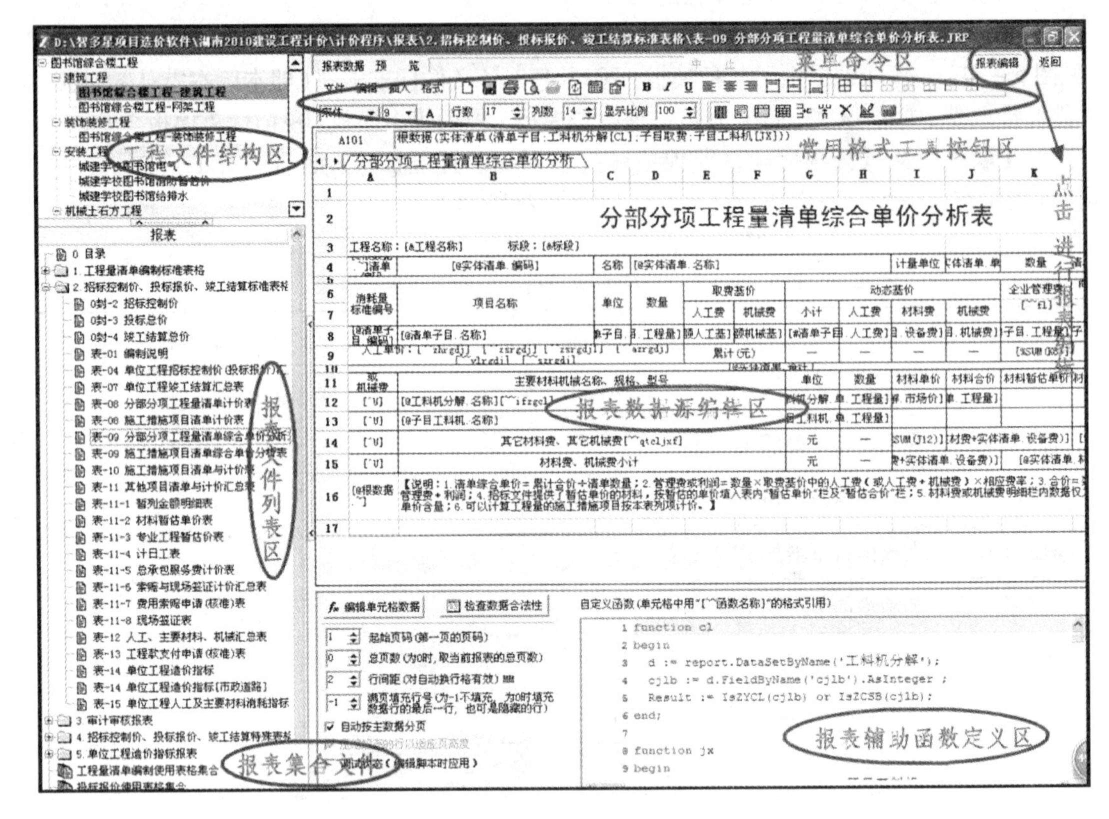

图 5－35　报表编辑界面

键，出现菜单栏，使用这些命令组可以对报表文件进行管理，用表 5－3 列出。

3.【菜单命令区】

对报表进行操作的菜单命令，菜单命令类似办公软件命令，用表 5－4 表示。

表 5－3　报表文件列表区鼠标右键功能一览表

菜单项	功　　能	备　注
刷新报表列表	对报表进行改名、新建后刷新才显示出来	
资源管理器	进入报表文件夹，对报表进行复制、删除等操作	
复制到内置报表	对当前工程所需的个性化报表复制到内置报表中，绑定在工程文件中	
重命名	对报表重新命名	
删除报表	删除不需要的报表	
新建报表集合	根据报表输出需要建立一个报表集合，实现批量打印、批量输出到一个 Excel 文件中	

表 5－4　菜单命令区命令一览表

菜单	二级菜单	功　能	图标
文件	新建	新建报表或者新建报表格式	
	打开	从磁盘中选择报表文件打开	
	保存	在【报表编辑】状态，保存对报表的修改，在【报表数据】状态，将报表数据保存为 Excel 格式文件	
	另存为	在【报表编辑】状态，保存对报表的修改，在【报表数据】状态，将报表数据保存为 Excel 格式文件	
	删除样式	是删除当前的表格式样，如果要删除报表文件，请直接在报表目录中用右键中的“删除”功能，或者直接用系统资源管理器操作	
	页面设置	对当前报表的纸张、边距、页眉页脚等设置	
	预览	模拟打印效果显示数据	
	打印	打印当前报表	
插入	插入单元格	插入单元格、整行、整列	
	插入列	插入列，在跨栏合并状态下不能插入	
	插入行	插入行，在跨行合并下不能插入	
		打开删除行、列对话框	
格式	单元格属性	设置单元格字符格式、字体、字号、边框线等	
	行高	设置行高度	
	隐藏行	特殊情况下隐藏某行	
	取消隐藏行	取消隐藏的行	
	缺少行高	设置缺省行高度	
	列宽	设置列宽度	
	自适应列宽	根据纸张大小及单元格字符数自动适应列宽	
格式	隐藏列	隐藏当前列	
	取消隐藏列	取消隐藏	
	缺省列宽	设置缺省的列宽度	
	表单属性		
	保护		
	输入框		
	缺省字体		

4.【常用格式工具按钮区】

对报表进行格式操作的工具按钮，鼠标指向工具按钮，显示功能说明。

5.【报表数据源区】

它是报表编辑、数据显示的主要区域，有三种状态：

(1)"报表编辑"状态下进行报表数据源的设置、格式编辑；显示的主要区域；

(2)"报表数据"状态下显示报表的数据结果；

(3)"报表预览"状态以打印预览的方式显示报表数据内容。

6.【报表辅助函数定义区】

为了满足部分特殊报表输出要求，进行报表的辅助函数定义区域。

7. 报表的编辑

报表编辑是对报表数据源的定义，即根据报表数据输出要求，对报表进行数据字段输出、系统常量、变量、函数的定义等。

(1)定义报表的表头、表尾

(2)定义报表的数据字段：双击单元格就进入【报表单元格数据编辑】对话框，根据需要增加、删除字段；

(3)定义报表中常量：从【报表单元格数据编辑】增加常量，如工程名称、编制人等；

(4)定义统计函数：如统计汇总、人民币转换输出等；

(5)字体格式设置：使用格式工具栏对字体、字号、加粗、对齐方式、表格线、字符折行等设置；

(6)用 Excel 操作方法设置行高与列宽；

(7)进入页面设置页面边距、页眉页脚等；

(8)通过菜单或者工具按钮中"自动适应列宽"命令，自动调整各列宽度；

(9)对报表定义完成后，点【保存】按钮，切换到【报表数据】模式下显示数据输出结果。

5.6.3 报表的打印

1.【报表数据】界面(图 5-36)

进入【单位工程】编制界面后，【报表】是数据成果打印输出的常见形式，进入报表点击【报表数据】，此界面根据功能区域划分，将报表划分为【工程文件结构区】、【报表文件列表区】、【菜单命令区】、【预览报表区】。右侧菜单栏的报表区域与我们常用的 Excel 表格操作基本相同，当选择一张报表文件，在右边可以看见当前报表的数据显示，点击【保存】按钮，即可将当前报表数据快速导出为一个 Excel 文件，点【打印】按钮，即可打印当前选定报表。在【报表预览】模式下，可以显示报表打印输出后的效果。

2.【报表数据】显示

(1)左上方选择工程项目结点时，仅显示项目工程相关报表、选择单位工程时仅显示当前单位工程报表；

(2)选择左侧报表文件，再点击【报表数据】按钮即可显示当前报表数据结果；

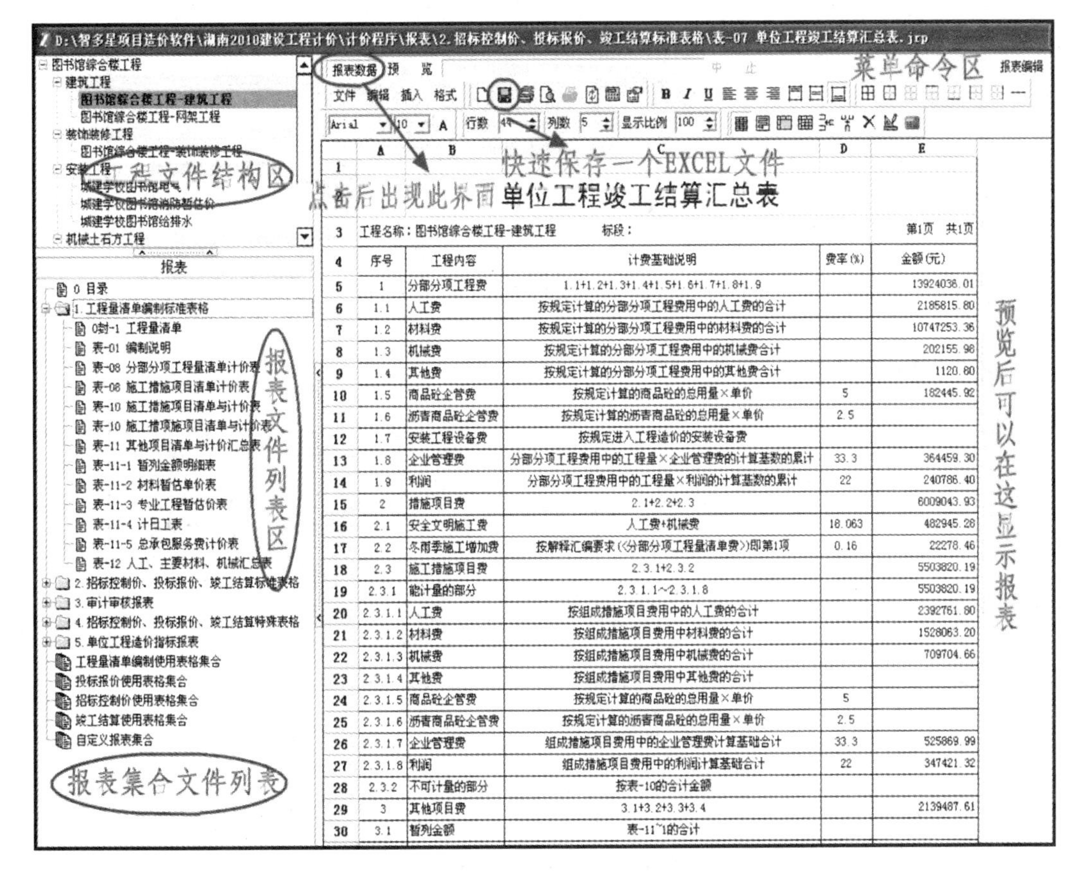

图 5－36　【报表数据】界面

(3)当报表数据出现“#####”字符时，可适当拉大单元格列宽，或减小字体以满足在有限纸宽范围内显示所有数据；

3. 报表打印输出

(1)点击打印机图标则打印当前报表，点击磁盘开关的【保存】按钮，可将当前报表输出 Excel 文件；

(2)报表集合文件(图 5－37)：我们在编辑招标清单、编制控制价、投标报价与结算时，所需要的报表是不一样的，或者说每个地区对报表的要求也不一样，所以我们可以利用报表集合功能，根据不同需求，创建不同的集合文件，而每次要打印报表时，只需要选择所需的报表集合文件，一次性打印输出即可，而不需要单张报表的选择并打印，这样既能节省打印时间提高效率，又能满足不同预算编制阶段对报表的不同需求。

如“工程量清单编制使用报表集合”，这时会弹出一个【报表集合】对话框，当前集合中已经包括了有关招标清单所需的报表文件，我们可以在双击左侧的报表文件名，即自动地添加到右侧集合中，也可以在右侧集合中，选择一张报表，然后点击向左指向的小手指按钮，即实现从集合中删除此报表目的。也可以用手指图标，对选定的报表进行位置上下调整。

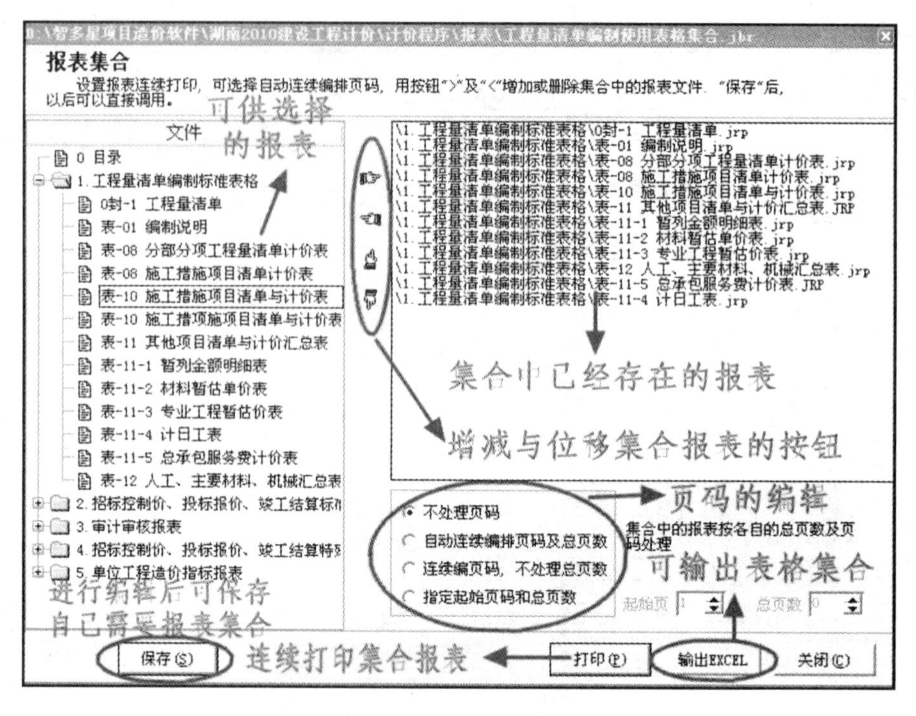

图 5-37　报表的集合

如果需要创建一个新的报表集合，则可以点击下方的命令按钮或者点击鼠标右键的【新建报表集合】，在【报表集合】对话框，增加所需要的报表，然后点击【保存】按钮，退出集合对话框后，点一下【刷新】按钮，在报表文件列表下，我们就能看到新创建的报表集合文件名。

【报表集合】对话框中，我们还可以根据需要选择不同页码处理方式输出报表；点击【打印】按钮，即可实现所有集合中的报表一次性打印输出。我们点击【输出 Excel】按钮，这时，报表集合中所有的报表都输出到一个 Excel 文件中去了，即可看到，在一个 Excel 文件，每个工作表即是一张报表，这样对报表的管理更加集中；最后我们再回到报表文件列表中，打开【目录】报表，可以看到，软件会自动生成非常规范的报表目录。

(3)报表打印前需要插上正版软件加密锁，并刷新计算，才打印。特别是打印投标文件以免清单工程量出现 256 这样的数据，影响投标。

任务实践

按照本模块操作讲解，完成《办公楼》工程的招标控制价文件的编制，并校核正确性。

《办公楼》案例参考界面

项目管理 | 教材-办公楼 >

工程项目组成列表 | 项目工料机汇总 | 项目整体措施费 | 项目整体其他费 | 项目总价

	类别	汇总	名称	合计	比例	分部分项工程费	措施项目费	其他项目费	规费	税金
1	建设项目	√	教材-办公楼	1,123,988.06	100.00%	654,762.64	139,367.99	189,000.00	83,761.58	37,095.85
2	单项工程	√	建筑工程	857,254.68	76.27%	436,176.44	124,325.07	189,000.00	59,620.01	28,133.16
3	单位工程	√	办公楼建筑工程	857,254.68	76.27%	436,176.44	124,325.07	189,000.00	59,620.01	28,133.16
4	单项工程	√	装饰装修工程	266,733.38	23.73%	218,586.20	15,042.92		24,141.57	8,962.69
*	单位工程	√	办公楼装饰装修工程	266,733.38	23.73%	218,586.20	15,042.92		24,141.57	8,962.69
6	单项工程	√	安装工程（暂估价计入办公楼建筑工程里）							
7	单位工程	√	安装工程1							
8	单项工程	×	园林（景观）绿化工程							
9	单项工程	×	仿古建筑工程							
10	单项工程	×	市政道路、桥涵、隧道、防洪堤							
11	单项工程	×	机械土石方工程							
12	单项工程	×	市政给排水、燃气、集中供热							
13	单项工程	×	打桩工程							
14	单项工程	×	城市轨道交通路基、围护和地下结构、桥涵等							
15	单项工程	×	城市轨道交通通信、信号、智能与控制、供电							

项目信息 | 编制说明

	名称	内容
*	项目编号	
2	项目名称	教材-办公楼
3	************	以下是项目内容
8	************	以下是招标人内容
17	***********	以下可选
27	***********	以下投标人必填
32	***********	工程概况与特征[建设工程造价指标分析专用]

项目管理　教材-办公楼 > 建筑工程 > 办公楼建筑工程 > 工程信息

工程信息 | 分部分项 | 计量措施 | 工料机汇总 | 计项措施 | 索赔及签证 | 暂列金额 | 专业工程暂估/结算价 | 计日工 | 总承包服务费 | 其他项目 | 取费计算

工程概况　编制说明　费率变量　设　置

费率/变量选择参数　☑ 自动刷新费率变量

参数	参数值
工程类别	建筑工程
编制类型	招标控制价/投标报价
计税施工地区	市区
项目所在地市	长株潭
人工工资取费基价	湘建价〔2014〕112号
安全生产责任险类别	低风险工程

费率/变量

名称	代号	数值	单位	
人工取费基价	rgqfjj	60	元/日	
最低人工工资单价	zdrggzdj	70	元/日	根据项目所在地市及工程类别生成最(
企业管理费费率	qyglf_l	23.34	%	
利润费率	lr_l	25.12	%	
安全文明施工费费率	aqwmf_l	12.99	%	
工程排污费费率	gcpwf_l	0.4	%	
职工教育经费费率	zgjyjf_l	1.5	%	
养老保险费费率	ylbxf_l	3.5	%	
其他规费费率	qtgf_l	16.7	%	
工会经费费率	ghjf_l	2	%	
安全生产责任险费率	aqsczrx	0.19	%	
冬雨季施工增加费费率	dyjsgf_l	0.16	%	
税金费率	sj_l	3.477	%	
*需要指定的数值				
优惠费率	yh_l	0	%	此处优惠率设置仅针对清单综合单价t 优惠模板!
主要材料择定比例	zyclbl	2	%	若（某材料基期合价/全部材料基期合
建筑面积	jzmj	100	m²	请填入单位工程实际建筑面积，用之讠

特项取费费率　编辑取费程序

特项		费率(%)			
特项号	名称	企业管理费	利润	安全文明费	优惠
	默认取费	23.34	25.12	12.99	0
建筑	建筑工程	23.34	25.12	12.99	0
装饰	装饰装修工程	26.81	28.88	14.27	0
安装	安装工程	29.34	31.59	13.76	0
园林	园林（景观）绿化工程	20.15	21.7	10.63	0
仿古	仿古建筑	24.51	26.39	12.67	0
市政人工	市政给排水、燃气、集中供热	25.81	27.8	10.63	0
市政人机	市政道路、桥涵、隧道、防洪堤	21.82	23.5	10.81	0
土石方	机械土石方工程	6.83	7.35	5.46	0
打桩	打桩工程	12.67	13.64	6.54	0

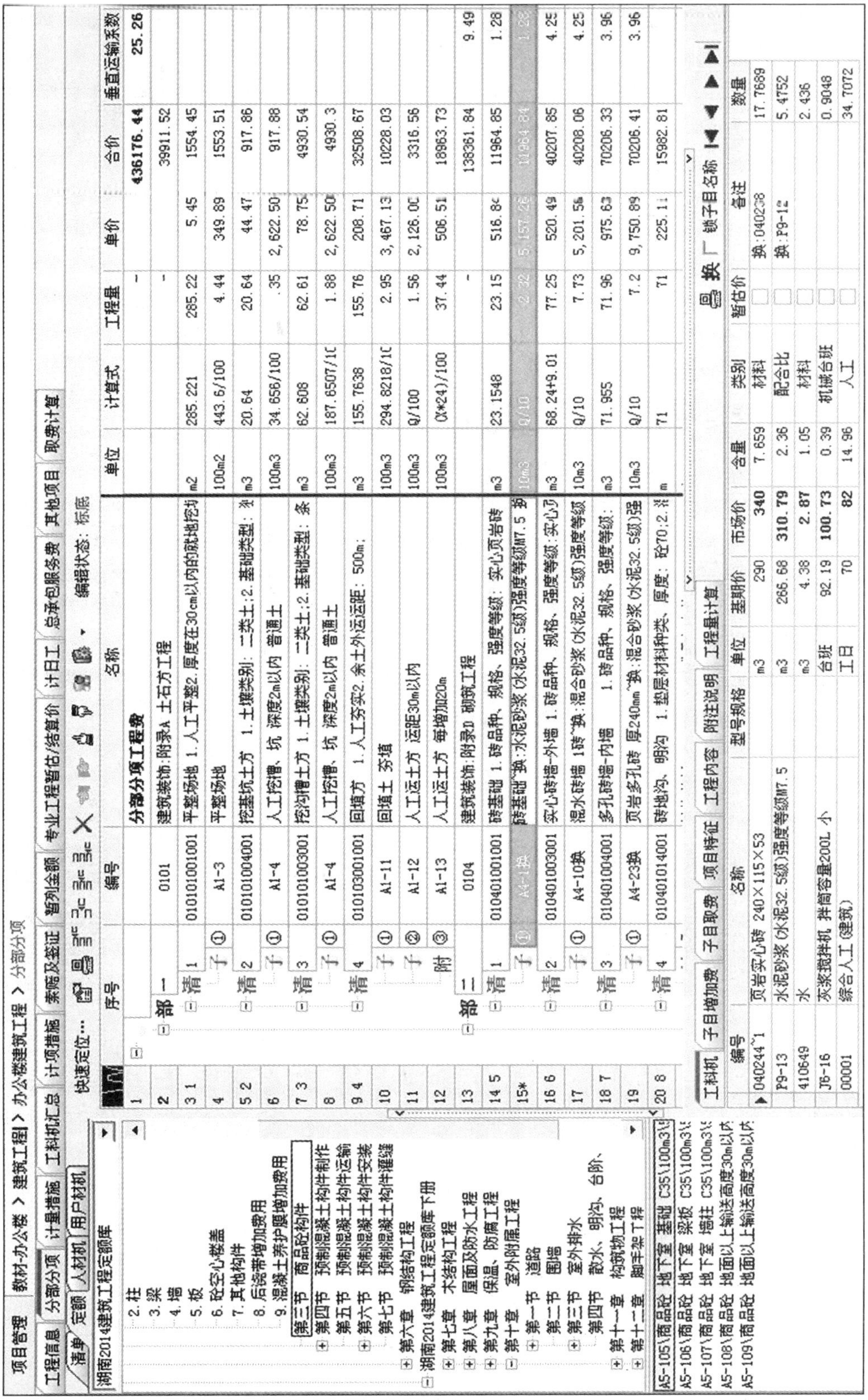

项目管理　教材-办公楼 > 建筑工程 > 办公楼建筑工程 > 分部分项

工程信息 | 分部分项 | 计量措施 | 工料机汇总 | 计项措施 | 索赔及签证 | 暂列金额 | 专业工程暂估/结算价 | 计日工 | 总承包服务费 | 其他项目 | 取费计算

清单 | 定额 | 人材机 | 用户材机

快速定位…　编辑状态：标底

湖南2014建筑工程定额库

- 2.柱
- 3.梁
- 4.墙
- 5.板
- 6.砼空心楼盖
- 7.其他构件
- 8.后浇带增加费用
- 9.混凝土养护膜增加费用
- 第三节　商品砼构件
- 第四节　预制混凝土构件制作
- 第五节　预制混凝土构件运输
- 第六节　预制混凝土构件安装
- 第七节　预制混凝土构件灌缝
- 第六章　钢结构工程
- 湖南2014建筑工程定额库下册
- 第七章　木结构工程
- 第八章　屋面及防水工程
- 第九章　保温、防腐工程
- 第十章　室外附属工程
- 第一节　道路
- 第二节　围墙
- 第三节　室外排水
- 第四节　散水、明沟、台阶、
- 第十一章　构筑物工程
- 第十二章　脚手架工程

A5-105\商品砼 地下室 基础 C35\100m3\5
A5-106\商品砼 地下室 梁板 C35\100m3\5
A5-107\商品砼 地下室 墙柱 C35\100m3\5
A5-108\商品砼 地面以上输送高度30m以内
A5-109\商品砼 地面以上输送高度30m以内

	序号	编号	名称	单位	计算式	工程量	单价	合价	垂直运输系数
1			分部分项工程费			-		436176.44	25.26
2	部 一	0101	建筑装饰:附录A 土石方工程			-		39911.52	
3 1	清 1	010101001001	平整场地 1.人工平整2.厚度在30cm以内的就地挖均	m2	285.221	285.22	5.45	1554.45	
4	子 ①	A1-3	平整场地	100m2	443.6/100	4.44	349.89	1553.51	
5 2	清 2	010101004001	挖基坑土方　1.土壤类别：二类土;2.基础类型：独	m3	20.64	20.64	44.47	917.86	
6	子 ①	A1-4	人工挖槽、坑 深度2m以内 普通土	100m3	34.656/100	.35	2,622.50	917.88	
7 3	清 3	010101003001	挖沟槽土方 1.土壤类别：二类土;2.基础类型：条	m3	62.608	62.61	78.75	4930.54	
8	子 ①	A1-4	人工挖槽、坑 深度2m以内 普通土	100m3	187.6507/10	1.88	2,622.50	4930.3	
9 4	清 4	010103001001	回填方　1.人工夯实2.余土外运运距：500m;	m3	155.7638	155.76	208.71	32508.67	
10	子 ①	A1-11	回填土 夯填	100m3	294.8218/10	2.95	3,467.13	10228.03	
11	子 ②	A1-12	人工运土方 运距30m以内	100m3	Q/100	1.56	2,126.00	3316.56	
12	附 ③	A1-13	人工运土方 每增加20m	100m3	(X*24)/100	37.44	506.51	18963.73	
13	部 二	0104	建筑装饰:附录D 砌筑工程			-		138361.84	9.49
14 5	清 1	010401001001	砖基础 1.砖品种、规格、强度等级：实心页岩砖	m3	23.1548	23.15	516.84	11964.85	1.28
15*	子 ①	A4-1换	砖基础~换:水泥砂浆(水泥32.5级)强度等级M7.5 换	10m3	Q/10	2.32	5,157.26	11964.84	1.28
16 6	清 2	010401003001	实心砖墙-外墙 1.砖品种、规格、强度等级:实心页	m3	68.24+9.01	77.25	520.49	40207.85	4.25
17	子 ①	A4-10换	混水砖墙 1砖~换:混合砂浆(水泥32.5级)强度等级	10m3	Q/10	7.73	5,201.56	40208.06	4.25
18 7	清 3	010401004001	多孔砖墙-内墙　1.砖品种、规格、强度等级：	m3	71.955	71.96	975.63	70206.33	3.96
19	子 ①	A4-23换	页岩多孔砖 厚240mm~换:混合砂浆(水泥32.5级)强	10m3	Q/10	7.2	9,750.89	70206.41	3.96
20 8	清 4	010401014001	砖地沟、明沟　1.垫层材料种类、厚度：砼70;2.混	m	71	71	225.11	15982.81	

工料机 | 子目增加费 | 子目取费 | 项目特征 | 工程内容 | 附注说明 | 工程量计算　换　锁子目名称

编号	名称	型号规格	单位	基期价	市场价	含量	类别	暂估价	备注	数量
040244~1	页岩实心砖 240×115×53		m3	290	340	7.659	材料		换:040238	17.7689
P9-13	水泥砂浆(水泥32.5级)强度等级M7.5		m3	266.68	310.79	2.36	配合比		换:P9-12	5.4752
410649	水		m3	4.38	2.87	1.05	材料			2.436
J6-16	灰浆搅拌机 拌筒容量200L 小		台班	92.19	100.73	0.39	机械台班			0.9048
00001	综合人工(建筑)		工日	70	82	14.96	人工			34.7072

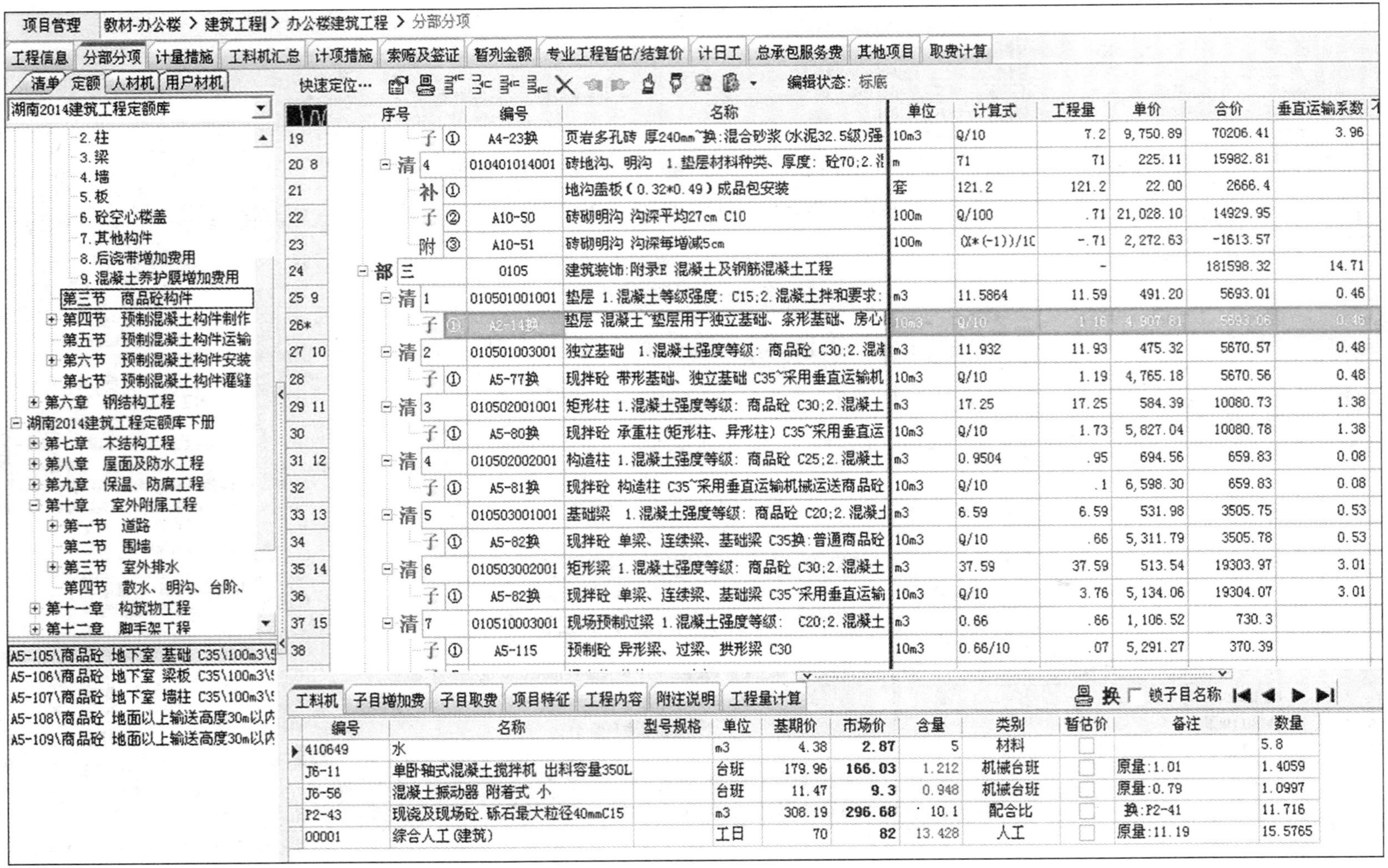

项目管理 | 教材-办公楼 > 建筑工程 > 办公楼建筑工程 > 分部分项

工程信息 | 分部分项 | 计量措施 | 工料机汇总 | 计项措施 | 索赔及签证 | 暂列金额 | 专业工程暂估/结算价 | 计日工 | 总承包服务费 | 其他项目 | 取费计算

清单 | 定额 | 人材机 | 用户材机

快速定位… 编辑状态：标底

湖南2014建筑工程定额库

- 2.柱
- 3.梁
- 4.墙
- 5.板
- 6.砼空心楼盖
- 7.其他构件
- 8.后浇带增加费用
- 9.混凝土养护膜增加费用
- 第三节 商品砼构件
- 第四节 预制混凝土构件制作
- 第五节 预制混凝土构件运输
- 第六节 预制混凝土构件安装
- 第七节 预制混凝土构件灌缝
- 第六章 钢结构工程
- 湖南2014建筑工程定额库下册
- 第七章 木结构工程
- 第八章 屋面及防水工程
- 第九章 保温、防腐工程
- 第十章 室外附属工程
- 第一节 道路
- 第二节 围墙
- 第三节 室外排水
- 第四节 散水、明沟、台阶、
- 第十一章 构筑物工程
- 第十二章 脚手架工程

A5-105\商品砼 地下室 基础 C35\100m3\
A5-106\商品砼 地下室 梁板 C35\100m3\
A5-107\商品砼 地下室 墙柱 C35\100m3\
A5-108\商品砼 地面以上输送高度30m以内
A5-109\商品砼 地面以上输送高度30m以内

	序号	编号	名称	单位	计算式	工程量	单价	合价	垂直运输系数
19	子 ①	A4-23换	页岩多孔砖 厚240mm~换:混合砂浆(水泥32.5级)强	10m3	Q/10	7.2	9,750.89	70206.41	3.96
20 8	清 4	010401014001	砖地沟、明沟 1.垫层材料种类、厚度：砼70;2.混	m	71	71	225.11	15982.81	
21	补 ①		地沟盖板（0.32*0.49）成品包安装	套	121.2	121.2	22.00	2666.4	
22	子 ②	A10-50	砖砌明沟 沟深平均27cm C10	100m	Q/100	.71	21,028.10	14929.95	
23	附 ③	A10-51	砖砌明沟 沟深每增减5cm	100m	(X*(-1))/10	-.71	2,272.63	-1613.57	
24	部 三	0105	建筑装饰:附录E 混凝土及钢筋混凝土工程			-		181598.32	14.71
25 9	清 1	010501001001	垫层 1.混凝土等级强度：C15;2.混凝土拌和要求：	m3	11.5864	11.59	491.20	5693.01	0.46
26*	子 ①	A2-14换	垫层 混凝土~垫层用于独立基础、条形基础、房心	10m3	Q/10	1.16	4,907.81	5693.06	0.46
27 10	清 2	010501003001	独立基础 1.混凝土强度等级：商品砼 C30;2.混凝	m3	11.932	11.93	475.32	5670.57	0.48
28	子 ①	A5-77换	现拌砼 带形基础、独立基础 C35~采用垂直运输机	10m3	Q/10	1.19	4,765.18	5670.56	0.48
29 11	清 3	010502001001	矩形柱 1.混凝土强度等级：商品砼 C30;2.混凝土	m3	17.25	17.25	584.39	10080.73	1.38
30	子 ①	A5-80换	现拌砼 承重柱(矩形柱、异形柱) C35~采用垂直运	10m3	Q/10	1.73	5,827.04	10080.78	1.38
31 12	清 4	010502002001	构造柱 1.混凝土强度等级：商品砼 C25;2.混凝土	m3	0.9504	.95	694.56	659.83	0.08
32	子 ①	A5-81换	现拌砼 构造柱 C35~采用垂直运输机械运送商品砼	10m3	Q/10	.1	6,598.30	659.83	0.08
33 13	清 5	010503001001	基础梁 1.混凝土强度等级：商品砼 C20;2.混凝土	m3	6.59	6.59	531.98	3505.75	0.53
34	子 ①	A5-82换	现拌砼 单梁、连续梁、基础梁 C35换:普通商品砼	10m3	Q/10	.66	5,311.79	3505.78	0.53
35 14	清 6	010503002001	矩形梁 1.混凝土强度等级：商品砼 C30;2.混凝土	m3	37.59	37.59	513.54	19303.97	3.01
36	子 ①	A5-82换	现拌砼 单梁、连续梁、基础梁 C35~采用垂直运输	10m3	Q/10	3.76	5,134.06	19304.07	3.01
37 15	清 7	010510003001	现场预制过梁 1.混凝土强度等级： C20;2.混凝土	m3	0.66	.66	1,106.52	730.3	
38	子 ①	A5-115	预制砼 异形梁、过梁、拱形梁 C30	10m3	0.66/10	.07	5,291.27	370.39	

工料机 | 子目增加费 | 子目取费 | 项目特征 | 工程内容 | 附注说明 | 工程量计算 | 换 锁子目名称

编号	名称	型号规格	单位	基期价	市场价	含量	类别	暂估价	备注	数量
410649	水		m3	4.38	**2.87**	5	材料			5.8
J6-11	单卧轴式混凝土搅拌机 出料容量350L		台班	179.96	**166.03**	1.212	机械台班		原量:1.01	1.4059
J6-56	混凝土振动器 附着式 小		台班	11.47	**9.3**	0.948	机械台班		原量:0.79	1.0997
P2-43	现浇及现场砼.砾石最大粒径40mmC15		m3	308.19	**296.68**	10.1	配合比		换:P2-41	11.716
00001	综合人工(建筑)		工日	70	**82**	13.428	人工		原量:11.19	15.5765

项目管理　教材-办公楼 > 建筑工程 > 办公楼建筑工程 > 分部分项

工程信息 | 分部分项 | 计量措施 | 工料机汇总 | 计项措施 | 索赔及签证 | 暂列金额 | 专业工程暂估/结算价 | 计日工 | 总承包服务费 | 其他项目 | 取费计算

清单 | 定额 | 人材机 | 用户材机

快速定位…　编辑状态：标底

湖南2014建筑工程定额库

- 2. 柱
- 3. 梁
- 4. 墙
- 5. 板
- 6. 砼空心楼盖
- 7. 其他构件
- 8. 后浇带增加费用
- 9. 混凝土养护膜增加费用
- 第三节　商品砼构件
- 第四节　预制混凝土构件制作
- 第五节　预制混凝土构件运输
- 第六节　预制混凝土构件安装
- 第七节　预制混凝土构件灌缝
- 第六章　钢结构工程
- 湖南2014建筑工程定额库下册
- 第七章　木结构工程
- 第八章　屋面及防水工程
- 第九章　保温、防腐工程
- 第十章　室外附属工程
  - 第一节　道路
  - 第二节　围墙
  - 第三节　室外排水
  - 第四节　散水、明沟、台阶、
- 第十一章　构筑物工程
- 第十二章　脚手架工程

A5-105\商品砼 地下室 基础 C35\100m3\
A5-106\商品砼 地下室 梁板 C35\100m3\
A5-107\商品砼 地下室 墙柱 C35\100m3\
A5-108\商品砼 地面以上输送高度30m以内
A5-109\商品砼 地面以上输送高度30m以内

行	序号	编号	名称	单位	计算式	工程量	单价	合价	垂直运输系数
37 15	清 7	010510003001	现场预制过梁 1.混凝土强度等级：C20;2.混凝土	m3	0.66	.66	1,106.52	730.3	
38	子 ①	A5-115	预制砼 异形梁、过梁、拱形梁 C30	10m3	0.66/10	.07	5,291.27	370.39	
39	子 ②	A5-162	梁安装 单体0.4m3以内	10m3	0.67/10	.07	4,582.26	320.76	
40	子 ③	A5-225	构件接头灌缝 梁	10m3	0.66/10	.07	559.32	39.15	
41 16	清 8	010503004001	圈梁 1.混凝土强度等级：商品砼 C30;2.混凝土拌	m3	6.4996	6.5	675.98	4393.87	0.52
42	子 ①	A5-84换	现拌砼 圈梁、过梁、弧形拱形梁 C35~采用垂直运	10m3	Q/10	.65	6,759.77	4393.85	0.52
43 17	清 9	010505001001	有梁板 1.混凝土强度等级：商品砼 C30;2.混凝土	m3	41.92	41.92	491.68	20611.23	3.35
44	子 ①	A5-86换	现拌砼 有梁板、无梁板、平板 C35~采用垂直运输	10m3	Q/10	4.19	4,919.15	20611.24	3.35
45 18	清 10	010506001001	直形楼梯 1.混凝土强度等级：商品砼 C30;2.混凝	m2	15.62	15.62	173.70	2713.19	0.66
46*	子 ①	A5-91换	现拌砼 楼梯 C35~换:普通商品砼 C30(砾石)	10m2投影	Q/10	1.56	1,739.18	2713.12	0.66
47 19	清 11	010507001001	其他构件-散水、坡道 1.垫层材料种类、厚度：砼	m2	36.072	36.07	89.26	3219.61	
48	子 ①	A10-49换	混凝土散水 C15~换:现浇及现场砼.砾石最大粒径4	100m2	Q/100	.36	8,943.35	3219.61	
49 20	清 12	010507004001	其他构件-台阶-98ZJ901-2/9 1.混凝土强度等级：	m2	9.45	9.45	542.04	5122.28	1.52
50	子 ①	A5-97换	现拌砼 台阶 C35~换:现浇及现场砼.砾石最大粒径	10m3	Q/10	.95	5,391.90	5122.31	1.52
51 21	清 13	010507005001	其他构件-扶手、压顶 1.混凝土强度等级：C20;2	m3	1.27	1.27	655.55	832.55	0.21
52	子 ①	A5-98换	现拌砼 压顶 C35~换:现浇及现场砼.砾石最大粒径	10m3	Q/10	.13	6,404.25	832.55	0.21
53 22	清 14	010507007001	其他构件-雨篷、阳台板 1.混凝土强度等级:C20;	m3	3.8143	3.81	604.53	2303.26	0.61
54	子 ①	A5-92换	现拌砼 悬挑式阳台、雨篷 C35~换:现浇及现场砼.	10m3	Q/10	.38	6,061.19	2303.25	0.61
55 23	清 15	010507007002	其他构件-天沟、挑檐板 1.混凝土强度等级:C20;2	m3	4.82	4.82	621.45	2995.39	0.77
56	子 ①	A5-96换	现拌砼 天沟挑檐 C35~换:现浇及现场砼.砾石最大	10m3	Q/10	.48	6,240.38	2995.38	0.77

工料机 | 子目增加费 | 子目取费 | 项目特征 | 工程内容 | 附注说明 | 工程量计算　　换　锁子目名称

编号	名称	型号规格	单位	基期价	市场价	含量	类别	暂估价	备注	数量
410649	水		m3	4.38	**2.87**	2.9	材料			4.524
J6-11	单卧轴式混凝土搅拌机 出料容量350L		台班	179.96	**166.03**	0.26	机械台班			0.4056
J6-55	混凝土振动器 插入式 小		台班	12.23	**10.34**	0.52	机械台班			0.8112
040263	普通商品砼 C30(砾石)		m3	430	**390**	2.6	商品砼		换:P2-51	4.056
00001	综合人工(建筑)		工日	70	**82**	5.52	人工			8.6112

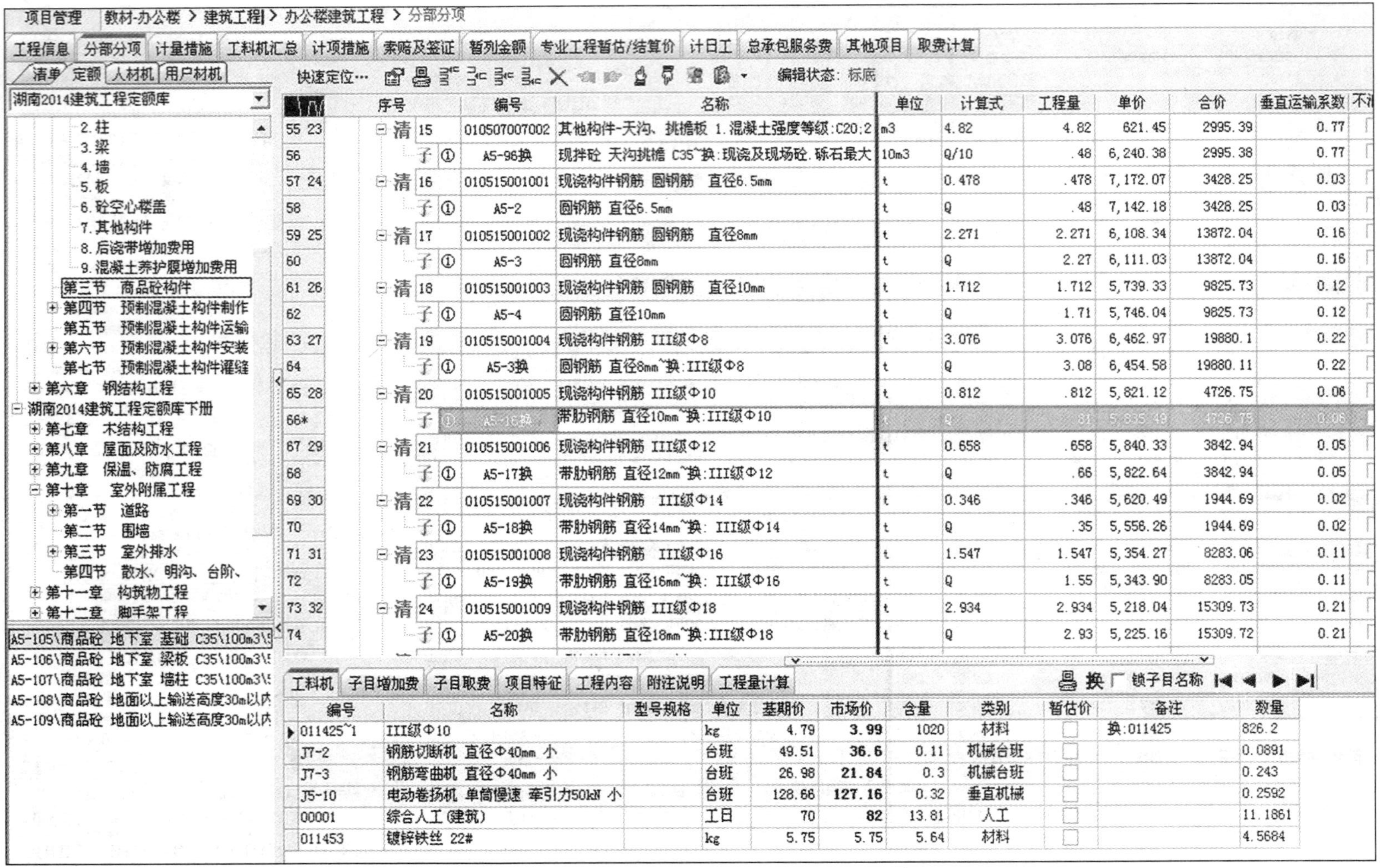

项目管理 | 教材-办公楼 > 建筑工程 > 办公楼建筑工程 > 分部分项

工程信息 | 分部分项 | 计量措施 | 工料机汇总 | 计项措施 | 索赔及签证 | 暂列金额 | 专业工程暂估/结算价 | 计日工 | 总承包服务费 | 其他项目 | 取费计算

清单 | 定额 | 人材机 | 用户材机

快速定位… 编辑状态：标底

湖南2014建筑工程定额库

- 2. 柱
- 3. 梁
- 4. 墙
- 5. 板
- 6. 砼空心楼盖
- 7. 其他构件
- 8. 后浇带增加费用
- 9. 混凝土养护膜增加费用
- 第三节 商品砼构件
- 第四节 预制混凝土构件制作
- 第五节 预制混凝土构件运输
- 第六节 预制混凝土构件安装
- 第七节 预制混凝土构件灌缝
- 第六章 钢结构工程
- 湖南2014建筑工程定额库下册
- 第七章 木结构工程
- 第八章 屋面及防水工程
- 第九章 保温、防腐工程
- 第十章 室外附属工程
- 第一节 道路
- 第二节 围墙
- 第三节 室外排水
- 第四节 散水、明沟、台阶、
- 第十一章 构筑物工程
- 第十二章 脚手架工程

A5-105\商品砼 地下室 基础 C35\100m3\
A5-106\商品砼 地下室 梁板 C35\100m3\
A5-107\商品砼 地下室 墙柱 C35\100m3\
A5-108\商品砼 地面以上输送高度30m以内
A5-109\商品砼 地面以上输送高度30m以内

	序号		编号	名称	单位	计算式	工程量	单价	合价	垂直运输系数	不
55 23	清	15	010507007002	其他构件-天沟、挑檐板 1.混凝土强度等级:C20;2	m3	4.82	4.82	621.45	2995.39	0.77	
56	子	①	A5-96换	现拌砼 天沟挑檐 C35~换:现浇及现场砼.砾石最大	10m3	Q/10	.48	6,240.38	2995.38	0.77	
57 24	清	16	010515001001	现浇构件钢筋 圆钢筋 直径6.5mm	t	0.478	.478	7,172.07	3428.25	0.03	
58	子	①	A5-2	圆钢筋 直径6.5mm	t	Q	.48	7,142.18	3428.25	0.03	
59 25	清	17	010515001002	现浇构件钢筋 圆钢筋 直径8mm	t	2.271	2.271	6,108.34	13872.04	0.16	
60	子	①	A5-3	圆钢筋 直径8mm	t	Q	2.27	6,111.03	13872.04	0.16	
61 26	清	18	010515001003	现浇构件钢筋 圆钢筋 直径10mm	t	1.712	1.712	5,739.33	9825.73	0.12	
62	子	①	A5-4	圆钢筋 直径10mm	t	Q	1.71	5,746.04	9825.73	0.12	
63 27	清	19	010515001004	现浇构件钢筋 III级Φ8	t	3.076	3.076	6,462.97	19880.1	0.22	
64	子	①	A5-3换	圆钢筋 直径8mm~换:III级Φ8	t	Q	3.08	6,454.58	19880.11	0.22	
65 28	清	20	010515001005	现浇构件钢筋 III级Φ10	t	0.812	.812	5,821.12	4726.75	0.06	
66*	子	①	A5-16换	带肋钢筋 直径10mm~换:III级Φ10	t	Q	.81	5,835.49	4726.75	0.06	
67 29	清	21	010515001006	现浇构件钢筋 III级Φ12	t	0.658	.658	5,840.33	3842.94	0.05	
68	子	①	A5-17换	带肋钢筋 直径12mm~换:III级Φ12	t	Q	.66	5,822.64	3842.94	0.05	
69 30	清	22	010515001007	现浇构件钢筋 III级Φ14	t	0.346	.346	5,620.49	1944.69	0.02	
70	子	①	A5-18换	带肋钢筋 直径14mm~换: III级Φ14	t	Q	.35	5,556.26	1944.69	0.02	
71 31	清	23	010515001008	现浇构件钢筋 III级Φ16	t	1.547	1.547	5,354.27	8283.06	0.11	
72	子	①	A5-19换	带肋钢筋 直径16mm~换: III级Φ16	t	Q	1.55	5,343.90	8283.05	0.11	
73 32	清	24	010515001009	现浇构件钢筋 III级Φ18	t	2.934	2.934	5,218.04	15309.73	0.21	
74	子	①	A5-20换	带肋钢筋 直径18mm~换:III级Φ18	t	Q	2.93	5,225.16	15309.72	0.21	

工料机 | 子目增加费 | 子目取费 | 项目特征 | 工程内容 | 附注说明 | 工程量计算 | 换 | 锁子目名称

编号	名称	型号规格	单位	基期价	市场价	含量	类别	暂估价	备注	数量
011425~1	III级Φ10		kg	4.79	**3.99**	1020	材料		换:011425	826.2
J7-2	钢筋切断机 直径Φ40mm 小		台班	49.51	**36.6**	0.11	机械台班			0.0891
J7-3	钢筋弯曲机 直径Φ40mm 小		台班	26.98	**21.84**	0.3	机械台班			0.243
J5-10	电动卷扬机 单筒慢速 牵引力50kN 小		台班	128.66	**127.16**	0.32	垂直机械			0.2592
00001	综合人工(建筑)		工日	70	**82**	13.81	人工			11.1861
011453	镀锌铁丝 22#		kg	5.75	5.75	5.64	材料			4.5684

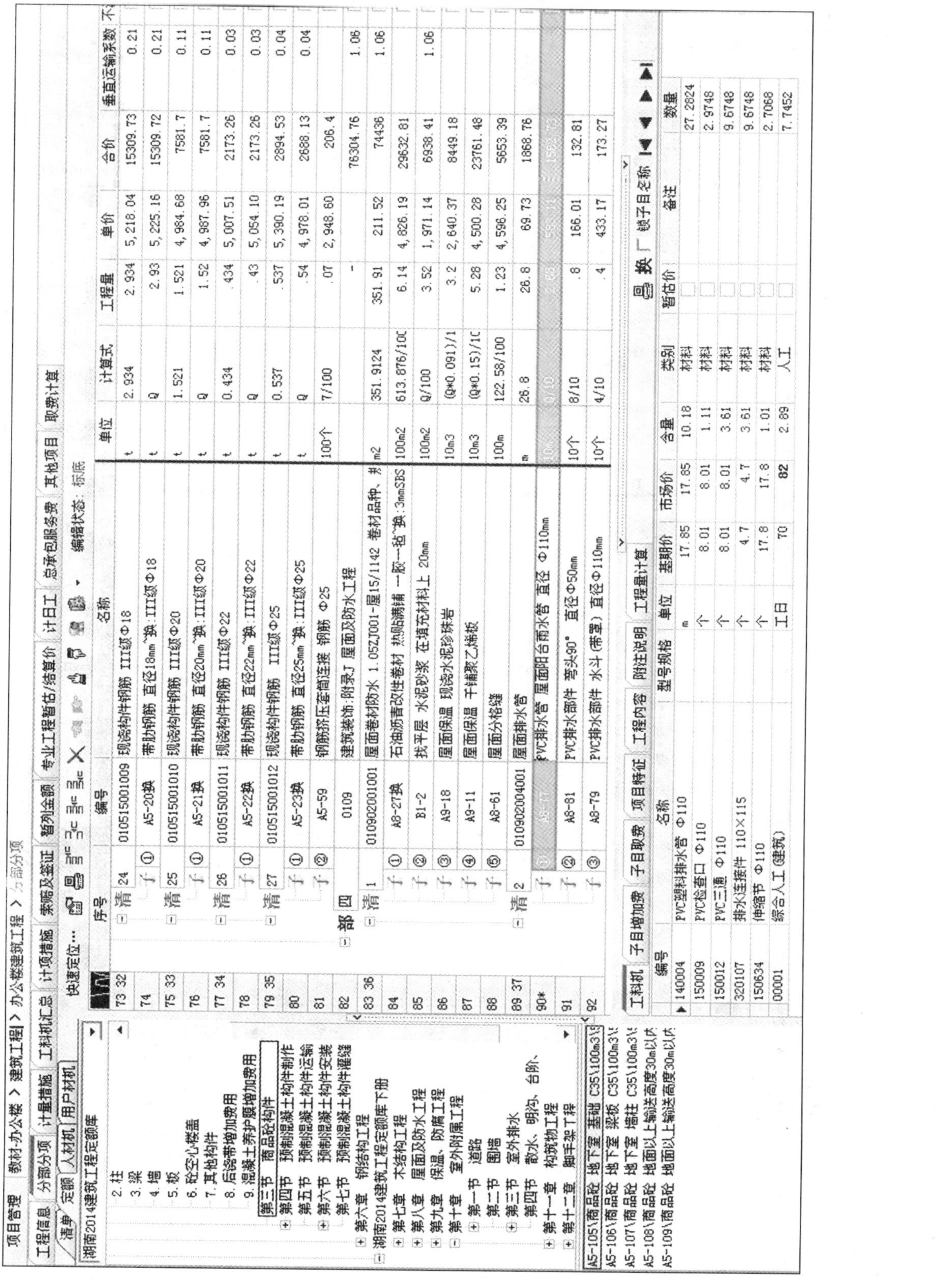

项目管理　教材-办公楼 > 建筑工程 > 办公楼建筑工程 > 分部分项

工程信息　分部分项　计量措施　工料机汇总　计项措施　索赔及签证　暂列金额　专业工程暂估/结算价　计日工　总承包服务费　其他项目　取费计算

清单　定额　人材机　用户材机　　快速定位…　　编辑状态：标底

湖南2014建筑工程定额库

- 2. 柱
- 3. 梁
- 4. 墙
- 5. 板
- 6. 砼空心楼盖
- 7. 其他构件
- 8. 后浇带增加费用
- 9. 混凝土养护膜增加费用
- 第三节　商品砼构件
- 第四节　预制混凝土构件制作
- 第五节　预制混凝土构件运输
- 第六节　预制混凝土构件安装
- 第七节　预制混凝土构件灌缝
- 第六章　钢结构工程
- 湖南2014建筑工程定额库下册
- 第七章　木结构工程
- 第八章　屋面及防水工程
- 第九章　保温、防腐工程
- 第十章　室外附属工程
- 第一节　道路
- 第二节　围墙
- 第三节　室外排水
- 第四节　散水、明沟、台阶、
- 第十一章　构筑物工程
- 第十二章　脚手架工程

A5-105\商品砼 地下室 基础 C35\100m3\
A5-106\商品砼 地下室 梁板 C35\100m3\
A5-107\商品砼 地下室 墙柱 C35\100m3\
A5-108\商品砼 地面以上输送高度30m以内
A5-109\商品砼 地面以上输送高度30m以内

行	序号		编号	名称	单位	计算式	工程量	单价	合价	垂直运输系数
73 32	清	24	010515001009	现浇构件钢筋 III级Φ18	t	2.934	2.934	5,218.04	15309.73	0.21
74	子	①	A5-20换	带肋钢筋 直径18mm~换:III级Φ18	t	Q	2.93	5,225.16	15309.72	0.21
75 33	清	25	010515001010	现浇构件钢筋 III级Φ20	t	1.521	1.521	4,984.68	7581.7	0.11
76	子	①	A5-21换	带肋钢筋 直径20mm~换:III级Φ20	t	Q	1.52	4,987.96	7581.7	0.11
77 34	清	26	010515001011	现浇构件钢筋 III级Φ22	t	0.434	.434	5,007.51	2173.26	0.03
78	子	①	A5-22换	带肋钢筋 直径22mm~换:III级Φ22	t	Q	.43	5,054.10	2173.26	0.03
79 35	清	27	010515001012	现浇构件钢筋 III级Φ25	t	0.537	.537	5,390.19	2894.53	0.04
80	子	①	A5-23换	带肋钢筋 直径25mm~换:III级Φ25	t	Q	.54	4,978.01	2688.13	0.04
81	子	②	A5-59	钢筋挤压套筒连接 钢筋 Φ25	100个	7/100	.07	2,948.60	206.4	
82	部	四	0109	建筑装饰:附录J 屋面及防水工程			-		76304.76	1.06
83 36	清	1	010902001001	屋面卷材防水 1.05ZJ001-屋15/1142 卷材品种、规	m2	351.9124	351.91	211.52	74436	1.06
84	子	①	A8-27换	石油沥青改性卷材 热贴满铺 一胶一毡~换:3mmSBS	100m2	613.876/100	6.14	4,826.19	29632.81	
85	子	②	B1-2	找平层 水泥砂浆 在填充材料上 20mm	100m2	Q/100	3.52	1,971.14	6938.41	1.06
86	子	③	A9-18	屋面保温 现浇水泥珍珠岩	10m3	(Q*0.091)/1	3.2	2,640.37	8449.18	
87	子	④	A9-11	屋面保温 干铺聚乙烯板	10m3	(Q*0.15)/10	5.28	4,500.28	23761.48	
88	子	⑤	A8-61	屋面分格缝	100m	122.58/100	1.23	4,596.25	5653.39	
89 37	清	2	010902004001	屋面排水管	m	26.8	26.8	69.73	1868.76	
90*	子	①	A8-77	PVC排水管 屋面阳台雨水管 直径 Φ110mm	10m	Q/10	2.68	583.11	1562.73	
91	子	②	A8-81	PVC排水部件 弯头90° 直径Φ50mm	10个	8/10	.8	166.01	132.81	
92	子	③	A8-79	PVC排水部件 水斗(带罩) 直径Φ110mm	10个	4/10	.4	433.17	173.27	

工料机　子目增加费　子目取费　项目特征　工程内容　附注说明　工程量计算　　换　锁子目名称

编号	名称	型号规格	单位	基期价	市场价	含量	类别	暂估价	备注	数量
140004	PVC塑料排水管 Φ110		m	17.85	17.85	10.18	材料			27.2824
150009	PVC检查口 Φ110		个	8.01	8.01	1.11	材料			2.9748
150012	PVC三通 Φ110		个	8.01	8.01	3.61	材料			9.6748
320107	排水连接件 110×115		个	4.7	4.7	3.61	材料			9.6748
150634	伸缩节 Φ110		个	17.8	17.8	1.01	材料			2.7068
00001	综合人工(建筑)		工日	70	82	2.89	人工			7.7452

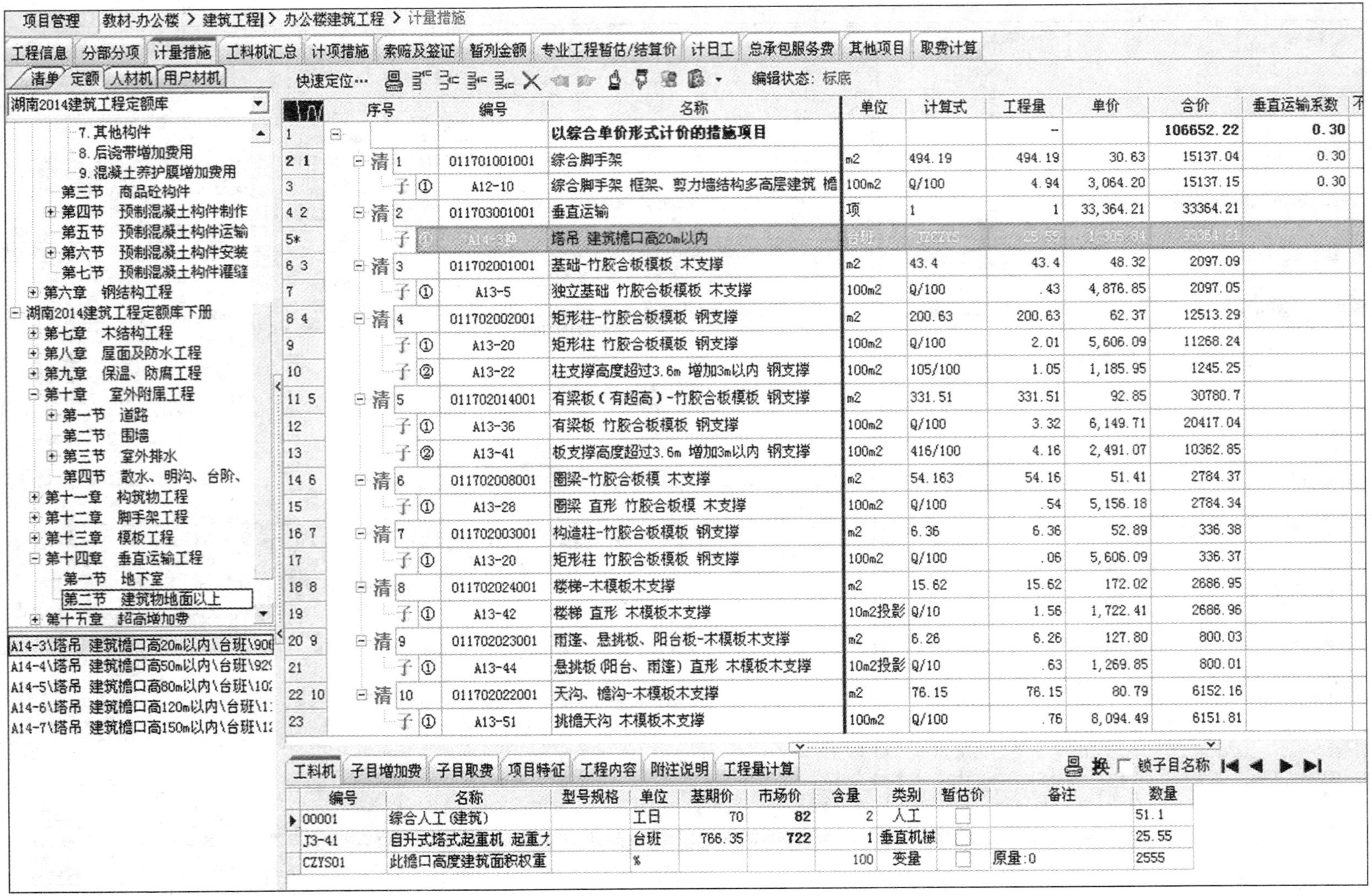

项目管理 教材-办公楼 > 建筑工程 > 办公楼建筑工程 > 计量措施

工程信息 | 分部分项 | 计量措施 | 工料机汇总 | 计项措施 | 索赔及签证 | 暂列金额 | 专业工程暂估/结算价 | 计日工 | 总承包服务费 | 其他项目 | 取费计算

清单 | 定额 | 人材机 | 用户材机　　快速定位…　　编辑状态：标底

湖南2014建筑工程定额库

- 7. 其他构件
- 8. 后浇带增加费用
- 9. 混凝土养护膜增加费用
- 第三节 商品砼构件
- 第四节 预制混凝土构件制作
- 第五节 预制混凝土构件运输
- 第六节 预制混凝土构件安装
- 第七节 预制混凝土构件灌缝
- 第六章 钢结构工程
- 湖南2014建筑工程定额库下册
- 第七章 木结构工程
- 第八章 屋面及防水工程
- 第九章 保温、防腐工程
- 第十章 室外附属工程
- 第一节 道路
- 第二节 围墙
- 第三节 室外排水
- 第四节 散水、明沟、台阶、
- 第十一章 构筑物工程
- 第十二章 脚手架工程
- 第十三章 模板工程
- 第十四章 垂直运输工程
- 第一节 地下室
- 第二节 建筑物地面以上
- 第十五章 超高增加费

A14-3\塔吊 建筑檐口高20m以内\台班\90
A14-4\塔吊 建筑檐口高50m以内\台班\92
A14-5\塔吊 建筑檐口高80m以内\台班\10
A14-6\塔吊 建筑檐口高120m以内\台班\1
A14-7\塔吊 建筑檐口高150m以内\台班\1

	序号	编号	名称	单位	计算式	工程量	单价	合价	垂直运输系数
1			以综合单价形式计价的措施项目			-		106652.22	0.30
2 1	清 1	011701001001	综合脚手架	m2	494.19	494.19	30.63	15137.04	0.30
3	子 ①	A12-10	综合脚手架 框架、剪力墙结构多高层建筑 檐	100m2	Q/100	4.94	3,064.20	15137.15	0.30
4 2	清 2	011703001001	垂直运输	项	1	1	33,364.21	33364.21	
5*	子 ①	A14-3换	塔吊 建筑檐口高20m以内	台班	TZCZYS	25.55	1,305.84	33364.21	
6 3	清 3	011702001001	基础-竹胶合板模板 木支撑	m2	43.4	43.4	48.32	2097.09	
7	子 ①	A13-5	独立基础 竹胶合板模板 木支撑	100m2	Q/100	.43	4,876.85	2097.05	
8 4	清 4	011702002001	矩形柱-竹胶合板模板 钢支撑	m2	200.63	200.63	62.37	12513.29	
9	子 ①	A13-20	矩形柱 竹胶合板模板 钢支撑	100m2	Q/100	2.01	5,606.09	11268.24	
10	子 ②	A13-22	柱支撑高度超过3.6m 增加3m以内 钢支撑	100m2	105/100	1.05	1,185.95	1245.25	
11 5	清 5	011702014001	有梁板（有超高）-竹胶合板模板 钢支撑	m2	331.51	331.51	92.85	30780.7	
12	子 ①	A13-36	有梁板 竹胶合板模板 钢支撑	100m2	Q/100	3.32	6,149.71	20417.04	
13	子 ②	A13-41	板支撑高度超过3.6m 增加3m以内 钢支撑	100m2	416/100	4.16	2,491.07	10362.85	
14 6	清 6	011702008001	圈梁-竹胶合板模 木支撑	m2	54.163	54.16	51.41	2784.37	
15	子 ①	A13-28	圈梁 直形 竹胶合板模 木支撑	100m2	Q/100	.54	5,156.18	2784.34	
16 7	清 7	011702003001	构造柱-竹胶合板模板 钢支撑	m2	6.36	6.36	52.89	336.38	
17	子 ①	A13-20	矩形柱 竹胶合板模板 钢支撑	100m2	Q/100	.06	5,606.09	336.37	
18 8	清 8	011702024001	楼梯-木模板木支撑	m2	15.62	15.62	172.02	2686.95	
19	子 ①	A13-42	楼梯 直形 木模板木支撑	10m2投影	Q/10	1.56	1,722.41	2686.96	
20 9	清 9	011702023001	雨篷、悬挑板、阳台板-木模板木支撑	m2	6.26	6.26	127.80	800.03	
21	子 ①	A13-44	悬挑板（阳台、雨篷）直形 木模板木支撑	10m2投影	Q/10	.63	1,269.85	800.01	
22 10	清 10	011702022001	天沟、檐沟-木模板木支撑	m2	76.15	76.15	80.79	6152.16	
23	子 ①	A13-51	挑檐天沟 木模板木支撑	100m2	Q/100	.76	8,094.49	6151.81	

工料机 | 子目增加费 | 子目取费 | 项目特征 | 工程内容 | 附注说明 | 工程量计算　　换　锁子目名称

编号	名称	型号规格	单位	基期价	市场价	含量	类别	暂估价	备注	数量
00001	综合人工(建筑)		工日	70	82	2	人工			51.1
J3-41	自升式塔式起重机 起重力		台班	766.35	722	1	垂直机械			25.55
CZYS01	此檐口高度建筑面积权重		%			100	变量		原量:0	2555

项目管理　教材-办公楼 > 建筑工程 > 办公楼建筑工程 > 工料机汇总

工程信息 | 分部分项 | 计量措施 | 工料机汇总 | 计项措施 | 索赔及签证 | 暂列金额 | 专业工程暂估/结算价 | 计日工 | 总承包服务费 | 其他项目 | 取费计算

☑ 分解机械台班　☑ 分解配合比材料　☑ 显示已分解配比台班　价格文件：

- 工程工料机
  - 人工
  - 材料
    - 配合比
  - 机械
    - 机械台班
  - 主材设备
  - 主要材料
  - 暂估价材料
  - 价差
  - 分部分项
    - 人工
    - 材料
      - 配合比
    - 机械
      - 机械台班
    - 主材设备
  - 计量措施
    - 人工
    - 材料
      - 配合比
    - 机械
      - 机械台班
    - 主材设备
  - 补充
  - 甲供材
  - 评标指定材料
- 预设工料机
  - 人工
  - 材料
  - 机械
  - 主材设备
  - 主要材料

基本信息					消耗量			单价		合计			特
主要	暂估	编号	名称	型号规格	单位	合计	其中甲供	基期价	市场价	基期价	市场价	价差	代号
		00001	综合人工(建筑)		工日	1715.378		70	82	120076.46	140660.99	20584.54	
		040244~2	页岩多孔砖 240×190×90		m3	57.2328	.00	290	880	16597.51	50364.86	33767.35	
		040263	普通商品砼 C30(砾石)		m3	120.4823		430	390	51807.39	46988.10	-4819.29	
		040238	标准砖 240×115×53mm		m3	69.2804		252.94	335	17523.77	23208.92	5685.15	
		400007	聚苯乙烯泡沫板		m3	56.496		358.75	358.75	20267.94	20267.94	0.00	
	✓	110015~1	3mmSBS改性沥青卷材 热熔		m2	740.6682	.00	15	26	11110.02	19257.37	8147.35	
		J3-41	自升式塔式起重机 起重力矩1000kN·m 大		台班	25.55		766.35	722	19580.24	18447.10	-1133.14	
		011413~1	III级Φ8		kg	3141.6	.00	4.2	3.99	13194.72	12534.98	-659.74	
		040204	中净砂		m3	70.3722		128.51	165.07	9043.53	11616.33	2572.81	
		011429~1	III级Φ18		kg	2988.6	.00	4.5	3.76	13448.70	11237.14	-2211.56	
		P9-2	混合砂浆(水泥32.5级)强度等级M5		m3	31.0005		289.1	314.99	8962.24	9764.85	802.60	
		040139	水泥 32.5级		kg	23787.0866		.39	.38	9276.96	9039.09	-237.87	
		410343	机械台班的折旧费		元	8738.1443		1	1	8738.14	8738.14	0.00	
		011413	HPB300 直径8mm		kg	2315.4		4.2	3.663	9724.68	8481.31	-1243.37	
		011414	HPB300 直径10mm		kg	1744.2		4.55	3.84	7936.11	6697.73	-1238.38	
		00002	机上人工		工日	80.5559		70	82	5638.91	6605.59	966.67	
		P2-43	现浇及现场砼.砾石最大粒径40mmC15 水泥		m3	21.3585		308.19	296.68	6582.48	6336.64	-245.84	
		040244~1	页岩实心砖 240×115×53		m3	17.7689	.00	290	340	5152.98	6041.42	888.44	
		011428~1	III级Φ16		kg	1581	.00	4.5	3.76	7114.50	5944.56	-1169.94	
		040281	水泥珍珠岩板		m3	33.28		170	170	5657.60	5657.60	0.00	
		011430~1	III级Φ20		kg	1550.4	.00	4.5	3.6	6976.80	5581.44	-1395.36	
		050090	模板锯材		m3	2.3274		1843.28	1843.28	4290.11	4290.11	0.00	
		050091	模板竹胶合板 (15mm双面覆膜)		m2	57.8905		70.5	70.5	4081.28	4081.28	0.00	
		040086	砾石 40mm		m3	33.3928		148.75	113.66	4967.17	3795.42	-1171.75	
		120206	石油沥青 30#		kg	686.8414		5.4	5.4	3708.94	3708.94	0.00	
		410164	电		kW·h	6082.1241		.99	.588	6021.30	3576.29	-2445.01	
		P11-35	石油沥青玛𤥂脂		m3	0.6027		5473.8	5473.8	3299.06	3299.06	0.00	
		011425~1	III级Φ10		kg	826.2	.00	4.79	3.99	3957.50	3296.54	-660.96	
		P10-5	水泥砂浆1：3		m3	8.9056		331.73	357.29	2954.25	3181.88	227.63	
		410341	机械台班的经常修理费		元	3081.7942		1	1	3081.79	3081.79	0.00	
		P2-45	现浇及现场砼.砾石最大粒径40mmC20 水泥		m3	10.0485		319.11	301.68	3206.58	3031.43	-175.15	
		110018	SBS粘胶		kg	1105.5684		2.67	2.67	2951.87	2951.87	0.00	
		120171	汽油		kg	297.6432		9.17	9.74	2729.39	2899.04	169.66	
		00003	综合人工(装饰)		工日	27.8784		70	98	1951.49	2732.08	780.60	

项目管理　教材-办公楼 > 建筑工程 > 办公楼建筑工程 > 工料机汇总

工程信息　分部分项　计量措施　工料机汇总　计项措施　索赔及签证　暂列金额　专业工程暂估/结算价　计日工　总承包服务费　其他项目　取费计算

- 工程工料机
  - 人工
  - 材料
    - 配合比
  - 机械
    - 机械台班
  - 主材设备
  - 主要材料
  - 暂估价材料
  - 价差
  - 分部分项
    - 人工
    - 材料
      - 配合比
    - 机械
      - 机械台班
    - 主材设备
  - 计量措施
    - 人工
    - 材料
      - 配合比
    - 机械
      - 机械台班
    - 主材设备
- 补充
- 甲供材
- 评标指定材料
- 预设工料机
  - 人工
  - 材料
  - 机械
  - 主材设备
  - 主要材料

☑ 分解机械台班　☑ 分解配合比材料　☑ 显示已分解配比台班　价格文件:

基本信息					消耗量			单价		合计		
主要	暂估	编号	名称	型号规格	单位	合计	其中甲供	基期价	市场价	基期价	市场价	价差
☐	☐	120171	汽油		kg	297.6432		9.17	9.74	2729.39	2899.04	169.66
☐	☐	00003	综合人工(装饰)		工日	27.8784		70	98	1951.49	2732.08	780.60
☐	☐	040261	普通商品砼 C20(砾石)		m3	6.699		407	407	2726.49	2726.49	0.00
☐	☐	QTFBC	其他费补差		元	2666.4		1	1	2666.40	2666.40	0.00
☐	☐	011426~1	III级Φ12		kg	673.2	.00	4.69	3.91	3157.31	2632.21	-525.10
☐	☐	040031	粗净砂		m3	13.7593		140.41	165.07	1931.94	2271.24	339.30
☐	☐	410002	安全网		m2	222.3494		10.05	10.05	2234.61	2234.61	0.00
☐	☐	140082	钢管 Φ48×3.5		kg	444.7976		5	5	2223.99	2223.99	0.00
☐	☐	011432~1	III级Φ25		kg	550.8	.00	4.5	3.76	2478.60	2071.01	-407.59
☐	☐	J4-6	载货汽车 装载质量6t 中		台班	4.2691		452.34	484.62	1931.08	2068.89	137.81
☐	☐	320176	支撑钢管及扣件		kg	427.1977		4.77	4.77	2037.73	2037.73	0.00
☐	☐	050135	杉木锯材		m3	1.0589		1870	1870	1980.16	1980.16	0.00
☐	☐	011412	HPB300 直径6.5mm		kg	489.6		4.2	3.663	2056.32	1793.40	-262.92
☐	☐	P2-41	现浇及现场砼.砾石最大粒径40mmC10 水泥		m3	6.3503		291.24	282.38	1849.46	1793.20	-56.26
☐	☐	P9-13	水泥砂浆(水泥32.5级)强度等级M7.5		m3	5.4752		266.68	310.79	1460.13	1701.64	241.51
☐	☐	011431~1	III级Φ22		kg	438.6	.00	4.5	3.76	1973.70	1649.14	-324.56
☐	☐	011427~1	III级Φ14		kg	357	.00	4.59	3.86	1638.63	1378.02	-260.61
☐	☐	120021	柴油		kg	151.8278		8.21	8.82	1246.51	1339.12	92.61
☐	☐	410339	机械台班的大修理费		元	1311.1153		1	1	1311.12	1311.12	0.00
☐	☐	050212	竹脚手板 (侧编)		m2	45.7938		21	21	961.67	961.67	0.00
☐	☐	J6-16	灰浆搅拌机 拌筒容量200L 小		台班	8.235		92.19	100.73	759.18	829.51	70.33
☐	☐	J3-17	汽车式起重机 提升质量5t 中		台班	1.5092		475.19	500.47	717.16	755.31	38.15
☐	☐	010391	镀锌铁丝 8#		kg	130.7121		5.75	5.75	751.59	751.59	0.00
☐	☐	410649	水		m3	261.8172		4.38	2.87	1146.76	751.42	-395.34
☐	☐	J6-11	单卧轴式混凝土搅拌机 出料容量350L 小		台班	4.3893		179.96	166.03	789.90	728.76	-61.14
☐	☐	J9-8	直流电弧焊机 功率32kW 小		台班	4.028		188.7	163.08	760.08	656.89	-103.20
☐	☐	P10-4	水泥砂浆1:2.5		m3	1.6742		363.71	388.45	608.92	650.34	41.42
☐	☐	110017	SBS油膏		kg	147.9126		4.21	4.21	622.71	622.71	0.00
☐	☐	020145	塑料油膏		kg	373.5264		1.55	1.55	578.97	578.97	0.00
☐	☐	410593	石灰膏		m3	3.4101		327.04	163	1115.22	555.84	-559.39
☐	☐	011322	电焊条		kg	72.0876		7	7	504.61	504.61	0.00
☐	☐	J5-10	电动卷扬机 单筒慢速 牵引力50kN 小		台班	3.9419		128.66	127.16	507.16	501.25	-5.91
☐	☐	320189	直角扣件 (单个1.4kg)		个	70.4938		7	7	493.46	493.46	0.00
☐	☐	140004	PVC塑料排水管 Φ110		m	27.2824		17.85	17.85	486.99	486.99	0.00
☐	☐	011453	镀锌铁丝 22#		kg	83.9835		5.75	5.75	482.91	482.91	0.00

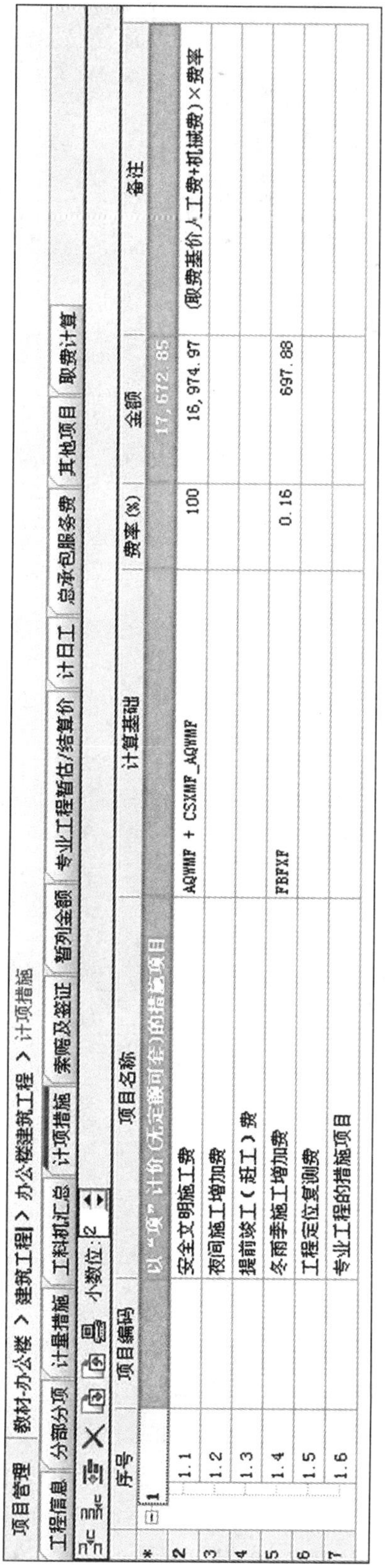

项目管理 | 教材-办公楼 > 建筑工程 > 办公楼建筑工程 > 计项措施

工程信息 | 分部分项 | 计量措施 | 工料机汇总 | 计项措施 | 索赔及签证 | 暂列金额 | 专业工程暂估/结算价 | 计日工 | 总承包服务费 | 其他项目 | 取费计算

小数位: 2

	序号	项目编码	项目名称	计算基础	费率(%)	金额	备注
*	1		以“项”计价(无定额可套)的措施项目			17,672.85	
2	1.1		安全文明施工费	AQWMF + CSXMF_AQWMF	100	16,974.97	(取费基价人工费+机械费)×费率
3	1.2		夜间施工增加费				
4	1.3		提前竣工(赶工)费				
5	1.4		冬雨季施工增加费	FBFXF	0.16	697.88	
6	1.5		工程定位复测费				
7	1.6		专业工程的措施项目				

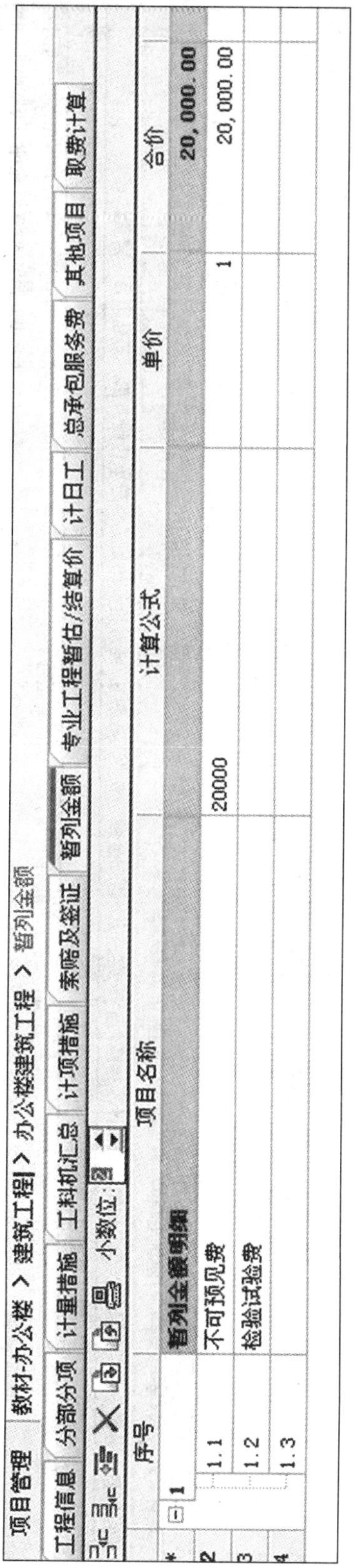

项目管理 | 教材-办公楼 > 建筑工程 > 办公楼建筑工程 > 暂列金额

工程信息 | 分部分项 | 计量措施 | 工料机汇总 | 计项措施 | 索赔及签证 | 暂列金额 | 专业工程暂估/结算价 | 计日工 | 总承包服务费 | 其他项目 | 取费计算

小数位: 2

	序号	项目名称	计算公式	单价	合价
*	1	暂列金额明细			20,000.00
2	1.1	不可预见费	20000	1	20,000.00
3	1.2	检验试验费			
4	1.3				

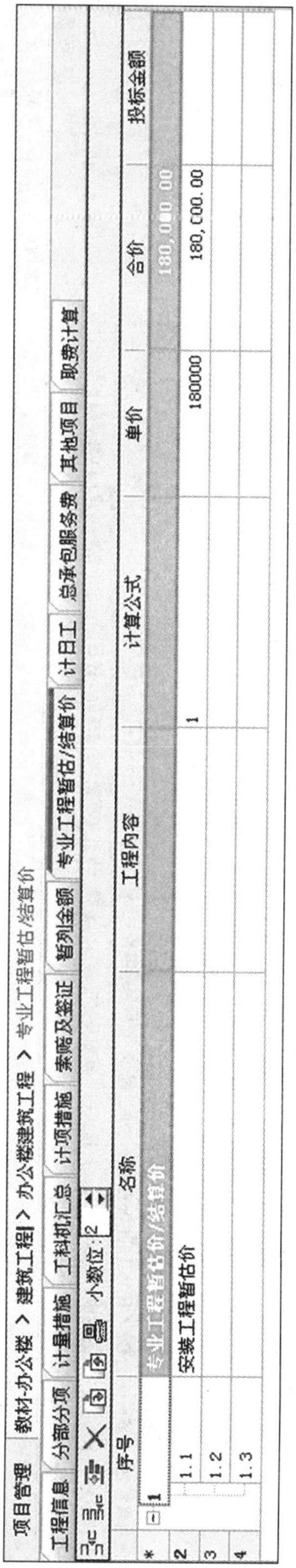

项目管理 | 教材-办公楼 > 建筑工程 > 办公楼建筑工程 > 专业工程暂估/结算价

工程信息 | 分部分项 | 计量措施 | 工料机汇总 | 计项措施 | 索赔及签证 | 暂列金额 | 专业工程暂估/结算价 | 计日工 | 总承包服务费 | 其他项目 | 取费计算

小数位: 2

	序号	名称	工程内容	计算公式	单价	合价	投标金额
*	1	专业工程暂估价/结算价				180,000.00	
2	1.1	安装工程暂估价		1	180000	180,000.00	
3	1.2						
4	1.3						

项目管理 教材-办公楼 > 建筑工程 > 办公楼建筑工程 > 总承包服务费

工程信息 分部分项 计量措施 工料机汇总 计项措施 索赔及签证 暂列金额 专业工程暂估/结算价 计日工 总承包服务费 其他项目 取费计算

小数位: 2

	序号	工程名称	服务内容	项目价值	费率(%)	金额
*	1	总承包服务费				9,000.00
2	1.1	发包人发包专业工程服务费				9,000.00
3	1.1.1	不超过5%的安装工程费用计取总承包费用	不超过5%的安装工程费用计取总承包费用	180000	5	9,000.00
4	1.2	发包人提供材料采保费				
5	1.2.1					

项目管理 教材-办公楼 > 建筑工程 > 办公楼建筑工程 > 其他项目

工程信息 分部分项 计量措施 工料机汇总 计项措施 索赔及签证 暂列金额 专业工程暂估/结算价 计日工 总承包服务费 其他项目 取费计算

小数位: 2

	序号	项目名称	计算基础	金额	备注
*	1	暂列金额	ZLJE	20,000.00	明细详见附G表2
2	2	暂估价		180,000.00	
3	2.1	材料（工程设备）暂估价	glZDCLF	19,257.37	明细详见 附G表3
4	2.2	专业工程暂估价	ZYGCZGJ	180,000.00	明细详见 附G表4
5	3	计日工	JRG		明细详见 附G表5
6	4	总承包服务费	ZCBFWF	9,000.00	明细详见 附G表6
7	5	合计	[2:4]	189,000.00	(2+3+4)项合计

项目管理　教材-办公楼 > 建筑工程 > 办公楼建筑工程 > 取费计算

工程信息 | 分部分项 | 计量措施 | 工料机汇总 | 计项措施 | 索赔及签证 | 暂列金额 | 专业工程暂估/结算价 | 计日工 | 总承包服务费 | 其他项目 | 取费计算

小数位: 2

	序号	名称	计算公式	费率(%)	合价	备注	打印费率
*	1	**分部分项工程费**	**FBFXF**	**100**	**436,176.44**	**1.1+1.2+1.3+1.4+1.5+1.6+1.7+1.8**	
2	1.1	人工费	RGF	100	102,351.73		
3	1.2	材料费	CLF + ZCF+QTF	100	283,074.95		
4	1.3	其他材料费	QTCLF	100	8,316.63	1.2×其他材料费率	
5	1.4	安装工程设备费	SBF	100			
6	1.5	机械费	JXF	100	4,194.63		
7	1.6	管理费	GLF	100	18,416.06		23.34
8	1.7	利润	LR	100	19,820.63		25.12
9	1.8	优惠	-YH	100		(1.1～1.7)*优惠率	0
10	2	**措施项目费**			**124,325.07**	**2.1+2.2**	
11	2.1	能计量的部分	CSXMF	100	106,652.22	2.1.1+2.1.2+2.1.3+2.1.4+2.1.5+2.1.6+2.1.7	
12	2.1.1	人工费	CSXMF_RGF	100	41,041.35		
13	2.1.2	材料费	CSXMF_CLF + CSXMF_ZCF+CSXMF_QTF	100	19,193.31		
14	2.1.3	其他材料费	CSXMF_QTCLF	100		2.1.2×其他材料费率	
15	2.1.4	机械费	CSXMF_JXF	100	21,326.91		
16	2.1.5	管理费	CSXMF_GLF	100	12,084.05		23.34
17	2.1.6	利润	CSXMF_LR	100	13,005.63		25.12
18	2.1.7	优惠	-CSXMF_YH	100		(2.1.1～2.1.6)*优惠率	0
19	2.2	总价措施项目费	JXCSF	100	17,672.85		
20	2.2.1	其中:安全文明施工费	AQWMF + CSXMF_AQWMF	100	16,974.97		12.99
21	3	**其他项目费**	**QTXMF**	**100**	**189,000.00**		
22	4	**规费**			**59,620.01**		
23	4.1	其中：养老保险费	[1:3]-?XFB:其他B-?XCS:其他B-?XFB:其他C-?XCS:其他C	3.5	26,232.55	(1+2+3)×3.5%	3.5
24	4.2	工程排污费	[1:3]-?XFB:其他B-?XCS:其他B-?XFB:其他C-?XCS:其他C	0.4	2,998.01	分部分项工程费+措施项目费+其他项目费	0.4
25	4.3	安全生产责任险	[1:3]-?XFB:其他B-?XCS:其他B-?XFB:其他C-?XCS:其他C	0.19	1,424.05	分部分项工程费+措施项目费+其他项目费	0.19
26	4.4	职工教育经费	RGF + CSXMF_RGF + JRGRGF-?XFB_RGF:其他B-?XCS_RGF:其他B-'	1.5	2,150.90	(分部分项工程费+措施项目费+计日工)中人工费总额	1.5
27	4.5	工会经费	RGF + CSXMF_RGF + JRGRGF-?XFB_RGF:其他B-?XCS_RGF:其他B-'	2	2,867.86	(分部分项工程费+措施项目费+计日工)中人工费总额	2
28	4.6	其他规费	RGF + CSXMF_RGF + JRGRGF-?XFB_RGF:其他B-?XCS_RGF:其他B-'	16.7	23,946.64	(分部分项工程费+措施项目费+计日工)中人工费总额	16.7
29	5	**税金**	**[1:4]-?XFB:其他B-?XCS:其他B**	**3.477**	**28,133.16**	**(1+2+3+4)×税率**	**3.477**
30	6	**暂列金额**	**ZLJE**	**100**	**20,000.00**		
31	7	**含税工程造价**	**[1:6]**	**100**	**857,254.68**	**1+2+3+4+5+6**	

项目管理 | 教材-办公楼 > 装饰装修工程 > 办公楼装饰装修工程 > 工程信息

工程信息 | 分部分项 | 计量措施 | 工料机汇总 | 计项措施 | 索赔及签证 | 暂列金额 | 专业工程暂估/结算价 | 计日工 | 总承包服务费 | 其他项目 | 取费计算

工程概况
编制说明
费率变量
设　置

费率/变量选择参数　☑ 自动刷新费率变量

参数	参数值
工程类别	装饰装修工程
编制类型	招标控制价/投标报价
计税施工地区	市区
项目所在地市	长株潭
人工工资取费基价	湘建价〔2014〕112号
安全生产责任险类别	低风险工程

费率/变量

名称	代号	数值	单位	
人工取费基价	rgqfjj	60	元/日	
最低人工工资单价	zdrggzdj	70	元/日	根据项目所在地市及工程
企业管理费费率	qyglf_l	26.81	%	
利润费率	lr_l	28.88	%	
安全文明施工费费率	aqwmf_l	14.27	%	
工程排污费费率	gcpwf_l	0.4	%	
职工教育经费费率	zgjyjf_l	1.5	%	
养老保险费费率	ylbxf_l	3.5	%	
其他规费费率	qtgf_l	16.7	%	
工会经费费率	ghjf_l	2	%	
安全生产责任险费率	aqsczrx	0.19	%	
冬雨季施工增加费费率	dyjsgf_l	0.16	%	
税金费率	sj_l	3.477	%	
*需要指定的数值				
优惠费率	yh_l	0	%	此处优惠率设置仅针对清价优惠模板！
主要材料择定比例	zyclbl	2	%	若（某材料基期合价/全
建筑面积	jzmj	100	m²	请填入单位工程实际建筑

特项取费费率　编辑取费程序

特项		费率(%)			
特项号	名称	企业管理费	利润	安全文明费	优惠
	默认取费	26.81	28.88	14.27	0
建筑	建筑工程	23.34	25.12	12.99	0
装饰	装饰装修工程	26.81	28.88	14.27	0
安装	安装工程	29.34	31.59	13.76	0
园林	园林（景观）绿化工程	20.15	21.7	10.63	0
仿古	仿古建筑	24.51	26.39	12.67	0
市政人工	市政给排水、燃气、集中供热	25.81	27.8	10.63	0
市政人机	市政道路、桥涵、隧道、防洪堤	21.82	23.5	10.81	0
土石方	机械土石方工程	6.83	7.35	5.46	0
打桩	打桩工程	12.67	13.64	6.54	0

项目管理　教材-办公楼 > 装饰装修工程 > 办公楼装饰装修工程 > 分部分项

工程信息 | 分部分项 | 计量措施 | 工料机汇总 | 计项措施 | 索赔及签证 | 暂列金额 | 专业工程暂估/结算价 | 计日工 | 总承包服务费 | 其他项目 | 取费计算

清单 | 定额 | 人材机 | 用户材机　快速定位…　编辑状态：标底

湖南2014装饰工程定额库
- 湖南2014装饰工程定额库
  - 第一章　楼地面工程
  - 第二章　墙柱面工程
  - 第三章　天棚工程
  - 第四章　门窗工程
    - 一、普通木门
      - 1. 镶板门、胶合板门
      - 2. 半截玻璃门、全玻璃门
      - 3. 拼板门、百页门
    - 二、普通窗
    - 三、铝合金门窗制作、安装
    - 四、铝合金门窗(成品)安装
    - 五、卷闸门安装
    - 六、彩板组角钢门窗安装
    - 七、塑钢门窗安装
    - 八、防盗装饰门窗安装
    - 九、防火门、防火卷帘门安装
    - 十、装饰门框、门扇制作安装
    - 十一、电子感应自动门及转门
    - 十二、不锈钢电动伸缩门
    - 十三、不锈钢板包门框、无框
    - 十四、门窗套

B4-1\镶板门、胶合板门 镶板门 带纱扇
B4-2\镶板门、胶合板门 镶板门 带纱扇
B4-3\镶板门、胶合板门 镶板门 不带纱
B4-4\镶板门、胶合板门 镶板门 不带纱
B4-5\镶板门、胶合板门 玻璃镶板门增加
B4-6\镶板门、胶合板门 镶板门带一块百
B4-7\镶板门、胶合板门 镶板门带一块百
B4-8\镶板门、胶合板门 胶合板门 带纱
B4-9\镶板门、胶合板门 胶合板门 带纱
B4-10\镶板门、胶合板门 胶合板门 不带
B4-11\镶板门、胶合板门 胶合板门 不带
B4-12\镶板门、胶合板门 胶合板门 带
B4-13\镶板门、胶合板门 胶合板门 带百

行	序号	编号	名称	单位	计算式	工程量	单价	合价	垂直运输系数
1			分部分项工程费			-		217453.19	8.76
2	部 一	0108	建筑装饰:附录H 门窗工程			-		30113.4	0.62
3 1	清 1	010801001001	木质门　1、门代号及洞口尺寸：900*2100　2、木夹板	樘	2	2	491.72	983.44	0.04
4*	子 ①	B4-4	镶板门、胶合板门 镶板门 不带纱窗 不带亮子	100m2	3.8/100	.04	20,497.79	819.91	0.02
5	子 ②	B4-161	普通木门五金配件表 镶板门、胶合板门 不带纱扇 不带	100m2	X/100	.04	1,222.00	48.88	0.02
6	子 ③	B5-5	刷底漆一遍、刮腻子、调和漆三遍 单层木门	100m2	X/100	.04	3,930.40	157.22	
7	附 ④	B5-33	每增加一遍调和漆 单层木门	100m2	(X*(-1))/100	-.04	1,064.50	-42.58	
8 2	清 2	010801001002	木质门 1、门代号及洞口尺寸：1000*2100　2、木夹板	樘	9	9	519.03	4671.27	0.17
9	子 ①	B4-4	镶板门、胶合板门 镶板门 不带纱窗 不带亮子	100m2	18.9/100	.19	20,497.79	3894.58	0.09
10	子 ②	B4-161	普通木门五金配件表 镶板门、胶合板门 不带纱扇 不带	100m2	X/100	.19	1,222.00	232.18	0.09
11	子 ③	B5-5	刷底漆一遍、刮腻子、调和漆三遍 单层木门	100m2	X/100	.19	3,930.40	746.78	
12	附 ④	B5-33	每增加一遍调和漆 单层木门	100m2	(X*(-1))/100	-.19	1,064.50	-202.26	
13 3	清 3	010801001003	木质门　1、门代号及洞口尺寸：1500*2400　2、木夹板	樘	2	2	846.76	1693.52	0.06
14	子 ①	B4-3	镶板门、胶合板门 镶板门 不带纱窗 带亮子	100m2	7.2/100	.07	20,105.24	1407.37	0.03
15	子 ②	B4-161	普通木门五金配件表 镶板门、胶合板门 不带纱扇 不带	100m2	X/100	.07	1,222.00	85.54	0.03
16	子 ③	B5-5	刷底漆一遍、刮腻子、调和漆三遍 单层木门	100m2	X/100	.07	3,930.40	275.13	
17	附 ④	B5-33	每增加一遍调和漆 单层木门	100m2	(X*(-1))/100	-.07	1,064.50	-74.52	
18 4	清 4	010807001001	金属(塑钢、断桥)窗 1、窗代号及洞口尺寸：2400*2400	樘	2	2	1,986.19	3972.38	0.05
19	子 ①	B4-74	铝合金门窗(成品)安装 推拉窗	100m2	11.5/100	.12	32,613.50	3913.62	0.05
20	子 ②	B4-151	铝合金窗五金制作配件表 推拉窗 双扇	樘	Q	2	29.38	58.76	
21 5	清 5	010807001002	金属(塑钢、断桥)窗　1、窗代号及洞口尺寸：1800*180	樘	1	1	1,007.79	1007.79	0.01
22	子 ①	B4-74	铝合金门窗(成品)安装 推拉窗	100m2	3.2/100	.03	32,613.53	978.41	0.01
23	子 ②	B4-151	铝合金窗五金制作配件表 推拉窗 双扇	樘	Q	1	29.38	29.38	
24 6	清 6	010807001003	金属(门连窗)窗　1、窗代号及洞口尺寸：4800*1500	樘	1	1	2,339.89	2339.89	0.03
25	子 ①	B4-74	铝合金门窗(成品)安装 推拉窗	100m2	7.2/100	.07	32,613.50	2282.95	0.03
26	子 ②	B4-153	铝合金窗五金制作配件表 推拉窗 四扇	樘	Q	1	56.94	56.94	
27 7	清 7	010807001004	金属(塑钢、断桥)窗　1、窗代号及洞口尺寸：2400*180	樘	5	5	1,464.37	7321.85	0.10
28	子 ①	B4-74	铝合金门窗(成品)安装 推拉窗	100m2	21.6/100	.22	32,613.50	7174.97	0.10
29	子 ②	B4-151	铝合金窗五金制作配件表 推拉窗 双扇	樘	Q	5	29.38	146.9	

项目管理 | 教材-办公楼 > 装饰装修工程 > 办公楼装饰装修工程 > 分部分项

工程信息 | 分部分项 | 计量措施 | 工料机汇总 | 计项措施 | 索赔及签证 | 暂列金额 | 专业工程暂估/结算价 | 计日工 | 总承包服务费 | 其他项目 | 取费计算

清单 | 定额 | 人材机 | 用户材机　　快速定位…　　编辑状态：标底

湖南2014装饰工程定额库

- 湖南2014装饰工程定额库
  - 第一章　楼地面工程
  - 第二章　墙柱面工程
  - 第三章　天棚工程
  - 第四章　门窗工程
    - 一、普通木门
      - 1. 镶板门、胶合板门
      - 2. 半截玻璃门、全玻璃门
      - 3. 拼板门、百页门
    - 二、普通窗
    - 三、铝合金门窗制作、安装
    - 四、铝合金门窗(成品)安装
    - 五、卷闸门安装
    - 六、彩板组角钢门窗安装
    - 七、塑钢门窗安装
    - 八、防盗装饰门窗安装
    - 九、防火门、防火卷帘门安装
    - 十、装饰门框、门扇制作安装
    - 十一、电子感应自动门及转门
    - 十二、不锈钢电动伸缩门
    - 十三、不锈钢板包门框、无框
    - 十四、门窗套

B4-1\镶板门、胶合板门 镶板门 带纱扇
B4-2\镶板门、胶合板门 镶板门 带纱扇
B4-3\镶板门、胶合板门 镶板门 不带纱
B4-4\镶板门、胶合板门 镶板门 不带纱
B4-5\镶板门、胶合板门 玻璃镶板门增加
B4-6\镶板门、胶合板门 镶板门带一块百
B4-7\镶板门、胶合板门 镶板门带一块百
B4-8\镶板门、胶合板门 胶合板门 带纱
B4-9\镶板门、胶合板门 胶合板门 带纱
B4-10\镶板门、胶合板门 胶合板门 不带
B4-11\镶板门、胶合板门 胶合板门 不带
B4-12\镶板门、胶合板门 胶合板门 带
B4-13\镶板门、胶合板门 胶合板门 带百

序号		编号	名称	单位	计算式	工程量	单价	合价	垂直运输系数	不汇总
30 8	清 8	010807001005	金属(塑钢、断桥)窗　1、窗代号及洞口尺寸：1500*180	樘	4	4	926.25	3705	0.05	
31	子 ①	B4-74	铝合金门窗(成品)安装 推拉窗	100m2	10.8/100	.11	32,613.50	3587.49	0.05	
32	子 ②	B4-151	铝合金窗五金制作配件表 推拉窗 双扇	樘	Q	4	29.38	117.52		
33 9	清 9	010809004001	石材窗台板	m2	22	22	200.83	4418.26	0.10	
34	子 ①	B4-131	窗台板(厚25mm) 大理石	100m2	Q/100	.22	20,083.28	4418.32	0.10	
35	部 二	0111	建筑装饰:附录L 楼地面装饰工程			-		75777.18	2.82	
36 10	清 1	011102001001	石材地面(一楼)　深灰色花岗岩贴面(综合)	m2	12.9	12.9	191.56	2471.12	0.08	
37	子 ①	B1-1	找平层 水泥砂浆 混凝土或硬基层上 20mm	100m2	Q/100	.13	1,908.73	248.13	0.04	
38	子 ②	B1-23	花岗岩楼地面 周长3200mm以内 单色	100m2	Q/100	.13	17,100.01	2223	0.04	
39 11	清 2	011102003002	块料楼面(600*600)　1、8~10厚地砖600*600铺实拍平，	m2	232.91	232.91	150.12	34964.45	1.40	
40	子 ①	B1-1	找平层 水泥砂浆 混凝土或硬基层上 20mm	100m2	Q/100	2.33	1,908.73	4447.34	0.70	
41	子 ②	B1-60	陶瓷地面砖 楼地面 每块面积在3600cm2以内	100m2	Q/100	2.33	13,097.73	30517.71	0.70	
42 12	清 3	011102003004	休息室块料楼面(300*300)　1、8~10厚地砖300*300铺实	m2	188.59	188.59	138.55	26129.14	1.13	
43	子 ①	B1-1	找平层 水泥砂浆 混凝土或硬基层上 20mm	100m2	Q/100	1.89	1,908.73	3607.5	0.57	
44	子 ②	B1-57	陶瓷地面砖 楼地面 每块面积在900cm2以内	100m2	Q/100	1.89	11,916.25	22521.71	0.57	
45 13	清 4	011105002001	石材踢脚线 1、17厚1：3水泥砂浆：　2、3~4厚1：1水泥	m2	14.056	14.06	195.21	2744.65	0.04	
46	子 ①	B1-32	踢脚线 花岗岩 水泥砂浆	100m2	Q/100	.14	19,604.25	2744.6	0.04	
47 14	清 5	011105003001	块料踢脚线 1、17厚1：3水泥砂浆：2、3~4厚1：1水泥砂浆加水重20%白乳胶镶贴：3、8~10厚面砖、水泥浆擦缝：	m2	14.608	14.61	149.30	2181.27	0.05	
48	子 ①	B1-63		100m2	Q/100	.15	14,542.15	2181.32	0.05	
49 15	清 6	011106001001	[illegible]	m2	15.624	15.62	304.35	4753.95	0.10	
50	子 ①	B1-1	找平层 水泥砂浆 混凝土或硬基层上 20mm	100m2	Q/100	.16	1,908.73	305.4	0.05	
51	子 ②	B1-36	楼梯 花岗岩 水泥砂浆	100m2	Q/100	.16	27,803.51	4448.56	0.05	
52 16	清 7	011107001001	石材台阶面 深灰色花岗岩贴面800*800	m2	9.45	9.45	268.00	2532.6	0.03	
53	子 ①	B1-41	台阶 花岗岩 水泥砂浆	100m2	Q/100	.09	28,140.25	2532.62	0.03	
54	部 三	0112	建筑装饰:附录M 墙、柱面装饰与隔断、幕墙工程			-		77525.39	3.56	
55 17	清 1	011201001001	墙面一般抹灰-内墙	m2	720.24	720.24	23.21	16716.77	2.16	
56	子 ①	B2-30	一般抹灰 墙面、墙裙抹混合砂浆 内砖墙	100m2	Q/100	7.2	2,322.23	16720.06	2.16	

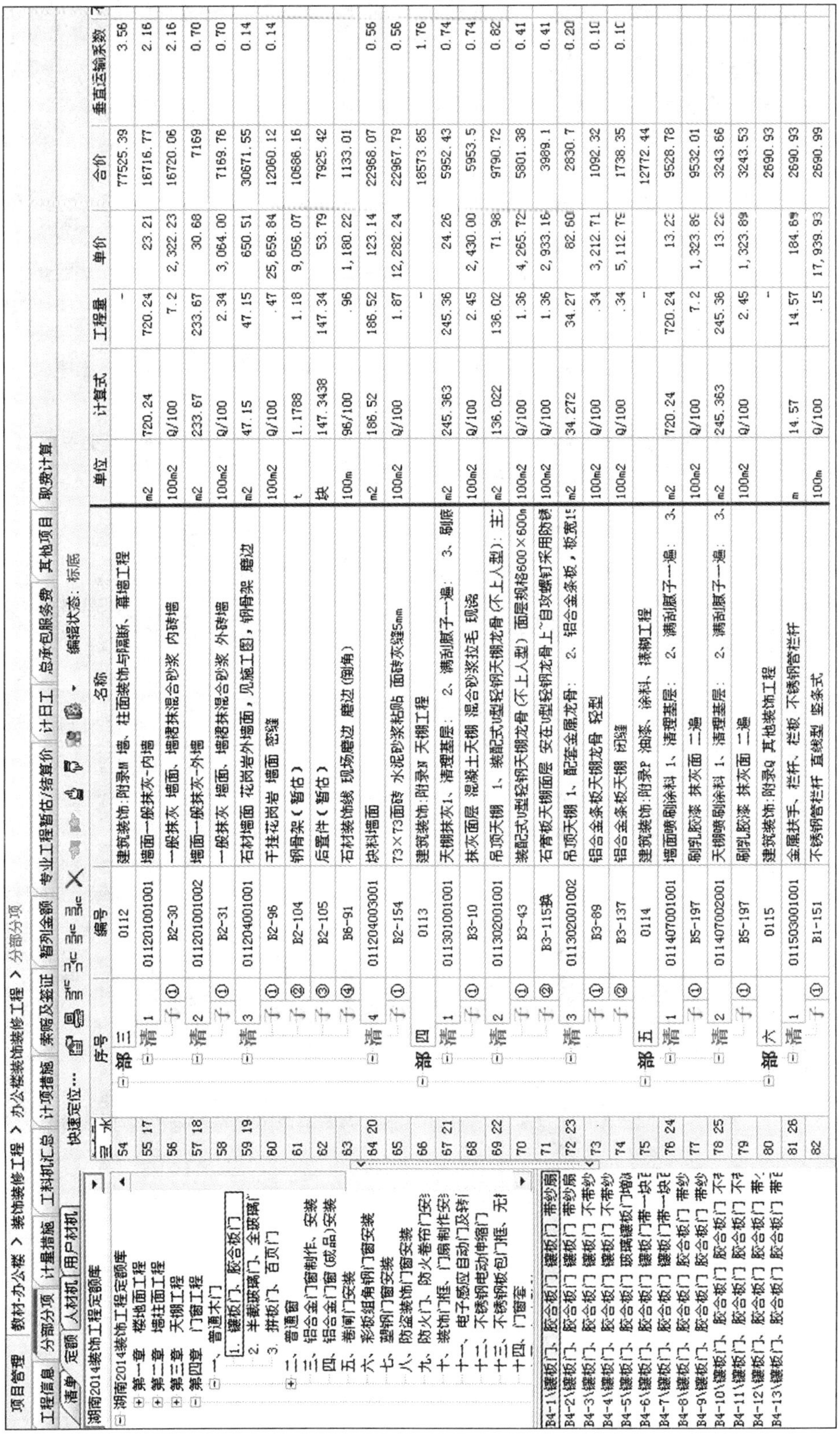

项目管理　教材-办公楼 > 装饰装修工程 > 办公楼装饰装修工程 > 分部分项

工程信息 | 分部分项 | 计量措施 | 工料机汇总 | 计项措施 | 索赔及签证 | 暂列金额 | 专业工程暂估/结算价 | 计日工 | 总承包服务费 | 其他项目 | 取费计算

清单 | 定额 | 人材机 | 用户材机　快速定位…　编辑状态：标底

湖南2014装饰工程定额库

- 湖南2014装饰工程定额库
  - 第一章　楼地面工程
  - 第二章　墙柱面工程
  - 第三章　天棚工程
  - 第四章　门窗工程
    - 一、普通木门
      - 1. 镶板门、胶合板门
      - 2. 半截玻璃门、全玻璃门
      - 3. 拼板门、百页门
    - 二、普通窗
    - 三、铝合金门窗制作、安装
    - 四、铝合金门窗(成品)安装
    - 五、卷闸门安装
    - 六、彩板组角钢门窗安装
    - 七、塑钢门窗安装
    - 八、防盗装饰门窗安装
    - 九、防火门、防火卷帘门安装
    - 十、装饰门框、门扇制作安装
    - 十一、电子感应自动门及转门
    - 十二、不锈钢电动伸缩门
    - 十三、不锈钢板包门框、无框
    - 十四、门窗套

B4-1\镶板门、胶合板门 镶板门 带纱扇
B4-2\镶板门、胶合板门 镶板门 带纱扇
B4-3\镶板门、胶合板门 镶板门 不带纱
B4-4\镶板门、胶合板门 镶板门 不带纱
B4-5\镶板门、胶合板门 玻璃镶板门增加
B4-6\镶板门、胶合板门 镶板门带一块百
B4-7\镶板门、胶合板门 镶板门带一块百
B4-8\镶板门、胶合板门 胶合板门 带纱
B4-9\镶板门、胶合板门 胶合板门 带纱
B4-10\镶板门、胶合板门 胶合板门 不带
B4-11\镶板门、胶合板门 胶合板门 不带
B4-12\镶板门、胶合板门 胶合板门 带
B4-13\镶板门、胶合板门 胶合板门 带百

显示		序号		编号	名称	单位	计算式	工程量	单价	合价	垂直运输系数
54		部	三	0112	建筑装饰：附录M 墙、柱面装饰与隔断、幕墙工程			-		77525.39	3.56
55	17	清	1	011201001001	墙面一般抹灰-内墙	m2	720.24	720.24	23.21	16716.77	2.16
56		子	①	B2-30	一般抹灰 墙面、墙裙抹混合砂浆 内砖墙	100m2	Q/100	7.2	2,322.23	16720.06	2.16
57	18	清	2	011201001002	墙面一般抹灰-外墙	m2	233.67	233.67	30.68	7169	0.70
58		子	①	B2-31	一般抹灰 墙面、墙裙抹混合砂浆 外砖墙	100m2	Q/100	2.34	3,064.00	7169.76	0.70
59	19	清	3	011204001001	石材墙面 花岗岩外墙面，见施工图，钢骨架 磨边	m2	47.15	47.15	650.51	30671.55	0.14
60		子	①	B2-96	干挂花岗岩 墙面 密缝	100m2	Q/100	.47	25,659.84	12060.12	0.14
61		子	②	B2-104	钢骨架（暂估）	t	1.1788	1.18	9,056.07	10686.16	
62		子	③	B2-105	后置件（暂估）	块	147.3438	147.34	53.79	7925.42	
63		子	④	B6-91	石材装饰线 现场磨边 磨边(倒角)	100m	96/100	.96	1,180.22	1133.01	
64	20	清	4	011204003001	块料墙面	m2	186.52	186.52	123.14	22968.07	0.56
65		子	①	B2-154	73×73面砖 水泥砂浆粘贴 面砖灰缝5mm	100m2	Q/100	1.87	12,282.24	22967.79	0.56
66		部	四	0113	建筑装饰：附录N 天棚工程			-		18573.85	1.76
67	21	清	1	011301001001	天棚抹灰1、清理基层：　2、满刮腻子一遍：　3、刷底	m2	245.363	245.36	24.26	5952.43	0.74
68		子	①	B3-10	抹灰面层 混凝土天棚 混合砂浆拉毛 现浇	100m2	Q/100	2.45	2,430.00	5953.5	0.74
69	22	清	2	011302001001	吊顶天棚　1、装配式U型轻钢天棚龙骨(不上人型)：主	m2	136.022	136.02	71.98	9790.72	0.82
70		子	①	B3-43	装配式U型轻钢天棚龙骨(不上人型) 面层规格600×600m	100m2	Q/100	1.36	4,265.72	5801.38	0.41
71		子	②	B3-115换	石膏板天棚面层 安在U型轻钢龙骨上~自攻螺钉采用防锈	100m2	Q/100	1.36	2,933.16	3989.1	0.41
72	23	清	3	011302001002	吊顶天棚 1、配套金属龙骨：　2、铝合金条板，板宽15	m2	34.272	34.27	82.60	2830.7	0.20
73		子	①	B3-89	铝合金条板天棚龙骨 轻型	100m2	Q/100	.34	3,212.71	1092.32	0.10
74		子	②	B3-137	铝合金条板天棚 闭缝	100m2	Q/100	.34	5,112.79	1738.35	0.10
75		部	五	0114	建筑装饰：附录P 油漆、涂料、裱糊工程			-		12772.44	
76	24	清	1	011407001001	墙面喷刷涂料 1、清理基层：　2、满刮腻子一遍：　3、	m2	720.24	720.24	13.23	9528.78	
77		子	①	B5-197	刷乳胶漆 抹灰面 二遍	100m2	Q/100	7.2	1,323.89	9532.01	
78	25	清	2	011407002001	天棚喷刷涂料 1、清理基层：　2、满刮腻子一遍：　3、	m2	245.363	245.36	13.22	3243.66	
79		子	①	B5-197	刷乳胶漆 抹灰面 二遍	100m2	Q/100	2.45	1,323.89	3243.53	
80		部	六	0115	建筑装饰：附录Q 其他装饰工程			-		2690.93	
81	26	清	1	011503001001	金属扶手、栏杆、栏板 不锈钢管栏杆	m	14.57	14.57	184.69	2690.93	
82		子	①	B1-151	不锈钢管栏杆 直线型 竖条式	100m	Q/100	.15	17,939.93	2690.99	

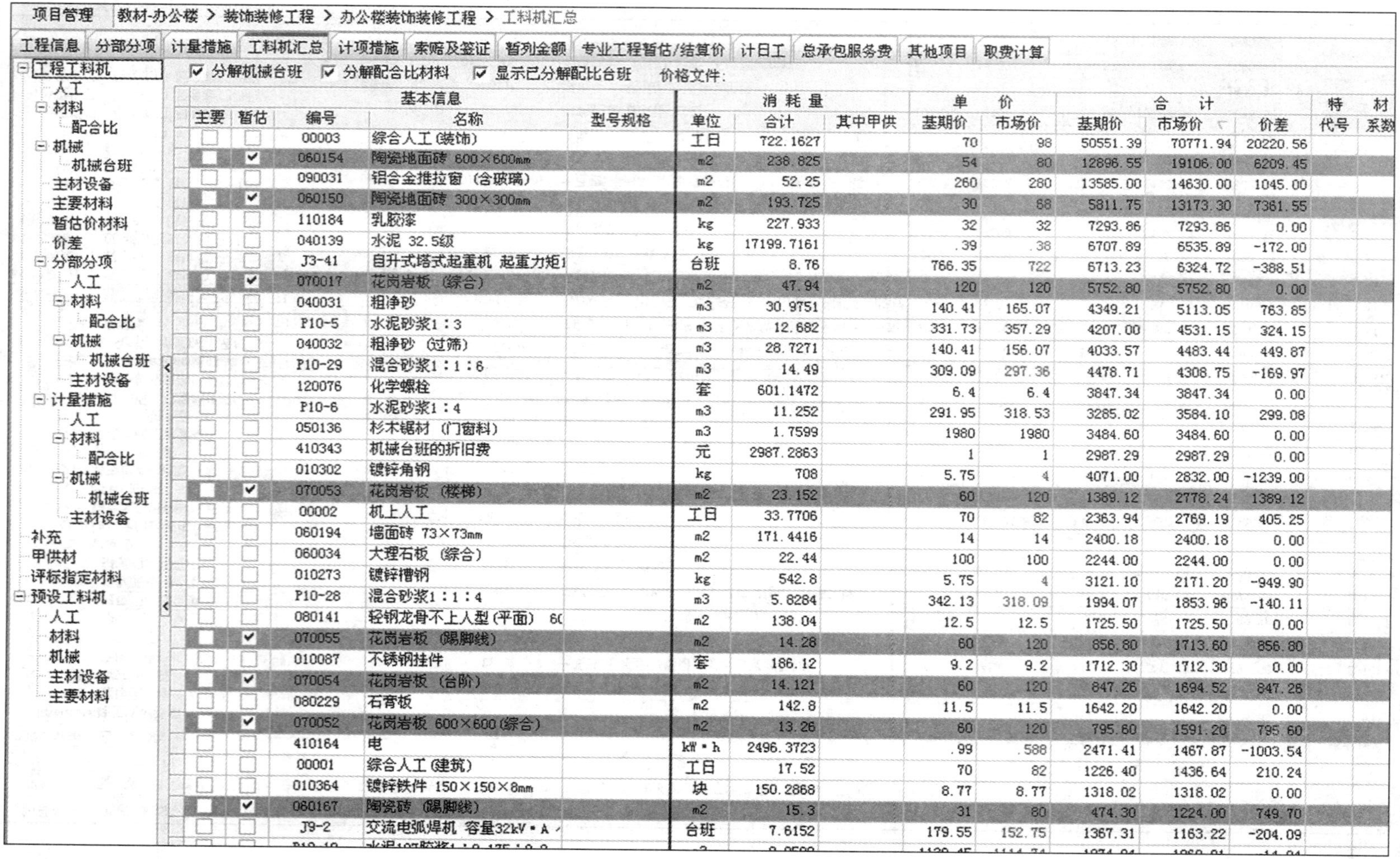

项目管理 | 教材-办公楼 > 装饰装修工程 > 办公楼装饰装修工程 > 工料机汇总

工程信息 | 分部分项 | 计量措施 | 工料机汇总 | 计项措施 | 索赔及签证 | 暂列金额 | 专业工程暂估/结算价 | 计日工 | 总承包服务费 | 其他项目 | 取费计算

- 工程工料机
  - 人工
  - 材料
    - 配合比
  - 机械
    - 机械台班
  - 主材设备
  - 主要材料
  - 暂估价材料
  - 价差
- 分部分项
  - 人工
  - 材料
    - 配合比
  - 机械
    - 机械台班
  - 主材设备
- 计量措施
  - 人工
  - 材料
    - 配合比
  - 机械
    - 机械台班
  - 主材设备
- 补充
- 甲供材
- 评标指定材料
- 预设工料机
  - 人工
  - 材料
  - 机械
  - 主材设备
  - 主要材料

☑ 分解机械台班 ☑ 分解配合比材料 ☑ 显示已分解配比台班 价格文件:

基本信息					消耗量			单价		合计			特材	
主要	暂估	编号	名称	型号规格	单位	合计	其中甲供	基期价	市场价	基期价	市场价	价差	代号	系数
☐	☐	00003	综合人工（装饰）		工日	722.1627		70	98	50551.39	70771.94	20220.56		
☐	☑	060154	陶瓷地面砖 600×600mm		m2	238.825		54	80	12896.55	19106.00	6209.45		
☐	☐	090031	铝合金推拉窗（含玻璃）		m2	52.25		260	280	13585.00	14630.00	1045.00		
☐	☑	060150	陶瓷地面砖 300×300mm		m2	193.725		30	68	5811.75	13173.30	7361.55		
☐	☐	110184	乳胶漆		kg	227.933		32	32	7293.86	7293.86	0.00		
☐	☐	040139	水泥 32.5级		kg	17199.7161		.39	.38	6707.89	6535.89	-172.00		
☐	☐	J3-41	自升式塔式起重机 起重力矩1		台班	8.76		766.35	722	6713.23	6324.72	-388.51		
☐	☑	070017	花岗岩板（综合）		m2	47.94		120	120	5752.80	5752.80	0.00		
☐	☐	040031	粗净砂		m3	30.9751		140.41	165.07	4349.21	5113.05	763.85		
☐	☐	P10-5	水泥砂浆1：3		m3	12.682		331.73	357.29	4207.00	4531.15	324.15		
☐	☐	040032	粗净砂（过筛）		m3	28.7271		140.41	156.07	4033.57	4483.44	449.87		
☐	☐	P10-29	混合砂浆1：1：6		m3	14.49		309.09	297.36	4478.71	4308.75	-169.97		
☐	☐	120076	化学螺栓		套	601.1472		6.4	6.4	3847.34	3847.34	0.00		
☐	☐	P10-6	水泥砂浆1：4		m3	11.252		291.95	318.53	3285.02	3584.10	299.08		
☐	☐	050136	杉木锯材（门窗料）		m3	1.7599		1980	1980	3484.60	3484.60	0.00		
☐	☐	410343	机械台班的折旧费		元	2987.2863		1	1	2987.29	2987.29	0.00		
☐	☐	010302	镀锌角钢		kg	708		5.75	4	4071.00	2832.00	-1239.00		
☐	☑	070053	花岗岩板（楼梯）		m2	23.152		60	120	1389.12	2778.24	1389.12		
☐	☐	00002	机上人工		工日	33.7706		70	82	2363.94	2769.19	405.25		
☐	☐	060194	墙面砖 73×73mm		m2	171.4416		14	14	2400.18	2400.18	0.00		
☐	☐	060034	大理石板（综合）		m2	22.44		100	100	2244.00	2244.00	0.00		
☐	☐	010273	镀锌槽钢		kg	542.8		5.75	4	3121.10	2171.20	-949.90		
☐	☐	P10-28	混合砂浆1：1：4		m3	5.8284		342.13	318.09	1994.07	1853.96	-140.11		
☐	☐	080141	轻钢龙骨不上人型（平面） 6(		m2	138.04		12.5	12.5	1725.50	1725.50	0.00		
☐	☑	070055	花岗岩板（踢脚线）		m2	14.28		60	120	856.80	1713.60	856.80		
☐	☐	010087	不锈钢挂件		套	186.12		9.2	9.2	1712.30	1712.30	0.00		
☐	☑	070054	花岗岩板（台阶）		m2	14.121		60	120	847.26	1694.52	847.26		
☐	☐	080229	石膏板		m2	142.8		11.5	11.5	1642.20	1642.20	0.00		
☐	☑	070052	花岗岩板 600×600（综合）		m2	13.26		60	120	795.60	1591.20	795.60		
☐	☐	410164	电		kW·h	2496.3723		.99	.588	2471.41	1467.87	-1003.54		
☐	☐	00001	综合人工（建筑）		工日	17.52		70	82	1226.40	1436.64	210.24		
☐	☐	010364	镀锌铁件 150×150×8mm		块	150.2868		8.77	8.77	1318.02	1318.02	0.00		
☐	☑	060167	陶瓷砖（踢脚线）		m2	15.3		31	80	474.30	1224.00	749.70		
☐	☐	J9-2	交流电弧焊机 容量32kV·A ‹		台班	7.6152		179.55	152.75	1367.31	1163.22	-204.09		

项目管理　教材-办公楼 > 装饰装修工程 > 办公楼装饰装修工程 > 工料机汇总

工程信息 | 分部分项 | 计量措施 | 工料机汇总 | 计项措施 | 索赔及签证 | 暂列金额 | 专业工程暂估/结算价 | 计日工 | 总承包服务费 | 其他项目 | 取费计算

- 工程工料机
  - 人工
  - 材料
    - 配合比
  - 机械
    - 机械台班
  - 主材设备
  - 主要材料
  - 暂估价材料
  - 价差
  - 分部分项
    - 人工
    - 材料
      - 配合比
    - 机械
      - 机械台班
    - 主材设备
  - 计量措施
    - 人工
    - 材料
      - 配合比
    - 机械
      - 机械台班
    - 主材设备
- 补充
- 甲供材
- 评标指定材料
- 预设工料机
  - 人工
  - 材料
  - 机械
  - 主材设备
  - 主要材料

☑ 分解机械台班　☑ 分解配合比材料　☑ 显示已分解配合比台班　价格文件:

基本信息					消耗量			单价		合计			特
主要	暂估	编号	名称	型号规格	单位	合计	其中甲供	基期价	市场价	基期价	市场价	价差	代号
		410341	机械台班的经常修理费		元	1034.5286		1	1	1034.53	1034.53	0.00	
		140018	不锈钢管 Φ32×1		m	85.395		11.11	11.11	948.74	948.74	0.00	
		410593	石灰膏		m3	5.3332		327.04	163	1744.17	869.31	-874.86	
		J6-16	灰浆搅拌机 拌筒容量200L 小		台班	8.3681		92.19	100.73	771.46	842.92	71.46	
		P10-31	混合砂浆1：3：9		m3	2.7685		322.26	285.88	892.18	791.46	-100.72	
		010083	不锈钢法兰盘 Φ59		个	86.565		8	8	692.52	692.52	0.00	
		110002	107胶		kg	311.1123		2	2	622.22	622.22	0.00	
		320056	合金钢钻头 Φ20		个	7.367		80	80	589.36	589.36	0.00	
		P10-22	混合砂浆1：1：2		m3	1.764		362.97	317.65	640.28	560.33	-79.94	
		011009	其他铁件		kg	61.88		7.48	7.48	462.86	462.86	0.00	
		080208	铝合金靠墙条板		m	9.9178		46	46	456.22	456.22	0.00	
		410339	机械台班的大修理费		元	424.402		1	1	424.40	424.40	0.00	
		P10-1	水泥砂浆1：1		m3	0.9537		406.37	417.01	387.56	397.70	10.15	
		150638	密封胶		kg	4.8175		75	75	361.31	361.31	0.00	
		320202	合金钢钻头 Φ10		个	38.9064		8.5	8.5	330.70	330.70	0.00	
		P10-4	水泥砂浆1：2.5		m3	0.7448		363.71	388.45	270.89	289.32	18.43	
		080207	铝合金插缝板		m2	14.6268		18	18	263.28	263.28	0.00	
		030088	滑轮		套	57.12		4.5	4.5	257.04	257.04	0.00	
		030202	折页 100mm		块	36.3		6	6	217.80	217.80	0.00	
		011322	电焊条		kg	30.2468		7	7	211.73	211.73	0.00	
		040021	玻璃胶350g		支	25.85		8	8	206.80	206.80	0.00	
		080105	铝合金条板 宽100mm		m2	29.886		6.8	6.8	203.22	203.22	0.00	
		410188	吊筋		kg	39.0728		4.5	4.5	175.83	175.83	0.00	
		080107	铝合金条板龙骨 h45		m	33.0752		5.04	5.04	166.70	166.70	0.00	
		410338	机械台班的安拆费及场外运费		元	163.3123		1	1	163.31	163.31	0.00	
		080106	铝合金条板龙骨 h35		m2	32.0892		4.5	4.5	144.40	144.40	0.00	
		030224	自攻螺丝		个	4692		.03	.03	140.76	140.76	0.00	
		040132	石材(云石)胶		kg	9.2261		15	15	138.39	138.39	0.00	
		410649	水		m3	47.7362		4.38	2.87	209.08	137.00	-72.08	
		J12-133	石料切割机 小		台班	14.251		10.68	9.55	152.20	136.10	-16.10	
		J12-130	电动打磨机 小		台班	3.9168		38.59	33.36	151.15	130.66	-20.48	
		030034	窗锁		把	28.52		4.2	4.2	119.78	119.78	0.00	
		J7-114	电锤 520W 小		台班	14.209		8.99	8.42	127.74	119.64	-8.10	

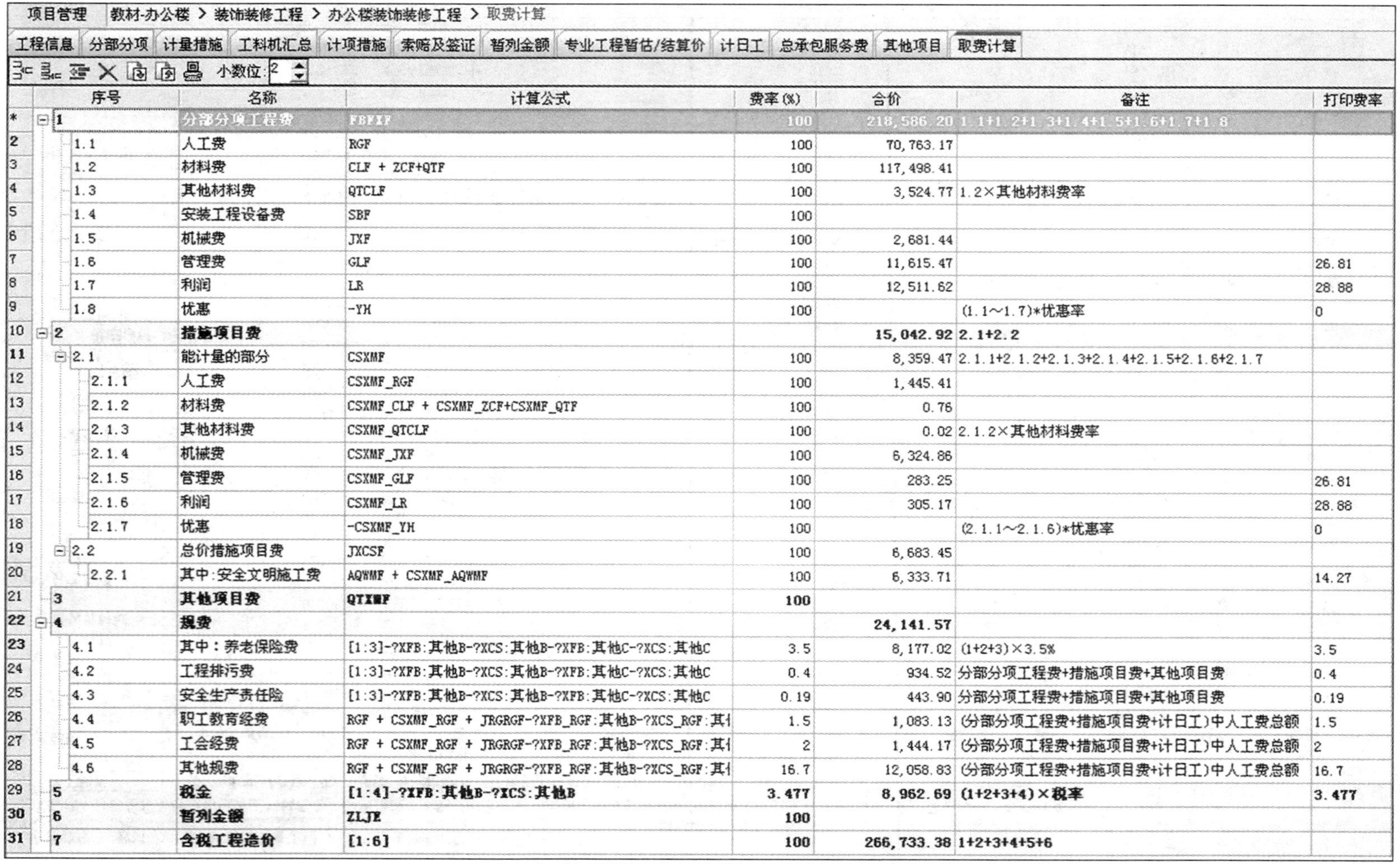

项目管理 | 教材-办公楼 > 装饰装修工程 > 办公楼装饰装修工程 > 取费计算

工程信息 | 分部分项 | 计量措施 | 工料机汇总 | 计项措施 | 索赔及签证 | 暂列金额 | 专业工程暂估/结算价 | 计日工 | 总承包服务费 | 其他项目 | 取费计算

小数位: 2

	序号	名称	计算公式	费率(%)	合价	备注	打印费率
*	1	分部分项工程费	FBFXF	100	218,586.20	1.1+1.2+1.3+1.4+1.5+1.6+1.7+1.8	
2	1.1	人工费	RGF	100	70,763.17		
3	1.2	材料费	CLF + ZCF+QTF	100	117,498.41		
4	1.3	其他材料费	QTCLF	100	3,524.77	1.2×其他材料费率	
5	1.4	安装工程设备费	SBF	100			
6	1.5	机械费	JXF	100	2,681.44		
7	1.6	管理费	GLF	100	11,615.47		26.81
8	1.7	利润	LR	100	12,511.62		28.88
9	1.8	优惠	-YH	100		(1.1～1.7)*优惠率	0
10	**2**	**措施项目费**			**15,042.92**	**2.1+2.2**	
11	2.1	能计量的部分	CSXMF	100	8,359.47	2.1.1+2.1.2+2.1.3+2.1.4+2.1.5+2.1.6+2.1.7	
12	2.1.1	人工费	CSXMF_RGF	100	1,445.41		
13	2.1.2	材料费	CSXMF_CLF + CSXMF_ZCF+CSXMF_QTF	100	0.76		
14	2.1.3	其他材料费	CSXMF_QTCLF	100	0.02	2.1.2×其他材料费率	
15	2.1.4	机械费	CSXMF_JXF	100	6,324.86		
16	2.1.5	管理费	CSXMF_GLF	100	283.25		26.81
17	2.1.6	利润	CSXMF_LR	100	305.17		28.88
18	2.1.7	优惠	-CSXMF_YH	100		(2.1.1～2.1.6)*优惠率	0
19	2.2	总价措施项目费	JXCSF	100	6,683.45		
20	2.2.1	其中:安全文明施工费	AQWMF + CSXMF_AQWMF	100	6,333.71		14.27
21	**3**	**其他项目费**	**QTXMF**	**100**			
22	**4**	**规费**			**24,141.57**		
23	4.1	其中：养老保险费	[1:3]-?XFB:其他B-?XCS:其他B-?XFB:其他C-?XCS:其他C	3.5	8,177.02	(1+2+3)×3.5%	3.5
24	4.2	工程排污费	[1:3]-?XFB:其他B-?XCS:其他B-?XFB:其他C-?XCS:其他C	0.4	934.52	分部分项工程费+措施项目费+其他项目费	0.4
25	4.3	安全生产责任险	[1:3]-?XFB:其他B-?XCS:其他B-?XFB:其他C-?XCS:其他C	0.19	443.90	分部分项工程费+措施项目费+其他项目费	0.19
26	4.4	职工教育经费	RGF + CSXMF_RGF + JRGRGF-?XFB_RGF:其他B-?XCS_RGF:其(	1.5	1,083.13	(分部分项工程费+措施项目费+计日工)中人工费总额	1.5
27	4.5	工会经费	RGF + CSXMF_RGF + JRGRGF-?XFB_RGF:其他B-?XCS_RGF:其(	2	1,444.17	(分部分项工程费+措施项目费+计日工)中人工费总额	2
28	4.6	其他规费	RGF + CSXMF_RGF + JRGRGF-?XFB_RGF:其他B-?XCS_RGF:其(	16.7	12,058.83	(分部分项工程费+措施项目费+计日工)中人工费总额	16.7
29	**5**	**税金**	**[1:4]-?XFB:其他B-?XCS:其他B**	**3.477**	**8,962.69**	**(1+2+3+4)×税率**	**3.477**
30	**6**	**暂列金额**	**ZLJE**	**100**			
31	**7**	**含税工程造价**	**[1:6]**	**100**	**266,733.38**	**1+2+3+4+5+6**	

模块小结

1. 运用智多星项目管理软件和斯维尔清单计价(2014 版)完成工程项目新建。

2. 运用智多星项目管理软件和斯维尔清单计价(2014 版)进行分部分项工程量清单的编制及组价、换算和调价。

3. 运用智多星项目管理软件和斯维尔清单计价(2014 版)进行措施项目工程量清单的编制及组价、换算和调价。

4. 掌握智多星项目管理软件和斯维尔清单计价(2014 版)其他项目清单费用组成及数据输入。

5. 运用智多星项目管理软件和斯维尔清单计价(2014 版)进行市场价载入、工料机用量和价格调整。

6. 运用智多星项目管理软件和斯维尔清单计价(2014 版)进行报表预览和导出，掌握造价文件装订。

7. 运用智多星项目管理软件和斯维尔清单计价(2014 版)独立完成任务实践中的内容。

模块六　斯维尔三维算量软件应用

模块任务

- 任务6.1　三维算量软件操作简介
- 任务6.2　算量软件图纸的管理
- 任务6.3　算量软件的构件图形识别流程
- 任务6.4　算量软件的构件钢筋识别流程

能力目标

- 熟练掌握识别的原理及应用思路
- 熟练运用算量软件的识别构件及钢筋的功能
- 熟练掌握算量软件识别及手动建模的结合

知识目标

- 熟练掌握软件的识别操作命令
- 熟练掌握柱、梁、板等基础构件的构件及钢筋的识别方法

任务6.1　三维算量软件操作简介

任务要求

在了解广联达算量软件的操作下，熟练掌握斯维尔三维算量软件操作。

操作指导

三维算量软件3DA是基于AutoCAD平台运行的，安装前电脑需要先安装CAD软件，一般建议使用稳定的CAD2006和CAD2011版本。其操作原理是通过识别设计院电子文档和手工建模两种建模方式，一次操作，软件能让建设工程土建预算与钢筋抽样同步出量。

6.1.1　软件界面简介

进入《三维算量》主界面，画面与AutoCAD应用程序主界面相似，大部分命令和快捷键操作方法通用的。在主界面(图6-1所示)显示：

系统辅助菜单——位于主界面的上方界面标题栏的下边，其位置是固定的。

快捷命令菜单区——工程设置、属性查询、三维着色、钢筋布置、计算汇总五大图标显示主要操作命令和流程。

布置工具条——该栏目的内容会随着当前的操作而变化，当选择不同构件时，布置及修改方式的工具按钮会所不同，所显示是当前构件相关的所有命令的快捷方式。可直接点击相关命令按钮进行操作，非常快捷。

快捷工具条——用于软件快捷操作时的按钮，将光标放在图标上不动时，会看到该工具键的功能提示。

绘图建模区——操作和形成图形的主界面。

编号导航编辑区——在菜单内选中一个构件的布置执行功能，界面上会弹出一个集成对话框，简称“导航器”。在这个对话框中可以看到同类构件的所有常规属性，可以在这个对话框中对件进行新编号定义以及构件在布置时进行一些内容的指定和修改。

屏幕构件菜单——有二级菜单，是构件布置导航菜单。“屏幕菜单”的功能介于系统菜单和快捷工具键之间，也和工具栏一样，在界面上拖动放置在界面上的任意位置。

命令输入区——在执行一个构件编辑如布置、修改等过程时，“命令栏”内会出现提示和一些相关操作的按钮，此功能对于习惯键盘操作者，按照提示标注的字母，用键盘上的对应键来进行操作。有时也用于改变不能停顿的操作过程，如画一段直梁接着又要画一段弯梁，这时使用“命令栏按钮”您将会感到非常方便。此栏中命令区的提示也是初学者很好的入门操作提醒。

状态开关区——操作实用，能保持界面简洁等功能按钮。

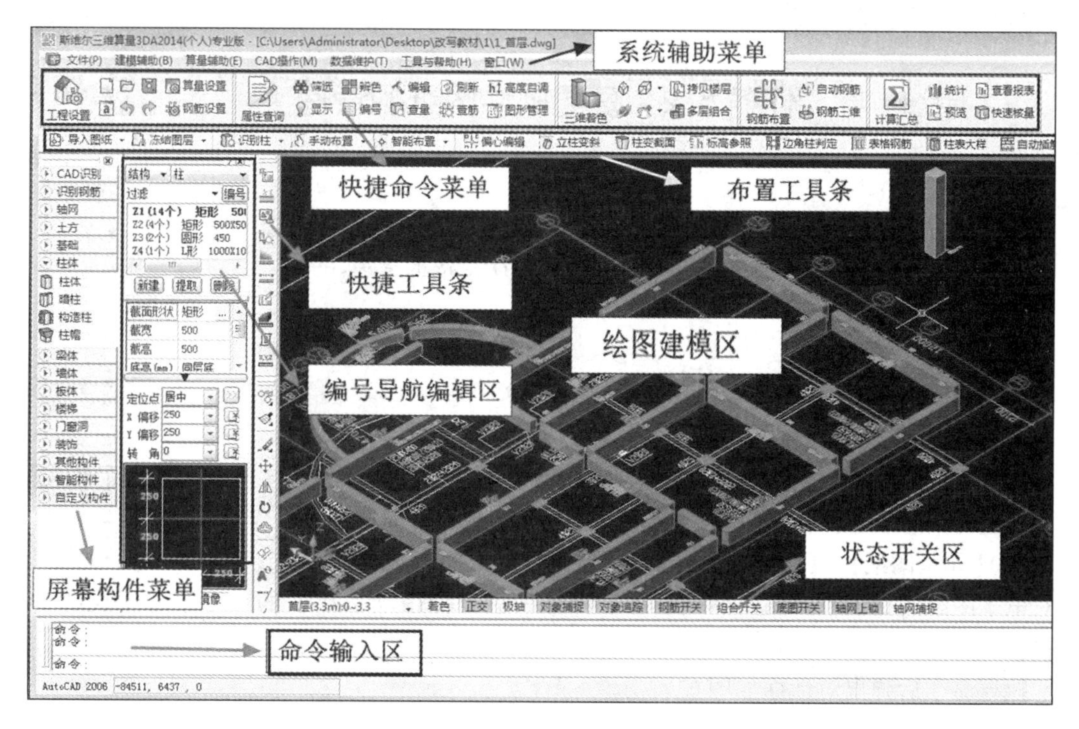

图 6－1　三维算量 3DA 主界面

6.1.2　软件操作主流程

计算一栋房屋的工程量有以下几个步骤：

（1）新建工程：打开软件按照导航进行新建工程并命名；

（2）工程设置：设置工程的计算模式和依据，建立楼层信息，定义该工程的构件、钢筋工程量计算规则以及其他选项；

(3)构件定义挂做法：定义各构件的相关属性值，选择是否同时给构件指定做法；

(4)识别和手动布置构件：有电子图文档时，可导入电子图文档进行构件识别；没有电子图文档的，则通过系统提供的构件布置功能，进行手工布置构件，包括构件定位轴网、柱、梁、墙、板房间侧壁等"骨架"和"区域"构件；

(5)识别和手动布置构件的编辑：为构件指定相应的施工做法，如果在第(3)步定义了构件做法的，此步跳过，但此时注意核对、修改工作；

(6)识别和手动布置构件钢筋：对钢筋混凝土构件布置钢筋，此步可在定义构件时同时进行，对于复杂工程可以选择布置钢筋后布置，一般是暗柱→钢筋转换→梁筋→墙筋→板筋→柱筋→其他；

(7)循环楼层进行楼层拷贝和修改，直至完成所有楼层包括基础层。

(8)分析计算和统计构件和钢筋工程量，校核、调整工程量结果；

(9)快速核量和报表输出、打印或转计价软件的操作。

由此可见所有算量软件操作很累同，关键要熟悉不同软件的布局和功能键的使用，在了解广联达图形钢筋算量软件绘制建模操作的基础上，本模块重点掌握斯维尔三维算量软件的钢筋图形一体的识别建模应用。

任务6.2　算量软件图纸的管理

任务要求

在掌握绘制建模基础上，熟练掌握软件对CAD图纸的管理。

操作指导

6.2.1　导入电子图

点击"斯维尔三维算量软件THS-3DA2014单机版"打开软件，按弹出导航"新建工程"对话框进行信息设置操作。进入绘图界面时可进行图纸管理的相关操作。

(1)【导入图纸】→【导入设计图】，命令代号：drtz。本命令用于导入施工图电子文档，通过对电子图纸进行识别建模。技巧：命令代号一般为命令汉字拼音的首个字母组成的4个字符。

执行命令后弹出对话框如图6-2示。

对话框选项和操作解释：

打开(O) 按钮：打开所选择的设计院图档，格式为"＊.dwg"。

取消 按钮：取消本次操作。

高级设置 按钮：点击该按钮，弹出"电子文档处理设置"对话框，如图6-3所示。在对话框中钩选对的条目，导入电子图时，软件就会按设置对电子图进行相应处理。

查找文件(F)... 按钮：属CAD"软的操作，请参看有关书籍。

定位(L) 按钮：属"CAD"软件的操作，请参看有关书籍。

【预览】栏：光标置于左边栏目中的某个图纸名称上时，电子能够打开时，栏目中将缩略显示该电子图形。不能打开将不能显示缩略图。

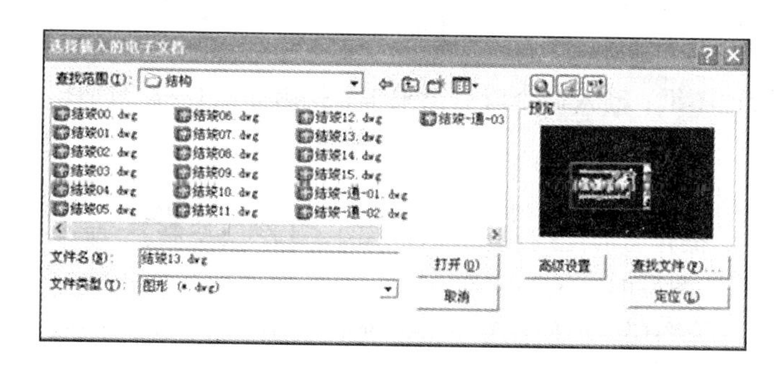

图 6－2　导入电子图对话框

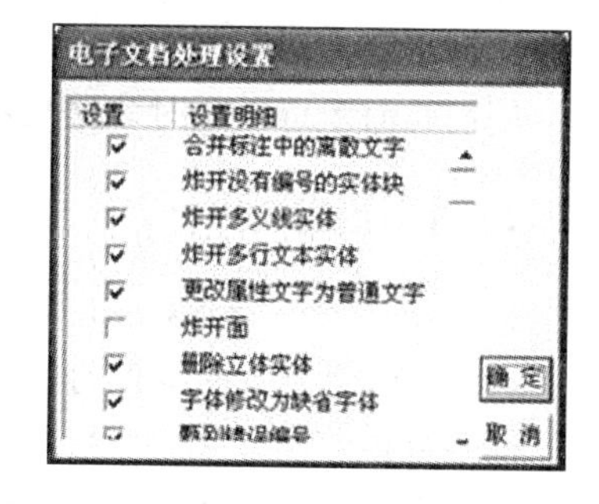

图 6－3　电子文档处理设置对话框

选择好要导入的电子图后，单击【确定】按钮，这时对话框消失，选择的电子图插入到界面中。

技巧：设计人员设计图纸时，为了出图方便，把整套图纸都放到一个 dwg 文件中。如果在软件导入这么多信息的图纸，会造成打开非常缓慢，严重时会引起死机，建议在 CAD 里单独打开此文件，采用 wblock(【W】写块命令)分离各图纸为一个一个 CAD 文件，如柱图、梁图等另行保存方便调用。广联达算量软件则可在软件界面进行图纸分割处理，其效果和方便度一样。

(2)快速导入：

操作方式说明见上述，只是打开的对话框中没有高级设置按钮，导入图时不进行图纸处理，速度要快，但是图纸导入后需要后期处理，总的来说还是要占用时间的。

6.2.2　分解设计图

【导入图纸】→【分解图纸】，命令代号：explode。执行命令后，命令栏提示：选择对象：

根据提示光标至界面上选取需要分解子文档图，右键回车即可将选中的电子图进行分解。将分解好的图纸注意保存并命名，以便随时调用。

6.2.3　缩放图纸

【导入图纸】→【缩放图纸】，命令代号：sftz

本命令用于对电子图进行比例缩放调整。为了识别精确，软件要求对准备识别的电子图要求是 1∶1 的比例。当导入的电子图比例不符合 1∶1 要求时，就需要使用缩放功能对电子图进行比例调整。

操作说明：

输入命令后，按照命令提示一步步操作。

第一步：选择缩放参照的标注或者标注的文字。

第二步：框选要调整的电子图。

第三步：指定基点，即图纸缩放完成。指定基点是指在比例缩放中的基准点，其他图形以此为中心进行比例调整。

6.2.4 清空底图

【导入图纸】→【清空底图】，命令代号：qktz

使用此命令可以同时多楼层的清理图纸，输入命令或点击菜单，弹出如图 6 -4 对话框。

6.2.5 图层控制

在建模过程中需要对图层进行显示操作，可使用到【导入图纸】→【图层控制】，命令代号：tckz 。功能为显示所有的图层，控制图层的冻结和解冻。

图层分成三类显示（CAD 图层，系统图层，辅助图层）。系统图层是构件图层（一般以 THSW 开头）；辅助图层包括 0 层和 RSB_TEXT 层；CAD 图层是其他图层。

点击命令后弹出如下对话框，如图 6 -5 所示。

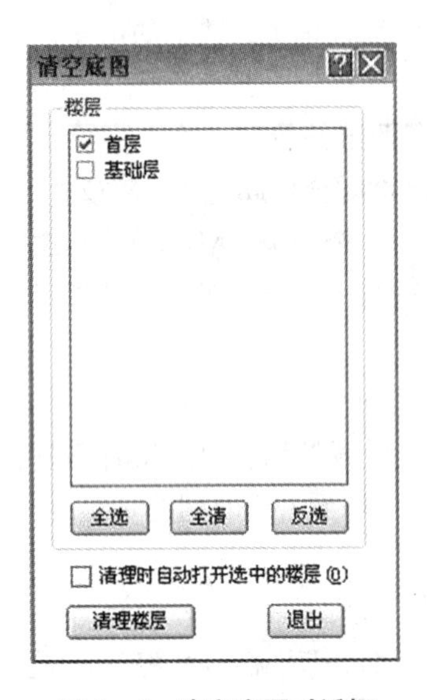

图 6 -4 清空底图对话框

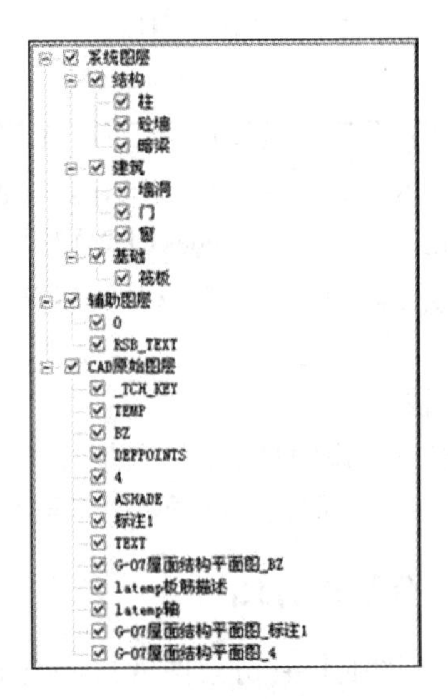

图 6 -5 图层控制对话框

操作说明：

在图层名称前的选项框中打钩，显示此图层；不打钩则表示不显示该图层。弹出的图层控制窗口是浮动窗口，可以拖放到屏幕边缘，随时展开操作。

6.2.6 管理图层

【导入图纸】→【管理图层】，命令代号：layer。

操作说明：执行命令后，弹出如图 6 -6 的对话框，在对话框中可对各图层进行操作。

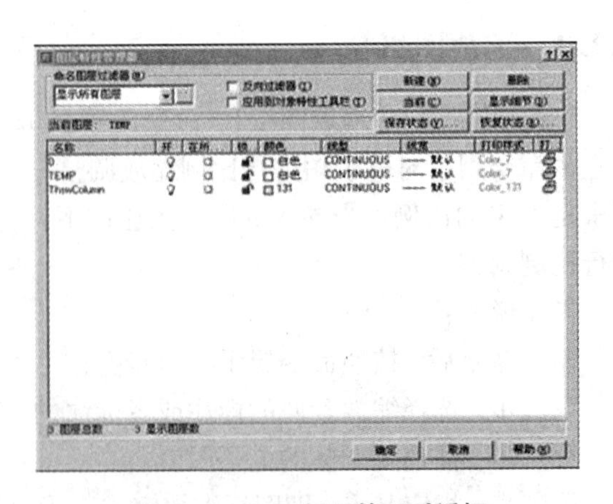

图 6 -6 CAD 图层管理对话框

任务6.3　算量软件的构件图形识别流程

任务要求

在掌握绘制构件的基础上，熟练掌握算量软件对构件识别建模，并完成总任务《办公楼》图形构件的识别。

操作指导

6.3.1　构件图形的识别流程

工程构件识别流程：在绘制界面上进行轴网识别→柱识别→梁识别→门窗表识别→墙识别→门窗洞识别。其中构件识别流程：选择识别构件按钮→选择构件提取信息→确认构件图形→选择构件编号提取→确认编号→再次选择识别构件及编号→再次确认识别。

案例指导（以附录中《办公楼》中为例）：

1. 识别轴网

【识别轴网】命令代号：sbzw。

在界面上点击【导入图纸】（导入基础平面布置图，注意插入点为英文状态输入0，0）→在亮显图纸上点击【分解图纸】。

【CAD识别】→【识别轴网】→在弹出对话框【提取轴线】→【提取轴号】图纸上选中的轴线和轴号会自动隐藏→点击右键，红色轴线变成灰色，表示选中成功→点击【底图开关】可隐藏CAD原图，对识别的轴线进行编辑，因为是同一张图还可进行基础的识别，识别方法同柱体的识别。

2. 识别柱体

【识别柱体】命令代号：sbzt。执行命令后，命令栏提示：

请选择柱边线:<退出>或|标注线(J)|自动(Z)|点选(D)|框选(X)|手选(V)|补画(I)|隐藏(B)|显示(S)|编号(E)|

同时弹出“柱和暗柱识别”对话框，如图6－7所示。

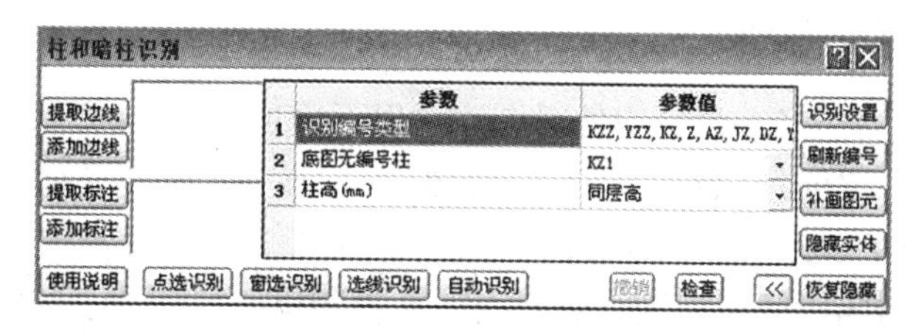

图6－7　柱识别对话框

对话框选项和操作解释：

【提取边线】：提取界面中CAD图纸上需要转化为当前构件的线条。

【添加边线】：在界面中的CAD图纸上继续添加上未提取的底图线条到图层名称显示区。

【提取标注】：提取界面中的CAD图纸上提取边线构件对应的标注信息。

【添加标注】：在界面中的图元上添加上需要用到的轴线的轴号。

根据命令栏提示光标至界面上提取柱子相关图层后的效果(如图6-8示),表示已提取,待识别,进行下一步识别。

图6-8 提取柱图层后的效果

【点选识别】:点封闭的区域内部进行识别。

【窗选识别】:在框选的范围内进行识别。

【选线识别】:选取要识别的柱边线轴线进行识别。

【自动识别】:自动识别出所有的柱子,初学者使用时一定注意认真核查。

【补画图元】:当提取过来的柱线条中存在残缺,如柱边不封闭等,可以采用此方式,重新到图中补画一些线,让程序能够自动识别所有的柱。

【隐藏实体】:隐藏界面上当前不需编辑的中实体对象,使界面清晰方便操作。

【恢复隐藏】:将界面上隐藏的选中实体打开。

具体操作如下:

点击【导入图纸】导入柱平面布置图,注意此时图纸需要手动定位,使得柱图与基础图构件重叠→在亮显图纸上点击【分解图纸】。

【CAD识别】→【识别柱子】→在弹出对话框【提取边线】提取CAD图纸中任一柱子边线→【提取标注】提取柱子需要的标注,被选中的自动隐藏→点击右键→选择识别中的【自动识别】,柱子和标注显示出粉红色,与设计图进行核对。

3. 识别其他构件

按照【识别柱子】的方法,导入相应的图纸,进行梁识别→门窗表识别→墙识别→门窗洞识别等操作,识别完进行核对,或者进行补充图元信息,力求工程量计算的准确性。

6.3.2 构件识别注意事项

由于CAD图纸的差异化,识别构件时应注意以下事项:

(1)软件识别有一定的局限性,对于二阶构件(二阶独基)等复杂构件及自动生成构件(现浇板)是无法识别的,必须手动布置;

(2)构件是通过封闭区域来识别,如果线条不封闭就不能识别,此时需对电子图进行调整,或用补画图元方式使之成为能够识别的区域;例如识别完的图纸上没有识别出梁,可对底图线条进行断开或缝合,使线条的段数与梁编号描述的跨数相同。

(3)如果编号描述的信息与梁跨不符,识别的梁变为红色。修改之直至正确。

(4)识别门窗之前要识别出门窗表,或定义好要识别门窗文字的编号,识别时按门窗编号生成门窗;

(5)门窗识别后会找到附近的墙,将门窗布置到墙上;

（6）软件是按照门窗编号的标志来区别门窗的，表格类别中有“门”的就认为是门编号，有“窗”的就认为是窗编号。如果类别为空就按照编号来区别门窗。编号中有“M”的认为是门，有“C”的认为是窗，否则就认为是门。

任务 6.4　算量软件的构件钢筋识别流程

任务要求

熟练掌握算量软件对钢筋识别，并能掌握识别与绘制相结合的快速建模方法，来完成总任务《办公楼》构件钢筋的识别。

操作指导

6.4.1　识别钢筋

工程结构图柱梁板等构件的绘制繁琐的就是钢筋的描述，当我们运用【识别钢筋】命令可以大大缩短识图、绘图的时间，同时还提高建模的准确度。

在构件识别好的基础上，钢筋识别大致流程为：暗柱识别→钢筋描述转换→梁筋的识别→板筋的识别→板筋的调整→柱筋大样的识别。也可在识别构件的同时，进行钢筋的识别。

以附录中《办公楼》中梁筋和板筋为例，介绍在已建好构件的基础上钢筋的识别过程。

1. 钢筋描述转换

所谓转换就是将电子图上标注的钢筋描述文字、线条转为程序能够识别处理的图层。命令代号：mszh，执行命令后弹出“描述转换”对话框（图 6－9 所示）。

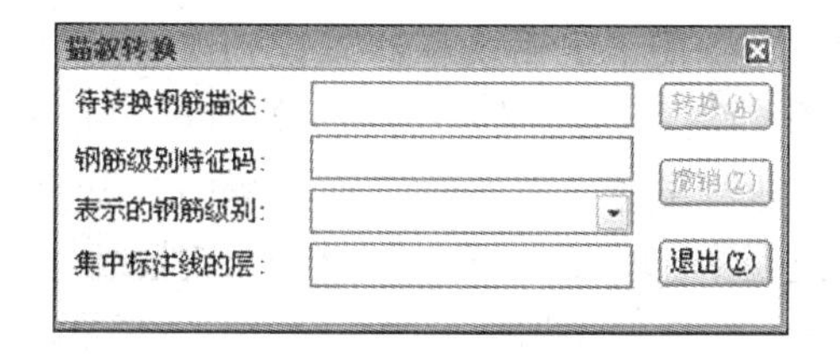

图 6－9　描述转换对话框

执行命令后，命令行提示 选择钢筋文字<退出>:

根据提示，光标在界面上选取钢筋描述如：“Φ8@100/200”或“8@100/200”文字，“待转换钢筋描述栏内会显示钢筋描述的原始数据“%%1308@100/200”，其中“Φ”或“?”对应的原始数据为钢筋级别“%%130”，转换为“表示的钢筋级别”中的系统钢筋级别 A 级，表示一级钢。在这里提供有多种钢筋级别可选，如 A、B、C、D 等。钢筋描述转换对话框（图 6－10 示）。

若选择集中标注线，则“集中标注线层”输入框中显示出该标注线所在层（图 6－11）：

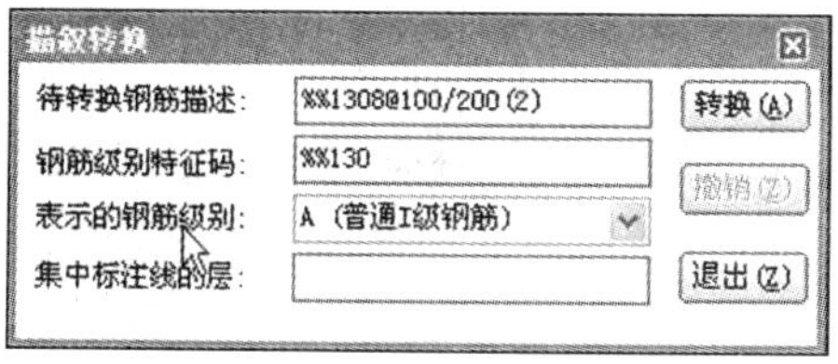

图 6－10　已转换的钢筋描述

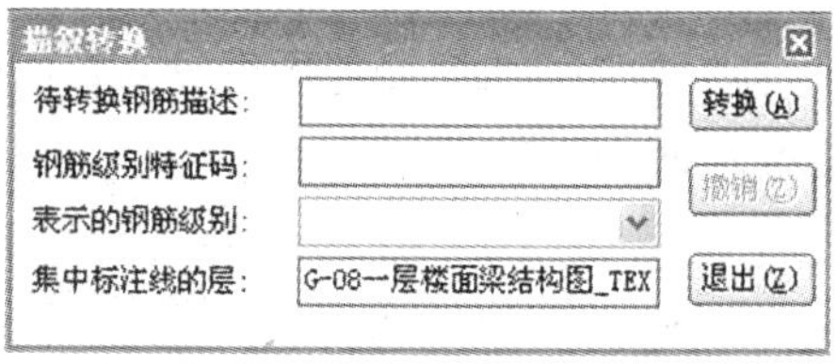

图 6－11　标注线所在层的处理

点击按钮“转换”即可完成。

2. 识别梁筋

(1)自动识别钢筋的操作

按钮 用于自动识别梁、条基钢筋。操作方式有两种：一是如果电子图很规范，文字的位置与梁线间距离合适，这类情况可以采用自动识别来识别电子图上的梁筋。二是若已布置好钢筋，可以用来增加在结构总说明中的构造钢筋，例如腰筋、吊筋、节点加密箍等。

具体操作：点击自动识别梁筋的按扭后，其对话框会有变化，如图6－12所示。

第一种情况，先确定柱、梁等构件已经布置好，梁的编号与集中标注的编号相同，确定已转换好钢筋描述和集中标注线。点击自动识别，出现对话框(如图6－13)，确认是识别梁筋还是识别条基钢筋。

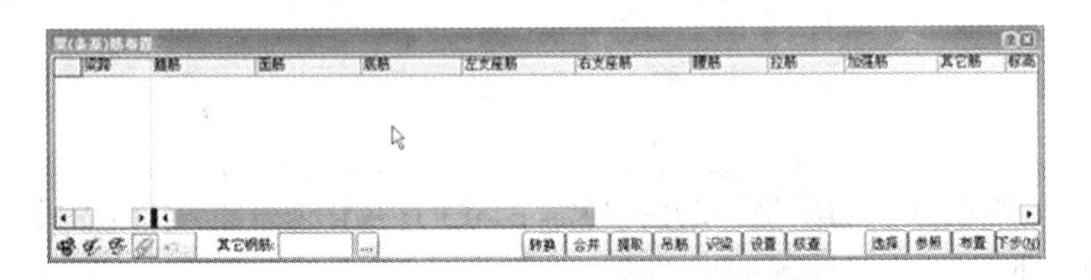

图6－12　点识别梁筋后对话框的按钮会变化

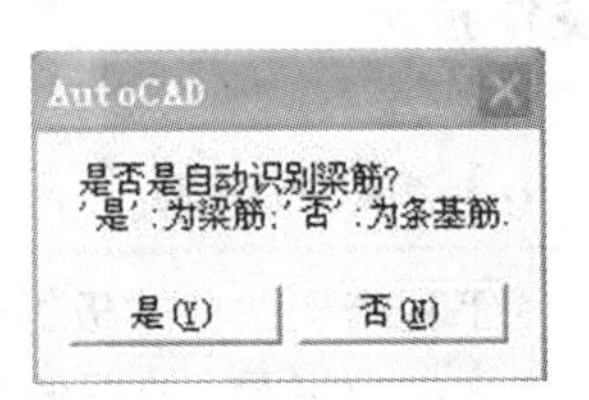

图6－13　选择识别梁筋还是条基筋

根据提示，选择好识别的对象，点击 按钮，软件根据图上的平法标注来识别所有的直形梁的钢筋。会弹出下面的进程条，如图6－14所示。

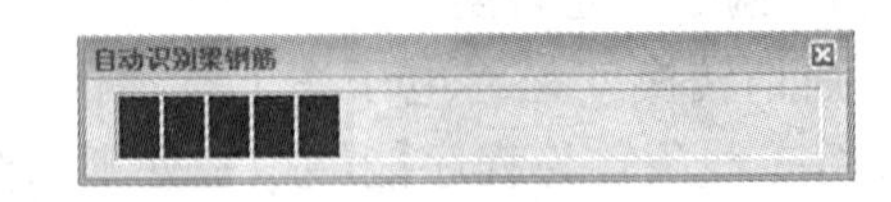

图6－14　自动识别进程条

进程条显示现在经识别的梁的百分比。在这个过程中，可以按‘ESC’，退出识别过程，但是这个操作可能使得识别出错。因此，最好是耐心等它识别完成。

第二种情况，图纸上标注的钢筋已经手动布置好，电子图已经清理干净，但是结构总说明中的构造钢筋还没有加入，这时可以采用自动识别方法批量布置整层的构造钢筋。先点击【工程设置】按钮，进入到【钢筋标准】→【钢筋选项】→【识别设置】选择【梁】，根据设计要求设置好各个数据，如果工程中有构造腰筋的设计要求，修改腰筋的设置选项。设置完成后，回到主界面，点击【自动钢筋】，就可以将构造钢筋批量加入。如果在第一种情况下已经设置好说明类构造钢筋，也可以同时把设计图上的钢筋和说明类构造钢筋布置完成。

识别好的钢筋，注意检查，也可以用【钢筋布置】→选中布置钢筋的梁来修改或者编辑。

(2)选梁识别操作：

按钮 用于选择图形中的梁来识别梁筋，可以点选或者是框选任意一段梁，然后右键，程序将自动识别这条梁附近的梁钢筋文字描述。使用选梁识别对话框内会增加一个【自动】的钩选“□”(如图6－15示)：用于将识别出的钢筋直接布置或确认布置到构件的选择，在选项前的框内“√”，识别和布置是同时进行的，如果不将自动选项钩选，则识别的内容会先放到对话框内，需校对确认后点击布置按钮，再将钢筋布置到界面中的梁上。

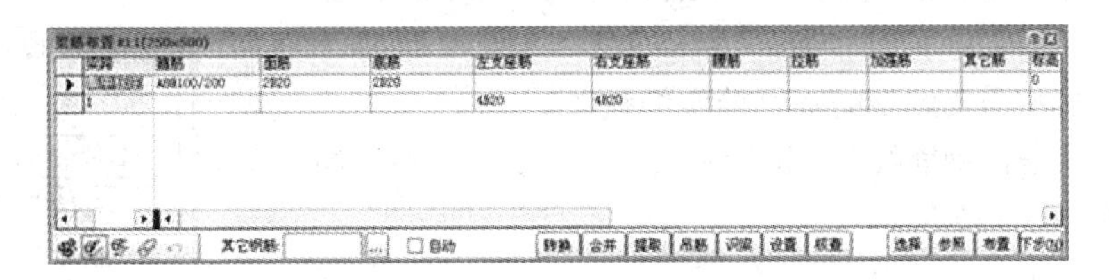

图 6－15　选梁识别按钮栏目的变化

(3)选梁和文字识别操作：

按钮 用于选择图形中的和应的文字来进行梁筋识别。当梁排布密集，这时梁的文字描述绞在一团，软件分不清梁筋文字与梁的关系时，用前述两种方式识梁筋往往会出错，软提供本功能进行梁筋识别。操作方法同前述，是要同时选择梁线和钢筋描述文字。

3. 板筋识别

板筋识别有五种方法：框选识别、按板边界识别、选线与文字识别、选负筋线识和自动负筋识别。

(1)框选识别：执行命令后，跟随命令栏提示进行操作：请选择要识别的板筋线<退出>:

根据提示光标至界面中点选需要识别的板筋线，可以一次选择多条钢筋线，右键确认选择结束，命令栏又提示：点取分布范围的起点<退出>:

根据提示光标至界面中点取当前正识别的板筋分布起点，命令栏又提示：点取分布范围的终点<退出>:

根据提示光标至界面中点取当前正在识别的板筋分布终点，一类板钢筋就识别成功了。

(2)按板边界识别

识别的方式与框选识别类似，但识别时会根据钢筋与板之的关系，动态判定是否按板边界进行分布。

(3)选线与文字识别：执行命令后，命令栏提示：请框选要识别的板筋线和文字信息<退出>:

光标至界面中框选到所有这个钢筋中要用的信息，然后点取分长度的第一点、第二点，右键就将板筋识别了。

(4)选负筋线识别：此种识别方式是由程序自动判定钢筋的分布范围，是判定一条梁或是墙在一个段内是一直线的形状时，直接将这条直线梁或墙上分布上板筋。

执行命令后，命令栏提示：请选择要识别的板筋线<退出>:

根据提示光标至界面中点选需要识别的板筋线右键，钢筋就识别成了。钢筋的描述同上面的“选线识别板筋”的判定一样。

(5)自动负筋识别：执行命令后，命令栏提示：请选择一条需要识别的负筋线<退出>:

根据提示光标至界面中点选需要识别的板筋线右键，界面中的板负筋就被全部识别出来了。

4. 板筋调整

板筋布置其他钢筋的布置不同，板筋布置中不能随意增加板筋类型，所有的板筋类型只能在“板筋类型”栏中选取。如布置板面负筋时，先定义好板面负筋编号，方便快速布置或识别板筋。

有些情况下，需将板钢筋进行明细长度的调整，具体操作步骤如下：

第一步：显示需要调整的板钢筋明细线条。

第二步：点击板钢筋线条，鼠标右键→调整钢筋，弹出如下对话框，如图 6－16 所示。

具体操作参照 CAD 的剪切和延伸命令，根据不同情况选择相应的操作方式。

图 6－16　板钢筋编辑对话框

6.4.2　识别钢筋大样图

菜单位置：【识别钢筋】→【识别大样】，命令代号：sbdy。执行命令后弹出对话框如 6－17 图所示。

图 6－17　“识别大样”对话框

操作步骤：

(1)在对话框上，先设置好右侧的参数。

(2)提取柱截面图层、钢筋图层、标注图层。

(3)框选柱大样信息，如果大样中有标高信息，则当前楼层的标高必须在大样中的标高范围之内。如果标高不在大样图标高范围内，识别的时候，只要不选择大样标高，也能识别出来。

(4)可以单个大样逐个识别，此时只需要设置弯钩线长和误差值就行了。

(5)也可以一次性框选多个大样，但需要将右侧的参数全部设置好。

(6)识别好的柱筋会以柱筋平法的形式显示。

6.4.3　识别钢筋注意事项

(1)只有在钢筋描述和集中标注线均转换到应有的图层时，才能将钢筋识别成功。

(2)对有些特殊的钢筋描述，如“F8”图纸上代表所有 φ8@150 板筋，特征码不能自动给出，需在特征码内填上“F8”描述 φ8@150 来进行转换；

(3)识别大样前一定要认其编号已经存在，如果大样图的比例不对，识别前要缩放图纸；

(4)识别钢筋前一定要根据图纸标注形式更改识别标注形式，例如：跨梁板负筋标注至边还是标注至中。

(5)梁吊筋的快速布置

①如果梁上多跨吊筋规格一致，只要在某一跨上的加强筋列中录入总的吊筋数量，然后

布置即可。

②在【钢筋布置】→自动钢筋→钢筋调整→梁附加筋调整与布置中选择吊筋描述布置，软件会自动在主次梁相交的地方布置吊筋。

(6)灵活使用辨色功能，【快捷菜单】→【构件辨色】，命令代号：gjbs，选择构件基色为红色，颜色设定中选取钢筋，并指定颜色为绿色，点击确定后，图面上所有布置了钢筋的构件将显示为绿色，而没有布置钢筋的构件均显示为红色，就可以很快区分出哪些构件还没有布置钢筋。

任务实践

按照本模块操作讲解，利用《办公楼》的电子图进行识别建模工程，并一次导出图形钢筋工程量的汇总表格。

模块小结

1. 运用斯维尔三维算量(THS－3DA2014)完成工程项目新建。
2. 运用斯维尔三维算量(THS－3DA2014)进行CAD图形导入。
3. 运用斯维尔三维算量(THS－3DA2014)对建筑物各构件进行属性定义及做法定义。
4. 运用斯维尔三维算量(THS－3DA2014)对建筑物各构件进行识别建模。
5. 运用斯维尔三维算量(THS－3DA2014)对建筑物构件钢筋进行识别建模。
6. 运用斯维尔三维算量(THS－3DA2014)进行工程量汇总计算、对量、核量，报表的输出工作。
7. 运用斯维尔三维算量(THS－3DA2014)独立完成任务实践中的内容。

模块七　技能操作与提高

模块任务

- 任务7.1　计价软件应用习题
- 任务7.2　计价软件应用技能操作习题
- 任务7.3　图形算量软件技能操作习题
- 任务7.4　钢筋算量软件技能操作习题

能力目标

- 结合实际工程反复操练总结，达到真正掌握软件的目的

考核标准

- 本课程以技能抽查考核标准为依托采用机考形式(软件可自选)。
- 平时成绩占20%，实训周作业40%，上机操作考试成绩占40%。

任务7.1　计价软件应用习题

一、计价软件技能单选题

1. 各省工程项目计价软件必须通过(　　)的评测，才可在本省工程造价计价工作中使用。

A. 符合性　　B. 准确性　　C. 便捷性　　D. 官方

2. 计价软件中，工料机的自动生成含量是依据什么确定(　　)。

A. 自行确定　　B. 规范规定　　C. 定额　　D. 市场

3. 计价软件中，分部分项工程量清单编制界面，“工程量”窗口中输入的结果为(　　)。

A. 不考虑计算单位的结果　　B. 工程量表达式计算结果/相应单位

C. 工程量表达式计算结果×相应单位　　D. 工程量表达式计算结果

4. 计价软件中，定额换算不需要操作的步骤是(　　)。

A. 价格输入　　B. 选择需要换算定额

C. 选择材料强度等级　　D. 系数修改

5. (　　)是对报表数据源的定义，即根据报表数据输出要求，对报表进行数据字段输出、系统常量、变量、函数的定义等。

A. 报表编辑　　B. 报表汇总　　C. 报表输出　　D. 报表分析

6. 计价软件中，系统默认的清单编码为(　　)位。

A. 7　　B. 8　　C. 9　　D. 10

7. 计价软件中，系统需输入的自编码为(　　)位。

A. 1　　B. 2　　C. 3　　D. 4

8. 定额输入操作不包括(　　)。

A. 自动从其他项目导入　　B. 拖曳套用定额

C. 直接输入　　D. 双击套用定额

9. 造价专业人员可以利用软件快捷的处理工程项目的估算、概算、预算、招标、投标、项目审计审核、竣工结算等,从全过程到(　　)的一系列造价管理工作。

A. 全生命周期　　B. 必要程序　　C. 全管理过程　　D. 必要管理过程

10. 下列选项中,按湖南计价规范不能编辑到施工措施项目费窗口的是(　　)。

A. 二次搬运费　　B. 临时设施费　　C. 夜间施工增加费　　D. 脚手架费用

11. 软件编制计价文件的程序中,最后的步骤是(　　)。

A. 打印输出　　B. 汇总造价

C. 汇总工程量　　D. 编制基价直接费计算表

12. 在计价软件中,混凝土工程的编制属于(　　)的编制。

A. 分部分项工程量清单　　B. 其他项目清单

C. 规费清单　　D. 措施项目清单

13. 计价软件中,下列不属于分部分项工程量清单进行编制操作的(　　)。

A. 项目编码　　B. 项目名称　　C. 工程量　　D. 质量验收标准

14. 下列不属于分部分项窗口操作的是(　　)。

A. 增加子目　　B. 刷新　　C. 计算　　D. 增加匹配措施项目

15. 下列不属于其他项目工程量清单编制的窗口组成的是(　　)。

A. 暂列金额　　B. 计日工　　C. 措施项目费　　D. 总承包服务费

16. 计价软件中新建项目子级分类由大到小顺序为(　　)。

A. 单位工程→建设项目→单项工程　　B. 建设项目→单位工程→单项工程

C. 单项工程→单位工程→建设项目　　D. 建设项目→单项工程→单位工程

17. 软件计价中,不属于建筑工程垂直运输机械费确定的方法有(　　)。

A. 查看工期定额　　B. 软件自动提取

C. 根据施工组织设计方案　　D. 软件自动生成

18. 下列关于计价软件中装饰工程垂直运输机械费计算错误的是(　　)。

A. 录入措施清单　　B. 录入与清单相匹配的定额

C. 软件能够提取垂直运输机械费　　D. 软件不能自动提取计算垂直运输机械费

19. 无定额可套的措施项目,在计价软件中以(　　)计价。

A. 项　　B. 个　　C. 位　　D. 套

20. 计价软件中,关于工料机汇总窗口介绍正确的有(　　)。

A. 主材不能表示　　B. 暂估单价材料不能表示

C. 不能输入人材机的市场价　　D. 可以输入甲方供料数

21. (　　)是指为完成工程项目施工,发生于该工程施工前和施工过程中的技术、方案、环境、安全等方面的非工程实体项目。

A. 规费清单　　B. 其他项目清单

C. 分部分项工程量清单　　D. 措施项目清单

22. 计价软件人材机汇总界面可直接调整的是(　　)。

A. 市场价　　B. 混凝土强度等级

C. 基期价　　D. 暂估价

23. 在计价软件中，暂估价的编制属于(　　)的编制。

A. 分部分项工程量清单　　B. 其他项目清单

C. 规费清单　　D. 措施项目清单

24. 计价软件中人材机汇总界面的价格的调整，不正确的是(　　)

A. 配合比的材料　　B. 界面显示的材料、机械

C. 人工　　D. 选定的材料、机械

25. 选择与清单相匹配的垂直运输机械费子目，软件自动按每(　　)个工日计算垂直运输机械台班量、单价与合价。

A. 1　　B. 100　　C. 30　　D. 60

26. 下列符合分部分项工程量清单计价软件操作程序的是(　　)。

A. 启动软件→新建项目→构建项目文件→清单编制与组价→调整人材计价格→检查数据成果→报表编辑打印

B. 启动软件→新建项目→调整人材计价格→构建项目文件→清单编制检查数据成果→报表编辑打印

C. 启动软件→新建项目→清单编制检查数据成果→报表编辑→调整人材计价格→打印→构建项目文件

D. 启动软件→构建项目文件→措施清单的编制→新建分部分项项目→调整人材计价格→清单编制检查数据成果→报表编辑打印

二、计价软件技能多选题

1. 计价软件中，分部分项工程量清单应根据附录 A、B、C、D、E 的统一(　　)进行编制。

A. 项目编码　　B. 项目名称　　C. 工程量计算规则　　D. 质量验收标准

2. 计价软件中，定额输入的方法有(　　)。

A. 在章节中查找后双击　　B. 定额关键搜索

C. 输入清单后自动形成　　D. 自动导入其他工程数据

3. 计价软件中的工料机汇总分析主要是调整(　　)价格。

A. 利润　　B. 人工　　C. 材料　　D. 机械

4. 计价软件中，分部分项工程量清单中可以编辑的窗口有(　　)。

A. 工程量　　B. 计算式　　C. 费率　　D. 单价

5. 计价软件中，补充子目的录入方法有(　　)。

A. 拖曳人材机到空行　　B. 自编人材机录入

C. 右键菜单补充输入人材机　　D. 查询

6. 其他项目工程量清单编制的窗口组成有(　　)。

A. 暂列金额　　B. 其他小型构件制安

C. 总承包服务费　　D. 施工降水排水费

7. 计项措施清单编制时，计算式的输入可以采用(　　)。

A. 查询　　B. 导入计算公式

C. 直接输入金额　　　　　　　　　　D. 通过变量引用计算

8. 计价软件中，编制措施项目清单可以计算哪些费用(　　　　)。

A. 规费　　　　　　　　　　　　　B. 建筑超高增加费

C. 管理费　　　　　　　　　　　　D. 工程模板措施费

9. 计价软件中，属于装饰工程超高增加费计算步骤的是(　　　　)。

A. 设置超高　　　　　　　　　　　B. 录入高层建筑增加费清单

C. 输入与措施清单相匹配定额子目　D. 输入超高增加费价格

10. 下列属于计价软件中建筑工程模板措施费操作的有(　　　　)。

A. 选择模板类型　　　　　　　　　B. 输入支模高度

C. 修改材料价格　　　　　　　　　D. 输入模板合价

11. 当报表数据出现"#####"字符时应当如何处理(　　　　)。

A. 增大字体　　　　　　　　　　　B. 删除重新输入

C. 减小字体　　　　　　　　　　　D. 适当拉大单元格列宽

12. 一般计价软件可以在界面上直接编辑哪些(　　　　)的量和价。

A. 分部分项工程量清单　　　　　　B. 措施项目清单

C. 综合单价分析表　　　　　　　　D. 其他项目清单

三、软件应用思考与练习

1. 使用建筑工程造价软件的意义有哪些？展望软件应用的未来。

2. 算量软件与计价软件分别有哪些？

3. 你想学习的算量软件与计价软件是什么？

4. 整理《建筑工程计量与计价》专业周大型作业，做为本课程课后练习作业。

计价软件应用习题参考答案

一、1. A　2. C　3. B　4. A　5. A　6. C　7. C　8. A　9. A　10. B　11. A　12. A　13. D　14. D　15. C　16. D　17. B　18. D　19. A　20. D　21. D　22. A　23. B　24. A　25. B　26. A

二、1. ABC　2. AB　3. BCD　4. ABD　5. ABD　6. AC　7. BCD　8. BCD　9. ABC　10. ABC　11. CD　12. ABD

任务7.2　计价软件应用技能操作习题

任务要求

在能够熟练掌握软件编辑工程造价文件的基础上，完成以下技能操作习题。

计价软件技能操作习题01

题目：任选智多星、广联达、清华斯维尔等其中一种计价软件完成图7－1所示**砖基础**、**垫层**、**垫层模板**、**圈梁**、**圈梁钢筋**以及**模板**清单报价文件编制。

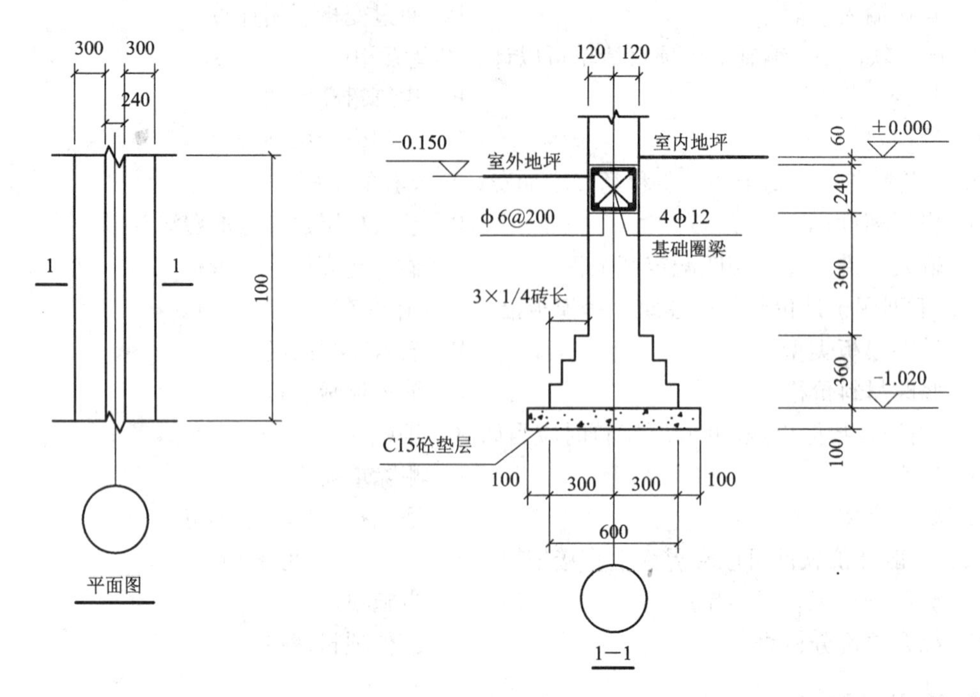

图 7－1　砖基础施工图

【资料背景】本工程为××市办公楼，暂为一般风险工程，建筑面积为 2000 m^2，砖混结构，檐口高度 12 m。相关单价、费率一律按招标控制价计取。

砖基础采用 M10 水泥砂浆砌 MU10 烧结页岩砖，清单工程量计算至附图室内地坪 ±0.000，砖墙身为 M2.5 混合砂浆砌混水 1 砖墙（烧结页岩砖）。垫层为 C15 砾石 40，水泥 32.5，采用木模板，地圈梁混凝土强度等级采用 C25 砾石 40，水泥 32.5，采用采用竹胶合模、木支撑。圈梁钢筋保护层 25 mm。

要求：上交电子成果一份，路径储存在 D 盘以自己学号和姓名命名的文件夹中，内有软件生成文件 1 份。文件夹中还应有导出的一系列电子表格文件，符合文字成果内容。另外需上交装订好且自己签名的打印稿一份，符合清单报价文本成果要求（内容包括封面、投标总价、编制说明、单位工程投标报价汇总表、分部分项工程量清单/施工措施项目清单与计价表、分部分项工程量清单/施工措施项目清单综合单价分析表、人工、主要材料、机械汇总表、工程量计算单）。打印时注意空白页不能打印，尽量不要打印报表集合。

准备：记录用 A4 纸每人 1 张，打印纸若干。电脑人手一台（可联网）、正版计价软件（已安装好）、材料信息价格（本案例采用附录一《参考价格文件》2014 年 2 月第一期，《建设工程工程量清单计价规范》（GB50500—2013）、《湖南省建筑工程消耗量标准》（2014 年）以及附录、《湖南省建设工程计价办法》（湘建价〔2014〕113 号）、湖南省各市州建设工程人工工资单价的通知（湘建价〔2014〕112 号）。

评分标准：评价包括职业素养与操作规范（表 1）、电子成果（表 2）、文本成果（表 3）三个方面，总分为 100 分。其中，职业素养与操作规范占该项目总分的 20%，电子成果占该项目总分的 60%，文本成果占该项目总分的 20%。职业素养与操作规范、成果考核均需合格，总成绩才能评定为合格。

评分总表

职业素养与操作规范得分 （权重系数0.2）	电子成果得分 （权重系数0.6）	文本成果得分 （权重系数0.2）	总分

表1　职业素养与操作规范评分表

考核内容	评分标准	标准分 100	得分	备　注
职业素养 与操作规范	电脑开机熟练、检查设备、用具等是否齐全，做好准备工作，有问题处理得当。	20		出现明显失误造成电脑、用具、资料和记录工具严重损坏等；严重违反考场纪律，造成恶劣影响的，本大项计0分
	所交电子成本应储存路径得当，无多余文件，文本工整、符合规范	20		
	严格遵守考场纪律，不在电脑上做与本测试无关的工作	20		
	不浪费材料和不损坏考试仪器、工具及设施	20		
	任务完成后，关机与电源处理得当，仪器用具、记录工具、凳子，整理工作台面等，无废弃物堆放	20		
总分				

表2　电子成果评分表

考核项目	考核内容	标准分 100	评分标准	得分
成果格式 考核	电子成果储存路径清晰；无多余文件；桌面整齐；文件命名得当；导出电子表格格式正确齐全且命名合适	5	按内容给分 一个1分	
	小计	5		
项目管理 界面	工程项目组成列表命名正确；选择单位工程得当	2	按内容给分 一个1分	
工程信息 界面	费率、变量选择正确	18	一共18个数据，按内容给分 一个1分	
	小　　计	20		

续上表

考核项目	考核内容	标准分 100	评分标准	得分
分部分项界面	项目编码	2	正确 2 分	
	项目名称	2	正确 2 分	
	项目特征描述	4	正确 4 分，少 1 项扣 1 分，扣完基本分为止，输入部位错误无分	
	清单计量单位	1	正确 1 分	
	定额编码	4	正确 4 分	
	定额名称	1	正确 1 分	
	定额计量单位	1	正确 1 分	
	定额换算	2	正确 2 分（本没有换算的可记 2 分）	
	计算规则	12	截面积正确 4 分，长度正确 6 分，表达清晰 2 分	
	计算结果（自动提取）	1	正确 1 分	
	小计	30		
计量措施界面	项目编码	1	正确 1 分（本无编码的，可记 1 分）	
	项目名称	1	正确 1 分	
	项目特征描述	2	正确 2 分，少 1 项扣 0.5 分，扣完基本分为止，输入部位错误无分	
	清单计量单位	1	正确 1 分	
	定额编码	2	正确 2 分	
	定额名称	1	正确 1 分	
	定额计量单位	1	正确 1 分	
	定额换算	2	正确 2 分（本没有换算的可记 2 分）	
	计算规则	8	截面积正确 4 分，长度正确 2 分，表达清晰 2 分	
	计算结果（自动提取）	1	正确 1 分	
	小　计	20		
工料机汇总界面	主要人材机价格市场价输入	12	抽检 12 项（人工必抽检），每错误一个扣 1 分	
	是否使用下载信息价	2	使用 2 分	
	是否提取主要材料	1	使用 1 分	
	小　计	15		

续上表

考核项目	考核内容	标准分 100	评分标准	得分
计项措施至其他项目界面	名称正确、金额合理、若没有费用，没有别的输入(共6个界面)	3	每个表格界面输入正确0.5分	
取费计算界面	检查取费、计价公式、合价	2	正确得2分	
报表界面	转成电子表格齐全，命名正确	5	储存得当，齐全得5分	
	小计	10		
	合计	100		

注：成果没有完成总工作量的60%以上，成果评分(表2)计0分。

表3 文本成果评分表

考核项目	考核内容	标准分 100	评分标准	得分
成果格式考核	封面；投标总价；编制说明(略)；单位工程投标报价汇总表；分部分项工程量清单/施工措施项目清单与计价表；分部分项工程量清单/施工措施项目清单综合单价分析表；人工、主要材料、机械汇总表；工程量计算单装订成册	20	成果装订成册计基本分20分。装订顺序错一项扣2分，扣完基本分为止	
	装订整洁，造价合理	20	电子稿和打印稿造价一致，装订整洁，造价合理(计价过程输入正确，结果有偏差，算合理)，得满分	
	小计	40		
成果内容考核	封面有学生签名	15	手写 认真 清楚 得15分	
	投标总价(可手写)	5	大小写正确；格式正确得5分	
	单位工程投标报价汇总表；分部分项工程量清单/施工措施项目清单与计价表；分部分项工程量清单/施工措施项目清单综合单价分析表	30	3种表格选择打印的正确得3×10=30分	
	人工、主要材料、机械汇总表	5	表格选择打印的正确得5分	
	工程量计算单	5	表格选择打印的正确得5分	
	小计	60		
合计		100		

注：成果没有完成总工作量的60%以上，成果评分(表3)计0分。

计价软件技能操作习题 02

题目：任选智多星、广联达、清华斯维尔等其中一种计价软件完成**附表 1、2、3** 所示工程量清单报价文件编制。

【资料背景】本工程为××市某办公楼，暂考虑高风险工程，建筑面积为 12000 m^2，檐口高度 28 m，框架结构。相关单价、费率一律按招标控制价计取。

要求：上交电子成果一份，路径储存在 D 盘以自己学号和姓名命名的文件夹中，内有软件生成文件 1 份。文件夹中还应有导出的一系列电子表格文件，符合文字成果内容。另外需上交装订好且自己签名的打印稿一份，符合清单报价文本成果要求（内容包括封面、投标总价、编制说明、单位工程投标报价汇总表、分部分项工程量清单/施工措施项目清单与计价表、分部分项工程量清单/施工措施项目清单综合单价分析表、人工、主要材料、机械汇总表、工程量计算单）。打印时注意空白页不能打印，尽量不要打印报表集合。

准备：记录用 A4 纸每人 1 张，打印纸若干。电脑人手一台（可联网）、正版计价软件（已安装好）、材料信息价格（本案例采用附录一《参考价格文件》2014 年 2 月第一期），《建设工程工程量清单计价规范》（GB50500—2013）、《湖南省建筑工程消耗量标准》（2014 年）以及附录、《湖南省建设工程计价办法》（湘建价〔2014〕113 号）、湖南省各市州建设工程人工工资单价的通知（湘建价〔2014〕112 号）。

评分标准：抽查项目的评价包括职业素养与操作规范（表 1）、电子成果（表 2）、文本成果（表 3）三个方面，总分为 100 分，同上题标准。

附表 1　分部分项清单工程量与组价工程量表

序号	项目编码	项目名称及特征描述	计量单位	工程量
		土石方工程		
1	010101001001	平整场地 (1)土壤类别：普通土	m^2	79.30
	A1－3	平整场地	100 m^2	1.701
		混凝土及钢筋混凝土工程		
2	010502001001	矩形柱 (1)柱高度：3.6 m 内 (2)柱的截面尺寸：周长 1.8 m 内 (3)混凝土强度等级：C25 砾石 40 水泥 32.5 (4)混凝土拌和料要求：现场搅拌	m^3	16.96
	A5－80	现浇混凝土　柱　矩形	10 m^3	1.696
3	010505001001	有梁板 (1)板厚度：120 mm (2)混凝土强度等级：C25 砾石 40 水泥 32.5 (3)混凝土拌和料要求：现场搅拌	m^3	34.06
	A5－86 换	现浇混凝土　有梁板	10 m^3	3.406

续上表

序号	项目编码	项目名称及特征描述	计量单位	工程量
		砌筑工程		
4	010401003001	实心砖墙　M5 混合砂浆(标准砖)　360 mm 厚	m^3	62.20
	A4　11 换	混水砖墙　1 砖半	10 m^3	6.220
		屋面及防水工程		
5	010902001001	屋面卷材防水(1)卷材品种、规格：SBS 改性沥青防水卷材(2)20 mm 厚 1∶2 水泥砂浆找平层	m^2	100.67
	A8 - 27	石油沥青改性卷材 热熔铺贴(单层)	100 m^2	1.007
	Z：B1 - 1	水泥砂浆 混凝土或硬基层上　20 mm	100 m^2	1.007

附表 2　施工措施项目清单工程量与组价工程量表

序号	项目编码	项目名称及特征描述	计量单位	工程量
1	011702002001	矩形柱模板	m^2	45.18
	A13 - 20	矩形柱　竹胶合板模板　钢支撑	100 m^2	0.45
2	011702014001	有梁板模板	m^2	116.68
	A13 - 36	有梁板　竹胶合板模板　钢支撑	100 m^2	1.17
3	011703001001	建筑物垂直运输费	项	1
	A14 - 4	建筑物地面以上　建筑物檐口高 50 m 以内　塔吊	台班	自算

附表 3　其他项目清单与计价汇总表

序号	项目名称	计量单位	金额(元)	备　注
1	暂列金额	元	12000.00	
	合计			

计价软件技能操作习题 03

题目：采用智多星、广联达、清华斯维尔等其中一种计价软件完成附图所示**一层实木门 M1、M2、铝合金窗 C1、楼地面**及**踢脚线清单**报价文件编制。

【资料背景】本工程为××市某综合楼，工程建筑面积为 7000 m^2，砖混结构结构平面图、和剖面如附图。计价费率一律按招标控制价计取，主材二次搬运费为分部分项材料费的 2%，暂列金额 12000 元，不计施工措施费。

M1，1500 mm×2700 mm 和 M2，1000 mm×2100 mm 为实木镶板门(凹凸型)无小五金，L 型执手杆锁(暂估价 120 元/把)；M2，1000 mm×2100 mm；C1 为铝合金成品推拉窗(暂估

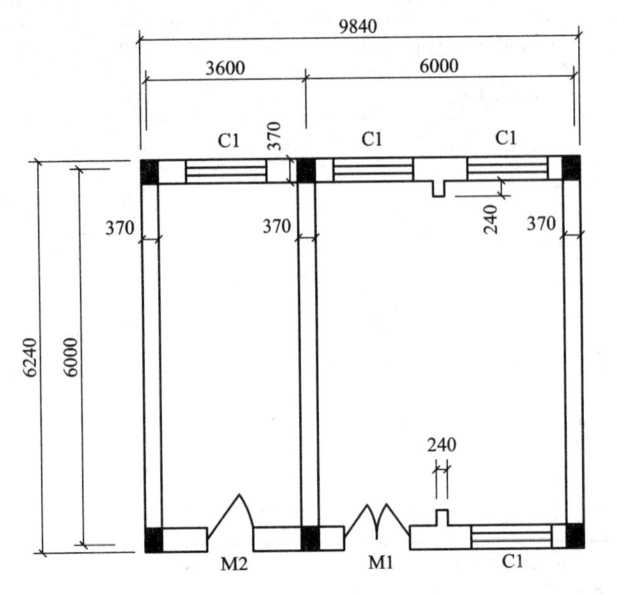

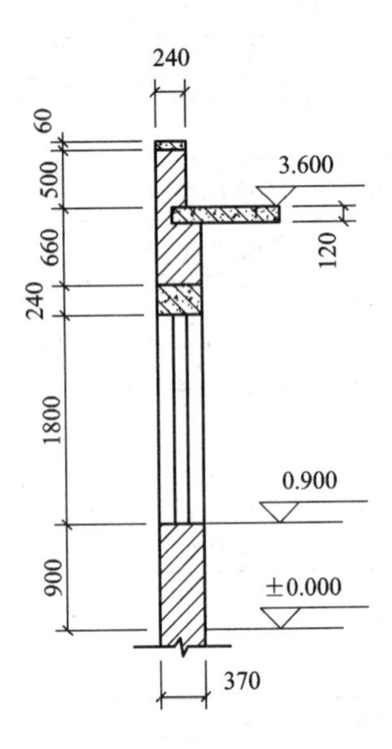

图 7－2　砖混结构平面、剖面图

价含玻璃 320 元/m^2)，1800 mm×1800 mm。室内地面面层 800 mm×800 mm 瓷质地板砖(暂估价 120 元/m^2)，1∶4 水泥浆粘贴，踢脚线高 200 mm，用 800 mm×800 mm 瓷质地板砖裁贴。

1．要求：上交电子成果一份，路径储存在 D 盘以自己学号和姓名命名的文件夹中，内有软件生成文件 1 份，有多份的以生成文件最后时间的为准，其余无效。文件夹中还应有导出的一系列电子表格文件，符合文字成果内容。另外需上交装订好且自己签名的打印稿一份，符合清单报价文本成果要求(内容包括封面、投标总价、编制说明、单位工程投标报价汇总表、分部分项工程量清单/施工措施项目清单与计价表、分部分项工程量清单/施工措施项目清单综合单价分析表、人工、主要材料、机械汇总表、工程量计算单)。打印时注意空白页不能打印，尽量不要打印报表集合。

2．完成时间：2 小时。

3．操作人数：1 人。

4．工具与材料准备：

(1)材料：记录用 A4 纸每人 1 张，打印纸若干。

(2)工具：电脑人手一台(可联网)、正版计价软件(已安装好)、打印机、订书机，材料信息价格(本案例采用附录一《参考价格文件》2014 年 2 月第一期)，《建设工程工程量清单计价规范》(GB50500—2013)、《湖南省建筑装饰装修工程消耗量标准》(2014 年)以及附录、《湖南省建设工程计价办法》(湘建价〔2014〕113 号)，湖南省各市州建设工程人工工资单价的通知(湘建价〔2014〕112 号)。

5．考核内容及评分标准：抽查项目的评价包括职业素养与操作规范(表 1)、电子成果(表 2)、文本成果(表 3)三个方面，总分为 100 分。同上题标准。

计价软件应用技能操作习题01 广联达参考操作界面(图7－3～图7－6)

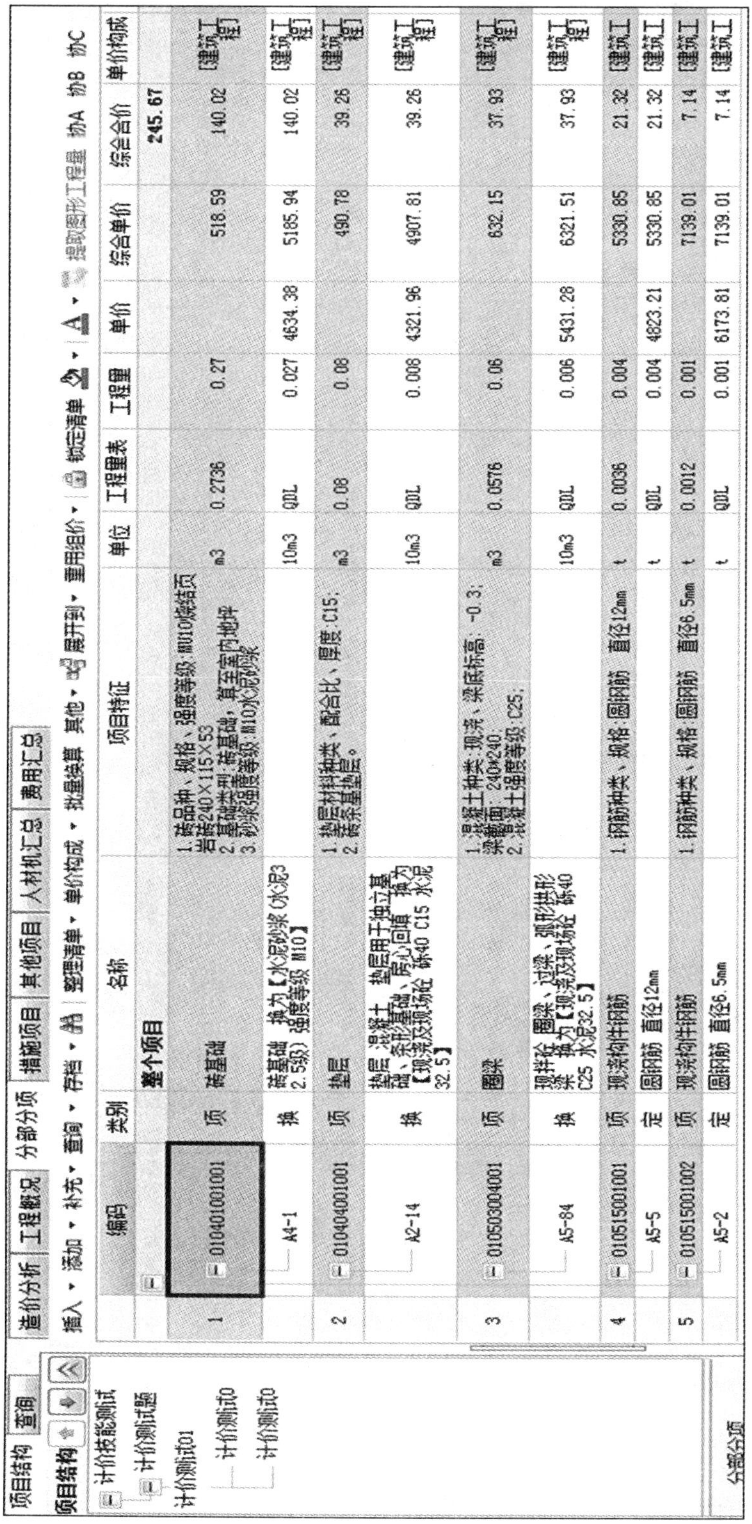

项目结构 查询 | 造价分析 工程概况 分部分项 措施项目 其他项目 人材机汇总 费用汇总

插入 · 添加 · 补充 · 查询 · 存档 · 整理清单 · 单价构成 · 批量换算 其他 · 展开到 · 重用组价 · 锁定清单 · 提取图形工程量 协A 协B 协C

项目结构：计价技能测试 / 计价测试题 / 计价测试01 / 计价测试0 / 计价测试0 ；分部分项

	编码	类别	名称	项目特征	单位	工程量表	工程量	单价	综合单价	综合合价	单价构成
			整个项目							245.67	
1	010401001001	项	砖基础	1.砖品种、规格、强度等级:MU10烧结页岩砖240×115×53 2.基础类型:砖基础，算至室内地坪 3.砂浆强度等级:M10水泥砂浆	m3	0.2736	0.27		518.59	140.02	[建筑工程]
	A4-1	换	砖基础 换为【水泥砂浆(水泥32.5级) 强度等级 M10】		10m3	QDL	0.027	4634.38	5185.94	140.02	[建筑工程]
2	010404001001	项	垫层	1.垫层材料种类、配合比、厚度:C15; 2.砖条基垫层。	m3	0.08	0.08		490.78	39.26	[建筑工程]
	A2-14	换	垫层 混凝土 垫层用于独立基础、条形基础、房心回填 换为【现浇及现场砼 砾40 C15 水泥32.5】		10m3	QDL	0.008	4321.96	4907.81	39.26	[建筑工程]
3	010503004001	项	圈梁	1.混凝土种类:现浇、梁底标高: -0.3;梁截面: 240*240; 2.混凝土强度等级:C25;	m3	0.0576	0.06		632.15	37.93	[建筑工程]
	A5-84	换	现拌砼 圈梁、过梁、弧形拱形梁 换为【现浇及现场砼 砾40 C25 水泥32.5】		10m3	QDL	0.006	5431.28	6321.51	37.93	[建筑工程]
4	010515001001	项	现浇构件钢筋	1.钢筋种类、规格:圆钢筋 直径12mm	t	0.0036	0.004		5330.85	21.32	[建筑工
	A5-5	定	圆钢筋 直径12mm		t	QDL	0.004	4823.21	5330.85	21.32	[建筑工
5	010515001002	项	现浇构件钢筋	1.钢筋种类、规格:圆钢筋 直径6.5mm	t	0.0012	0.001		7139.01	7.14	[建筑工
	A5-2	定	圆钢筋 直径6.5mm		t	QDL	0.001	6173.81	7139.01	7.14	[建筑工

图7-3　分部分项清单编辑界面(习题01)

项目结构 | 查询

项目结构

- 计价技能测试
  - 计价测试题
- 计价测试01
  - 计价测试0
  - 计价测试0

措施项目

造价分析 | 工程概况 | 分部分项 | 措施项目 | 其他项目 | 人材机汇总 | 费用汇总

插入 添加 补充 查询 存档 批量换算 模板 展开到 其他 重用组价 锁定清单 提取图形工程量 措施模板：建筑工

	序号	类别	名称	单位	工程量	项目特	综合单价	综合合价	计算基数	费率(%)	措施类别
			措施项目					75.62			
	一		总价措施费					8.94			
1	011707001001		安全文明施工费	项	1		8.55	8.55	RGF_QF+JXF_QF+JSCS_RGF_QF+JSCS_JXF_QF	12.99	安全文明施工
2	011707002001		夜间施工增加费	项	1		0	0			施工措施项目费
3	01B001		提前竣工（赶工）费	项	1		0	0	RGF+JXF+JSCS_RGF+JSCS_JXF	0	提前竣工（赶工
4	011707005001		冬雨季施工增加费	项	1		0.39	0.39	FBFXHJ	0.16	冬雨季施工
5	01B002		工程定位复测费	项	1		0	0			施工措施项目费
	二		单价措施费					66.68			
6	011702008001		圈梁	m2	0.48		51.55	24.74			施工措施项目费
	A13-28	定	现浇砼模板 圈梁 直形 竹胶合板模木支撑	100m2	0.0048		5155.02	24.74			
7	011702025001		其他现浇构件-垫层	m2	0.2		209.67	41.93			
	A13-11	定	现浇砼模板 混凝土基础 垫层 木模板	100m2	0.01		4193.47	41.93			

工料机显示 | 查看单价构成 | 标准换算 | 换算信息 | 特征及内容 | 工程量明细 | 反查图形工程量 | 说明信息

	编码	类别	名称	规格及型号	单位	损耗率	含量	数量	定额价	市场价	合价	是否暂估	锁定数量	原始含量	备注
1	00001	人	综合人工（建筑）		工日		12.84	0.1284	70	82	10.53			12.84	
2	410267	材	隔离剂		kg		10	0.1	1.66	1.66	0.17			10	
3	050090	材	模板锯材		m3		1.445	0.0145	1843.28	1843.28	26.73			1.445	
4	P10-3	浆	水泥砂浆1:2		m3		0.012	0.0001	374.4	368.38	0.04			0.012	
8	J4-6	机	载货汽车	6t	台班		0.11	0.0011	452.34	484.62	0.53			0.11	
16	J7-12	机	木工圆锯机	Φ500mm	台班		0.16	0.0016	30.95	21.3	0.03			0.16	

图7-4　措施项目清单编辑界面(习题01)

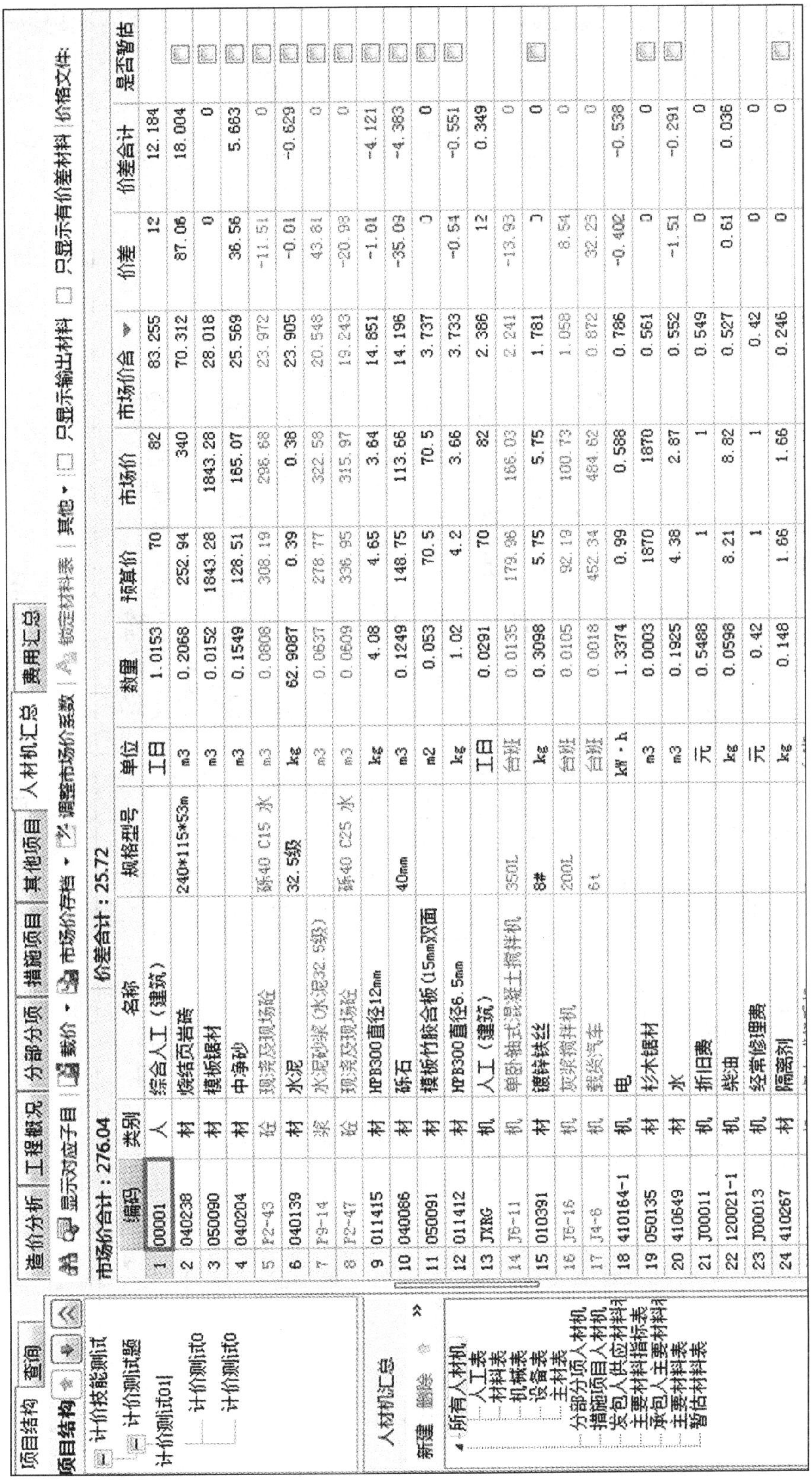

项目结构　查询

项目结构

计价技能测试
计价测试题
计价测试01
计价测试0
计价测试0

人材机汇总

新建　删除

所有人材机
人工表
材料表
机械表
设备表
主材表
分部分项人材机
措施项目人材机
发包人供应材料
主要材料指标表
承包人主要材料
主要材料表
暂估材料表

造价分析　工程概况　分部分项　措施项目　其他项目　人材机汇总　费用汇总

显示对应子目　载价　市场价存档　调整市场价系数　锁定材料表　其他　只显示输出材料　只显示有价差材料　价格文件:

市场价合计：276.04　　价差合计：25.72

	编码	类别	名称	规格型号	单位	数量	预算价	市场价	市场价合	价差	价差合计	是否暂估
1	00001	人	综合人工（建筑）		工日	1.0153	70	82	83.255	12	12.184	
2	040238	材	烧结页岩砖	240*115*53m	m3	0.2068	252.94	340	70.312	87.06	18.004	☐
3	050090	材	模板锯材		m3	0.0152	1843.28	1843.28	28.018	0	0	☐
4	040204	材	中净砂		m3	0.1549	128.51	165.07	25.569	36.56	5.663	☐
5	P2-43	砼	现浇及现场砼	砾40 C15 水	m3	0.0808	308.19	296.68	23.972	-11.51	0	☐
6	040139	材	水泥	32.5级	kg	62.9087	0.39	0.38	23.905	-0.01	-0.629	☐
7	P9-14	浆	水泥砂浆(水泥32.5级)		m3	0.0637	278.77	322.58	20.548	43.81	0	☐
8	P2-47	砼	现浇及现场砼	砾40 C25 水	m3	0.0609	336.95	315.97	19.243	-20.98	0	☐
9	011415	材	HPB300直径12mm		kg	4.08	4.65	3.64	14.851	-1.01	-4.121	☐
10	040086	材	砾石	40mm	m3	0.1249	148.75	113.66	14.196	-35.09	-4.383	☐
11	050091	材	模板竹胶合板(15mm双面		m2	0.053	70.5	70.5	3.737	0	0	☐
12	011412	材	HPB300直径6.5mm		kg	1.02	4.2	3.66	3.733	-0.54	-0.551	☐
13	JXRG	机	人工（建筑）		工日	0.0291	70	82	2.386	12	0.349	
14	J6-11	机	单卧轴式混凝土搅拌机	350L	台班	0.0135	179.96	166.03	2.241	-13.93	0	
15	010391	材	镀锌铁丝	8#	kg	0.3098	5.75	5.75	1.781	0	0	☐
16	J6-16	机	灰浆搅拌机	200L	台班	0.0105	92.19	100.73	1.058	8.54	0	
17	J4-6	机	载货汽车	6t	台班	0.0018	452.34	484.62	0.872	32.28	0	
18	410164-1	机	电		kW·h	1.3374	0.99	0.588	0.786	-0.402	-0.538	
19	050135	材	杉木锯材		m3	0.0003	1870	1870	0.561	0	0	☐
20	410649	材	水		m3	0.1925	4.38	2.87	0.552	-1.51	-0.291	☐
21	J00011	机	折旧费		元	0.5488	1	1	0.549	0	0	
22	120021-1	机	柴油		kg	0.0598	8.21	8.82	0.527	0.61	0.036	
23	J00013	机	经常修理费		元	0.42	1	1	0.42	0	0	
24	410267	材	隔离剂		kg	0.148	1.66	1.66	0.246	0	0	☐

图7-5　人材机汇总编辑界面（习题01）

项目结构 查询 | 造价分析 工程概况 分部分项 措施项目 其他项目 人材机汇总 费用汇总

项目结构

计价技能测试
计价测试题
计价测试01
计价测试0
计价测试0

费用汇总
费用汇总

插入 | 保存为模板 载入模板 | 批量替换费用表 费用汇总文件：建筑工程费用汇总模板 费率为空表示按照费率100%计取

	序号	费用代号	名称	计算基数	基数说明	费率(%)	金额	费用类别	输出
1	1	A	分部分项工程费	FBFXHJ	分部分项合计		245.67	分部分项合计	☑
2	2	B	措施项目费	CSXMHJ	措施项目合计		75.62	措施项目合计	☑
3	2.1	B1	能计量的部分	JSCSF	技术措施项目合计		66.68		☑
4	2.2	B2	总价措施项目费	ZZCSF	组织措施项目合计		8.94		☑
5	3	C	其他项目费	QTXMHJ	其他项目合计		0.00	其他项目合计	☑
6	4	D	规费	D1 + D2 + D3 + D4 + D5 + D6	工程排污费+职工教育经费+工会经费+其他规费+养老保险费(劳保基金)+安全生产责任险		30.02	规费	☑
7	4.1	D1	工程排污费	A+B+C-XSXMFB-XSXMFC	分部分项工程费+措施项目费+其他项目费-协商项目B-协商项目C	0.4	1.29	工程排污费	☑
8	4.2	D2	职工教育经费	RGF+JSCS_RGF+RGF_JRG	分部分项人工费+技术措施项目人工费+计日工人工费	1.5	1.25	职工教育经费	☑
9	4.3	D3	工会经费	RGF+JSCS_RGF+RGF_JRG	分部分项人工费+技术措施项目人工费+计日工人工费	2	1.67	工会经费	☑
10	4.4	D4	其他规费	RGF+JSCS_RGF+RGF_JRG	分部分项人工费+技术措施项目人工费+计日工人工费	16.7	13.90	其他规费	☑
11	4.5	D5	养老保险费(劳保基金)	A+B+C-XSXMFB-XSXMFC	分部分项工程费+措施项目费+其他项目费-协商项目B-协商项目C	3.5	11.25	养老保险费	☑
12	4.6	D6	安全生产责任险	A+B+C-XSXMFB-XSXMFC	分部分项工程费+措施项目费+其他项目费-协商项目B-协商项目C	0.21	0.67	安全生产责任险	☑
13	5	E	税金	A+B+C+D-XSXMFB	分部分项工程费+措施项目费+其他项目费+规费-协商项目B	3.477	12.22	税金	☑
14	6	G	暂列金额	暂列金额	暂列金额		0.00	暂列金额	☑
15	7		单位工程造价	A+B+C+D+E+G	分部分项工程费+措施项目费+其他项目费+规费+税金+暂列金额		363.53	工程造价	☑

图7-6 费用汇总编辑界面(习题01)

计价软件应用技能操作习题02 广联达参考操作界面（图7－7～图7－11）

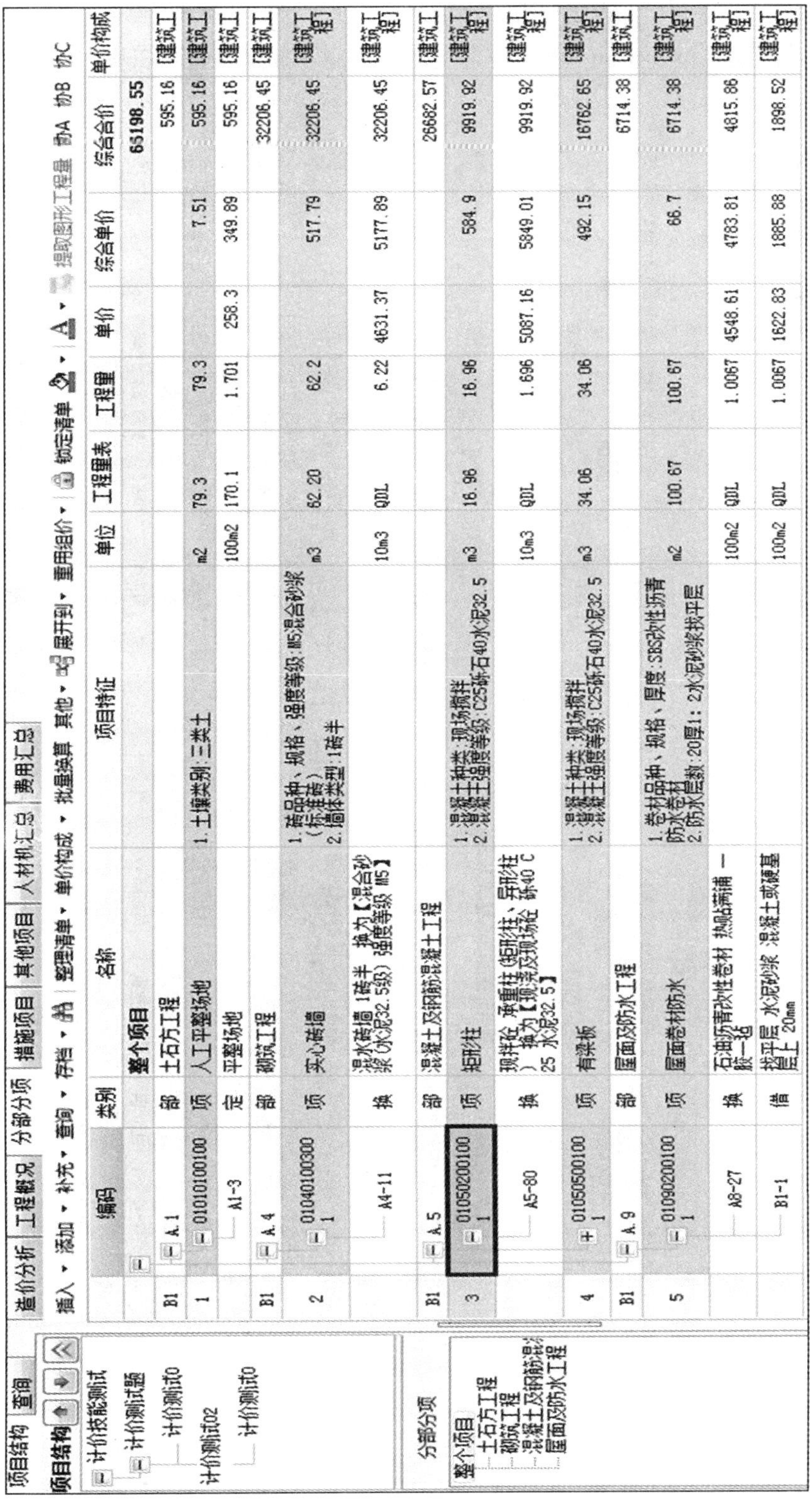

项目结构 | 查询

项目结构

- 计价技能测试
  - 计价测试题
    - 计价测试0
- 计价测试02
  - 计价测试0

分部分项

- 整个项目
  - 土石方工程
  - 砌筑工程
  - 混凝土及钢筋混凝
  - 屋面及防水工程

造价分析 | 工程概况 | 分部分项 | 措施项目 | 其他项目 | 人材机汇总 | 费用汇总

插入 ▾ 添加 ▾ 补充 ▾ 查询 ▾ 存档 ▾ 整理清单 ▾ 单价构成 ▾ 批量换算 其他 ▾ 展开到 ▾ 重用组价 ▾ 锁定清单 ▾ A ▾ 提取图形工程量 协A 协B 协C

	编码	类别	名称	项目特征	单位	工程量表	工程量	单价	综合单价	综合合价	单价构成
			整个项目							65198.55	
B1	A.1	部	土石方工程							595.16	[建筑工
1	010101001001	项	人工平整场地	1.土壤类别:三类土	m2	79.3	79.3		7.51	595.16	[建筑工
	A1-3	定	平整场地		100m2	170.1	1.701	258.3	349.89	595.16	[建筑工
B1	A.4	部	砌筑工程							32206.45	[建筑工
2	010401003001	项	实心砖墙	1.砖品种、规格、强度等级:M5混合砂浆（标准砖） 2.墙体类型:1砖半	m3	62.20	62.2		517.79	32206.45	[建筑工程]
	A4-11	换	混水砖墙 1砖半 换为【混合砂浆(水泥32.5级) 强度等级 M5】		10m3	QDL	6.22	4631.37	5177.89	32206.45	[建筑工程]
B1	A.5	部	混凝土及钢筋混凝土工程							26682.57	[建筑工
3	010502001001	项	矩形柱	1.混凝土种类:现场搅拌 2.混凝土强度等级:C25砾石40水泥32.5	m3	16.96	16.96		584.9	9919.92	[建筑工程]
	A5-80	换	现拌砼 承重柱(矩形柱、异形柱) 换为【现浇及现场砼 砾40 C25 水泥32.5】		10m3	QDL	1.696	5087.16	5849.01	9919.92	[建筑工程]
4	010505001001	项	有梁板	1.混凝土种类:现场搅拌 2.混凝土强度等级:C25砾石40水泥32.5	m3	34.06	34.06		492.15	16762.65	[建筑工程]
B1	A.9	部	屋面及防水工程							6714.38	[建筑工
5	010902001001	项	屋面卷材防水	1.卷材品种、规格、厚度:SBS改性沥青防水卷材 2.防水层数:20厚1: 2水泥砂浆找平层	m2	100.67	100.67		66.7	6714.38	[建筑工程]
	A8-27	换	石油沥青改性卷材 热贴满铺 一胶一毡		100m2	QDL	1.0067	4548.61	4783.81	4815.86	[建筑工程]
	B1-1	借	找平层 水泥砂浆 混凝土或硬基层上 20mm		100m2	QDL	1.0067	1622.83	1885.88	1898.52	[建筑工程]

图7-7 分部分项清单编辑界面（习题02）

项目结构 | 查询

项目结构

- 计价技能测试
  - 计价测试题
    - 计价测试0
- 计价测试02
  - 计价测试0

措施项目

造价分析 | 工程概况 | 分部分项 | 措施项目 | 其他项目 | 人材机汇总 | 费用汇总

插入 · 添加 · 补充 · 查询 · 存档 · 批量换算 模板 · 展开到 · 其他 · 重用组价 · 锁定清单 · 提取图形工程量 措施模板：建筑工程

	序号	类别	名称	单位	工程量	项目特	综合单价	综合合价	计算基数	费率(%)	措施类别
			措施项目					23042.21			
	一		总价措施费					3078.47			
1	011707001001		安全文明施工费	项	1		2972.55	2972.55	RGF_QF+JXF_QF+JSCS_RGF_QF+JSCS_JXF_QF	12.99	安全文明施工
2	011707002001		夜间施工增加费	项	1		0	0			施工措施项目费
3	01B001		提前竣工（赶工）费	项	1		0	0	RGF+JXF+JSCS_RGF+JSCS_JXF	0	提前竣工（赶工）费
4	011707005001		冬雨季施工增加费	项	1		105.92	105.92	FBFXHJ	0.16	冬雨季施工
5	01B002		工程定位复测费	项	1		0	0			施工措施项目费
	二		单价措施费					19963.74			
6	011702002001		矩形柱	m2	45.18		55.98	2529.19			施工措施项目费
	A13-20	定	现浇砼模板 矩形柱 竹胶合板模板 钢支撑	100m2	0.4518		5598.03	2529.19			
7	011702014001		有梁板	m2	116.68		61.38	7161.83			
	A13-36	定	现浇砼模板 有梁板 竹胶合板模板 钢支撑	100m2	1.1668		6138.01	7161.83			
8	011703001001		垂直运输	m2	12000		0.86	10272.72			
	A14-4	定	垂直运输工程 建筑物地面以上 塔吊 建筑檐口高50m以内	台班	7.704		1333.43	10272.72			

工料机显示 | 查看单价构成 | 标准换算 | 换算信息 | 特征及内容 | 工程量明细 | 反查图形工程量 | 说明信息

	编码	类别	名称	规格及型号	单位	损耗率	含量	数量	定额价	市场价	合价	是否暂估	锁定数量	原始含量	备注
1	00001	人	综合人工（建筑）		工日		2	15.408	70	82	1263.46		☐	2	
2	J3-42	机	自升式塔式起重机	1250kN·m	台班		1	7.704	789.2	738.52	5689.56		☐	1	

图7-8　措施项目清单编辑界面(习题02)

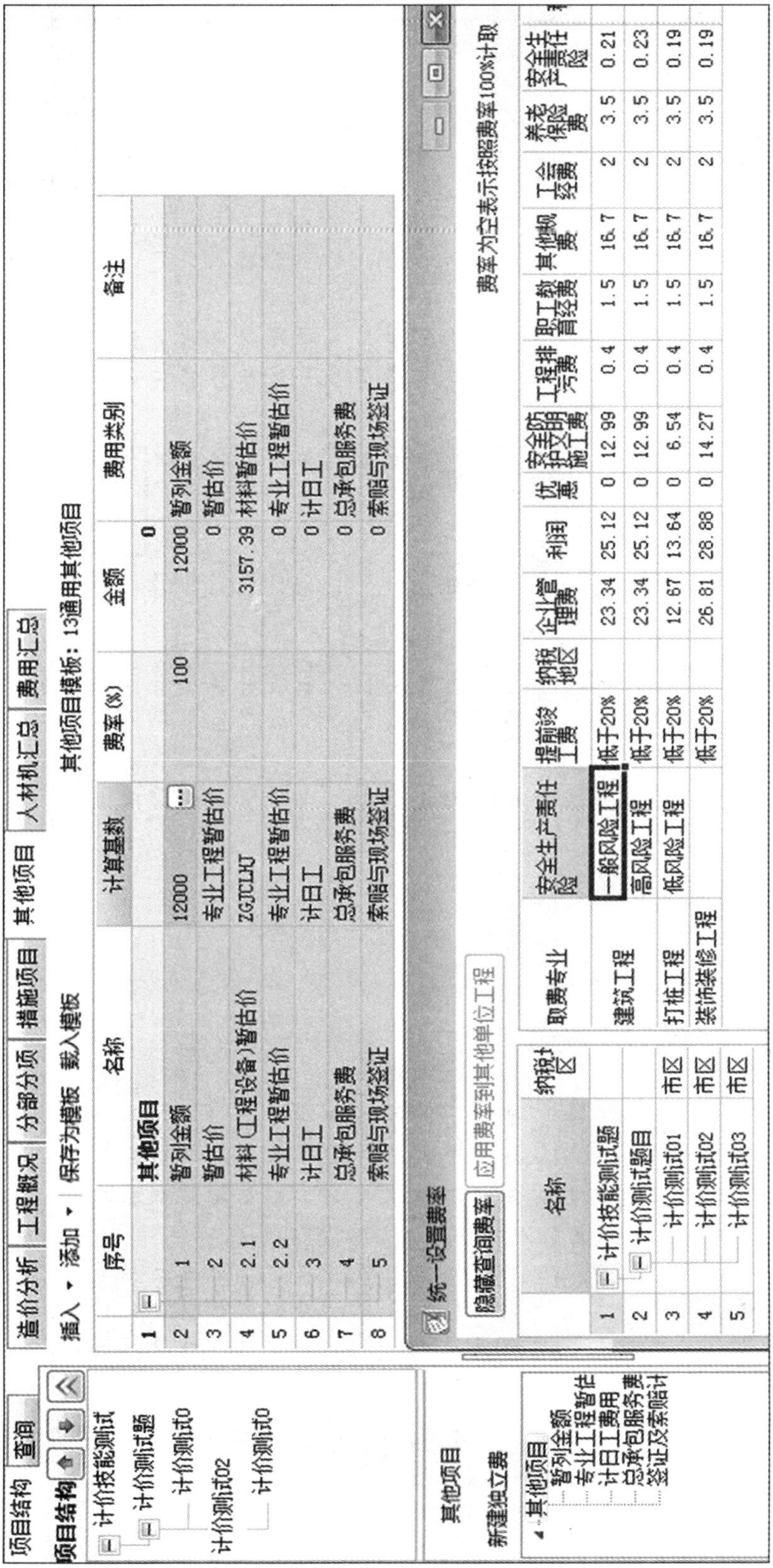

项目结构　查询

项目结构

- 计价技能测试
  - 计价测试题
    - 计价测试0
- 计价测试02
  - 计价测试0

造价分析　工程概况　分部分项　措施项目　其他项目　人材机汇总　费用汇总

插入 ▾　添加 ▾　保存为模板　载入模板　　其他项目模板：13通用其他项目

	序号	名称	计算基数	费率(%)	金额	费用类别	备注
1		其他项目			0		
2	1	暂列金额	12000	100	12000	暂列金额	
3	2	暂估价	专业工程暂估价		0	暂估价	
4	2.1	材料(工程设备)暂估价	ZGJCLHJ		3157.39	材料暂估价	
5	2.2	专业工程暂估价	专业工程暂估价		0	专业工程暂估价	
6	3	计日工	计日工		0	计日工	
7	4	总承包服务费	总承包服务费		0	总承包服务费	
8	5	索赔与现场签证	索赔与现场签证		0	索赔与现场签证	

其他项目

新建独立费

- 其他项目
  - 暂列金额
  - 专业工程暂估
  - 计日工费用
  - 总承包服务费
  - 签证及索赔计

统一设置费率

隐藏查询费率　应用费率到其他单位工程　　费率为空表示按照费率100%计取

	名称	纳税地区
1	计价技能测试题	
2	计价测试题目	
3	计价测试01	市区
4	计价测试02	市区
5	计价测试03	市区

取费专业	安全生产责任险	提前竣工费	纳税地区	企业管理费	利润	优惠	安全防护文明施工费	工程排污费	职工教育经费	其他规费	工会经费	养老保险费	安全生产责任险
建筑工程	一般风险工程	低于20%		23.34	25.12	0	12.99	0.4	1.5	16.7	2	3.5	0.21
	高风险工程	低于20%		23.34	25.12	0	12.99	0.4	1.5	16.7	2	3.5	0.23
打桩工程	低风险工程	低于20%		12.67	13.64	0	6.54	0.4	1.5	16.7	2	3.5	0.19
装饰装修工程		低于20%		26.81	28.88	0	14.27	0.4	1.5	16.7	2	3.5	0.19

图7-9　其他措施清单和费率编辑界面(习题02)

项目结构 | 查询

项目结构

计价技能测试
- 计价测试题
  - 计价测试0
- 计价测试02
  - 计价测试0

人材机汇总

新建 删除

- 所有人材机
  - 人工表
  - 材料表
  - 机械表
  - 设备表
  - 主材表
- 分部分项人材机
- 措施项目人材机
- 发包人供应材料表
- 主要材料指标表
- 承包人主要材料表
- 主要材料表
- 暂估材料表

造价分析 | 工程概况 | 分部分项 | 措施项目 | 其他项目 | 人材机汇总 | 费用汇总

显示对应子目 | 载价 | 市场价存档 | 调整市场价系数 | 锁定材料表 | 其他 | 只显示输出材料 | 只显示有价差材料 | 价格文件:

市场价合计：73791.03 价差合计：6130.91

	编码	类别	名称	规格型号	单位	数量	预算价	市场价	市场价合	价差	价差合计	是否暂估
1	00001	人	综合人工（建筑）		工日	253.1652	70	82	20759.546	12	3037.982	
2	040238	材	标准砖	240*115*53m	m3	48.6777	252.94	335	16307.03	82.06	3994.492	☐
3	P2-47	砼	现浇及现场砼	砾40 C25 水	m3	51.2935	336.95	315.97	16207.207	-20.98	0	☐
4	040139	材	水泥	32.5级	kg	23030.4896	0.39	0.38	8751.586	-0.01	-230.305	☐
5	040204	材	中净砂		m3	40.2874	128.51	165.07	6650.241	36.56	1472.907	☐
6	J3-42	机	自升式塔式起重机	1250kN·m	台班	7.704	789.2	738.52	5689.558	-50.68	0	
7	040086	材	砾石	40mm	m3	46.6771	148.75	113.66	5305.319	-35.09	-1637.899	☐
8	P9-2	浆	混合砂浆（水泥32.5级）		m3	14.928	289.1	314.99	4702.171	25.89	0	☐
9	110015	材	SBS改性沥青卷材		m2	121.4382	26	26	3157.393	0	0	☑
10	J00011	机	折旧费		元	2584.5975	1	1	2584.598	0	0	
11	JXRG	机	人工（建筑）		工日	22.139	70	82	1815.398	12	265.668	
12	050091	材	模板竹胶合板（15mm双面		m2	14.1327	70.5	70.5	996.355	0	0	☐
13	410164-1	机	电		kW·h	1692.8402	0.99	0.588	995.39	-0.402	-680.522	
14	J00013	机	经常修理费		元	869.1924	1	1	869.192	0	0	
15	00001@1	人	综合人工（装饰）		工日	7.7717	70	98	761.627	28	217.608	
16	P10-5	浆	水泥砂浆	1:3	m3	2.0335	331.73	357.29	726.549	25.56	0	☐
17	050090	材	模板锯材		m3	0.3163	1843.28	1843.28	583.029	0	0	☐
18	J6-11	机	单卧轴式混凝土搅拌机	350L	台班	3.1973	179.96	166.03	530.848	-13.93	0	
19	040031	材	粗净砂		m3	3.0736	140.41	165.07	507.359	24.66	75.795	☐
20	110018	材	SBS粘胶		kg	181.2664	2.67	2.67	483.981	0	0	☐
21	320176	材	支撑钢管及扣件		kg	88.4768	4.77	4.77	422.034	0	0	☐
22	120171	材	汽油		kg	43.0354	9.17	9.74	419.165	0.57	24.53	☐
23	J00012	机	大修理费		元	381.2612	1	1	381.261	0	0	
24	040139@1	材	水泥32.5级		kg	983.3362	0.39	0.38	373.668	-0.01	-9.833	☐
25	050135	材	杉木锯材		m3	0.1543	1870	1870	288.541	0	0	☐

图7-10 人材机汇总编辑界面(习题02)

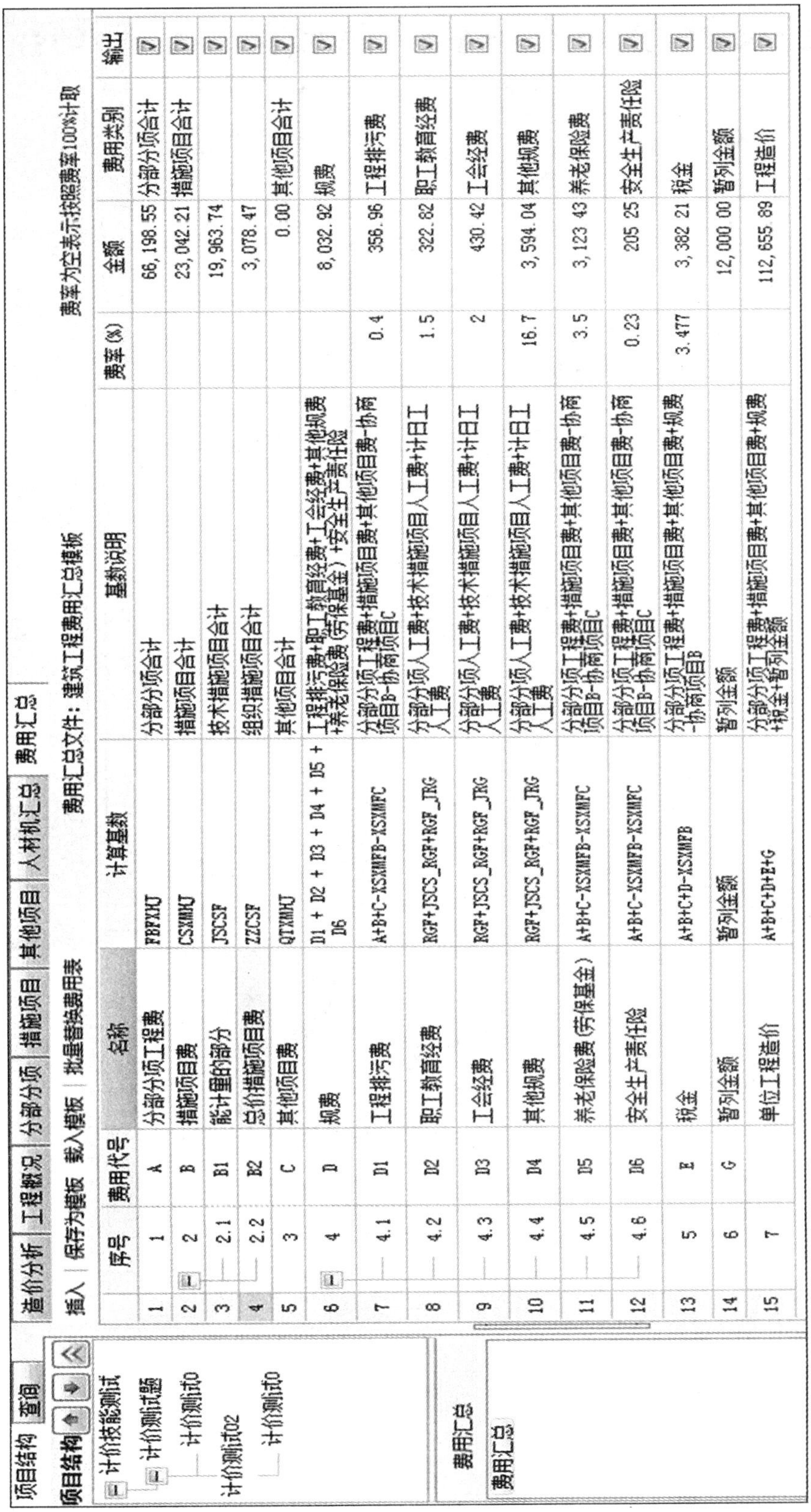

项目结构　查询

项目结构

计价技能测试
计价测试题
计价测试0
计价测试02
计价测试0

费用汇总

费用汇总

造价分析　工程概况　分部分项　措施项目　其他项目　人材机汇总　费用汇总

插入　保存为模板　载入模板　批量替换费用表　费用汇总文件：建筑工程费用汇总模板　费率为空表示按照费率100%计取

	序号	费用代号	名称	计算基数	基数说明	费率(%)	金额	费用类别	输出
1	1	A	分部分项工程费	FBFXHJ	分部分项合计		66,198.55	分部分项合计	☑
2	2	B	措施项目费	CSXMHJ	措施项目合计		23,042.21	措施项目合计	☑
3	2.1	B1	能计量的部分	JSCSF	技术措施项目合计		19,963.74		☑
4	2.2	B2	总价措施项目费	ZZCSF	组织措施项目合计		3,078.47		☑
5	3	C	其他项目费	QTXMHJ	其他项目合计		0.00	其他项目合计	☑
6	4	D	规费	D1 + D2 + D3 + D4 + D5 + D6	工程排污费+职工教育经费+工会经费+其他规费+养老保险费(劳保基金)+安全生产责任险		8,032.92	规费	☑
7	4.1	D1	工程排污费	A+B+C-XSXMFB-XSXMFC	分部分项工程费+措施项目费+其他项目费-协商项目B-协商项目C	0.4	356.96	工程排污费	☑
8	4.2	D2	职工教育经费	RGF+JSCS_RGF+RGF_JRG	分部分项人工费+技术措施项目人工费+计日工人工费	1.5	322.82	职工教育经费	☑
9	4.3	D3	工会经费	RGF+JSCS_RGF+RGF_JRG	分部分项人工费+技术措施项目人工费+计日工人工费	2	430.42	工会经费	☑
10	4.4	D4	其他规费	RGF+JSCS_RGF+RGF_JRG	分部分项人工费+技术措施项目人工费+计日工人工费	16.7	3,594.04	其他规费	☑
11	4.5	D5	养老保险费(劳保基金)	A+B+C-XSXMFB-XSXMFC	分部分项工程费+措施项目费+其他项目费-协商项目B-协商项目C	3.5	3,123 43	养老保险费	☑
12	4.6	D6	安全生产责任险	A+B+C-XSXMFB-XSXMFC	分部分项工程费+措施项目费+其他项目费-协商项目B-协商项目C	0.23	205 25	安全生产责任险	☑
13	5	E	税金	A+B+C+D-XSXMFB	分部分项工程费+措施项目费+其他项目费+规费-协商项目B	3.477	3,382 21	税金	☑
14	6	G	暂列金额	暂列金额	暂列金额		12,000 00	暂列金额	☑
15	7		单位工程造价	A+B+C+D+E+G	分部分项工程费+措施项目费+其他项目费+规费+税金+暂列金额		112,655.89	工程造价	☑

图7-11　费用汇总编辑界面(习题02)

计价软件应用技能操作习题03 广联达参考操作界面(图7－12～图7－15)

	编码	类别	名称	项目特征	单位	工程量表	工程量	单价	综合单价	综合合价	檐高类别
			整个项目							17694.68	装饰多层20m以下
1	011102003001	项	块料楼地面	1.面层材料品种、规格、颜色:800*800陶瓷地板砖	m2	48.015	48.02		176.58	8479.52	装饰多层20m以下
	B1-61	换	陶瓷地面砖 楼地面 每块面积在6400cm2以内		100m2	QDL	0.4802	16295.52	17658.31	8479.52	装饰多层20m以下
2	011105003001	项	块料踢脚线	1.踢脚线高度:200mm 2.面层材料品种、规格、颜色:800*800陶瓷地板砖切割磨边:	m2	7.68	7.68		363.05	2788.22	装饰多层20m以下
	B1-63	换	陶瓷地面砖 踢脚线		100m2	QDL	0.0768	16948.99	18747.51	1439.81	装饰多层20m以下
	B6-92	定	石材装饰线 现场磨边 45° 斜边		100m	96	0.96	1099.5	1404.59	1348.41	装饰多层20m以下
3	010801001001	项	木质门	1.门代号及洞口尺寸:1.5*2.7 2.镶嵌玻璃品种、厚度:实木镶板门(凹凸型)无小五金,门锁(120元/把)	樘	1	1		958.53	958.53	装饰多层20m以下
	B4-98	定	装饰门框、门扇制作安装 实木镶板 门扇 (凸凹型)		100m2	4.05	0.0405	12624.52	15311.36	620.11	装饰多层20m以下
	B4-97	定	装饰门框、门扇制作安装 实木门框		100m	6.9	0.069	1955.4	2315.75	159.79	装饰多层20m以下
	B4-136	换	五金安装 L型执手插锁		把	1	1	161.6	178.64	178.64	装饰多层20m以下
4	010801001002	项	木质门	1.门代号及洞口尺寸:1*2.1 2.镶嵌玻璃品种、厚度:实木镶板门(凹凸型)无小五金,门锁(120元/把)	樘	1	1		620.6	620.6	装饰多层20m以下
	B4-98	定	装饰门框、门扇制作安装 实木镶板 门扇 (凸凹型)		100m2	2.1	0.021	12624.52	15311.36	321.54	装饰多层20m以下
	B4-97	定	装饰门框、门扇制作安装 实木门框		100m	5.2	0.052	1955.4	2315.75	120.42	装饰多层20m以下
	B4-136	换	五金安装 L型执手插锁		把	1	1	161.6	178.64	178.64	装饰多层20m以下
5	010807001001	项	金属(塑钢、断桥)窗	1.窗代号及洞口尺寸:1.8*1.8 2.框、扇材质:铝合金成品窗(含玻璃320元/m²)	樘	4	4		1211.95	4847.81	装饰多层20m以下
	B4-74	换	铝合金门窗(成品)安装 推拉窗		100m2	12.95	0.1295	34573.72	36527.5	4730.31	装饰多层20m以下
	B4-151	定	铝合金窗五金制作配件表 推拉窗 双扇		樘	QDL	4	28.52	29.37	117.5	装饰多层20m以下

图7-12　分部分项清单编辑界面(习题03)

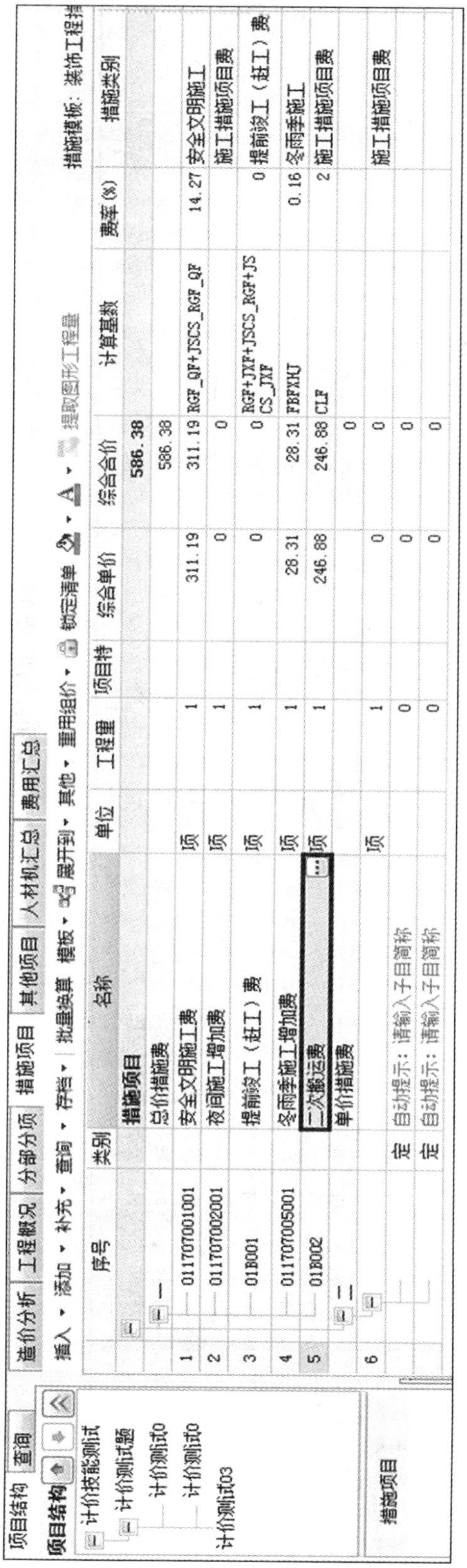

项目结构 查询 | 造价分析 工程概况 分部分项 措施项目 其他项目 人材机汇总 费用汇总

插入 ▾ 添加 ▾ 补充 ▾ 查询 ▾ 存档 ▾ 批量换算 模板 ▾ 展开到 ▾ 其他 ▾ 重用组价 ▾ 锁定清单 提取图形工程量　措施模板：装饰工程措

项目结构：计价技能测试 / 计价测试题 / 计价测试0 / 计价测试0 / 计价测试03；措施项目

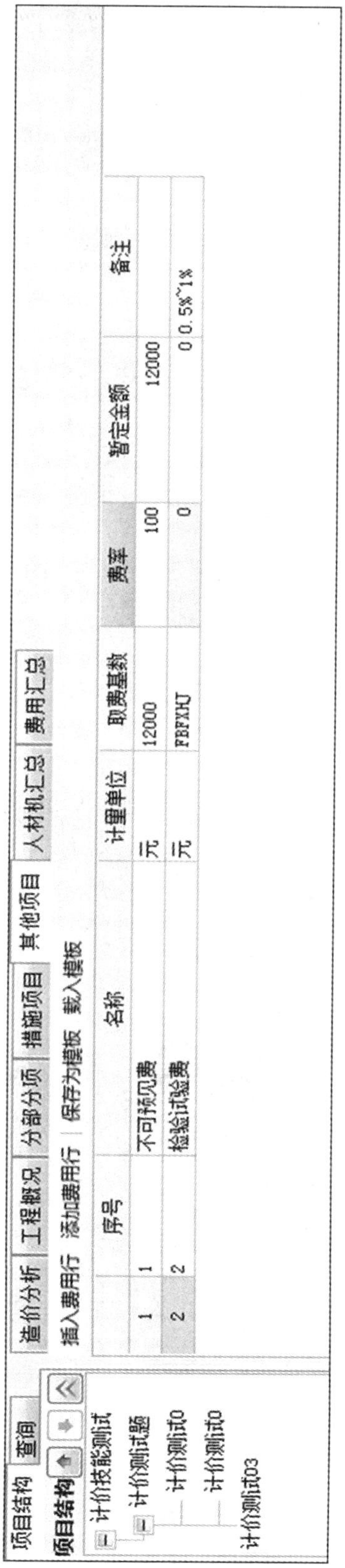

	序号	类别	名称	单位	工程量	项目特	综合单价	综合合价	计算基数	费率(%)	措施类别
			措施项目					586.38			
	一		总价措施费					586.38			
1	011707001001		安全文明施工费	项	1		311.19	311.19	RGF_QF+JSCS_RGF_QF	14.27	安全文明施工
2	011707002001		夜间施工增加费	项	1		0	0			施工措施项目费
3	01B001		提前竣工（赶工）费	项	1		0	0	RGF+JXF+JSCS_RGF+JSCS_JXF	0	提前竣工（赶工）费
4	011707005001		冬雨季施工增加费	项	1		28.31	28.31	FBFXHJ	0.16	冬雨季施工
5	01B002		二次搬运费	项	1		246.88	246.88	CLF	2	施工措施项目费
	二		单价措施费					0			
6				项	1		0	0			施工措施项目费
		定	自动提示：请输入子目简称		0		0	0			
		定	自动提示：请输入子目简称		0		0	0			

项目结构 查询 | 造价分析 工程概况 分部分项 措施项目 其他项目 人材机汇总 费用汇总

插入费用行 添加费用行 保存为模板 载入模板

项目结构：计价技能测试 / 计价测试题 / 计价测试0 / 计价测试0 / 计价测试03

	序号	名称	计量单位	取费基数	费率	暂定金额	备注
1	1	不可预见费	元	12000	100	12000	
2	2	检验试验费	元	FBFXHJ	0	0	0.5%~1%

图7-13　措施项目、其他项目清单编辑界面(习题03)

项目结构 查询 | 造价分析 工程概况 分部分项 措施项目 其他项目 人材机汇总 费用汇总

显示对应子目 | 载价 | 市场价存档 | 调整市场价系数 | 锁定材料表 | 其他 | ☐ 只显示输出材料 ☐ 只显示有价差材料 | 价格文件:

项目结构
- 计价技能测试
  - 计价测试题
    - 计价测试0
    - 计价测试0
- 计价测试03

人材机汇总

新建 删除

- 所有人材机
  - 人工表
  - 材料表
  - 机械表
  - 设备表
  - 主材表
- 分部分项人材机
- 措施项目人材机
- 发包人供应材料表
- 主要材料指标表
- 承包人主要材料表
- 主要材料表
- 暂估材料表

市场价合计：16109.81　　价差合计：757.60

	编码	类别	名称	规格型号	单位	数量	预算价	市场价	市场价合	价差	价差合计	是否暂估
1	060155	材	陶瓷地面砖	800*800mm	m2	49.9408	120	120	5992.896	0	0	☑
2	090031	材	铝合金推拉窗(含玻璃)		m2	12.3025	320	320	3936.8	0	0	☑
3	00001	人	综合人工（装饰）		工日	36.3455	70	98	3561.859	28	1017.674	
4	060167	材	陶瓷砖(踢脚线)		m2	7.8336	120	120	940.032	0	0	☑
5	050182	材	硬木锯材		m3	0.3012	1445	1445	435.234	0	0	☐
6	P10-6	浆	水泥砂浆	1:4	m3	1.3078	291.95	318.53	416.574	26.58	0	☐
7	040031	材	粗净砂		m3	1.5955	140.41	165.07	263.369	24.66	39.345	☐
8	030003	材	L形执手插锁		把	2.04	120	120	244.8	0	0	☑
9	040139	材	水泥32.5级		kg	485.185	0.39	0.38	184.37	-0.01	-4.852	☐
10	J12-130	机	电动打磨机		台班	4.704	38.59	33.36	156.925	-5.23	0	
11	J00011	机	折旧费		元	90.1073	1	1	90.107	0	0	
12	030088	材	滑轮		套	16.32	4.5	4.5	73.44	0	0	☐
13	320202	材	合金钢钻头	φ10	个	8.0549	8.5	8.5	68.467	0	0	☐
14	P10-10	浆	水泥107胶浆 1:0.175:0.		m3	0.0557	1130.45	1114.74	62.091	-15.71	0	☐
15	040021	材	玻璃胶350g		支	6.0865	8	8	48.692	0	0	☐
16	320117	材	砂轮片		片	3.1008	14	14	43.411	0	0	☐
17	410164	机	电		kW·h	67.6073	0.99	0.588	39.753	-0.402	-27.178	
18	030034	材	窗锁		把	8.16	4.2	4.2	34.272	0	0	☐
19	110002	材	107胶		kg	14.8719	2	2	29.744	0	0	☐
20	110055	材	密封油膏		kg	4.662	5.74	5.74	26.76	0	0	☐
21	J6-16	机	灰浆搅拌机	200L	台班	0.2186	92.19	116.73	25.517	24.54	0	
22	JXRG	机	人工（装饰）		工日	0.2186	70	98	21.423	28	6.121	
23	J00013	机	经常修理费		元	20.4437	1	1	20.444	0	0	
24	J00005	机	安拆费及场外运费		元	19.9659	1	1	19.966	0	0	
25	J7-114	机	电锤	520W	台班	1.611	8.99	8.42	13.565	-0.57	0	

图7-14　人材机汇总编辑界面(习题03)

项目结构 | 查询

项目结构

- 计价技能测试
  - 计价测试题
    - 计价测试0
    - 计价测试0
- 计价测试03

费用汇总

费用汇总

造价分析 | 工程概况 | 分部分项 | 措施项目 | 其他项目 | 人材机汇总 | 费用汇总

插入 | 保存为模板　载入模板 | 批量替换费用表　　费用汇总文件：装饰装修工程费用汇总模板　　费率为空表示按照费率100%计取

	序号	费用代号	名称	计算基数	基数说明	费率(%)	金额	费用类别	输出
1	1	A	分部分项工程费	FBFXHJ	分部分项合计		17,694.68	分部分项合计	☑
2	2	B	措施项目费	CSXMHJ	措施项目合计		586.38	措施项目合计	☑
3	2.1	B1	能计量的部分	JSCSF	技术措施项目合计		0.00		☑
4	2.2	B2	总价措施项目费	ZZCSF	组织措施项目合计		586.38		☑
5	3	C	其他项目费	QTXMHJ	其他项目合计		0.00	其他项目合计	☑
6	4	D	规费	D1 + D2 + D3 + D4 + D5 + D6	工程排污费+职工教育经费+工会经费+其他规费+养老保险费(劳保基金)+安全生产责任险		1,467.19	规费	☑
7	4.1	D1	工程排污费	A+B+C-XSXMFB-XSXMFC	分部分项工程费+措施项目费+其他项目费-协商项目B-协商项目C	0.4	73.12	工程排污费	☑
8	4.2	D2	职工教育经费	RGF+JSCS_RGF+RGF_JRG	分部分项人工费+技术措施项目人工费+计日工人工费	1.5	53.43	职工教育经费	☑
9	4.3	D3	工会经费	RGF+JSCS_RGF+RGF_JRG	分部分项人工费+技术措施项目人工费+计日工人工费	2	71.24	工会经费	☑
10	4.4	D4	其他规费	RGF+JSCS_RGF+RGF_JRG	分部分项人工费+技术措施项目人工费+计日工人工费	16.7	594.83	其他规费	☑
11	4.5	D5	养老保险费(劳保基金)	A+B+C-XSXMFB-XSXMFC	分部分项工程费+措施项目费+其他项目费-协商项目B-协商项目C	3.5	639.84	养老保险费	☑
12	4.6	D6	安全生产责任险	A+B+C-XSXMFB-XSXMFC	分部分项工程费+措施项目费+其他项目费-协商项目B-协商项目C	0.19	34.73	安全生产责任险	☑
13	5	E	税金	A+B+C+D-XSXMFB	分部分项工程费+措施项目费+其他项目费+规费-协商项目B	3.477	685.65	税金	☑
14	6	G	暂列金额	暂列金额	暂列金额		12,000.00	暂列金额	☑
15	7		单位工程造价	A+B+C+D+E+G	分部分项工程费+措施项目费+其他项目费+规费+税金+暂列金额		32,434.90	工程造价	☑

图7-15　费用汇总编辑界面(习题03)

任务7.3　图形算量软件应用技能操作习题

任务要求

在熟练掌握软件计算图形工程量的基础上，完成以下技能操作习题。

图形算量软件技能操作习题01

题目：根据本书所附《办公楼》施工图纸，任选广联达、清华斯维尔等其中一种图形计量软件完成首层柱、梁、板、墙工程量计算。

导出汇总表，完成后保存到指定考试文件夹。

要求：上交电子成果一份，路径储存在D盘以自己准考证号码和姓名命名的文件夹中，内有软件生成文件1份，有多份的以生成文件最后时间的为准，其余无效。文件夹中还应有导出的一系列电子表格文件，符合文字成果内容。另外需上交装订好且自己签名的汇总表一份。

完成时间：2小时。

操作人数：1人。

工具与材料准备：

(1)材料：记录用A4纸每人1张，打印纸若干。

(2)工具：电脑人手一台(可联网)、正版计价软件(已安装好)、施工图纸。

考核内容及评分标准：

抽查项目的评价包括职业素养与操作规范(表1)、电子成果(表2)、文本成果(表3)三个方面，总分为100分。其中，职业素养与操作规范占该项目总分的20%，电子成果占该项目总分的60%，文本成果占该项目总分的20%。职业素养与操作规范、成果考核均需合格，总成绩才能评定为合格。

评分总表

职业素养与操作规范得分 (权重系数0.2)	电子成果得分 (权重系数0.6)	文本成果得分 (权重系数0.2)	总分

表1　职业素养与操作规范评分表

考核内容	评分标准	标准分100	得分	备　注
职业素养与操作规范	电脑开机熟练、检查设备、用具等是否齐全，做好准备工作，有问题处理得当。	20		出现明显失误造成电脑、用具、资料和记录工具严重损坏等；严重违反考场纪律，造成恶劣影响的，本大项计0分
	所交电子成本应储存路径得当，无多余文件，文本工整、符合规范	20		
	严格遵守考场纪律，不在电脑上做与本测试无关的工作	20		
	不浪费材料和不损坏考试仪器、工具及设施	20		
	任务完成后，关机与电源处理得当，仪器用具、记录工具、凳子，整理工作台面等，无废弃物堆放	20		
总分				

表2　电子成果评分表

考核项目	考核内容	标准分100	评分标准	得分
成果格式考核	电子成果储存路径清晰；无多余文件；桌面整齐；文件命名得当；导出电子表格格式正确齐全且命名合适。	5	每错一处扣1分，扣完为止	
	小计	5		
工程设置	正确命名工程名称	1	正确1分	
	选择正确的清单规则、清单库和定额规则、定额库	3	每错一处扣1分，扣完为止	
	正确输入室外地坪相对标高	1	正确　1分	
	小计	5		
绘图输入	楼层信息	5	每错一处，扣0.5分，扣完为止(只考查首层)	
	建立轴网	5	轴号、轴距每错一处扣1分，扣完为止	
	柱、梁、板、墙构件名称定义	10	每错一处扣1分，扣完为止	
	柱、梁、板、墙属性编辑框定义	20	每错一处扣2分，扣完为止	
	柱、梁、板、墙清单和定额子目添加正确	20	每错一处扣1分，扣完为止	
	柱、梁、板、墙定位正确	30	每错一处扣2分，扣完为止	
	小计	90		

注：成果没有完成总工作量的60%以上，成果评分(表2)计0分。

表3　文本成果评分表

考核项目	考核内容	标准分100	评分标准	得分
成果格式考核	柱工程量	20	与标准答案对量 误差5%以内满分(包括5%) 误差5%～25%以内每相差一个百分点，扣2分(包括25%) 误差大于25%，计0分	
	梁工程量	30		
	板工程量	25		
	墙工程量	25		
合计		100		

注：成果没有完成总工作量的60%以上，成果评分(表3)计0分。

图形算量软件技能操作习题01参考答案

序号	编码	项目名称	单位	工程量明细	
				绘图输入	表格输入
1	010401004002	多孔砖 1. 砖品种、规格、强度等级：MU10烧结多孔砖 2. 墙体类型：外墙，190 m 3. 砂浆强度等级、配合比：M10混合砂浆	m^3	42.2551	
	A4－23	粘土多孔砖厚190 mm	10 m^3	4.2255	
2	010401004002	多孔砖墙 1. 砖品种、规格、强度等级：MU10烧结多孔砖 2. 墙体类型：内墙，190 m 3. 砂浆强度等级、配合比：M10混合砂浆	m^3	30.5072	
	A4－23	粘土多孔砖厚190 mm	10 m^3	3.0507	
3	010502001001	矩形柱 1. 混凝土强度等级：C30	m^3	7.98	
	A4－83	现浇混凝土　柱　矩形	10 m^3	0.798	
4	010503002001	矩形梁 1. 混凝土强度等级：C30	m^3	21.1609	
	A5－82换	现浇混凝土　单梁、连续梁	10 m^3	2.1161	
5	010505001001	有梁板 1. 混凝土强度等级：C30	m^3	19.4147	
	A5－86换	现浇混凝土　有梁板	10 m^3	1.9397	

任务7.4　钢筋算量软件应用技能操作习题

任务要求

在熟练掌握软件计算钢筋工程量的基础上，完成以下技能操作习题。

钢筋算量软件技能操作习题01

题目：根据本节所附施工图纸（图7－17，一层柱定位与配筋图）及《混凝土施工图平面整体表示方法制图规则和构造详图》（11G101－01），任选广联达、清华斯维尔等其中一种钢筋计量软件完成图中混凝土柱的钢筋工程量计算，并导出工程技术经济指标、构件类型级别直径汇总表、钢筋级别直径汇总表，完成后保存到指定考试文件夹。

【资料背景】该工程抗震等级为二级；设防烈度6度；檐口高度为6.9 m；现浇混凝土框架架构；梁、板、柱标号均为C30。

要求：上交电子成果一份，路径储存在D盘以自己学号和姓名命名的文件夹中，内有软件生成文件1份。文件夹中还应有导出的一系列电子表格文件（工程技术经济指标、构件类型级别直径汇总表、钢筋级别直径汇总表），符合文字成果内容。

准备：记录用A4纸每人1张，打印纸若干。电脑人手一台（可联网）、正版钢筋算量软件（已安装好）、施工图纸、11G系列《混凝土施工图平面整体表示方法制图规则和构造详图》。

评分标准：评价包括职业素养与操作规范（表1）、电子成果（表2）两个方面，总分为100分。其中，职业素养与操作规范占该项目总分的20%，电子成果占该项目总分的80%。职业素养与操作规范、电子成果考核分别合格，总成绩才能评定为合格。

评分总表

职业素养与操作规范得分（权重系数0.2）	电子成果得分（权重系数0.8）	总分

表1　职业素养与操作规范评分表

考核内容	评分标准	标准分100	得分	备　注
职业素养与操作规范	电脑开机熟练、检查设备、用具等是否齐全，做好准备工作，有问题处理得当	20		出现明显失误造成电脑、用具、资料和记录工具严重损坏等；严重违反考场纪律，造成恶劣影响的，本大项计0分
	所交电子成本应储存路径得当，无多余文件，文本工整、符合规范	20		
	严格遵守考场纪律，不在电脑上做与本测试无关的工作	20		
	不浪费材料和不损坏考试仪器、工具及设施	20		
	任务完成后，关机与电源处理得当，仪器用具、记录工具、凳子，整理工作台面等，无废弃物堆放	20		
总分				

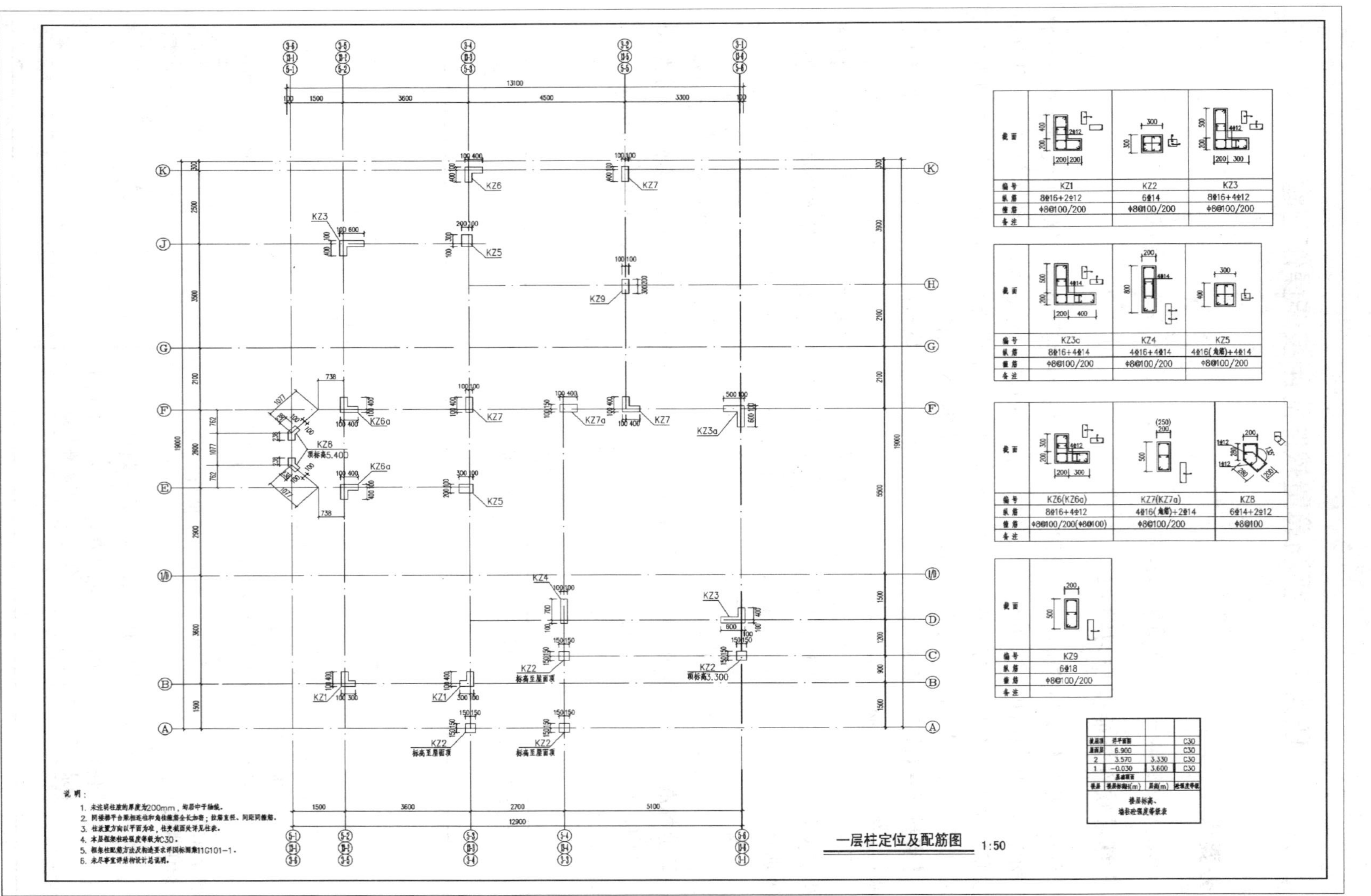

图7-16 柱定位及配筋图

表2　电子成果评分表

考核项目	考核内容	标准分 100	评分标准	得分
成果格式考核	电子成果储存路径清晰；无多余文件；桌面整齐；文件命名得当；导出电子表格格式正确齐全，且命名合适	5	按内容给分，一个1分	
	小　计	5		
工程信息界面	结构类型	3	正确3分	
	抗震等级	3	正确3分	
	计算规则	3	正确3分	
	钢筋比重设置	3	正确1分	
	搭接设置	3	正确3分	
	小　计	15		
楼层设置	首层低标高设置	5	正确5分	
	各层层高设置	5	正确5分	
	混凝土强度等级	5	正确5分，未按照图纸说明设置混凝土标号的，少一项扣1分	
	小　计	15		
绘图输入界面	轴网的定义和绘制	10	正确10分，开间进深尺寸错一项扣2分，扣完为止	
	柱构件的定义	15	正确15分，柱构件定义信息中，错误一处扣1分，扣完为止	
	柱构件的绘制	15	正确15分，少绘制或多绘制一个柱扣2分，绘制柱子错误一处扣2分	
	梁构件的定义和绘制	5	正确15分，错误一处扣1分，扣完为止	
	小　计	45		
项目钢筋总重	项目钢筋实体部分总重	15	正确15分，准确的范围为参考答案的+－3%之间，超过3%者，误差每超过1%扣1分()不足1%四舍五入计算)，扣完为止	
报表界面	转成电子表格齐全，命名正确	5	储存得当，齐全，得5分	
	小　计	20		
	合　计	100		

注：成果没有完成总工作量的60%以上，成果评分(表2)计0分。

钢筋算量软件技能操作习题02

题目：根据本节所附施工图纸(图7－18，二层梁配筋图)及《混凝土施工图平面整体表示方法制图规则和构造详图》(11G101－01)，任选广联达、清华斯维尔等其中一种钢筋计量软件完成附图中混凝土梁的钢筋工程量计算，并导出工程技术经济指标、构件类型级别直径汇总表、钢筋级别直径汇总表，完成后保存到指定考试文件夹。

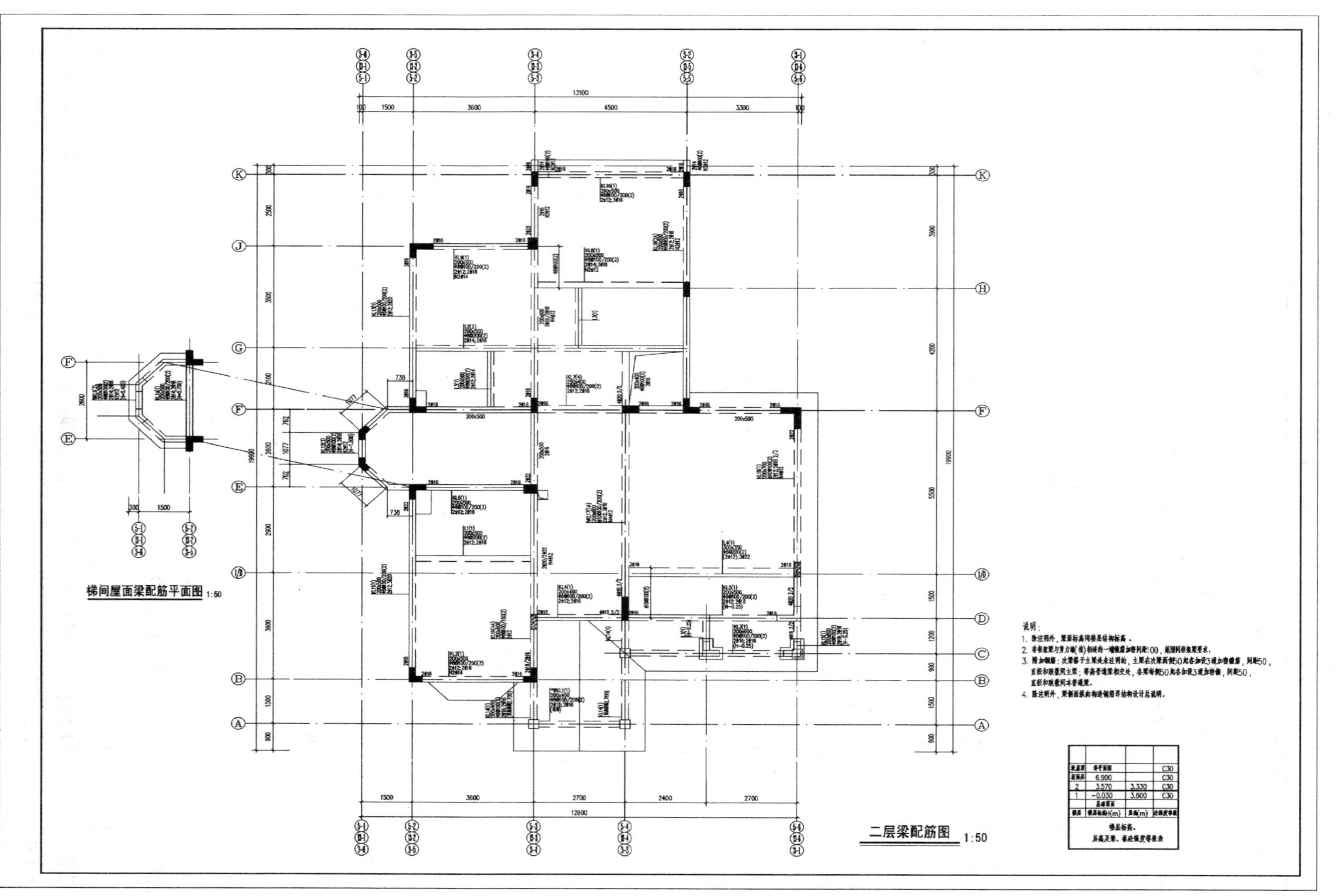

图7-17 二层梁配筋图

【资料背景】该工程抗震等级为二级；设防烈度 6 度；檐口高度为 6.9 m；现浇混凝土框架架构；梁、板、柱标号均为 C30。

要求：上交电子成果一份，路径储存在 D 盘以自己学号和姓名命名的文件夹中，内有软件生成文件 1 份。文件夹中还应有导出的一系列电子表格文件（工程技术经济指标、构件类型级别直径汇总表、钢筋级别直径汇总表），符合文字成果内容。

准备：记录用 A4 纸每人 1 张，打印纸若干。电脑人手一台（可联网）、正版钢筋算量软件（已安装好）、施工图纸、11G 系列《混凝土施工图平面整体表示方法制图规则和构造详图》。

评分标准：评价包括职业素养与操作规范（表 1）、电子成果（表 2）两个方面，总分为 100 分。表 1 计分细则同上题标准。

表 2　电子成果评分表

考核项目	考核内容	标准分 100	评分标准	得分
成果格式考核	电子成果储存路径清晰；无多余文件；桌面整齐；文件命名得当；导出电子表格格式正确齐全，且命名合适	5	按内容给分，一个 1 分	
	小　计	5		
工程信息界面	结构类型	3	正确 3 分	
	抗震等级	3	正确 3 分	
	计算规则	3	正确 3 分	
	钢筋比重设置	3	正确 1 分	
	搭接设置	3	正确 3 分	
	小　计	15		
楼层设置	首层低标高设置	5	正确 5 分	
	各层层高设置	5	正确 5 分	
	混凝土强度等级	5	正确 5 分，未按照图纸说明设置混凝土标号的，少一项扣 1 分	
	小　计	15		
绘图输入界面	轴网的定义和绘制	10	正确 10 分，开间进深尺寸错一项扣 2 分，扣完为止	
	柱构件的定义和绘制	10	正确 10 分，错误一处扣 0.5 分，扣完为止	
	梁构件的定义和绘制	15	正确 15 分，错误一处扣 1 分，扣完为止	
	梁构件的原位标注	10	正确 10 分，错误一处扣 0.5 分，扣完为止	
	小　计	45		
项目钢筋总重	梁构件钢筋总重	15	正确 15 分，准确的范围为参考答案的 + -3% 之间，超过 3% 者，误差每超过 1% 扣 1 分（）不足 1% 四舍五入计算），扣完为止	

续上表

考核项目	考核内容	标准分 100	评分标准	得分
报表界面	转成电子表格齐全，命名正确	5	储存得当，齐全，得5分	
	小　　计	20		
	合　　计	100		

注：成果没有完成总工作量的60%以上，成果评分（表2）计0分。

钢筋算量软件技能操作习题03

题目： 根据本节所附施工图纸（图7－19，二层模板与板筋图）及《混凝土施工图平面整体表示方法制图规则和构造详图》（11G101－01），任选广联达、清华斯维尔等其中一种钢筋计量软件完成附图中混凝土板的钢筋工程量计算，并导出工程技术经济指标、构件类型级别直径汇总表、钢筋级别直径汇总表，完成后保存到指定考试文件夹。

【资料背景】 该工程抗震等级为二级；设防烈度6度；檐口高度为6.9 m；现浇混凝土框架架构；梁、板、柱标号均为C30。

要求： 上交电子成果一份，路径储存在D盘以自己学号和姓名命名的文件夹中，内有软件生成文件1份。文件夹中还应有导出的一系列电子表格文件（工程技术经济指标、构件类型级别直径汇总表、钢筋级别直径汇总表），符合文字成果内容。

准备： 记录用A4纸每人1张，打印纸若干。电脑人手一台（可联网）、正版钢筋算量软件（已安装好）、施工图纸、11G系列《混凝土施工图平面整体表示方法制图规则和构造详图》。

评分标准： 评价包括职业素养与操作规范（表1）、电子成果（表2）两个方面，总分为100分。表1计分细则同上题标准。

表2　电子成果评分表

考核项目	考核内容	标准分 100	评分标准	得分
成果格式考核	电子成果储存路径清晰；无多余文件；桌面整齐；文件命名得当；导出电子表格格式正确齐全，且命名合适	5	按内容给分，一个1分	
	小　　计	5		
工程信息界面	结构类型	3	正确3分	
	抗震等级	3	正确3分	
	计算规则	3	正确3分	
	钢筋比重设置	3	正确1分	
	搭接设置	3	正确3分	
	小　　计	15		

续上表

考核项目	考核内容	标准分 100	评分标准	得分
楼层设置	首层低标高设置	5	正确 5 分	
	各层层高设置	5	正确 5 分	
	混凝土强度等级	5	正确 5 分，未按照图纸说明设置混凝土标号的，少一项扣 1 分	
	小　　计	15		
绘图输入界面	轴网的定义和绘制	5	正确 5 分，开间进深尺寸错一项扣 1 分，扣完为止	
	柱构件的定义和绘制	5	正确 5 分，错误一处扣 0.5 分，扣完为止	
	梁构件的定义和绘制	10	正确 10 分，错误一处扣 1 分，扣完为止	
	板构件的定义和绘制	10	正确 10 分，错误一处扣 0.5 分，扣完为止	
	板筋的定义和绘制	15	正确 15 分，错误一处扣 0.5 分，扣完为止	
	小　　计	45		
项目钢筋总重	板构件钢筋总重	15	正确 15 分，准确的范围为参考答案的 + -3% 之间，超过 3% 者，误差每超过 1% 扣 1 分( ) 不足 1% 四舍五入计算)，扣完为止	
报表界面	转成电子表格齐全，命名正确	5	储存得当，齐全，得 5 分	
	小　　计	20		
	合　　计	100		

注：成果没有完成总工作量的 60% 以上，成果评分(表 2) 计 0 分。

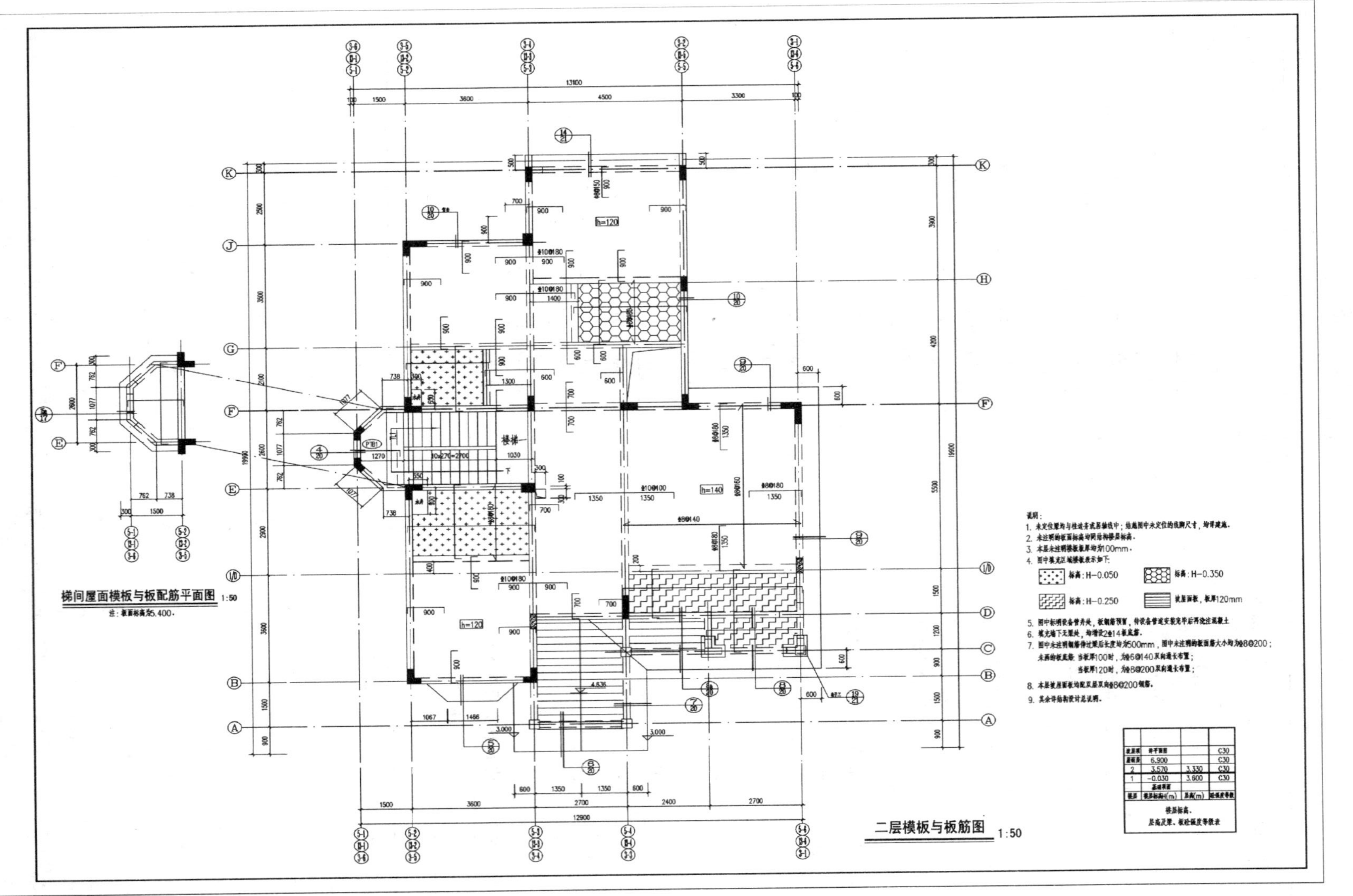

图7-18 二层模板与板筋图

钢筋算量软件技能操作习题(01～03)参考答案

楼层名称	构件类型	钢筋总重/kg	HPB300			HRB335			HRB400								
			6	8	10	10	12	14	6	8	10	12	14	16	18	20	22
基础层	柱	1096.812		334.644			67.345						248.033	446.791			
	基础梁	1454.061		502.067		66.66							503.318	218.853	163.153		
	独立基础	519.373				519.373											
	合计	3070.247		836.711		586.034	67.345						751.351	665.644	163.153		
第－1层	柱	1697.513		835.002			78.568						280.282	503.662			
	梁	1759.317	12.664	530.126			234.523						155.929	353.193	298.686	81.743	92.452
	现浇板	1192.166	66.458						455.025	300.56	370.123						
	楼梯	382.103		11.893	130.423					16.745	223.043						
	合计	5031.099	79.123	1377.02	130.423		313.092		455.025	317.304	593.166		436.211	856.855	298.686	81.743	92.452
首层	柱	1919.743		1114.706			69.291						192.159	474.91	68.677		
	梁	2226.123	28.799	504.363	125.043		280.388	9					99.151	495.633	324.193	207.039	152.515
	现浇板	1228.887	50.918						283.573	735.391	159.006						
	楼梯	122.223		47.655							74.568						
	合计	5496.977	79.717	1666.724	125.043		349.679	9	283.573	735.391	233.574		291.31	970.543	392.87	207.039	152.515
第2层	柱	1408.3		658.153			31.538						160.295	558.313			
	梁	1379.799	16.047	327.632	71.378		32.737						256.407	413.395	144.857	74.231	43.114
	现浇板	175.827								175.827							
	合计	2963.926	16.047	985.785	71.378		64.275			175.827			416.702	971.708	144.857	74.231	43.114
屋面	柱	303.332		217.444			7.472						15.43	62.985			
	梁	1122.764	12.491	229.57		84.833						30.505	154.199	491.036		120.129	
	现浇板	988.512	58.013							727.399	203.101						
	合计	2414.608	70.503	447.014		84.833	7.472			727.399	203.101	30.505	169.629	554.022		120.129	
全部层汇总	柱	6425.7		3159.949			254.213						896.199	2046.661	68.677		
	梁	6488.003	70.001	1591.691	196.421	84.833	547.649	9				30.505	665.686	1753.257	767.736	483.143	288.081
	现浇板	3585.393	175.389						738.597	1939.177	732.229						
	基础梁	1454.061		502.067		66.66							503.318	218.853	163.163		
	独立基础	519.373				519.373											
	楼梯	504.326		59.548	130.423					16.745	297.611						
	合计	18976.856	245.39	5313.255	326.844	670.867	801.862	9	738.597	1955.921	1029.84	30.505	2065.203	4018.771	999.576	483.143	288.081

附　录

附录一　参考价格文件

××省××市建设工程造价管理站文件

××价〔2014〕01 号

关于发布××市 2014 年 2 月第一期建设工程材料价格的通知

各区、县(市)建设局，各有关单位：

根据省住房和城乡建设厅××价【2009】406 号文件“关于颁发《××省建设工程工程量清单计价办法》的通知”精神，为规范我市工程计价行为，合理确定及有效控制建设工程造价，满足工程招标投标工作和工程预结算工作的需要，足进工程量清单计价的顺利推行，按照《××省建设工程材料预算价格编制办法》(××价〔2007〕39 号)要求，我站组织专业人员对本市建设工程材料市场价格进行了调查，编制和测算了“××市 2014 年 2 月第 1 期建设工程材料预算价格”，现予以发布，并就有关执行事项明确如下：

一、本价格适用于按工程量清单计价的建筑工程、装饰装修工程、市政工程、园林(仿古)绿化工程、房屋修缮工程。

二、本文发布的建设工程材料预算价格是编制投资估算、设计概算、施工图预算、标底、投标报价及工程结算的依据。

三、我站未发布的缺项的市场材料预算价格以及实际购买的市场材料预算价格与我站发布的材料预算价格有较大出入的，应由建设单位与施工单位按市场实际价格协商其预算价格，报我站审查备案后，方可作为结算依据。

四、凡双方在《建设工程施工合同》中约定设备、材料价格变化等风险承担范围、及超过约定范围、幅度时规定了调整办法的，按合同规定条款执行；合同中没有具体明确设备、材料价格风险范围、幅度的，有关单位在工程价款调整和工程结算时应按下列规定执行：以我站各时期发布的材料预算价格为基础，土建及市政工程单项主要材料价格变化幅度超过 ±3% 时，装饰、安装及园林仿古工程主要材料价格变化幅度超过 ±5% 时，双方应重新协商确定结算单价。

五、为防止伪造、篡改价格、本文的复件不能作为结算依据。

××市 2014 年第一期(1—2 月)建设工程材料预算价格(节选)

价格单位:元

序号	材料名称	规格型号	单位	基期价格	1 月价格	2 月价格	本期价格	备 注
				水泥、商品混凝土				
1	复合水泥(中档)	32.5 级	kg		0.417	0.38		市场综合
2	水泥(散装)	42.5 级	kg		0.53	0.409		
3	白水泥	425#	kg				0.73	
4	商品混凝土	C10	m^3		350.00	350.00		市场综合,含 15 km 运费,不含泵送费用。(如需泵送,汽车泵:37 m 为 26 元/m^3,40 m 为 30 元/m^3,48 m 为 32 元/m^3,52 m 为 35 元/m^3)
5	商品混凝土	C15	m^3		360.00	360.00		
6	商品混凝土	C20	m^3		370.00	370.00		
7	商品混凝土	C25	m^3		380.00	380.00		
8	商品混凝土	C30	m^3		390.00	390.00		
9	商品混凝土	C35	m^3		405.00	405.00		
10	商品混凝土	C40	m^3		420.00	420.00		
				砖、瓦、砂、石、石灰				
11	红青砖	240×115×53	千块		335.00	335.00		市场综合
12	页岩砖	240×115×53	千块		340.00	340.00		市场综合
13	页岩多孔砖	240×115×90	千块		530.00	530.00		市场综合
14	页岩多孔砖	240×190×115	千块		1080.00	1080.00		市场综合
15	页岩多孔砖	240×190×90	千块		880.00	880.00		市场综合
16	天然中砂		m^3		148.76	148.76		市场综合
17	中粗砂(天然砂综合)		m^3		148.76	148.76		市场综合
18	中净砂(过筛)		m^3		165.07	165.07		市场综合
19	粗净砂(过筛)		m^3		165.07	165.07		市场综合
20	天然砂石		m^3		138.10	138.10		市场综合
21	砾石	最大粒径 10 mm	m^3		134.32	134.32		市场综合
22	砾石	最大粒径 20 mm	m^3		130.42	130.42		市场综合
23	砾石	最大粒径 40 mm	m^3		113.66	113.66		市场综合
24	砾石	混合	m^3		126.13	126.13		市场综合
25	石灰岩碎石	最大粒径 10 mm	m^3		130.12	130.12		市场综合
26	石灰岩碎石	最大粒径 15 mm	m^3		130.12	130.12		市场综合
27	石灰岩碎石	最大粒径 20 mm	m^3		130.12	130.12		市场综合
28	石灰岩碎石	最大粒径 40 mm	m^3		130.12	130.12		市场综合
29	玄武岩碎石	各种规格	m^3		397.29	397.29		市场综合
30	高标号碎石	各种规格	m^3		157.94	157.94		市场综合
31	石屑		m^3		127.43	127.43		市场综合
32	护坡块石	300~600 mm	m^3		98.71	98.71		市场综合
33	生石灰(综合)		1		233.00	233.00		市场综合
34	石灰膏(综合)		m^3		163.00	163.00		市场综合

续上表

序号	材料名称	规格型号	单位	基期价格	1月价格	2月价格	本期价格	备注
			金属材料及其制品					
35	槽钢	[8－10#	kg		4.14	4.00		××钢
36	圆钢	Ⅰ级10 mm以内	kg		3.713	3.663		××钢
37	圆钢	Ⅰ级10 mm以上	kg		3.74	3.64		××钢
38	螺纹钢	Ⅱ级10 mm以内	kg		3.74	3.84		××钢
39	螺纹钢筋	Ⅱ级 ϕ12 mm	kg		3.82	3.76		××钢
40	螺纹钢筋	Ⅱ级 ϕ14 mm	kg		3.77	3.71		××钢
41	螺纹钢筋	Ⅱ级 ϕ16 mm	kg		3.67	3.61		××钢
42	螺纹钢筋	Ⅱ级 ϕ18 mm	kg		3.67	3.61		××钢
43	螺纹钢筋	Ⅱ级 ϕ20 mm	kg		3.67	3.61		××钢
44	螺纹钢筋	Ⅱ级 ϕ22 mm	kg		3.67	3.61		××钢
45	螺纹钢筋	Ⅱ级 ϕ25 mm	kg		3.67	3.61		××钢
46	镀锌铁皮	0.7 mm	m^2				30.53	市场综合
47	镀锌铁皮	1.0 mm	m^2				43.75	市场综合
48	镀锌铁皮	1.5 mm	m^2				65.63	市场综合
			铝合金门窗及型材					
49	铝材门窗型材料	90系列型(电泳料)	kg				28.48	××市场综合
50	铝材门窗型材料	768型(金钢未来窗)	kg				29.33	××市场综合
51	铝合金中空推拉门	振升电泳料90系列	m^2				258.40	××市场综合
52	铝合金中空推拉门	振升金钢868系列	m^2				244.80	××市场综合
53	铝材门窗型材料	振升JN50注胶式节能门窗	m^2				326.40	××市场综合
54	上海门窗型材	70、80、90系列(电泳料)	kg				27.88	××市场综合
55	上海门窗型材	70、80、90系列(喷涂料)	kg				27.03	××市场综合
56	上海铝材隐形纱窗系列	70、80、90系列(电泳料)	kg				30.43	××市场综合
57	上海铝合金中空节能窗	75系列	m^2				242.25	××市场综合
58	铝材门窗型材	70、80、90系列(电泳料)	kg				27.63	××市场综合
59	铝合金中空节能窗	899系列	m^2				239.70	××市场综合
60	铝合金中空平开窗	50系列	m^2				301.75	××市场综合
			化工、油漆、涂料、耐火、绝热					
61	醇酸稀释剂		kg				21.50	××工程漆
62	酚醛调合漆白色		kg				15.00	××工程漆
63	醇酸清漆		kg				19.30	××牌
64	白色调合漆		kg				14.50	××牌
65	沥青清漆		kg				17.00	××牌
66	红丹防锈漆		kg				19.30	××牌

注：螺纹钢Ⅲ级钢在Ⅱ级钢价格上增加150元/t。

续上表

序号	材料名称	规格型号	单位	基期价格	1月价格	2月价格	本期价格	备注
67	铁红酚醛防锈漆		kg				15.00	××牌
68	风雨宝外墙漆	20 kg/桶	kg				38.00	××牌
69	晴雨宝外墙漆	20 kg/桶	kg				33.00	××牌
	玻璃及其制品							
70	浮法玻璃	4 mm	m^2				19.00	
71	浮法玻璃	5 mm	m^2				22.00	
72	浮法玻璃	8 mm	m^2				37.00	
73	浮法玻璃	10 mm	m^2				47.00	
74	浮法玻璃	12 mm	m^2				56.00	
75	钢化玻璃	4 mm	m^2				37.00	
76	钢化玻璃	5 mm	m^2				42.00	
77	钢化玻璃	6 mm	m^2				52.00	
78	钢化玻璃	8 mm	m^2				73.00	
79	钢化玻璃	10 mm	m^2				83.00	
80	钢化玻璃	12 mm	m^2				93.00	
81	中空玻璃聚硫胶	4 +6A +4	m^2				78.00	
82	中空玻璃聚硫胶	5 +6A +5	m^2	105.00			86.00	
83	单钢中空玻璃聚硫胶	5 +6A +5	m^2				90.00	
84	双钢中空玻璃聚硫胶	5 +6A +5	m^2				102.00	
85	双钢中空玻璃聚硫胶	6 +9A +6	m^2				130.00	
86	LOW－E 中空玻璃聚硫胶(在线)	5 +6A +5	m^2				228.00	
87	LOW－E 中空玻璃聚硫胶(在线)	6 +9A +6	m^2				248.00	
88	LOW－E 中空玻璃聚硫胶(在线)	8 +12A +8	m^2				338.00	
	竹木及其制品							
89	杉原条	ϕ8 ~12 cm	m^3	600.00	1350.00	1350.00		市场综合
90	松原木	2 m×ϕ8 ~22 cm	m^3	620.00	1100.00	1100.00		市场综合
91	胶合板(五夹)	5 mm	m^2	14.13			22.50	市场综合
92	胶合板(九夹)	9 mm	m^2	19.48			28.50	市场综合
93	杉木实木板	18E0 优	m^2				40.60	市场综合
94	细木工板	18E1 优等	m^2				38.58	市场综合
95	胶合板	9E1 优等(薄)	m^2				22.50	市场综合
96	胶合板	9E1 优等(厚、黑色)	m^2				36.00	市场综合
97	胶合板	5E1 优等	m^2	14.13			17.50	市场综合

续上表

序号	材料名称	规格型号	单位	基期价格	1月价格	2月价格	本期价格	备注
				防水保温材料				
98	防水油膏	OS802	t				4600.00	××油膏厂
99	防腐油膏(畅狮牌)		t				4600.00	××油膏厂
100	嵌缝膏(畅狮牌)		t				4600.00	××油膏厂
101	防水冷胶(畅狮牌)		t				4100.00	××油膏厂
102	隔离胶(畅狮牌)		t				3900.00	××油膏厂
103	CM 合成胶乳		kg				25.68	××油膏厂
				市政工程材料				
104	高性能膨胀抗裂剂	SY-G	t				2700.00	××建材
105	高效特种纤维抗裂剂	SY-K	t				3900.00	××建材
106	硅质防水剂	WY-JX-Ⅲ	t				3200.00	××建材
				其他类				
107	汽油	90号	kg	5.75			9.74	石油公司
108	汽油	93号	kg				9.99	石油公司
109	汽油	97号	kg				10.62	石油公司
110	柴油	0号	kg	4.36			8.82	石油公司
111	基建用水		m^3	1.44			2.87	
112	工业用水		m^3	1.44			2.87	
113	电(民用)		kWh	0.60			0.588	

附录二 《办公楼》工程施工图

建筑设计总说明

1 工程概况

1.1 本工程结构形式为钢筋混凝土框架结构。建筑类别为3类，设计使用年限为50年，建筑耐火耐火等级为二级，屋面防水等级为Ⅱ级。

1.2 本工程主体平面投影最大尺寸为17.52mX18.24m，最高层数为二层，檐口距室外地面6.7m。建筑面积为494.19 m^2 ，占地面积 283.88m^2。

2 图面标注

2.1 本工程图纸尺寸单位：标高以m，其他以mm计。

2.2 除注明外，各层标注标高为建筑完成面标高，屋面标高为结构面标高。

2.3 本工程图纸标注中凡标准图编号前未注明为何种标准图者，均为中南地区标准图号。

3 墙体构造

3.1 ±0.000以下墙体采用MU10实心页岩砖，M7.5水泥砂浆砌筑。±0.000以上外墙为M5.0混合砂浆砌筑MU10页岩实心砖，内墙为多孔砖，烧结多孔砖砌筑建筑构造见国标04J101。

3.2 墙体厚度：外墙除注明外均为240厚；内墙除注明外均为240。外墙装饰做法见各立面图标注。

3.3 墙身防潮层为20厚1:2.5水泥砂浆加5%防水剂置于标高-0.060处（地梁在室外地面以上者不设）。

3.4 所有预留洞孔待管线安装完毕后均须修补平整，并粉刷同相邻墙面。

3.5 结合给排水设计图预留砖墙孔洞。

设 计	曹 洁	项目名称	办 公 楼	图 号	第 1 页 共 12 页
审 核	易红霞	图 名	建筑设计总说明	图 别 日 期	建施 2013.01

门 窗 表

类型	设计编号	洞口尺寸(mm)	樘数	开启方式	采用标准图集及编号		材料		过 梁	备注
		宽X高			图集代号	编号	框材	扇材		
门	M1	900X2100	2	平开	98ZJ681	GJM101C1-1021	实木夹板门，底漆一遍，咖啡色调和漆二遍		GL09242	
	M2	1000X2100	9	平开	98ZJ681	GJM101C1-1021	实木夹板门，底漆一遍，咖啡色调和漆二遍		GL10242	
	M3	1500X2400	2	平开	98ZJ681	GJM124C1-1521	实木夹板门，底漆一遍，咖啡色调和漆二遍		GL15242	
组合门	MC1	6900X2600	1	平开	见大样		铝合金型材	钢化中空玻璃(8+6A+8厚)		全玻地弹簧门
窗	C1	2400X2400	2	平开	03J603-2	见大样	铝合金型材	中空玻璃(6+6A+6厚)		窗台300
	C2	2400X1800	5	平开	03J603-2	&WPLC55BC118-1.52	铝合金型材	中空玻璃(6+6A+6厚)		窗台900
	C3	1800X1800	1	平开	03J603-2	WPLC55BC94-1.52	铝合金型材	中空玻璃(6+6A+6厚)	GL18242	窗台900
	C4	1500X1800	4	平开	03J603-2	&WPLC55BC118-1.52	铝合金型材	中空玻璃(6+6A+6厚)		窗台900
	C5	4800X1500	1	平开	03J603-2	见大样	铝合金型材	中空玻璃(6+6A+6厚)		窗台500
	C6	2400X1500	6	平开	03J603-2	&WPLC55BC118-1.52	铝合金型材	中空玻璃(6+6A+6厚)		窗台900
	C7	(600+1500+600)X2100	2	凸窗	03J603-2	见大样	铝合金型材	中空玻璃(6+6A+6厚)		窗台500

装 修 表

(除注明外，装修选用05ZJ001)

房间名称	地面		楼面		内墙面		顶棚		踢脚		备注
	做法	颜色	做法	颜色	做法	颜色	做法	颜色	做法	颜色	
门厅	地62	米色			内墙4 涂23	乳白色	顶11	乳白色	踢17	红褐色	米色花岗石防滑地面砖 600X600 吊顶高5.8m
会议室	地62	米色			内墙4 涂23	乳白色	顶11	乳白色	踢17	红褐色	米色花岗石防滑地面砖 600X600 吊顶高2.8m
办公室、楼梯间	地62	米色	楼10	米色	内墙4 涂23	乳白色	顶3 涂23	乳白色	踢17	红褐色	米色防滑陶瓷地面砖 600X600
休息间	地62	米色	楼33	米色	内墙4 涂23	乳白色	顶3 涂23	乳白色	踢17	红褐色	米色防滑陶瓷地面砖 300X300
走廊	地62	米色	楼10	米色	内墙4 涂23	乳白色	顶19	乳白色	踢17	红褐色	仿花岗石陶瓷地砖600X600 吊顶高2.6m
门廊	同台阶				内墙4 涂23	乳白色	顶3 涂23	乳白色	踢17	红褐色	深灰色花岗石贴面
屋面、雨篷女儿墙(含压顶)					内墙4						

设 计	曹 洁	项目名称	办 公 楼	图 号	第 2 页 共12 页
审 核	易红霞	图 名	门窗表 室内装修表	图 别	建施
				日 期	2013.01

工程做法表（选自05ZJ001）

编号	装修名称	用料及分层做法	编号	装修名称	用料及分层做法	编号	装修名称	用料及分层做法	编号	装修名称	用料及分层做法
地62	细石混凝土防潮地面600X600花岗岩	1．8~10厚地砖铺实拍平，水泥浆擦缝 2．20厚1：4干硬性水泥砂浆 3．素水泥浆结合层一遍 4．30厚细石混凝土随捣随抹 5．粘贴3厚SBS改性沥青防水卷材 6．刷基层处理剂一遍 7．15厚1：2水泥砂浆找平 8．80厚C15混凝土 9．素土夯实	楼10	陶瓷地砖楼面	1．8~10厚地砖铺实拍平，水泥浆擦缝600X600 2．20厚1：4干硬性水泥砂浆 3．素水泥浆结合层一遍	踢17（100高）	面砖踢脚	1．17厚1：3水泥砂浆 2．3~4厚1：1水泥砂浆加水重20%白乳胶镶贴 3．8~10厚面砖、水泥浆擦缝	外墙12	面砖外墙面	1．15厚1：3水泥砂浆 2．刷素水泥砂浆一遍 3．4~5厚1：1水泥砂浆加水重20%白乳胶镶贴 4．8~10厚面砖、1:1水泥浆勾缝
涂23	乳胶漆（3遍漆）	1．清理基层 2．满刮腻子一遍 3．刷底漆一遍 4．乳胶漆二遍	楼33	陶瓷地砖休息间	1．8~10厚地砖铺实拍平，水泥浆擦缝300X300 2．20厚1：4干硬性水泥砂浆 3．1.5厚聚氨酯防水涂料，面上撒黄砂，四周沿墙上翻150 4．刷基层处理剂一遍 5．15厚1：2水泥砂浆找平 6．50厚C15细石混凝土找坡，最薄处不小于20 7．钢筋混凝土楼板	外墙15	花岗岩外墙面	1．30厚1：2.5水泥砂浆，分层灌浆 2．20~30厚花岗岩板（背面用双股16号钢丝绑扎与墙面固定），水泥浆擦缝	屋15（不上人屋面）	高聚物改性沥青卷材防水屋面	1．二层3厚SBS或APP改性沥青防水卷材，面层带绿页岩保护层； 2．刷基层处理剂一遍 3．20厚1：2.5水泥砂浆找平层 4．20厚最薄处1:8水泥珍珠岩找坡 5．干铺150厚水泥聚苯板 6．钢筋混凝土屋面板，表面清理干净。
顶19	铝合金封闭式条形板吊顶	1．配套金属龙骨 2．铝合金条板，板宽150	内墙4	混合砂浆墙面	1．15厚1:1:6水泥石灰砂浆 2．5厚1:0.5:3水泥石灰砂浆	顶3	混合砂浆顶棚	1．钢筋混凝土板底面清理干净 2．7厚1：1：4水泥石灰砂浆 3．5厚1:0.5:3水泥石灰砂浆	顶11	轻钢龙骨石膏装饰板吊顶	1．轻钢龙骨标准骨架：主龙骨中距900~1000，次龙骨中距600，横撑龙骨中距600 2．600X600厚10石膏装饰板，自攻螺钉拧牢，孔眼用腻子填平

设计	曹洁	项目名称	办公楼	图号	第3页 共12页
审核	易红霞	图名	工程做法表	图别	建施
				日期	2013.01

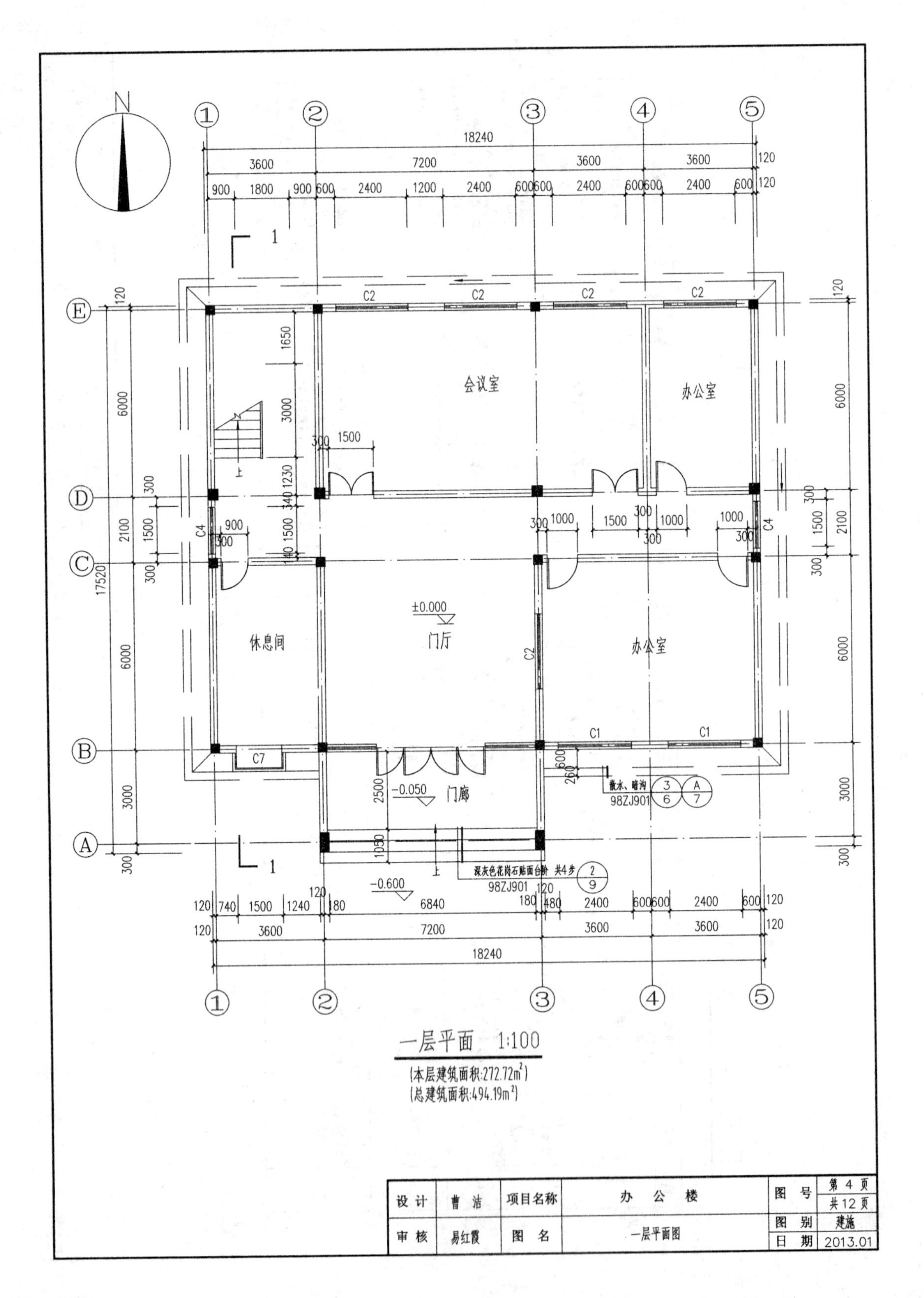
N
会议室
办公室
休息间
门厅
办公室
门廊
±0.000
-0.050
-0.600
C1
C2
C4
C7
散水、暗沟
98ZJ901
深灰色花岗石贴面台阶 共4步
98ZJ901
18240
17520
一层平面 1:100
(本层建筑面积:272.72m²)
(总建筑面积:494.19m²)
设计 曹 洁
项目名称 办 公 楼
审核 易红霞
图 名 一层平面图
图 号 第 4 页 共12页
图 别 建施
日 期 2013.01

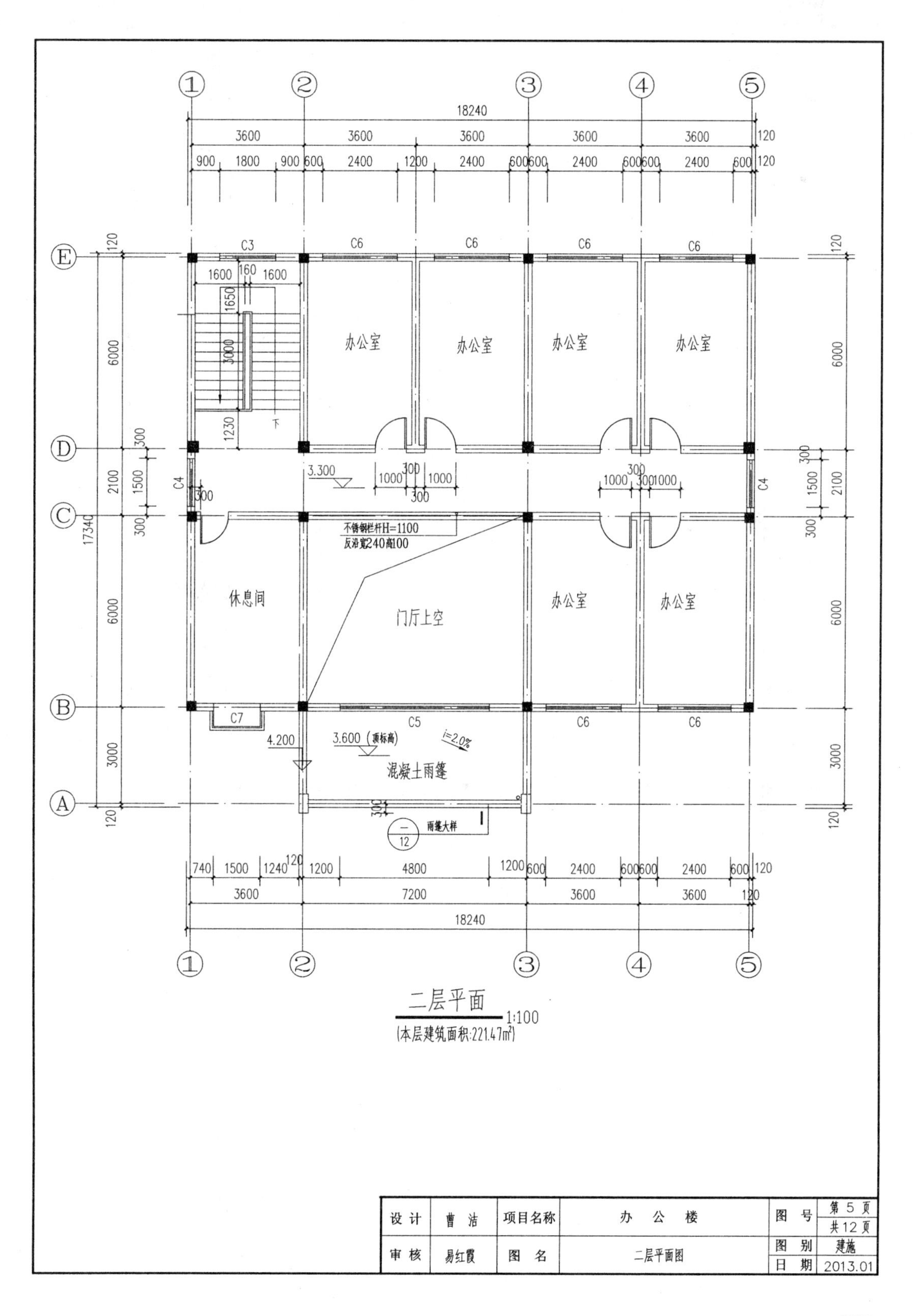

①
②
③
④
⑤
18240
3600
3600
3600
3600
3600
120
900
1800
900
600
2400
1200
2400
600
600
2400
600
600
2400
600
120
Ⓔ
Ⓓ
Ⓒ
Ⓑ
Ⓐ
C3
C6
C6
C6
C6
1600
160
1600
1650
3000
1230
下
办公室
办公室
办公室
办公室
3.300
1000
300
1000
300
300
1000
300
1000
C4
C4
不锈钢栏杆H=1100
反沿宽240高100
休息间
门厅上空
办公室
办公室
C7
C5
C6
C6
4.200
3.600（顶标高）
i=2.0%
混凝土雨篷
雨篷大样
12
17340
6000
2100
6000
3000
1500
120
740
1500
1240
120
1200
4800
1200
600
2400
600
600
2400
600
120
3600
7200
3600
3600
120
18240
二层平面
1:100
(本层建筑面积:221.47m²)
设 计
曹 洁
项目名称
办 公 楼
图 号
第 5 页
共 12 页
审 核
易红霞
图 名
二层平面图
图 别
建施
日 期
2013.01

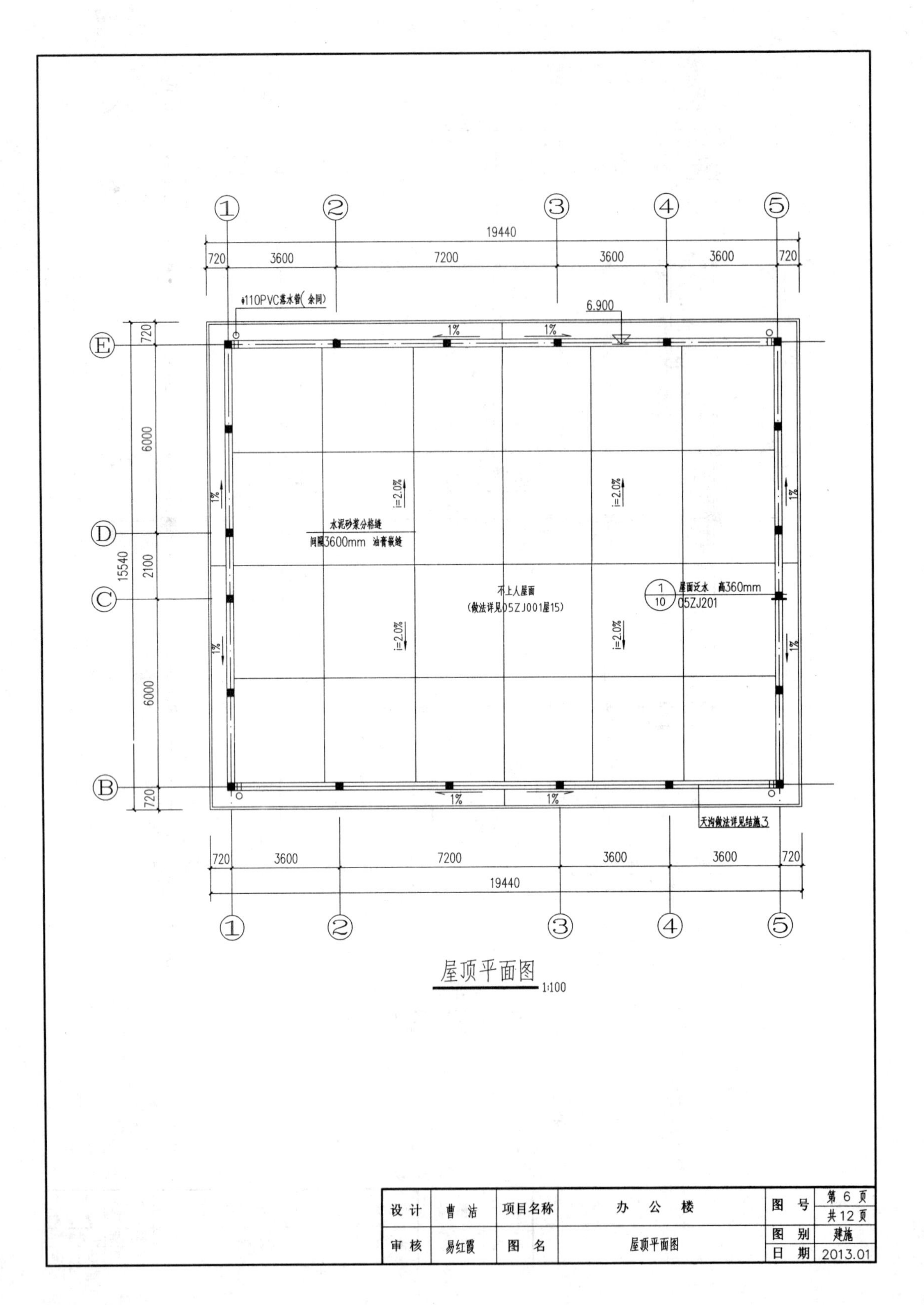
19440
720
3600
7200
3600
3600
720
ϕ110PVC落水管(余同)
6.900
1%
1%
i=2.0%
水泥砂浆分格缝
间隔3600mm 油膏嵌缝
不上人屋面
(做法详见05ZJ001屋15)
1
10
屋面泛水 高360mm
05ZJ201
天沟做法详见结施3
15540
6000
2100
720
屋顶平面图
1:100
设计
曹洁
项目名称
办公楼
图号
第6页
共12页
审核
易红霞
图名
屋顶平面图
图别
建施
日期
2013.01

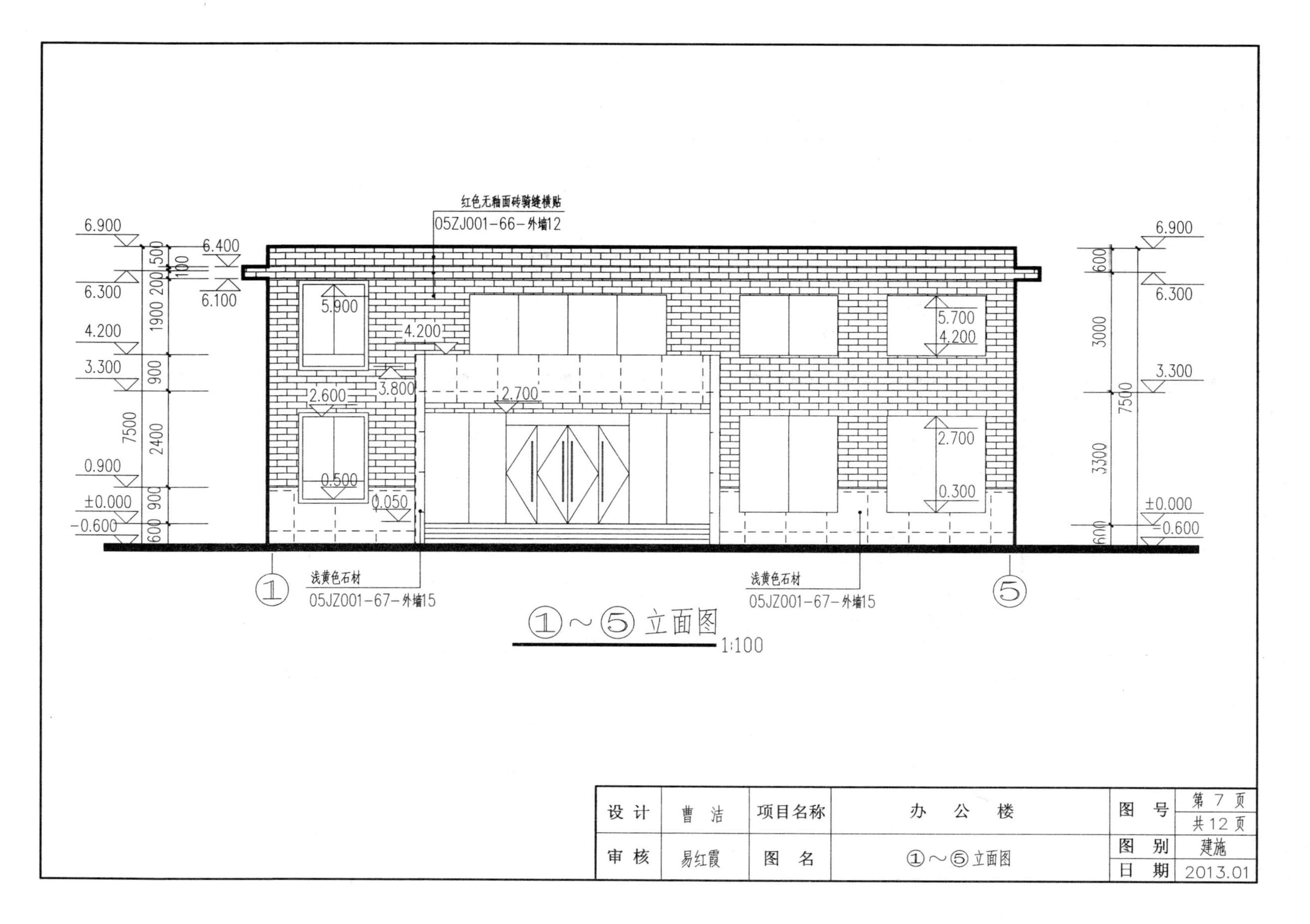

红色无釉面砖骑缝横贴
05ZJ001-66-外墙12
浅黄色石材
05ZJ001-67-外墙15
浅黄色石材
05ZJ001-67-外墙15
①~⑤立面图 1:100
设计 曹洁
审核 易红霞
项目名称 办公楼
图名 ①~⑤立面图
图号 第7页 共12页
图别 建施
日期 2013.01

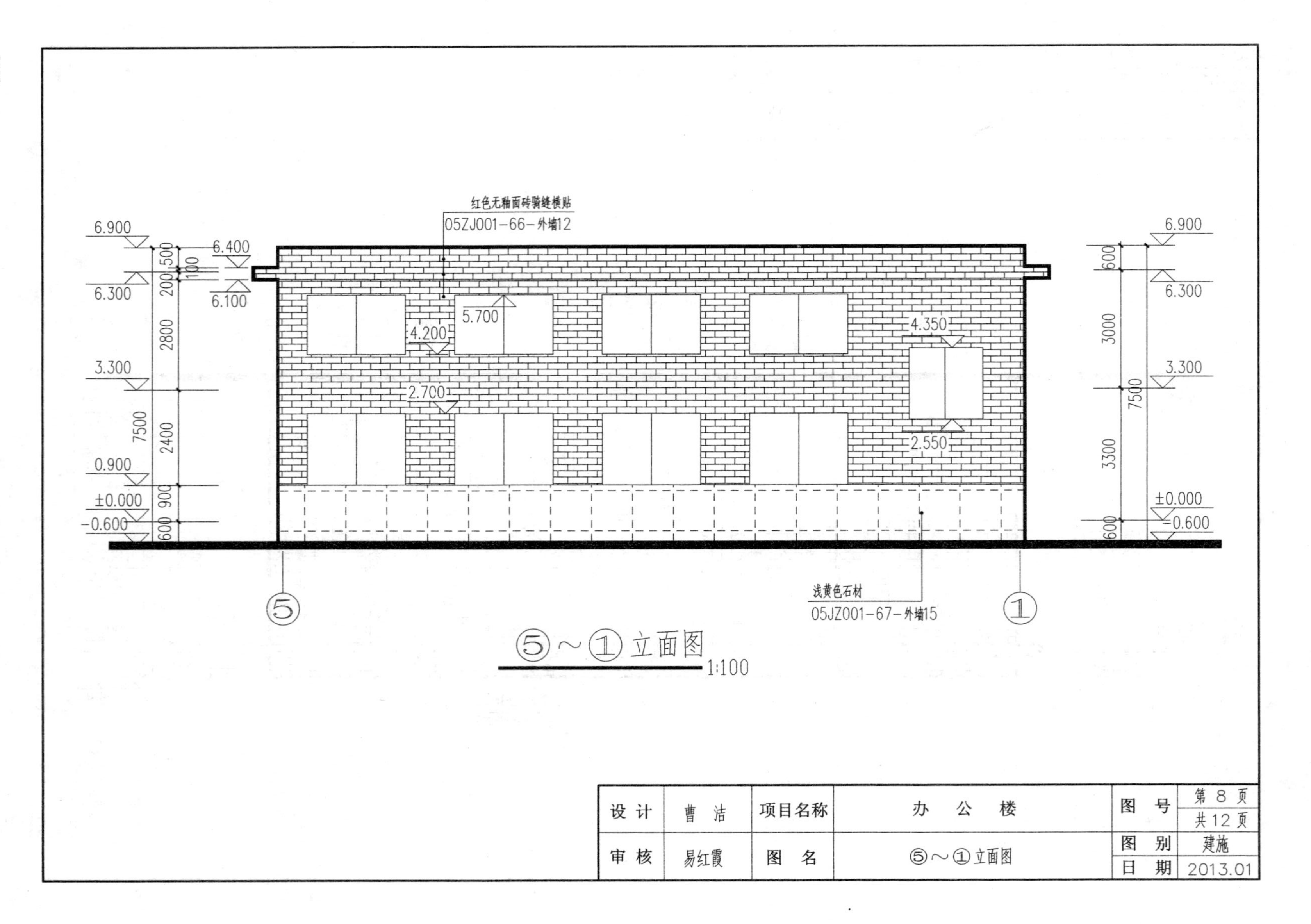
红色无釉面砖骑缝横贴
05ZJ001-66-外墙12
6.900
6.400
6.300
6.100
5.700
4.200
4.350
3.300
2.700
2.550
0.900
±0.000
-0.600
500
100
200
2800
7500
2400
900
600
3000
3300
浅黄色石材
05JZ001-67-外墙15
⑤～①立面图
1:100
设计
曹洁
项目名称
办公楼
图号
第8页
共12页
审核
易红霞
图名
⑤～①立面图
图别
建施
日期
2013.01

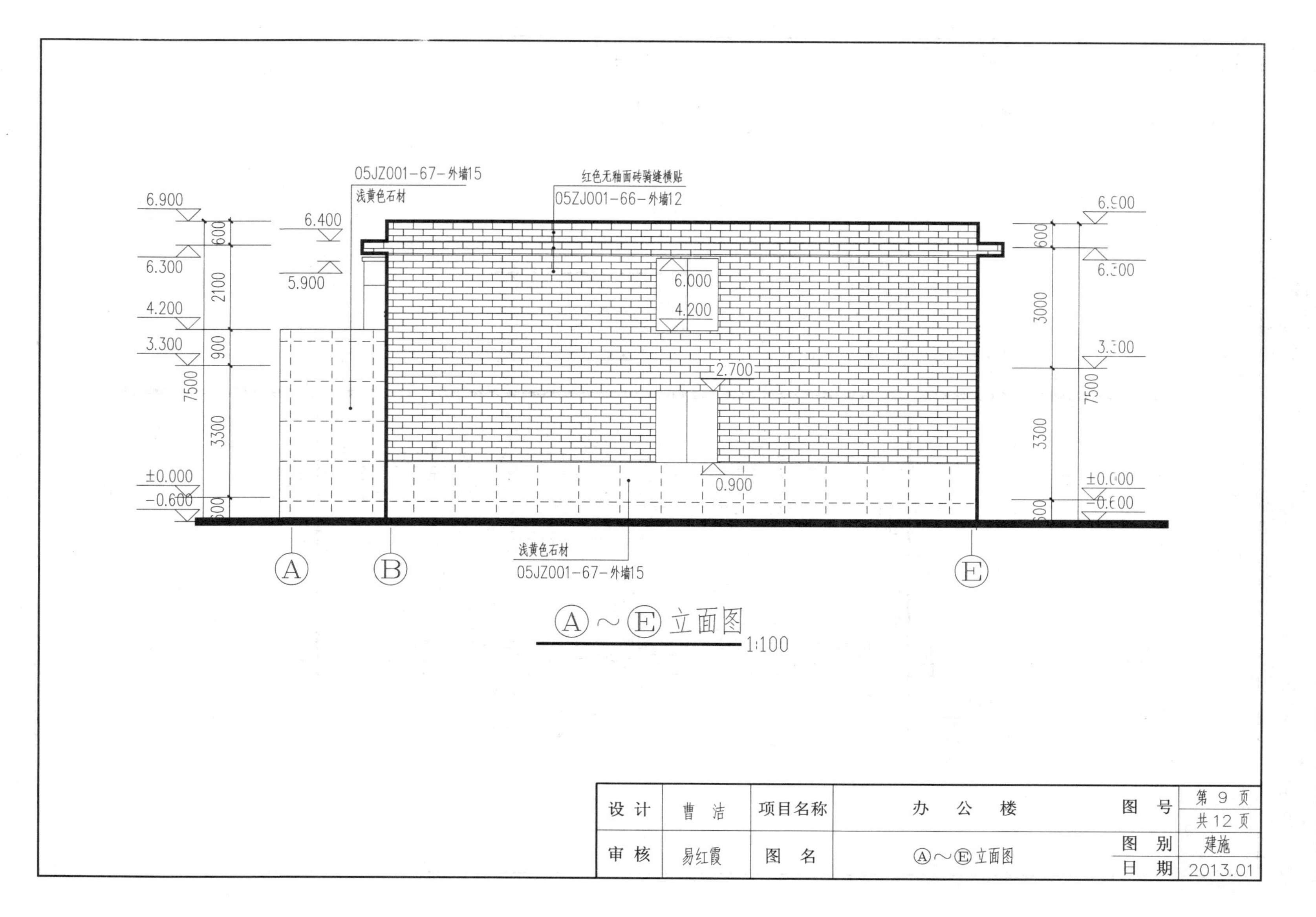
05JZ001-67-外墙15
浅黄色石材
红色无釉面砖骑缝横贴
05ZJ001-66-外墙12
浅黄色石材
05JZ001-67-外墙15
Ⓐ～Ⓔ立面图 1:100
设计 曹洁
审核 易红霞
项目名称 办公楼
图名 Ⓐ～Ⓔ立面图
图号 第9页 共12页
图别 建施
日期 2013.01

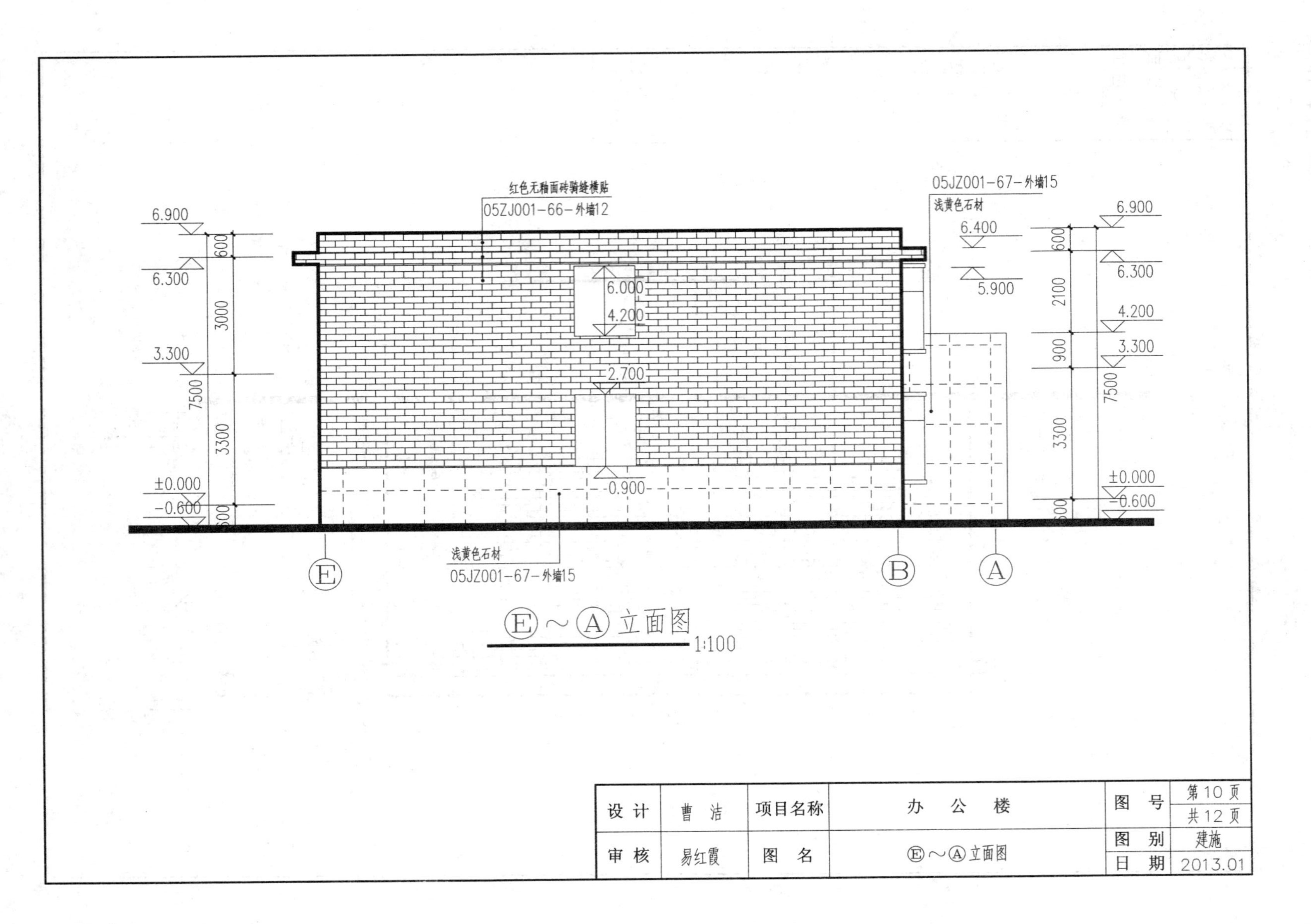

红色无釉面砖骑缝横贴
05ZJ001-66-外墙12
05JZ001-67-外墙15
浅黄色石材
6.900
6.300
3.300
±0.000
-0.600
600
3000
3300
7500
6.400
5.900
4.200
2100
900
6.000
4.200
2.700
-0.900
浅黄色石材
05JZ001-67-外墙15
E
B
A
Ⓔ～Ⓐ立面图
1:100
设计
曹洁
审核
易红霞
项目名称
办公楼
图名
Ⓔ～Ⓐ立面图
图号
第10页
共12页
图别
建施
日期
2013.01

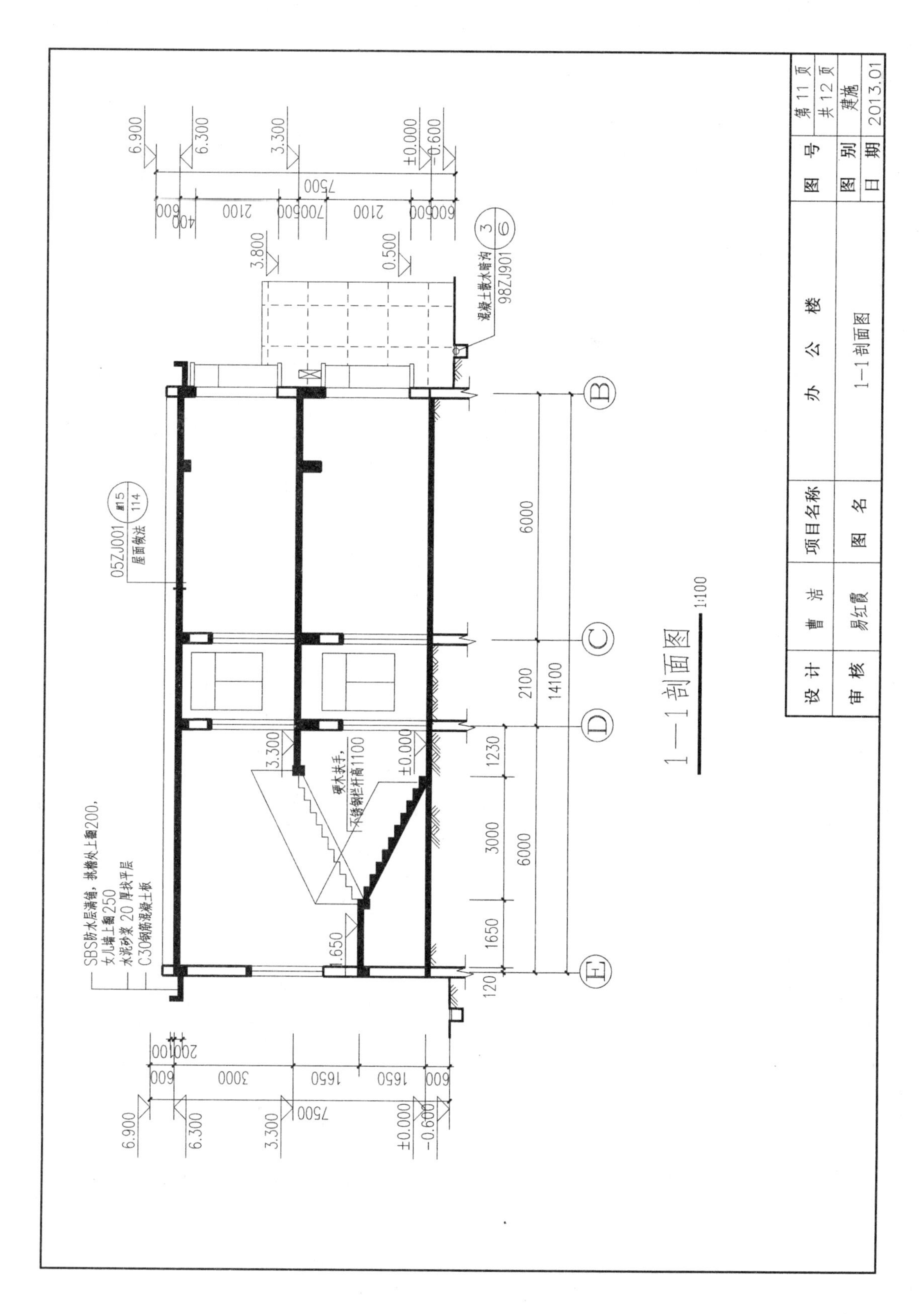
1—1剖面图 1:100
设计 曹洁
审核 易红霞
项目名称 办公楼
图名 1—1剖面图
图号 第11页 共12页
图别 建施
日期 2013.01
05ZJ001 屋面做法 屋15 114
SBS防水层满铺，挑檐处上翻200，
女儿墙上翻250
水泥砂浆 20 厚找平层
C30钢筋混凝土板
混凝土散水暗沟
98ZJ901
硬木扶手，
不锈钢栏杆高1100
6.900
6.300
3.300
3.800
0.500
±0.000
-0.600
1.650
6000
2100
14100
1230
3000
1650
120
7500
B
C
D
E

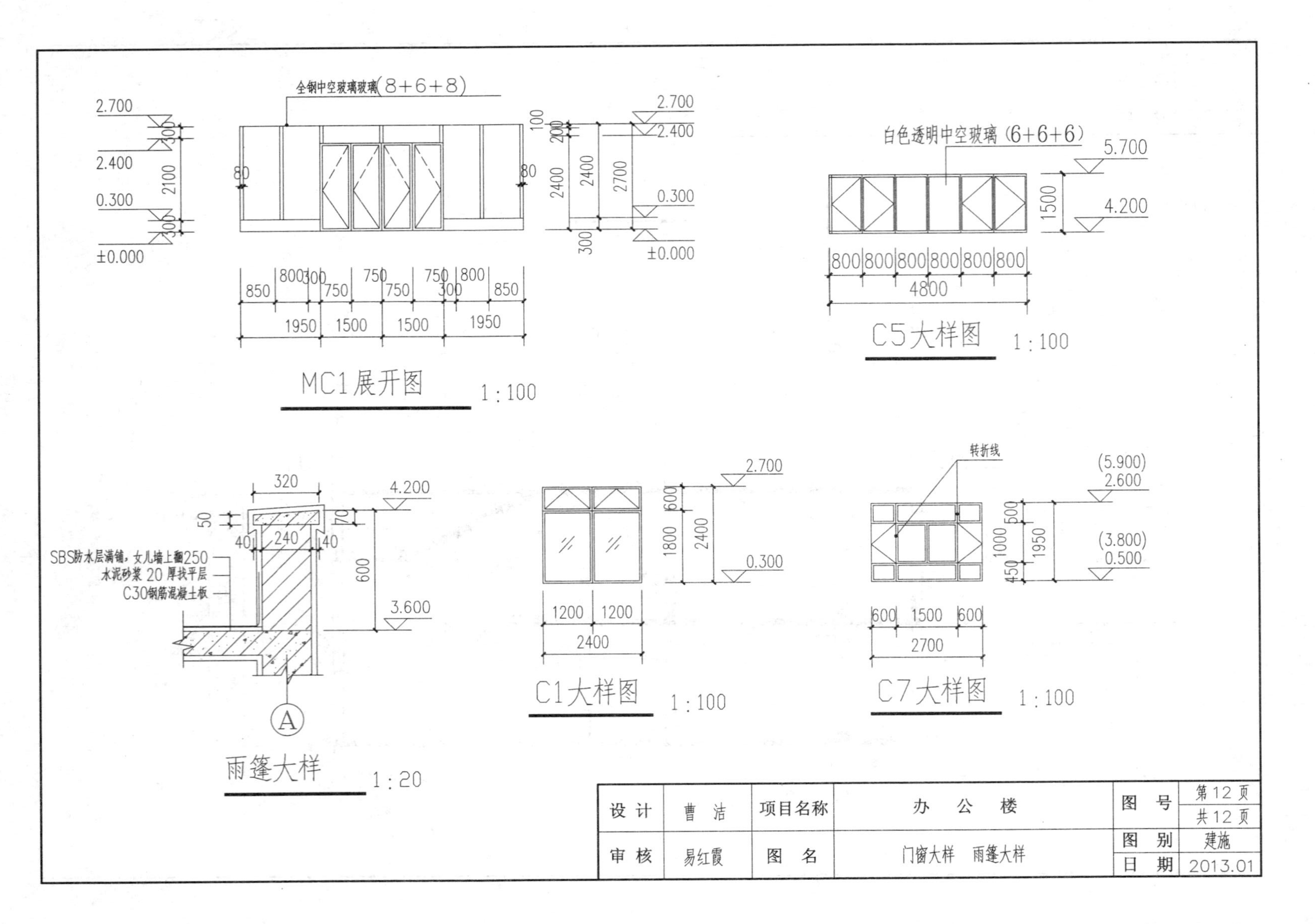

全钢中空玻璃玻璃(8+6+8)
MC1展开图 1:100
白色透明中空玻璃(6+6+6)
C5大样图 1:100
SBS防水层满铺，女儿墙上翻250
水泥砂浆20厚找平层
C30钢筋混凝土板
雨篷大样 1:20
C1大样图 1:100
转折线
C7大样图 1:100
设计 曹洁
审核 易红霞
项目名称 办公楼
图名 门窗大样 雨篷大样
图号 第12页 共12页
图别 建施
日期 2013.01

结构设计总说明

1、工程概况：

本工程主体采用钢筋混凝土框架结构；屋顶为平屋顶。

2、一般说明：

2.1 本套图纸除注明外，所注尺寸均以毫米(mm)为单位，标高以米(m)为单位。

2.2 本工程±0.000相当于绝对标高156.40。

2.3 本总说明中所注内容为通用做法；当总说明与图纸说明不一致时，以图纸为准。

3、建筑分类等级：

3.1 本工程建筑结构的安全等级为二级，抗震等级四级。

3.2 本工程地基基础设计等级为丙级，建筑场地类别为II类，土壤类别二类。

3.3 本工程室内地坪以上室内正常环境的混凝土环境类别为一类，室内地坪以下及以上露天和室内潮湿环境混凝土环境类别为二a类，钢筋保护层见4.1条。

3.4 本工程为三类建筑，耐火等级为二级。

4、主要结构材料：

4.1 混凝土(未注明构件，混凝土强度等级为C20)

结构部位	强度等级	保护层厚度(mm)
基础垫层	C15	
基础及基础梁	C30	40
柱	C30	30
梁、板	C30	梁：25； 板：15
构造柱	C25	30
楼梯	同各层梁、板	同各层梁、板

环境类别	最大水灰比	最小水泥用量(kg/m^3)	最大氯离子含量(%)	最大碱含量(kg/m^3)
一	0.65	225	1.0	不限制
二a	0.60	250	0.3	3.0

4.2 钢筋：Φ表示HPB235级($f_y=210N/mm^2$)，Φ表示HRB335级($f_y=300N/mm^2$)，Φ表示HRB400级。($f_y=360N/mm^2$)，预埋件钢板采用Q235钢。吊环采用HPB235级钢筋。

5、基础：

本工程采用独立柱基和墙下条基，持力层为强风化泥灰岩，地基承载力特征值$f_{ak}\geq450kPa$。

6、砌体工程：

6.1 砌体填充墙与钢筋混凝土结构的连接见中南标03ZG003第36页。

6.2 出屋面女儿墙构造柱，截面为240X墙厚(≥200)，内配4Φ14，Φ8@150。

6.3 门窗洞口过梁设置：

所有门窗洞口顶应设置过梁，过梁选自中南标《钢筋混凝土过梁》(03ZG313)，荷载等级均为2级，过梁采用现场就位预制。

7、施工方案：

7.1 土方采用人工开挖，人工运输，就近50m范围内堆放。

7.2 取土场、卸土场位于距现场中心距离500m处。

设计	曹洁	项目名称	办公楼	图号	第1页
					共9页
审核	易红霞	图名	结构设计说明	图别	结施
				日期	2013.01

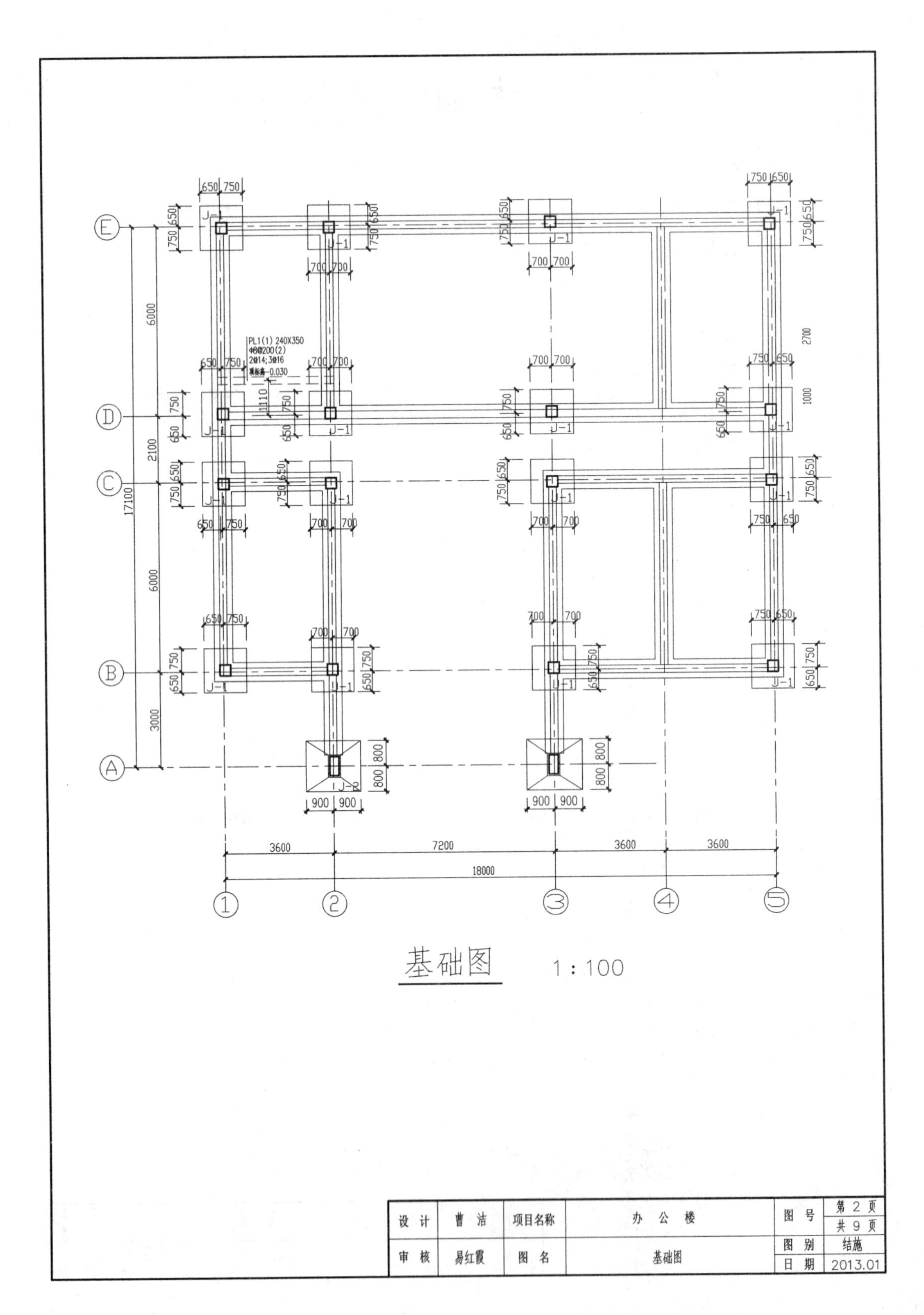
PL1(1) 240X350
Φ8@200(2)
2Φ14;3Φ16
顶标高-0.030
J-1
J-2
3600
7200
3600
3600
18000
17100
6000
2100
6000
3000
2700
1000
基础图 1:100
设 计
曹 洁
项目名称
办 公 楼
图 号
第 2 页
共 9 页
审 核
易红霞
图 名
基础图
图 别
结施
日 期
2013.01

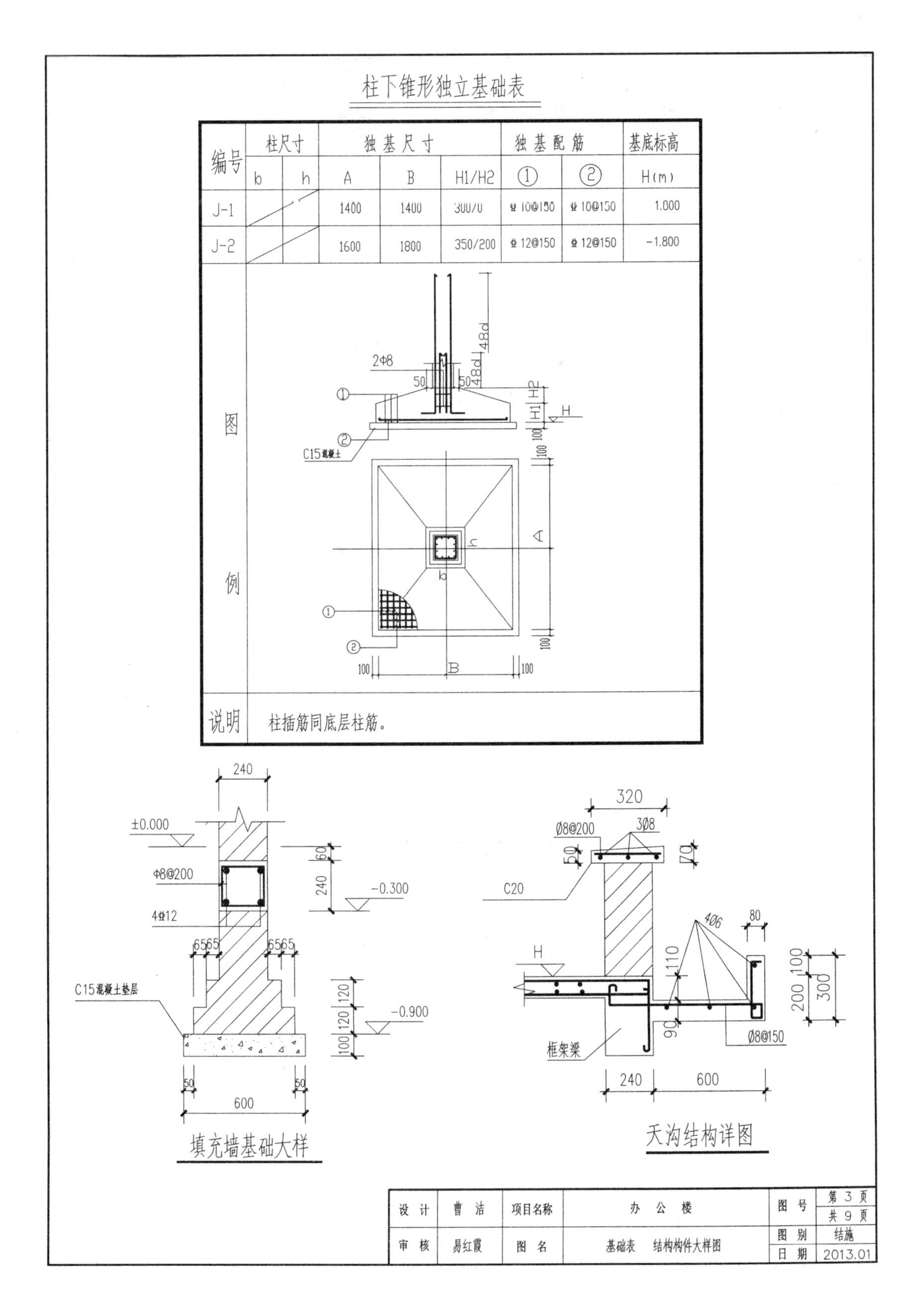

柱下锥形独立基础表

编号	柱尺寸		独基尺寸			独基配筋		基底标高
	b	h	A	B	H1/H2	①	②	H(m)
J-1			1400	1400	300/0	⌀10@150	⌀10@150	1.000
J-2			1600	1800	350/200	⌀12@150	⌀12@150	-1.800
图例								
说明	柱插筋同底层柱筋。							

填充墙基础大样

天沟结构详图

设计	曹洁	项目名称	办公楼	图号	第3页
					共9页
审核	易红霞	图名	基础表 结构构件大样图	图别	结施
				日期	2013.01

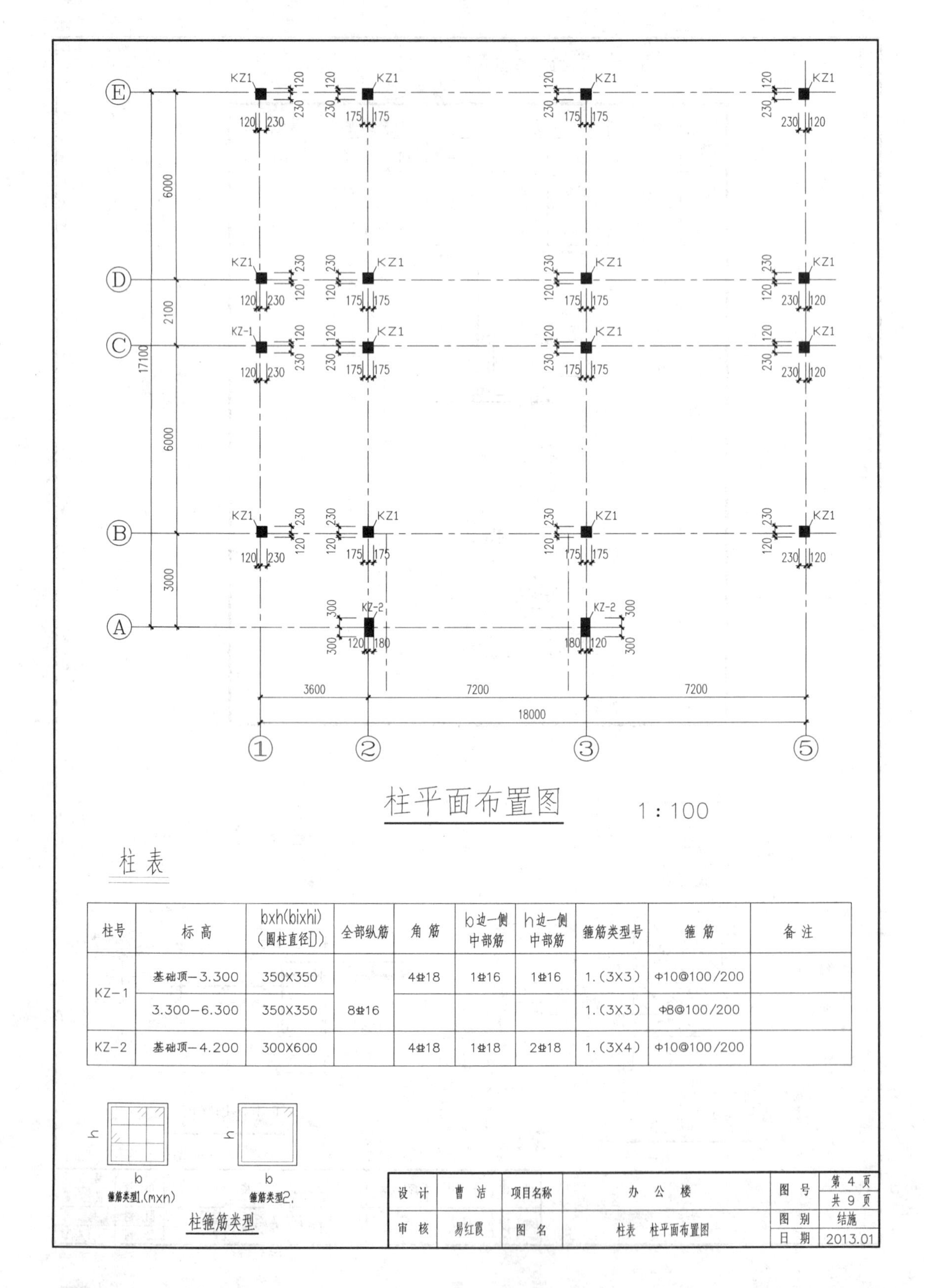

柱号	标高	bxh(bixhi)(圆柱直径D)	全部纵筋	角筋	b边一侧中部筋	h边一侧中部筋	箍筋类型号	箍筋	备注
KZ-1	基础顶-3.300	350X350		4Φ18	1Φ16	1Φ16	1.(3X3)	Φ10@100/200	
	3.300-6.300	350X350	8Φ16				1.(3X3)	Φ8@100/200	
KZ-2	基础顶-4.200	300X600		4Φ18	1Φ18	2Φ18	1.(3X4)	Φ10@100/200	

设计	曹洁	项目名称	办公楼	图号	第4页 共9页
审核	易红霞	图名	柱表 柱平面布置图	图别	结施
				日期	2013.01

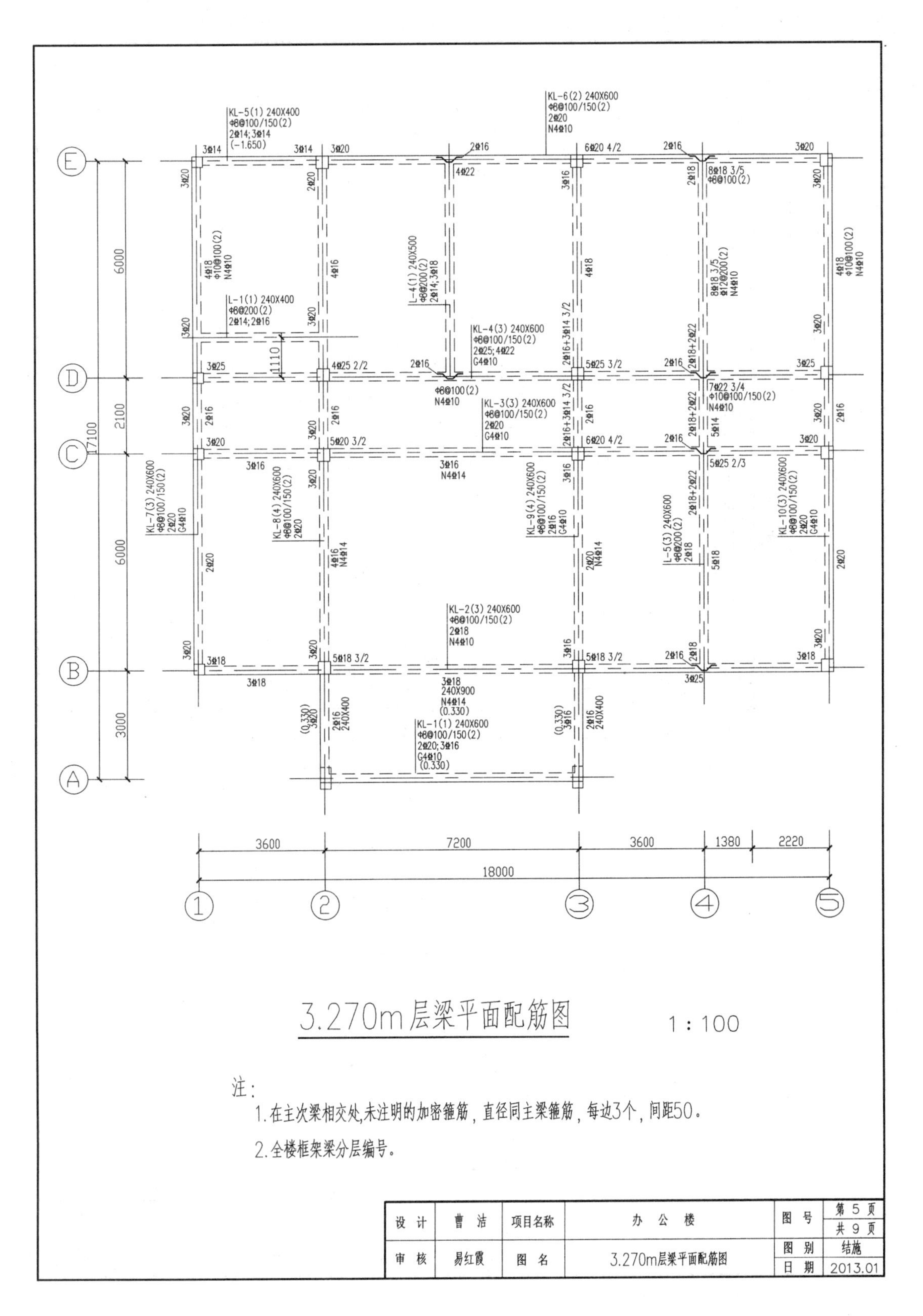

KL-5(1) 240X400
Φ8@100/150(2)
2Φ14;3Φ14
(-1.650)
KL-6(2) 240X600
Φ8@100/150(2)
2Φ20
N4Φ10
L-1(1) 240X400
Φ8@200(2)
2Φ14;2Φ16
L-4(1) 240X500
Φ8@200(2)
2Φ14;3Φ18
KL-4(3) 240X600
Φ8@100/150(2)
2Φ25;4Φ22
G4Φ10
KL-3(3) 240X600
Φ8@100/150(2)
2Φ20
G4Φ10
KL-7(3) 240X600
Φ8@100/150(2)
2Φ20
G4Φ10
KL-8(4) 240X600
Φ8@100/150(2)
2Φ20
KL-9(4) 240X600
Φ8@100/150(2)
2Φ16
G4Φ10
L-5(3) 240X600
Φ8@200(2)
2Φ18
KL-10(3) 240X600
Φ8@100/150(2)
2Φ20
G4Φ10
KL-2(3) 240X600
Φ8@100/150(2)
2Φ18
N4Φ10
KL-1(1) 240X600
Φ8@100/150(2)
2Φ20;3Φ16
G4Φ10
(0.330)
3600
7200
3600
1380
2220
18000
6000
2100
6000
3000
17100
3.270m层梁平面配筋图
1:100
注:
1.在主次梁相交处,未注明的加密箍筋,直径同主梁箍筋,每边3个,间距50。
2.全楼框架梁分层编号。
设 计
曹 洁
项目名称
办 公 楼
图 号
第 5 页
共 9 页
审 核
易红霞
图 名
3.270m层梁平面配筋图
图 别
结施
日 期
2013.01

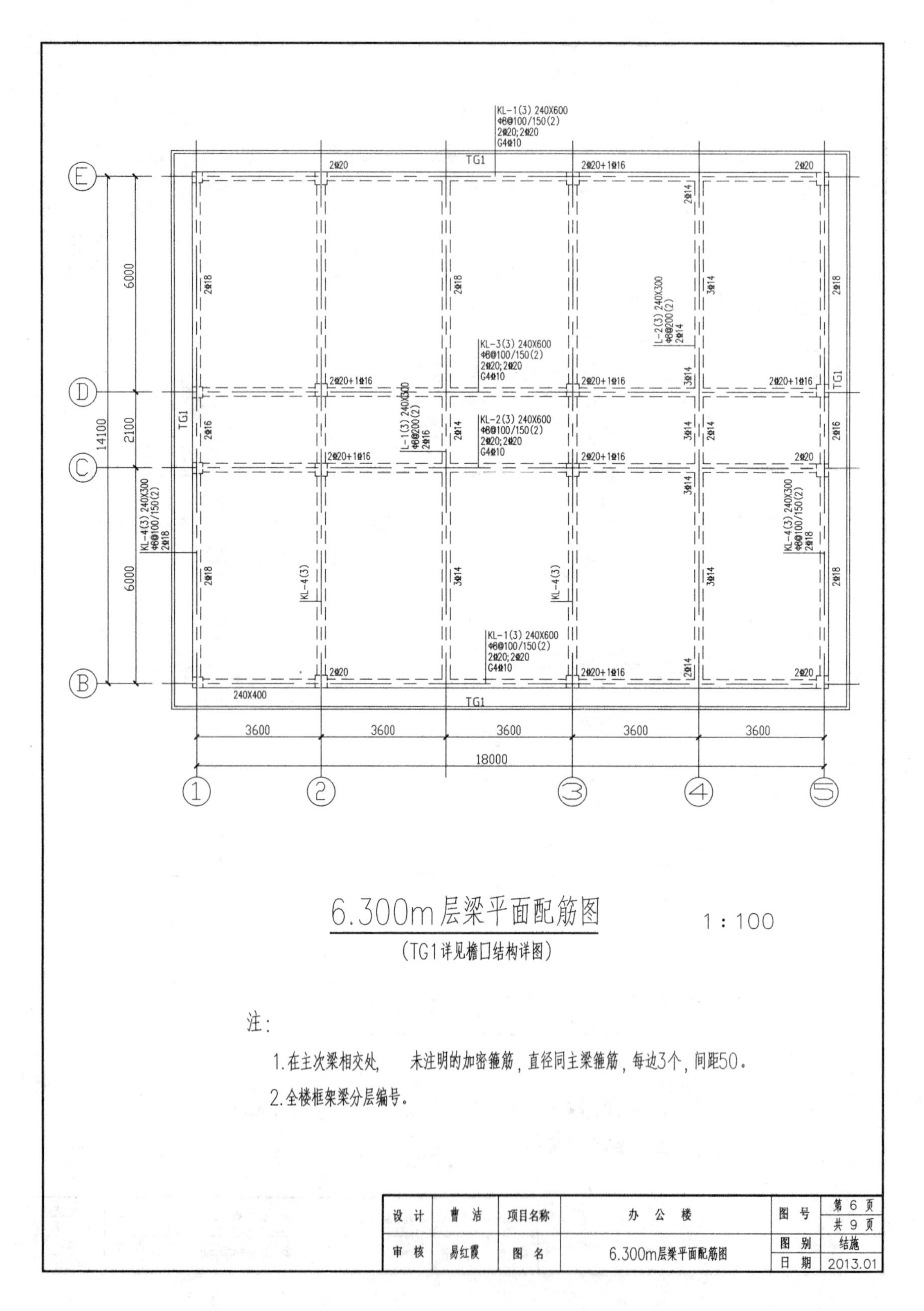
KL-1(3) 240X600
Φ8@100/150(2)
2Φ20;2Φ20
G4Φ10
TG1
2Φ20
2Φ20+1Φ16
2Φ14
2Φ18
3Φ14
L-2(3) 240X300
Φ8@200(2)
2Φ14
KL-3(3) 240X600
Φ8@100/150(2)
2Φ20;2Φ20
G4Φ10
L-1(3) 240X300
Φ8@200(2)
2Φ16
KL-2(3) 240X600
Φ8@100/150(2)
2Φ20;2Φ20
G4Φ10
KL-4(3) 240X300
Φ8@100/150(2)
2Φ18
KL-4(3)
240X400
6000
2100
14100
3600
18000
E
D
C
B
1
2
3
4
5
6.300m层梁平面配筋图
1：100
（TG1详见檐口结构详图）
注：
1.在主次梁相交处，未注明的加密箍筋，直径同主梁箍筋，每边3个，间距50。
2.全楼框架梁分层编号。
设计 曹洁
审核 易红霞
项目名称 办公楼
图名 6.300m层梁平面配筋图
图号 第6页 共9页
图别 结施
日期 2013.01

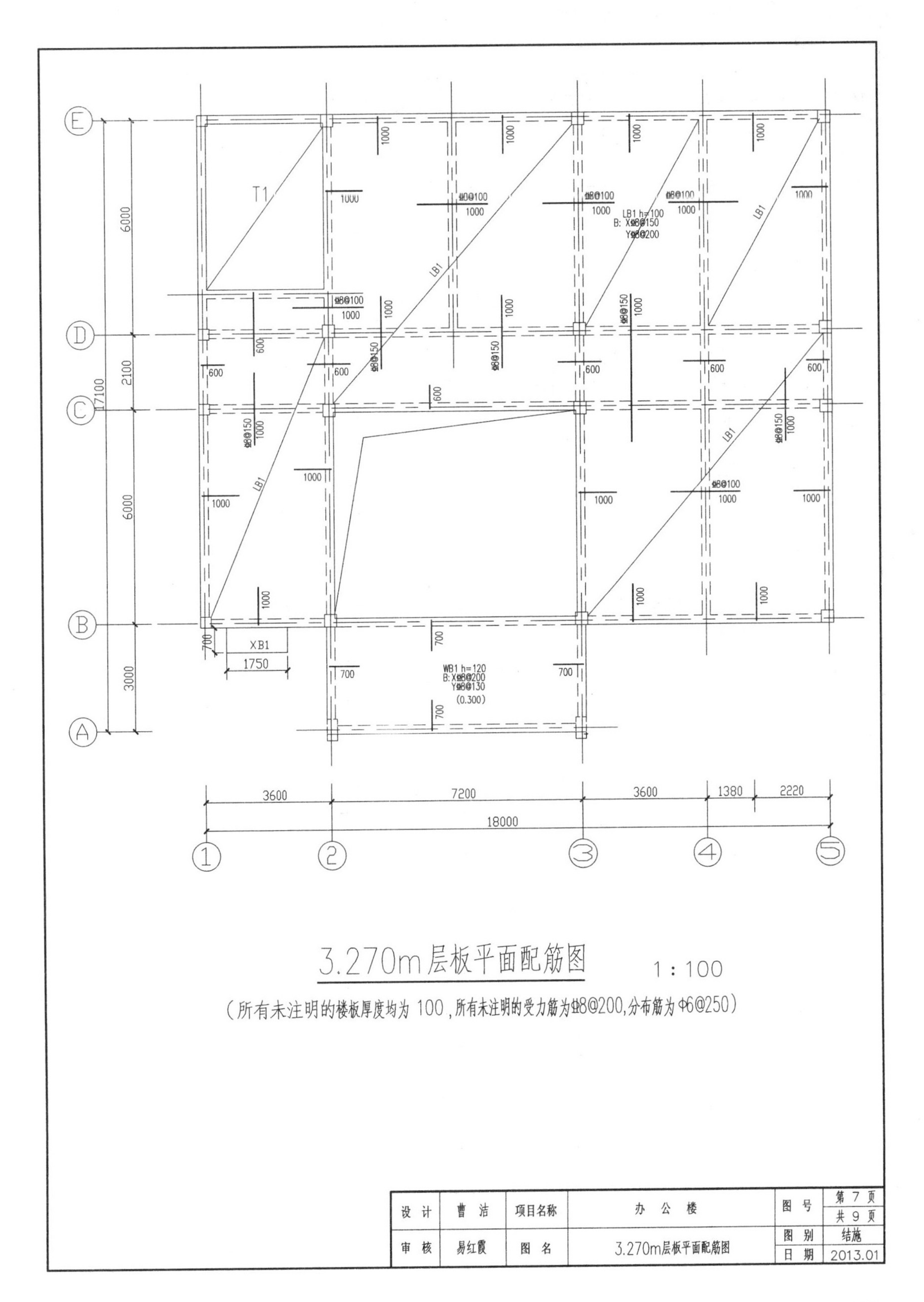

E
D
C
B
A
6000
2100
6000
3000
17100
T1
LB1
LB1 h=100
B: XΦ8@150
YΦ8@200
Φ8@100
Φ8@150
1000
600
700
XB1
1750
WB1 h=120
B: XΦ8@200
YΦ8@130
(0.300)
3600
7200
3600
1380
2220
18000
1
2
3
4
5
3.270m层板平面配筋图
1:100
(所有未注明的楼板厚度均为 100，所有未注明的受力筋为Φ8@200,分布筋为Φ6@250)
设 计
曹 洁
项目名称
办 公 楼
图 号
第 7 页
共 9 页
审 核
易红霞
图 名
3.270m层板平面配筋图
图 别
结施
日 期
2013.01

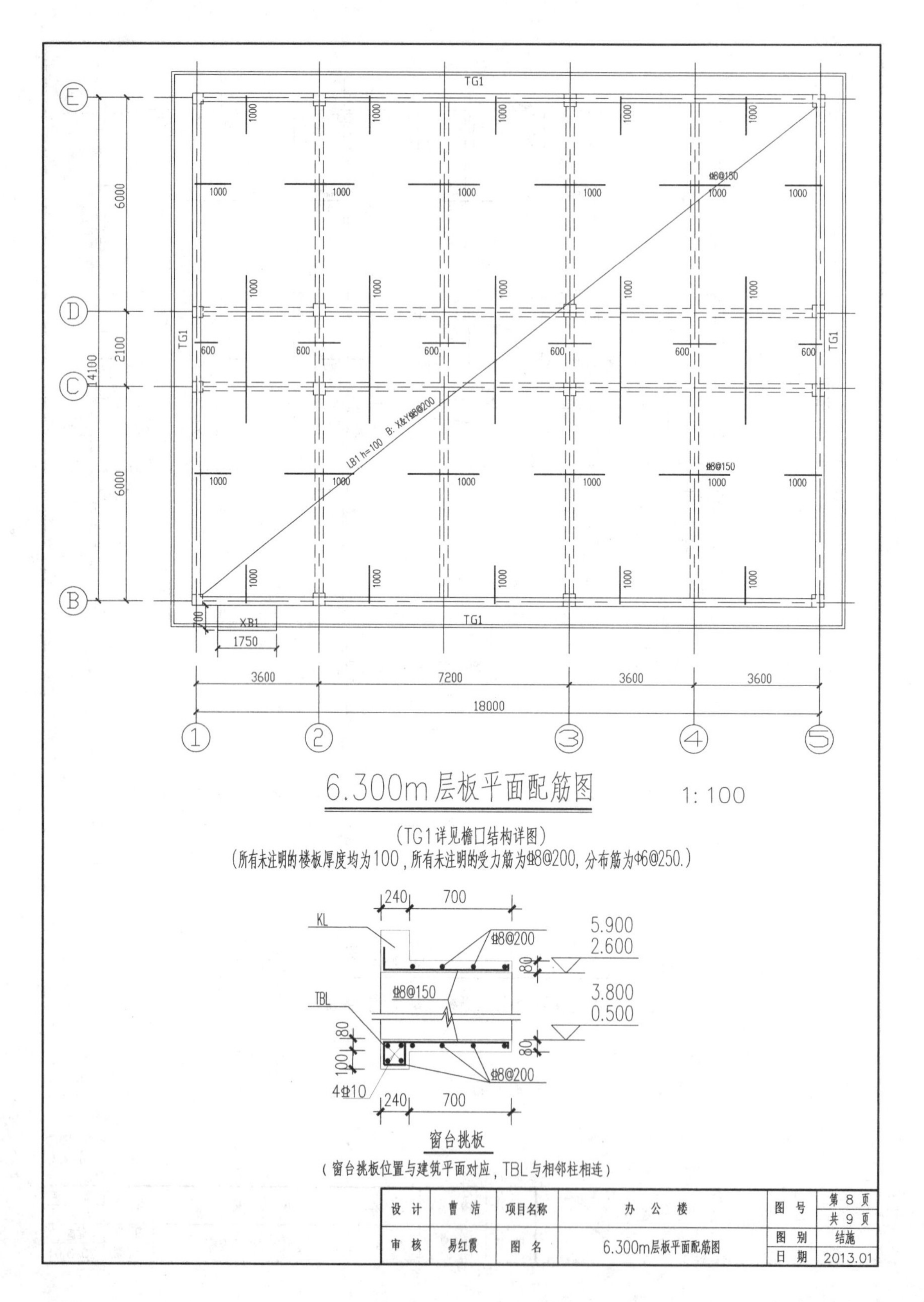

设 计	曹 洁	项目名称	办 公 楼	图 号	第 8 页
					共 9 页
审 核	易红霞	图 名	6.300m层板平面配筋图	图 别	结施
				日 期	2013.01

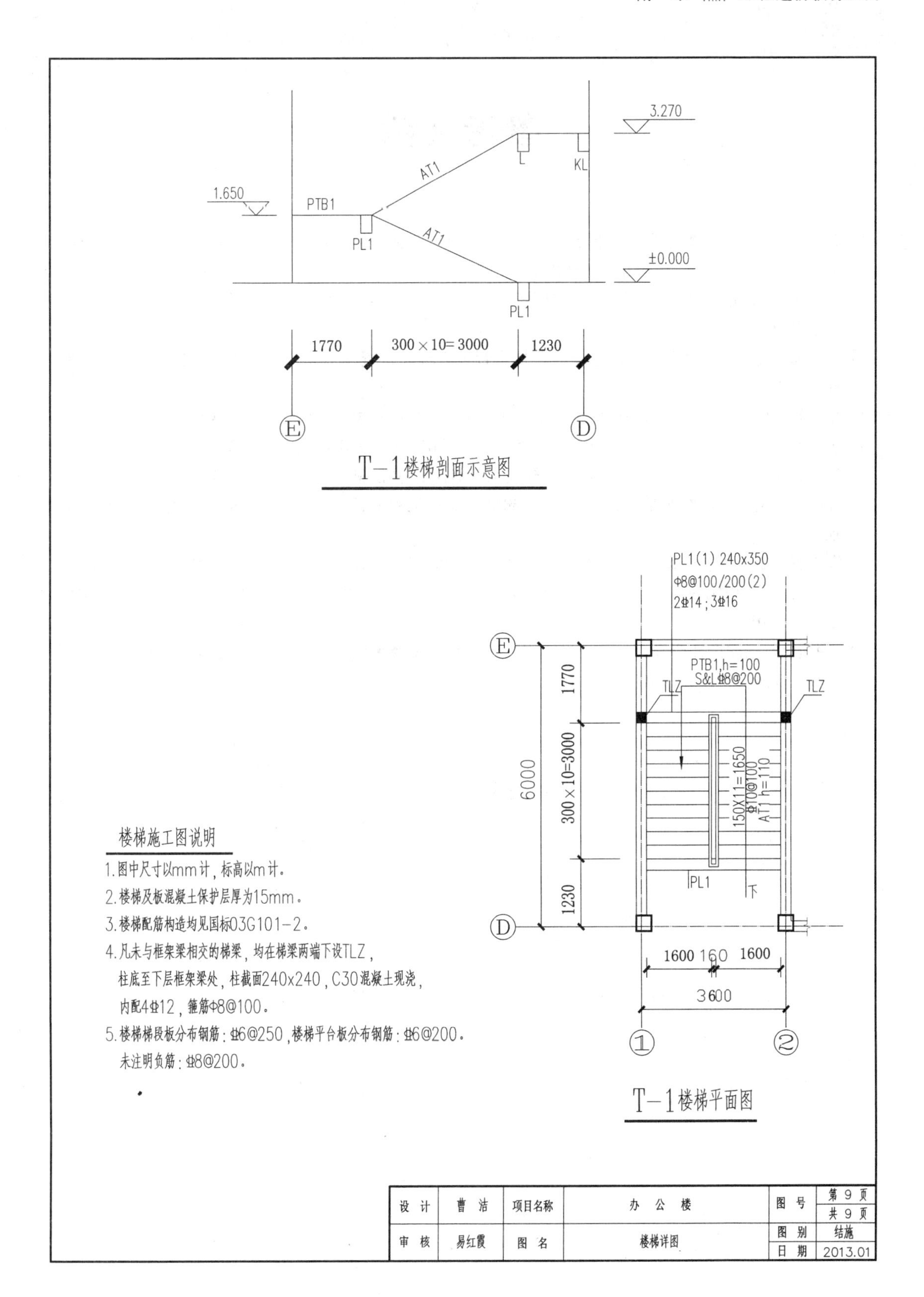
3.270
1.650
±0.000
PTB1
AT1
AT1
PL1
PL1
L
KL
1770
300×10=3000
1230
E
D
T−1楼梯剖面示意图
PL1(1) 240x350
Φ8@100/200(2)
2⌀14;3⌀16
PTB1,h=100
S&L⌀8@200
TLZ
TLZ
1770
300×10=3000
1230
6000
150X11=1650
⌀10@100
AT1 h=110
PL1
下
1600 160 1600
3600
①
②
T−1楼梯平面图
楼梯施工图说明
1.图中尺寸以mm计，标高以m计。
2.楼梯及板混凝土保护层厚为15mm。
3.楼梯配筋构造均见国标03G101−2。
4.凡未与框架梁相交的梯梁，均在梯梁两端下设TLZ，
柱底至下层框架梁处，柱截面240x240，C30混凝土现浇，
内配4⌀12，箍筋Φ8@100。
5.楼梯梯段板分布钢筋：⌀6@250，楼梯平台板分布钢筋：⌀6@200。
未注明负筋：⌀8@200。
设 计
曹 洁
项目名称
办 公 楼
图 号
第 9 页
共 9 页
审 核
易红霞
图 名
楼梯详图
图 别
结施
日 期
2013.01

参考文献

[1] 高职高专教育土建类专业教学指导委员会工程管理类专业分委员会. 高等职业教育工程造价专业教学基本要求[M]. 北京：中国建筑工业出版社，2012

[2] 胡六星，吴志超. 湖南省高等职业院校学生专业技能抽查标准与题库丛书：工程造价[M]. 长沙：湖南大学出版社，2013

[3] 本书编写委员会. 湖南省建筑企业专业技术管理人员岗位资格考试大纲. 北京：中国环境科学出版社，2012.

[4] 莫荣峰，万小华. 工程自动算量软件应用[M]. 武汉：华中科技大学出版社，2013

[5] 王全杰，张冬秀. 钢筋工程量计算实训教程[M]. 重庆：重庆大学出版社，2012

[6] 湖南省建设工程造价管理总站. 湖南省建筑工程消耗量标准[M]. 长沙：湖南科学技术出版社，2014

[7] 湖南省建设工程造价管理总站. 湖南省建筑装饰装修工程消耗量标准[M]. 长沙：湖南科学技术出版社，2014

[8] 湖南省建设工程造价管理总站. 湖南省建设工程计价办法[M]. 长沙：湖南科学技术出版社，2014

[9] 中华人民共和国住房和城乡建设部. 建设工程工程量清单计价规范(GB 50500—2013). 北京：中国计划出版社，2013

[10] 中国建筑标准设计研究所，混凝土结构施工图平面整体表示方法制图规则及构造详图(系列图集)[M]. 北京：中国计划出版社，2011

图书在版编目(CIP)数据

工程造价软件应用/孙湘晖,周怡安主编. —长沙:中南大学出版社,2014.8

ISBN 978-7-5487-1176-6

Ⅰ.工... Ⅱ.①孙...②周... Ⅲ.建筑工程-工程造价-应用软件-高等职业教育-教材 Ⅳ.TU723.3-39

中国版本图书馆 CIP 数据核字(2014)第 194411 号

工程造价软件应用

(第 2 版)

孙湘晖　周怡安　主编

□**责任编辑**　周兴武
□**责任印制**　易红卫
□**出版发行**　中南大学出版社
社址:长沙市麓山南路　邮编:410083
发行科电话:0731-88876770　传真:0731-88710482
□**印　　装**　长沙利君漾印刷厂

□**开　　本**　787×1092　1/16　□**印张** 18.75 □**字数** 469 千字
□**版　　次**　2015 年 2 月第 2 版　□2015 年 8 月第 2 次印刷
□**书　　号**　ISBN 978-7-5487-1176-6
□**定　　价**　42.00 元

图书出现印装问题,请与经销商调换